1,000++ MEDIUM SUDOKU PUZZLES BOOK #1

TOP QUALITY PAPER

BEST PUZZLES

FREE BONUS!

Text and puzzles by DJAPE.

First edition: April 2020

ISBN 979-8-63555-228-5

1,000++ MEDIUM Sudoku Puzzles Book

Welcome to this huge book of moderately difficult sudoku puzzles!

The rules of Sudoku are simple: each **row** (horizontal string of 9 cells) and each **column** (vertical string of 9 cells) and each "**nonet**" (9 cells in each 3x3 square drawn with thick lines) must contain each of the 9 digits 1, 2, 3, 4, 5, 6, 7, 8 and 9.

Corollary: a digit **cannot be repeated** in any row, column or nonet!

Sudoku solving techniques come directly from the rules and the corollary. Let's have a look at a sample puzzle:

1		6				7		
4	3			8	9			1
7			5					4
		3	8	2				
			4		3			
				9	1	8		
3					5			8
8			9	7			5	3
		5				6		2

There is a 5 in **row** 3, so the 5 cannot go anywhere else in that row.
There is also a 5 in **column** 3, so the 5 cannot go anywhere else in that column either.
The lines are drawn to show you where the 5 cannot go.

But the rules of Sudoku state that there must be each number in each and every **nonet** (**3x3 box**), so in the top left nonet there is only one place left where a 5 can go.

Therefore row 1, column 2 is 5 (**R1C2=5**)! That's the circled cell in the top row and we can place a 5 in there.

Now, look at **R2C3**, the one to the right from "43" in row 2 and just below the "6" in row 1. There is only one digit that can go there and that is digit 2. There are already digits 1, 3, 4, 6 and 7 in the same nonet. There is a 5 in the same column. And there are digits 8 and 9 in the same row.
So, the only option left for **R2C3** is **2**!

Here is an example of a more complex technique called "doubles":
In the top center "nonet", some numbers have been penciled in.

2	4	7	(16)	9			8	
5	6	3	4	8	7	9	2	1
8	1	9	(26)	(26)		7	4	
			3	4				
1				7				8
				5	8			
	8							4
6		4	5		9	8		
	5			3				7

1 and 6 are the only possible options for row 1 cell 4 (R1C4), while 2 and 6 are the only options for R3C4 and R3C5.
So, R3C4 could be 2, but it also could be 6. Same for R3C5. Either way, we know that one of them will be 2 and the other one will be 6, which means that in this nonet a 6 cannot go anywhere else. Therefore, R1C4 cannot be 6 and the only remaining option is 1, so we can solve **R1C4 = 1.**

Final technique is also a little more complex. It's called "interactions".

	6		1			4	589	59
	2	4				3	589	6
3			4			1	2	7
	1			6	7			4
78	4	5	2	9	3	6	(78)	1
9				1	4			
4	9				5		6	8
6		8				5	4	
					8		1	

In row 5, two cells are unsolved, and they must be 7 and 8. In the top right nonet, 5, 8 and 9 remain unsolved. Note that 5, 8 and 9 are candidates in R1C8 and R2C8, while in R1C9 only 5 and 9 are possible. Where will an 8 go in the top right nonet? Either in R1C8 or R2C8, which means that there cannot be another 8 in the 8th column, and we can eliminate 8 as the candidate from the rest of the 8th column, including R5C8 (the circled cell)! Therefore, **R5C8=7**.

When solving Sudoku, it is **extremely important** not to guess. **If you guess you might go wrong.** All puzzles in this book have one solution only and do not require guessing. Ever!

Have fun and enjoy! :) **DJAPE**

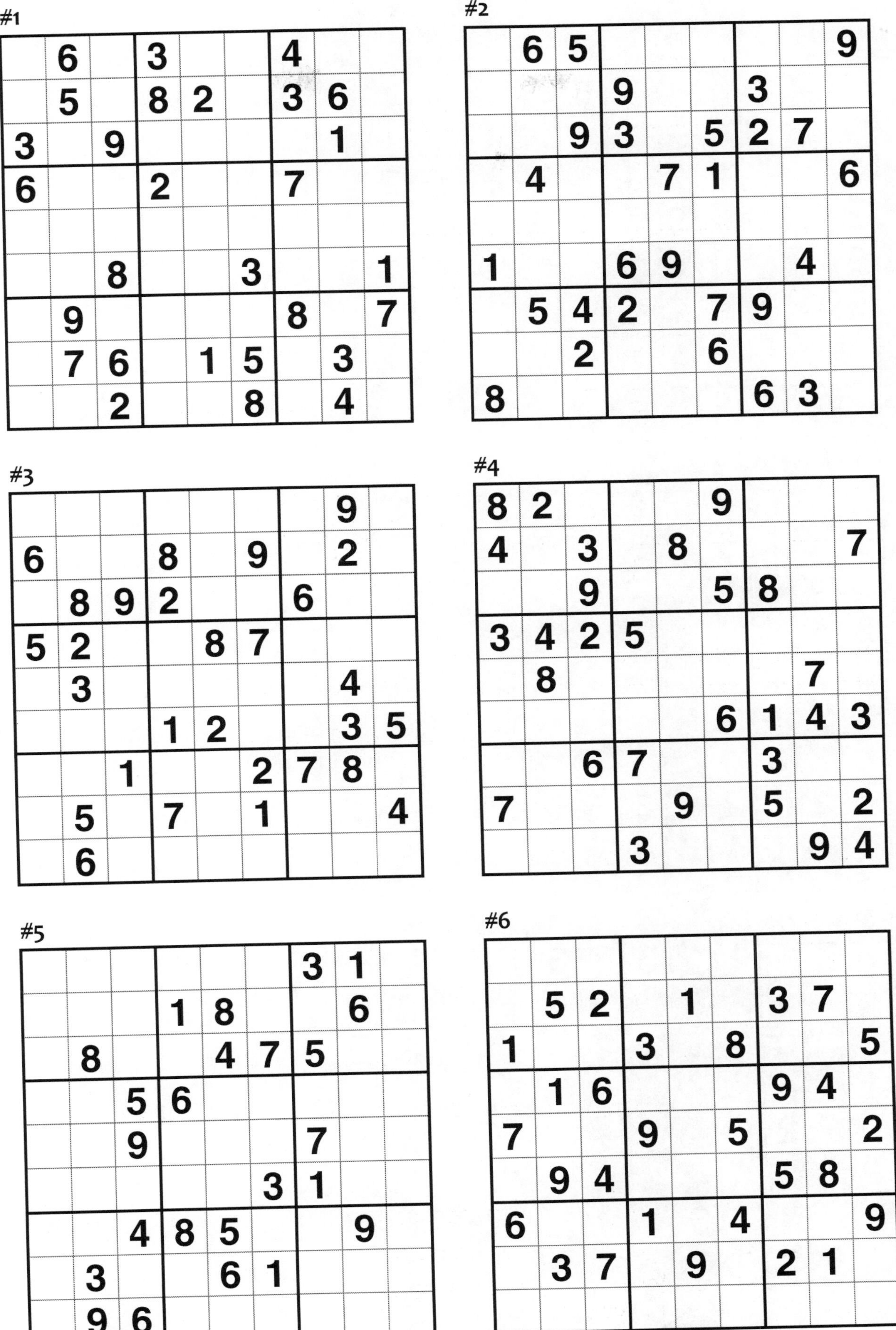

#1

	6		3			4		
	5		8	2		3	6	
3		9					1	
6			2			7		
		8			3			1
	9					8		7
	7	6		1	5		3	
		2			8		4	

#2

	6	5						9
			9			3		
		9	3		5	2	7	
	4			7	1			6
1			6	9			4	
	5	4	2		7	9		
		2			6			
8						6	3	

#3

							9	
6			8		9		2	
	8	9	2			6		
5	2			8	7			
	3						4	
			1	2			3	5
		1			2	7	8	
	5		7		1			4
	6							

#4

8	2				9			
4		3		8				7
		9			5	8		
3	4	2	5					
	8						7	
					6	1	4	3
		6	7			3		
7				9		5		2
			3				9	4

#5

						3	1	
			1	8			6	
	8			4	7	5		
		5	6					
		9				7		
					3	1		
		4	8	5			9	
	3			6	1			
	9	6						

#6

	5	2		1		3	7	
1			3		8			5
	1	6				9	4	
7			9		5			2
	9	4				5	8	
6			1		4			9
	3	7		9		2	1	

#7

		7		2		5		
		3				6		
5	8						3	4
7			2	3	1			8
	2			9			6	
9			6	5	8			2
3	6						9	1
		5				8		
		1		4		7		

#8

	6						8	
7								5
		9	3		5	2		
2		5	1		7	8		6
		3	9		6	4		
1		6	2		8	5		3
		7	5		4	9		
6								1
	5						3	

#9

			6		4			
1	2		5		9		6	7
		9				4		
6	4						7	2
8		2				6		3
3	9						4	5
		6				7		
4	3		2		6		5	9
			1		8			

#10

8			5		9			1
	5		3	1	4		8	
		3				5		
4			9	6	7			2
		9				8		
	1		6	2	3		4	
9			7		1			6

#11

	7		1		3		8	
	2						4	
		9		5		2		
4				7				3
		2	6		1	4		
1				4				7
		3		6		8		
	6						3	
	4		2		8		6	

#12

	5				4			9
2		6			9			
3				1	6			
		4					9	
		3	9		2	5		
	2					8		
			6	7				8
			2			7		3
6			1				4	

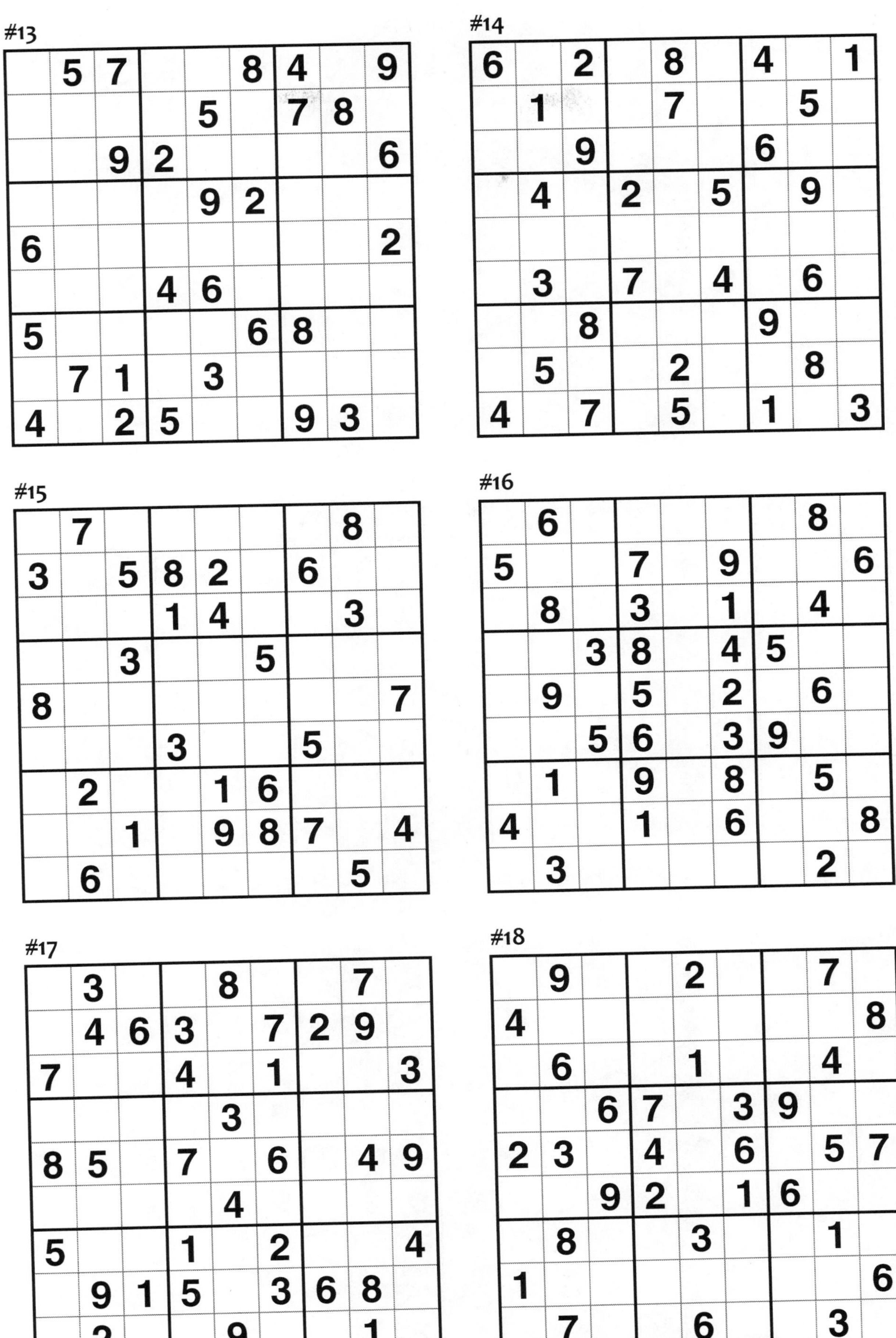

#13

	5	7			8	4		9
				5		7	8	
		9	2					6
				9	2			
6								2
			4	6				
5					6	8		
	7	1		3				
4		2	5			9	3	

#14

6		2		8		4		1
	1			7			5	
		9				6		
	4		2		5		9	
	3		7		4		6	
		8				9		
	5			2			8	
4		7		5		1		3

#15

	7						8	
3		5	8	2		6		
			1	4			3	
		3			5			
8								7
			3			5		
	2			1	6			
		1		9	8	7		4
	6						5	

#16

	6						8	
5			7		9			6
	8		3		1		4	
		3	8		4	5		
	9		5		2		6	
		5	6		3	9		
	1		9		8		5	
4			1		6			8
	3						2	

#17

	3			8			7	
	4	6	3		7	2	9	
7			4		1			3
				3				
8	5		7		6		4	9
				4				
5			1		2			4
	9	1	5		3	6	8	
	2			9			1	

#18

	9			2			7	
4								8
	6			1			4	
		6	7		3	9		
2	3		4		6		5	7
		9	2		1	6		
	8			3			1	
1								6
	7			6			3	

#19

	2	3				1	4	
	4		7		1		8	
1		9				2		5
			2		9			
		4		1		5		
			6		4			
8		1				6		4
	5		4		3		1	
	6	2				9	3	

#20

		7	5		9	3		6
				8			5	
	6		1			7		
		6			8			9
3								4
4			3			6		
		3			6		9	
	7			4				
9		5	2		1	4		

#21

4		7				9		8
	8	9		6		2	1	
3			4		9			5
		3		7		4		
			5		1			
		6		2		3		
7			6		3			9
	3	8		5		7	4	
6		1				5		3

#22

		9		5		3		
	7							5
2					3	8	7	
	8			3			4	2
	4		2		8		6	
7	9			6			8	
	2	5	7					6
6							5	
		8		2		9		

#23

	1						5	
5	4			6			7	8
		9				4		
	2	6	5		8	9	1	
				7				
	5	8	3		1	6	2	
		3				1		
8	6			1			3	2
	9						4	

#24

4	6			1			5	3
			4		7			
8				5				2
7	3		9		2		8	1
		6				2		
9	4		8		1		7	6
6				8				5
			3		6			
3	2			4			6	7

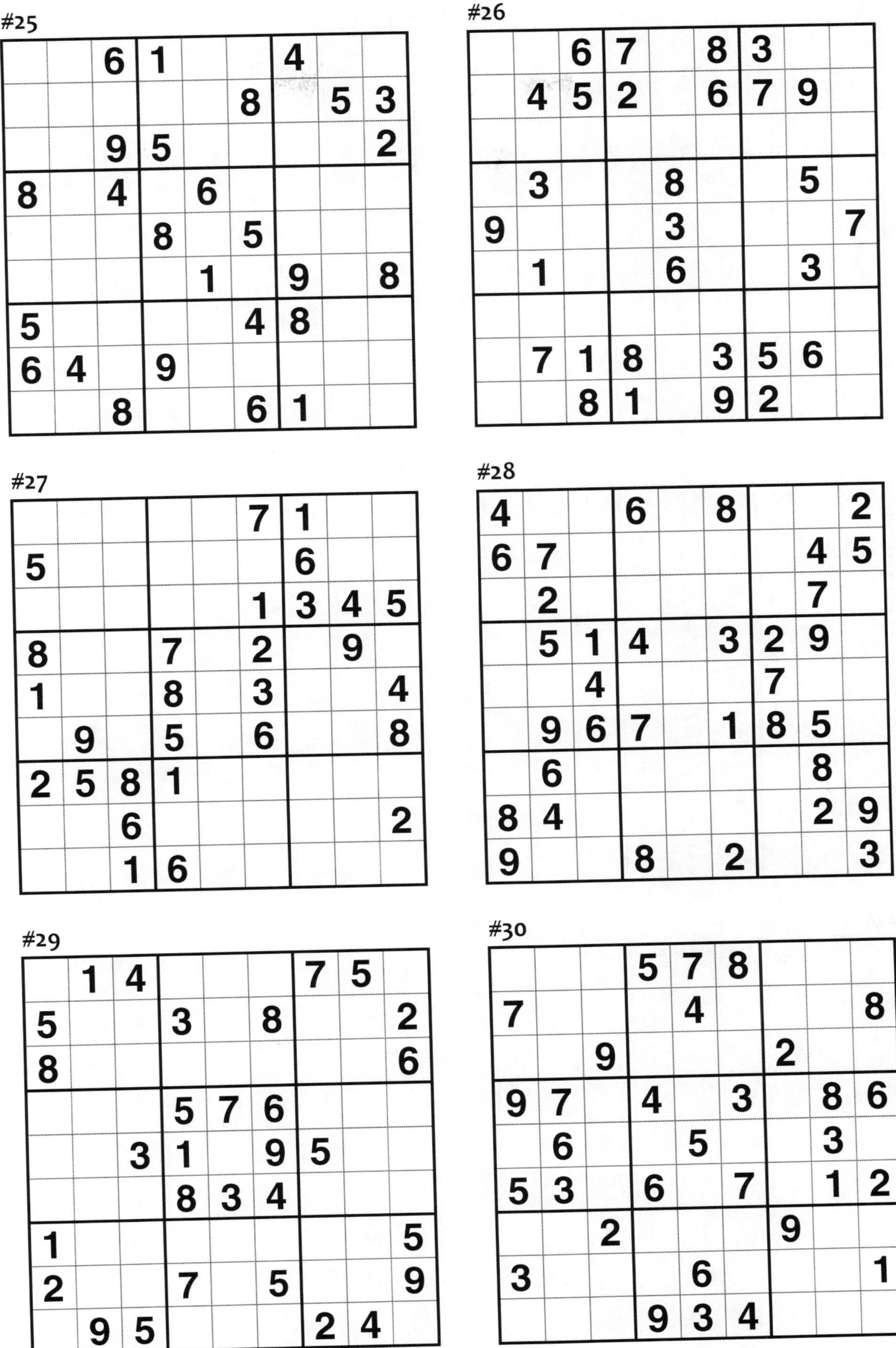

#31

5		8		2				
			8			4		
1	2		9	3				8
								9
3			1	7	8			2
2								
6				1	5		8	4
		7			4			
				6		1		7

#32

			4					
		4			9	1	3	5
5	7					2		
2	8	5	3					4
		9				3		
3					5	8	2	1
		3					9	6
7	1	6	9			5		
					7			

#33

				4	9			7
4					2		8	
2		9	6				1	
8	3			9	1			
		5	4		3	1		
			7	6			2	3
	9				6	7		5
	2		9					1
5			1	7				

#34

	3	5		9		6	4	
6				5				1
		1	4		6	8		
	6						2	
		8				4		
	2						8	
		6	9		7	3		
3				6				8
	8	9		4		1	6	

#35

		2			7	5		8
7	4			3				
6				4		7		3
3							2	
8		4		7		3		6
	9							4
9		3		1				2
				8			5	7
4		8	9			6		

#36

3								7
	6	7	3		2	4	8	
2	8			4			5	1
			4	8	9			
6								4
			7	1	6			
7	2			6			1	8
	4	5	1		8	6	7	
8								3

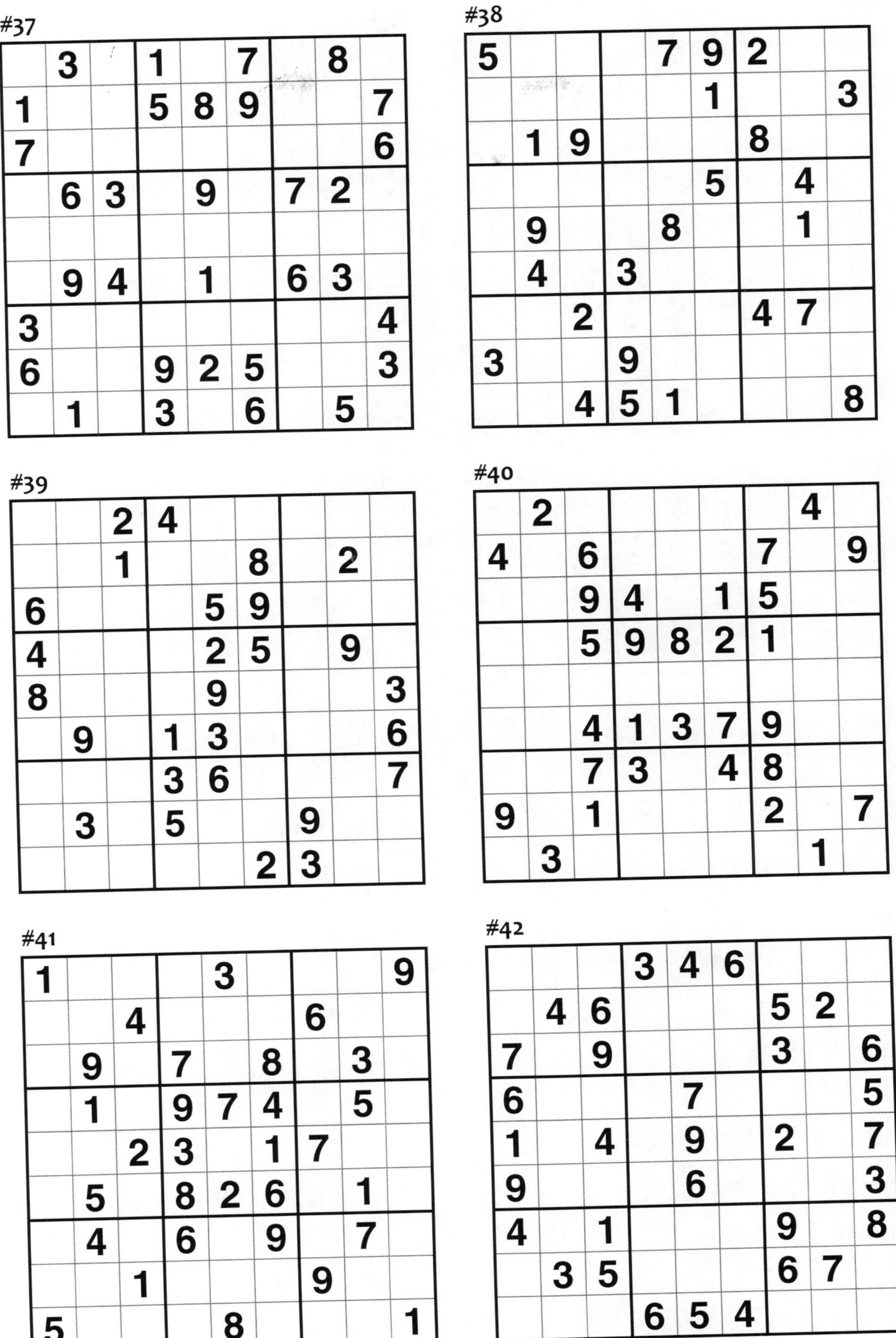

#43

1			8			2		
						8	7	
			3	2	4			
		4	9					3
8	5		6		1		9	2
9					8	4		
			4	5	6			
	9	8						
		6			9			1

#44

5	4		1			3		9
		6		8	9			1
	1							7
	5			1	6			
		8				5		
			5	3			4	
4							9	
1			9	2		7		
7		3			1		6	8

#45

				6				8
	5		2		8			9
	7					5		1
4					2	7		
		2		9		1		
		6	1					2
1		7					3	
5			9		7		2	
8				5				

#46

	7							4
			6	9	8	3		
8		1	3					6
				4	1		3	
1								8
	2		8	3				
7					9	4		5
		2	1	5	3			
6							1	

#47

7							8	9
					9	2		
6	8	9					5	
	6				1	5		
3			9	2	4			8
		1	5				7	
	2					8	1	5
		7	8					
9	5							6

#48

	3	5	7		9	2	4	
7		9	2		6	1		5
		3		2		8		
		2	8		1	5		
		1		5		3		
3		6	1		5	4		8
	4	7	3		8	9	1	

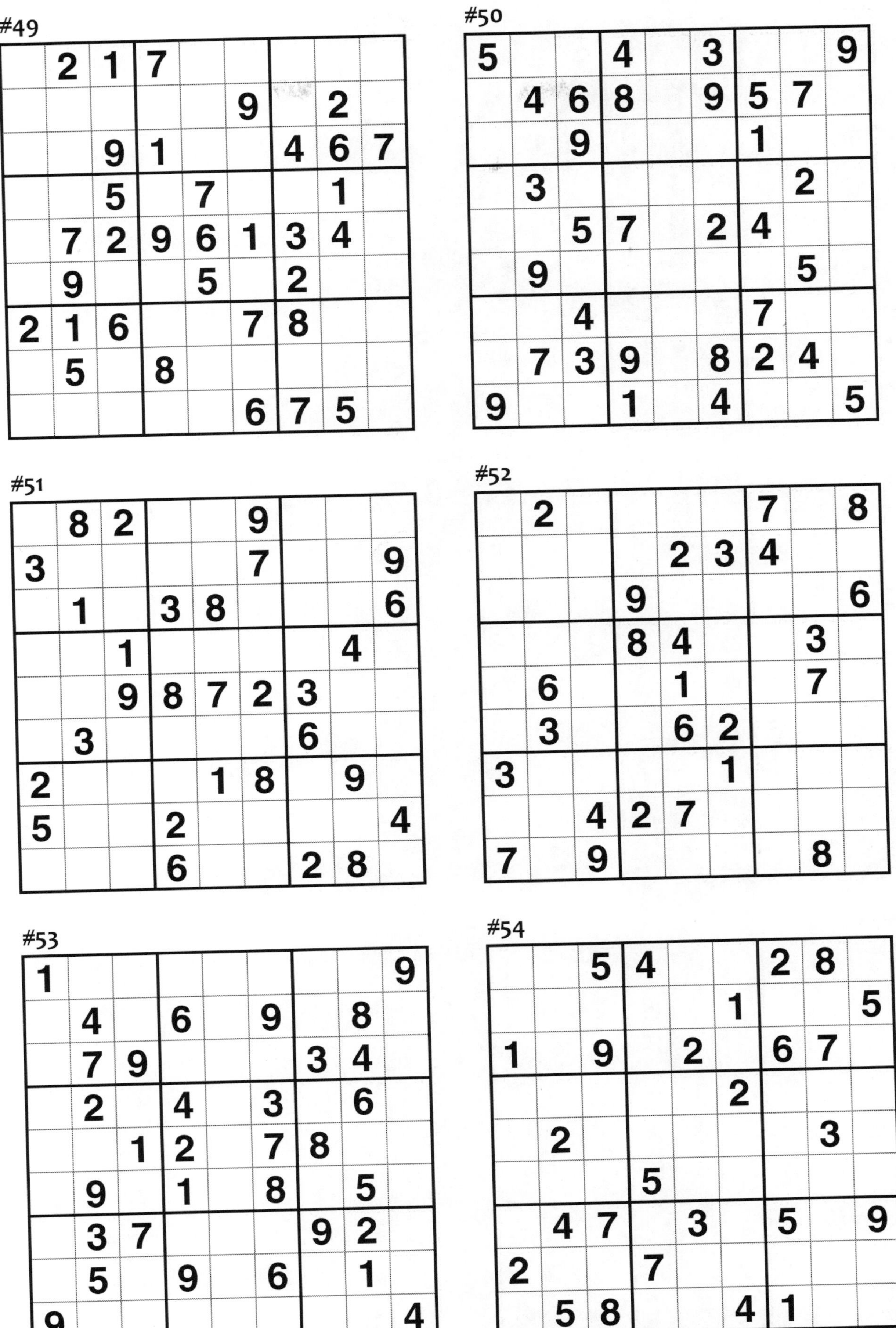

#49

	2	1	7					
					9		2	
		9	1			4	6	7
		5		7			1	
	7	2	9	6	1	3	4	
	9			5		2		
2	1	6			7	8		
	5		8					
					6	7	5	

#50

5			4		3			9
	4	6	8		9	5	7	
		9				1		
	3						2	
		5	7		2	4		
	9						5	
		4				7		
	7	3	9		8	2	4	
9			1		4			5

#51

	8	2			9			
3					7			9
	1		3	8				6
		1					4	
		9	8	7	2	3		
	3					6		
2				1	8		9	
5			2					4
			6			2	8	

#52

	2					7		8
				2	3	4		
			9					6
			8	4			3	
	6			1			7	
	3			6	2			
3					1			
		4	2	7				
7		9					8	

#53

1								9
	4		6		9		8	
	7	9				3	4	
	2		4		3		6	
		1	2		7	8		
	9		1		8		5	
	3	7				9	2	
	5		9		6		1	
9								4

#54

		5	4			2	8	
					1			5
1		9		2		6	7	
					2			
	2						3	
			5					
	4	7		3		5		9
2			7					
	5	8			4	1		

#55

6	3					4	2	
			4	6				9
		9			2	6	1	
		6		1				
			7	4	5			
				2		7		
	6	1	8			9		
2				5	7			
	7	3					6	4

#56

	1		6		8			
			1	7		8	6	
2				3				
1	2					3		
			5	9	3			
		6					9	8
				4				6
	4	3		6	1			
			9		7		4	

#57

	6			8			9	
		2				4		
3			1		5			7
	3	4	8	7	6	9	1	
			4		3			
	2	8	9	5	1	6	3	
2			5		7			6
		1				7		
	9			1			2	

#58

			2			6	9	
						2		8
	2	9	6				5	
4					2			3
6			7		5			2
1			3					4
	5				7	1	8	
7		6						
	3	8			4			

#59

1			7	8				
4					6			
							2	6
5	3	2		1		6		
		7		4		3		
		4		7		8	1	5
2	6							
			3					1
				9	1			4

#60

	6	7				3	4	
			4	7	9			
		9	3		6	1		
1		5				8		3
	7			3			5	
9		3				4		6
		4	6		2	7		
			5	9	8			
	5	6				9	1	

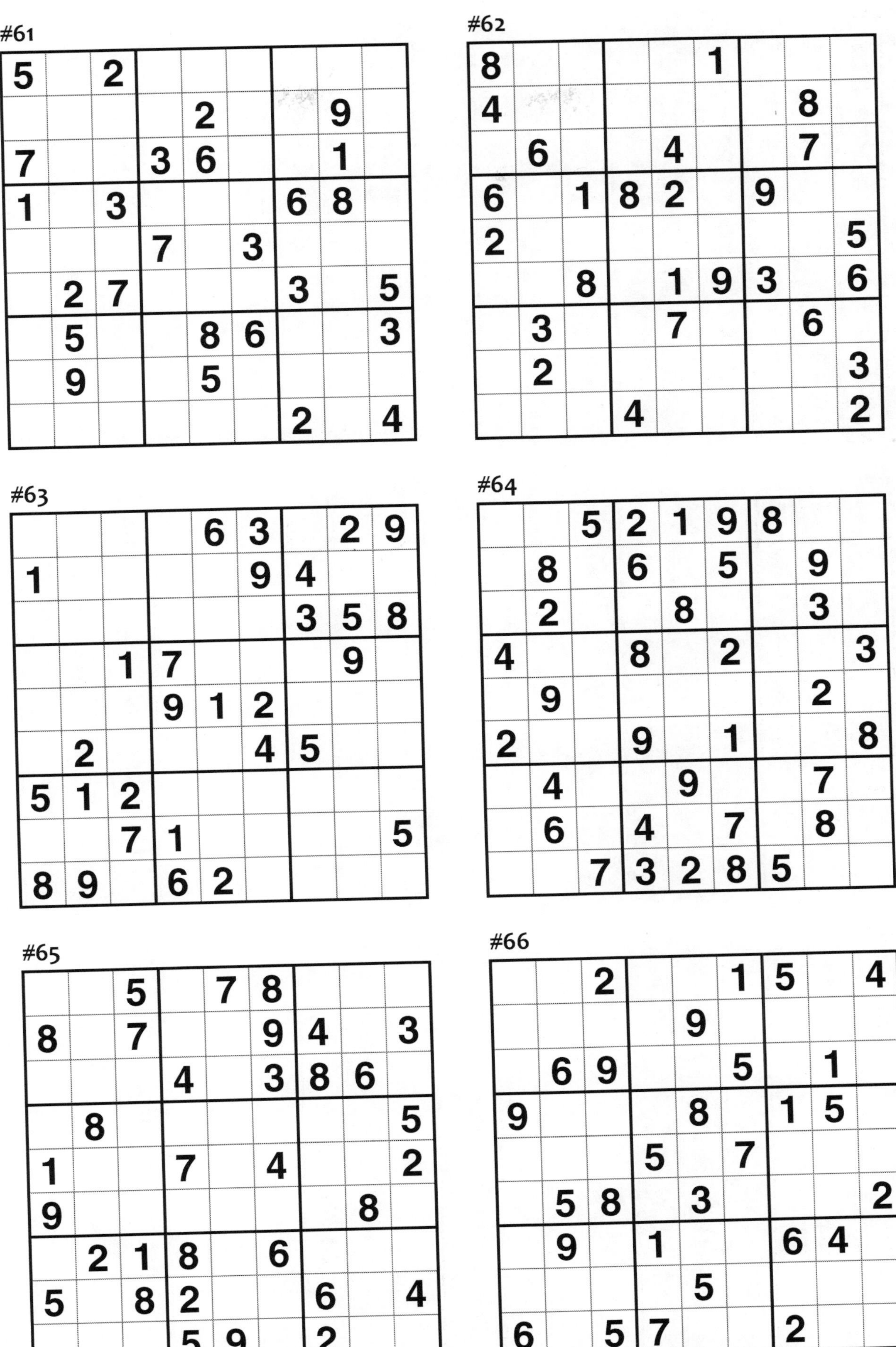

#61

5		2						
				2			9	
7			3	6			1	
1		3				6	8	
			7		3			
	2	7				3		5
	5			8	6			3
	9			5				
						2		4

#62

8					1			
4							8	
	6			4			7	
6		1	8	2		9		
2								5
		8		1	9	3		6
	3			7			6	
	2							3
			4					2

#63

				6	3		2	9
1					9	4		
						3	5	8
		1	7				9	
			9	1	2			
	2				4	5		
5	1	2						
		7	1					5
8	9		6	2				

#64

		5	2	1	9	8		
	8		6		5		9	
	2			8			3	
4			8		2			3
	9						2	
2			9		1			8
	4			9			7	
	6		4		7		8	
		7	3	2	8	5		

#65

		5		7	8			
8		7			9	4		3
			4		3	8	6	
	8							5
1			7		4			2
9							8	
	2	1	8		6			
5		8	2			6		4
			5	9		2		

#66

		2			1	5		4
				9				
	6	9			5		1	
9				8		1	5	
			5		7			
	5	8		3				2
	9		1			6	4	
				5				
6		5	7			2		

#67

3	2						9	1
	5	6				3	4	
			3		4			
5			7	2	6			8
			8		1			
6			4	9	3			2
			6		2			
	6	2				4	1	
9	3						6	5

#68

				8				
		4	5		9	6		
6		9	4		7	2		5
5				3				9
			1		8			
8				4				7
4		3	7		1	9		2
		8	3		2	1		
				5				

#69

		1				7		
		4	1		3	6		
5				2				1
	7		3		5		2	
		2				9		
	9		2		4		7	
3				4				5
		7	9		6	4		
		5				2		

#70

		6	4	5	7	2		
			2		9			
2								8
	6		8		4		2	
	8	5		2		7	6	
	9		5		3		8	
5								9
			1		8			
		8	7	4	5	3		

#71

	4						3	
3		7			2			
		9		6		1		
		1			7			
7			3		8			9
			9			5		
		8		5		7		
			8			9		5
	6						4	

#72

	6				7			
	4					5		8
			2	1		3		
6			1	9		4		
4								9
		5		3	2			1
		6		4	5			
8	2						9	
			8				6	

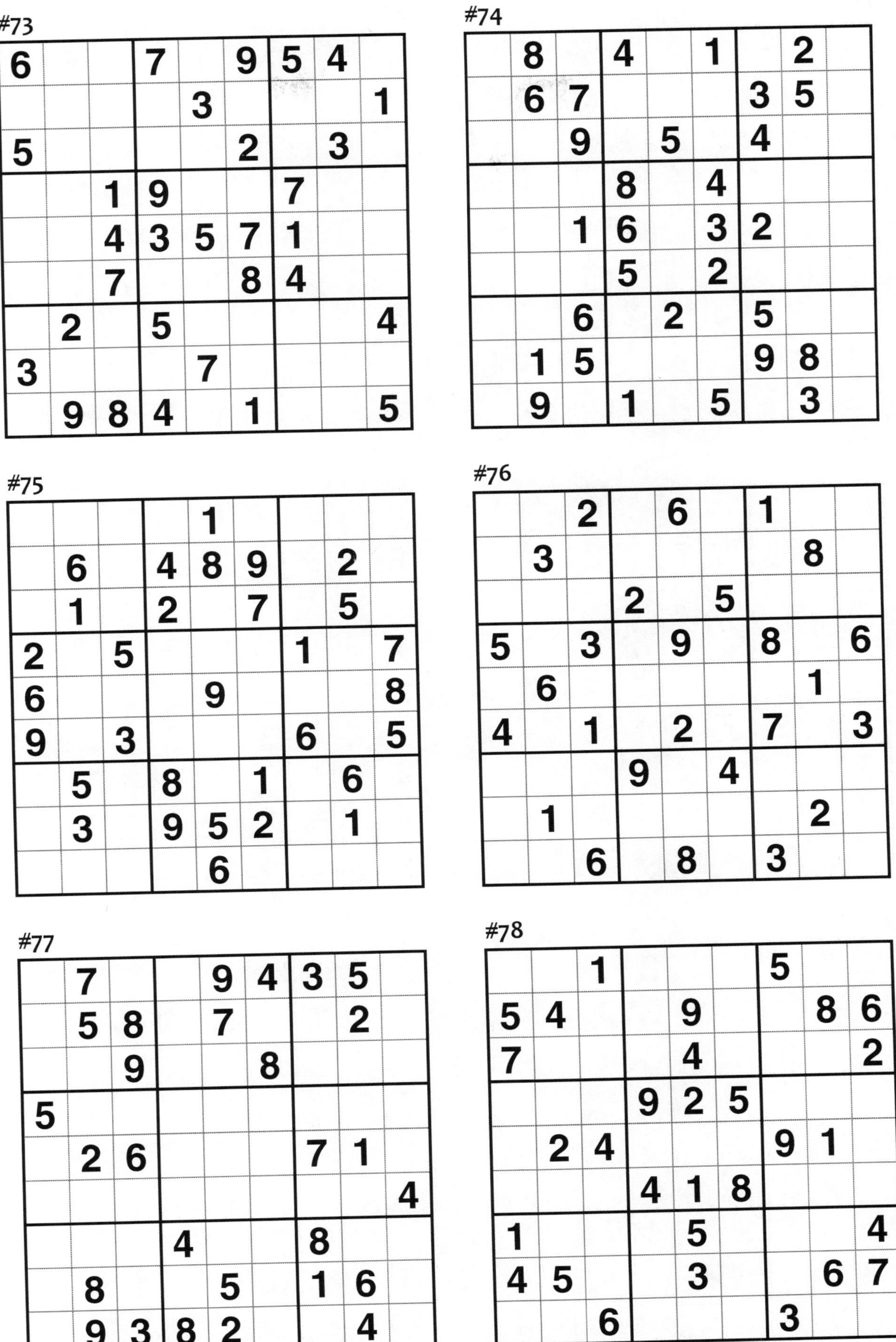

#73

6			7		9	5	4	
				3				1
5					2		3	
		1	9			7		
		4	3	5	7	1		
		7			8	4		
	2		5					4
3				7				
	9	8	4		1			5

#74

	8		4		1		2	
	6	7				3	5	
		9		5		4		
			8		4			
		1	6		3	2		
			5		2			
		6		2		5		
	1	5				9	8	
	9		1		5		3	

#75

				1				
	6		4	8	9		2	
	1		2		7		5	
2		5				1		7
6				9				8
9		3				6		5
	5		8		1		6	
	3		9	5	2		1	
				6				

#76

		2		6		1		
	3						8	
			2		5			
5		3		9		8		6
	6						1	
4		1		2		7		3
			9		4			
	1						2	
		6		8		3		

#77

	7			9	4	3	5	
	5	8		7			2	
		9			8			
5								
	2	6				7	1	
								4
			4			8		
	8			5		1	6	
	9	3	8	2			4	

#78

		1				5		
5	4			9			8	6
7				4				2
			9	2	5			
	2	4				9	1	
			4	1	8			
1				5				4
4	5			3			6	7
		6				3		

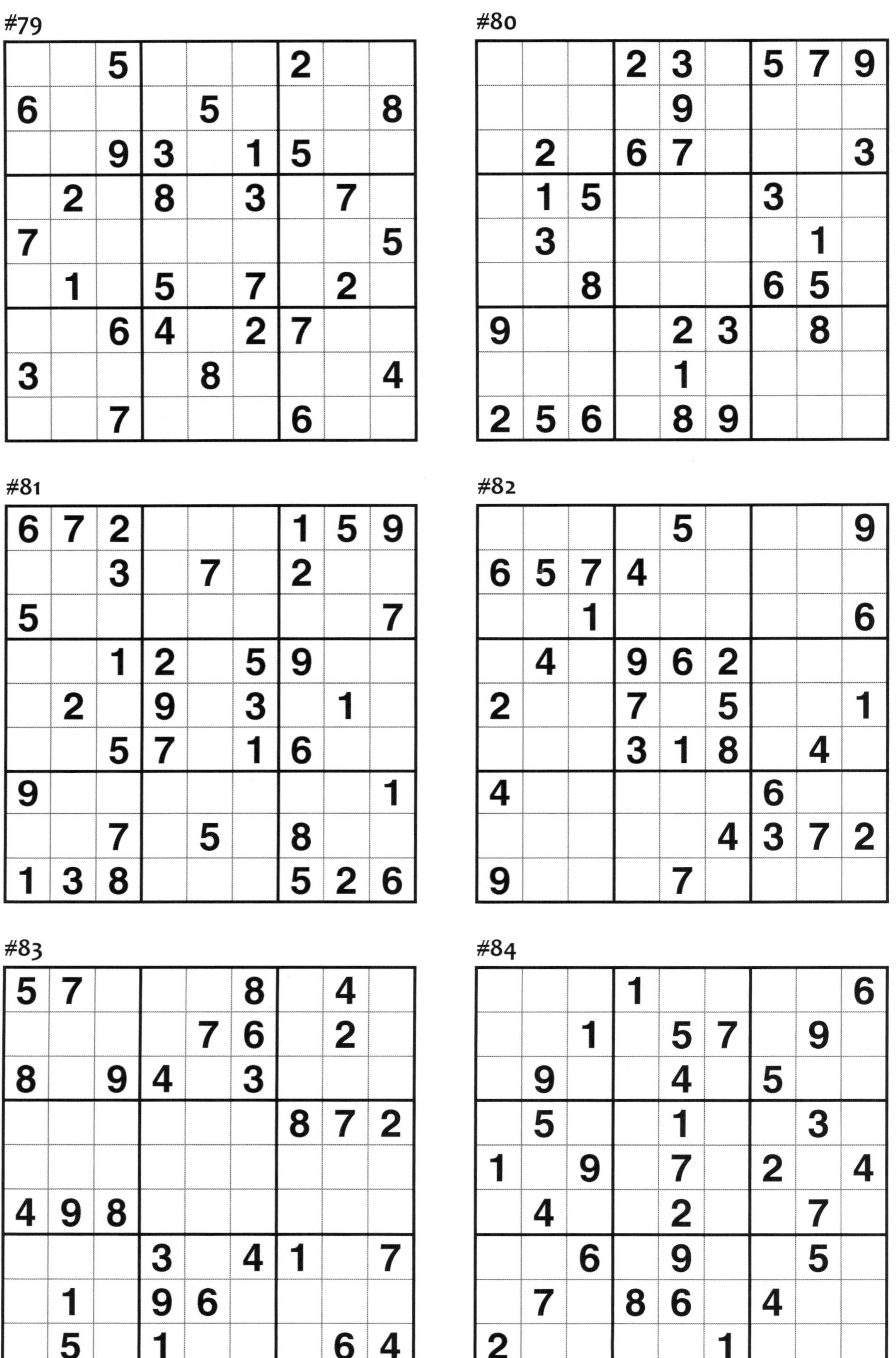

#79

		5				2		
6				5				8
		9	3		1	5		
	2		8		3		7	
7								5
	1		5		7		2	
		6	4		2	7		
3				8				4
		7				6		

#80

			2	3		5	7	9
				9				
	2		6	7				3
	1	5				3		
	3						1	
		8				6	5	
9				2	3		8	
				1				
2	5	6		8	9			

#81

6	7	2				1	5	9
		3		7		2		
5								7
		1	2		5	9		
	2		9		3		1	
		5	7		1	6		
9								1
		7		5		8		
1	3	8				5	2	6

#82

				5				9
6	5	7	4					
		1						6
	4		9	6	2			
2			7		5			1
			3	1	8		4	
4						6		
					4	3	7	2
9				7				

#83

5	7				8		4	
				7	6		2	
8		9	4		3			
						8	7	2
4	9	8						
			3		4	1		7
	1		9	6				
	5		1				6	4

#84

			1					6
		1		5	7		9	
	9			4		5		
	5			1			3	
1		9		7		2		4
	4			2			7	
		6		9			5	
	7		8	6		4		
2					1			

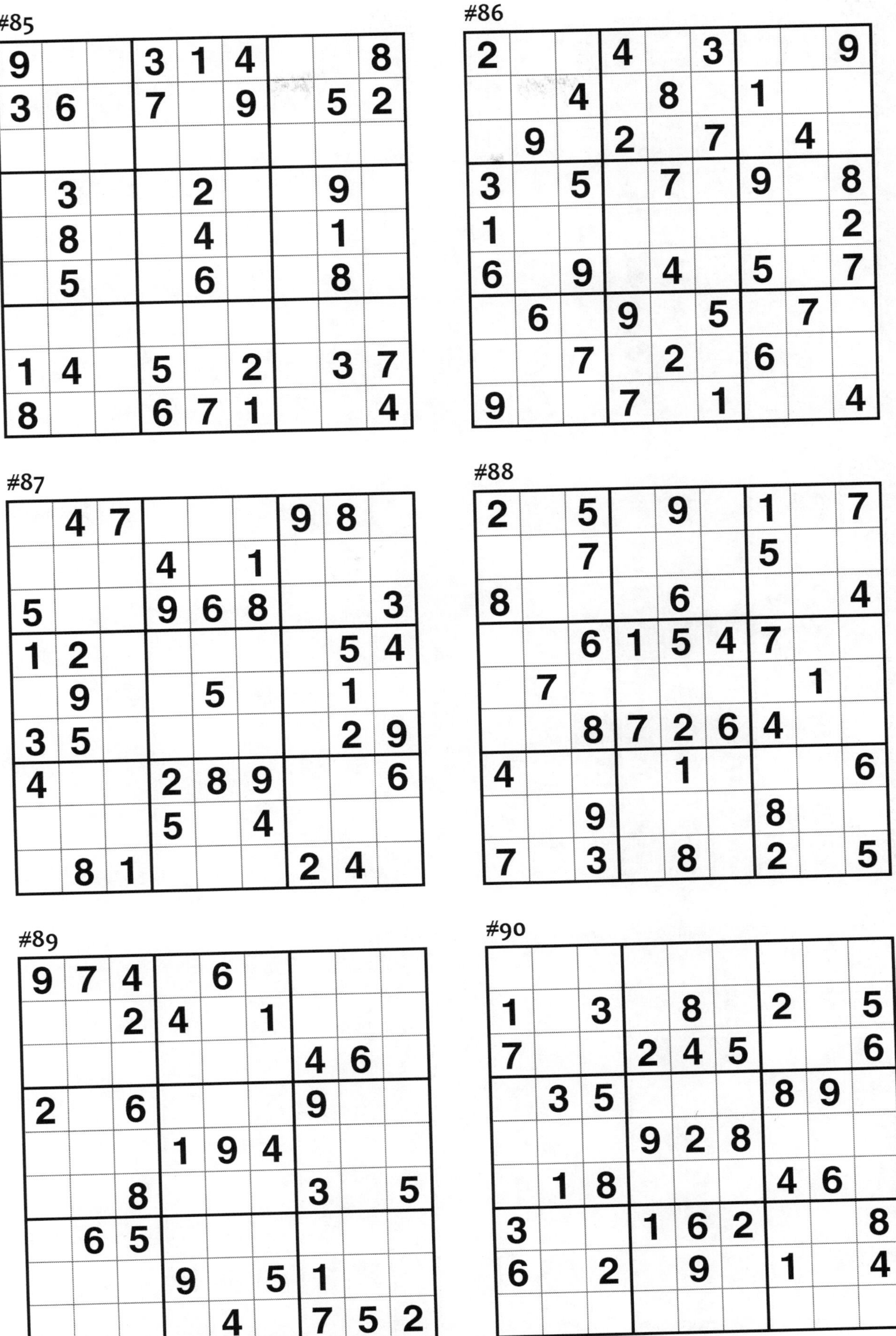

#85

9			3	1	4			8
3	6		7		9		5	2
	3			2			9	
	8			4			1	
	5			6			8	
1	4		5		2		3	7
8			6	7	1			4

#86

2			4		3			9
		4		8		1		
	9		2		7		4	
3		5		7		9		8
1								2
6		9		4		5		7
	6		9		5		7	
		7		2		6		
9			7		1			4

#87

	4	7				9	8	
			4		1			
5			9	6	8			3
1	2						5	4
	9			5			1	
3	5						2	9
4			2	8	9			6
			5		4			
	8	1				2	4	

#88

2		5		9		1		7
		7				5		
8				6				4
		6	1	5	4	7		
	7						1	
		8	7	2	6	4		
4				1				6
		9				8		
7		3		8		2		5

#89

9	7	4		6				
		2	4		1			
						4	6	
2		6				9		
			1	9	4			
		8				3		5
	6	5						
			9		5	1		
				4		7	5	2

#90

1		3		8		2		5
7			2	4	5			6
	3	5				8	9	
			9	2	8			
	1	8				4	6	
3			1	6	2			8
6		2		9		1		4

#91

	1					8		
	3		8					9
			3	5			1	
2			7	6				3
		5				4		
6				2	4			1
	5			4	8			
3					9		4	
		6					5	

#92

		7				2		
			6	7	4			
	5	9		8		6	7	
	8		7	4	5		2	
1			9		3			5
	9		1	6	8		4	
	1	3		5		4	8	
			8	3	6			
		8				9		

#93

	5			2				
6			5					
	8	9			6			5
	4	7		8			6	
	9						1	
	1			3		2	5	
9			6			1	2	
					4			9
				9			4	

#94

	7	4				6	8	
	5						2	
6				4				1
5			4		2			3
		2	5	9	1	7		
9			8		6			5
3				2				8
	9						7	
	2	6				1	3	

#95

	3	4		7	2			
	7	8						2
	9							
9	5			3		2		1
4				5				6
1		3		9			5	4
							1	
7						9	8	
			7	6		4	2	

#96

			5		8			
	5	7	6		9	8	2	
8								7
6		3				1		4
	1	4				3	7	
9		2				5		6
3								1
	2	8	4		3	7	6	
			1		2			

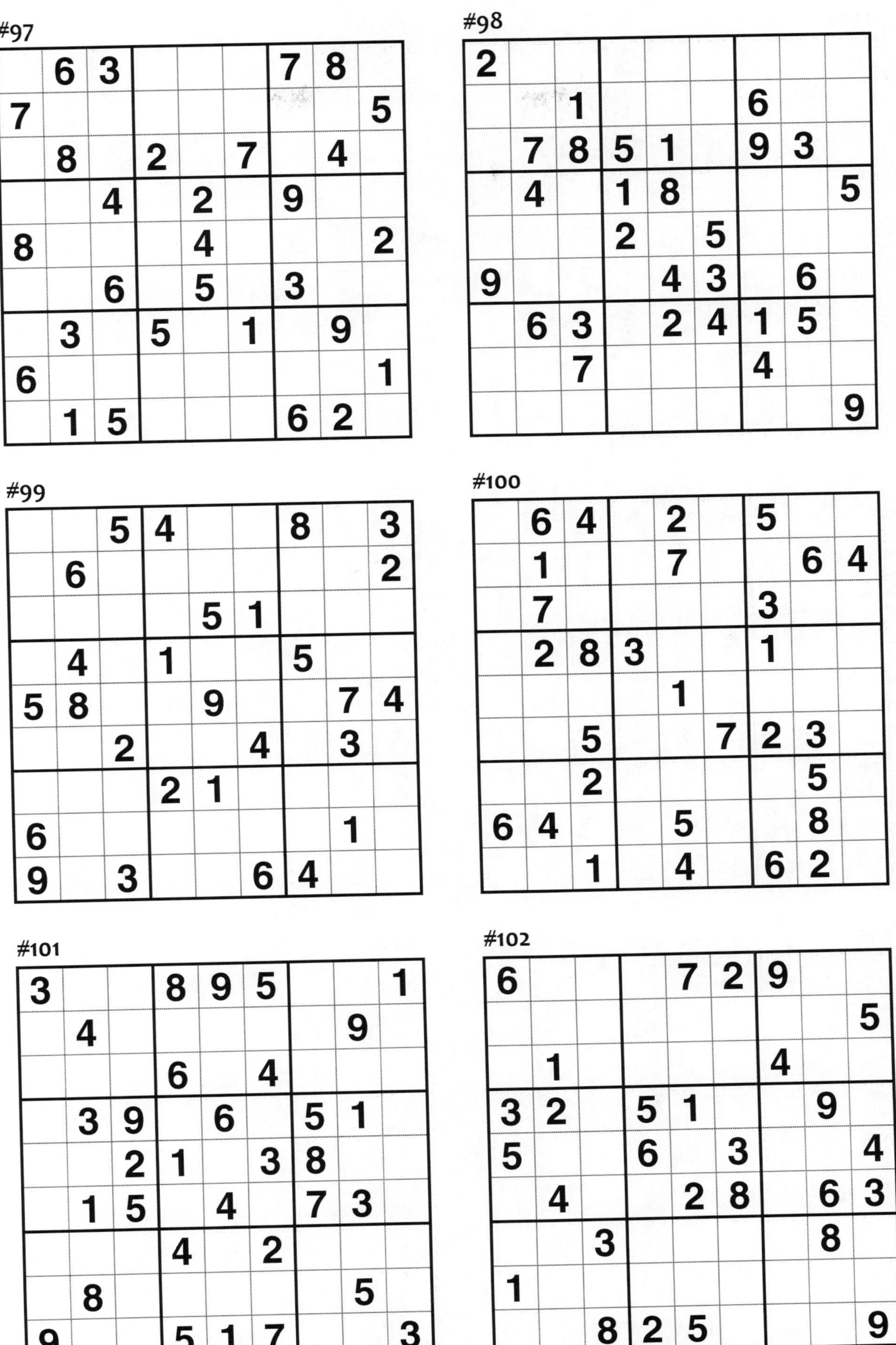

#97

	6	3				7	8	
7								5
	8		2		7		4	
		4		2		9		
8				4				2
		6		5		3		
	3		5		1		9	
6								1
	1	5				6	2	

#98

2								
		1				6		
	7	8	5	1		9	3	
	4		1	8				5
			2		5			
9				4	3		6	
	6	3		2	4	1	5	
		7				4		
								9

#99

		5	4			8		3
	6							2
				5	1			
	4		1			5		
5	8			9			7	4
		2			4		3	
			2	1				
6							1	
9		3			6	4		

#100

	6	4		2		5		
	1			7			6	4
	7					3		
	2	8	3			1		
				1				
		5			7	2	3	
		2					5	
6	4			5			8	
		1		4		6	2	

#101

3			8	9	5			1
	4						9	
			6		4			
	3	9		6		5	1	
		2	1		3	8		
	1	5		4		7	3	
			4		2			
	8						5	
9			5	1	7			3

#102

6				7	2	9		
								5
	1					4		
3	2		5	1			9	
5			6		3			4
	4			2	8		6	3
		3					8	
1								
		8	2	5				9

#103

6		2			9	1		
		7			1		5	
	8				3			
		4					6	
	6		9		7		3	
	7					2		
			1				9	
	3		5			8		
		5	8			7		1

#104

8	6	3	9			4		
			3	2	1		6	
		7			6			
		8		1				6
	7	6				2	1	
9				3		7		
			5			1		
	4		1	7	3			
		1			4	6	7	9

#105

	7		8		1		9	
	6				7	8		
1				6				2
2			5	3			6	
	9			1	6			7
7				5				9
		4	9				2	
	5		1		2		4	

#106

	2						8	
5			7	8	9			3
7								6
3		4				6		1
			6	1	4			
6		8				2		7
2								5
4			9	3	1			2
	9						1	

#107

5		2		9		3		8
			7		8			
	9						6	
2	1		4		6		7	3
7			3		5			9
3	6		2		9		8	1
	2						9	
			1		7			
1		4		6		8		7

#108

8				5	6		2	
	4	2					5	
		9	2	8				
		8	9				1	
			8	7	4			
	5				3	9		
				6	1	3		
	2					6	4	
	3		7	4				1

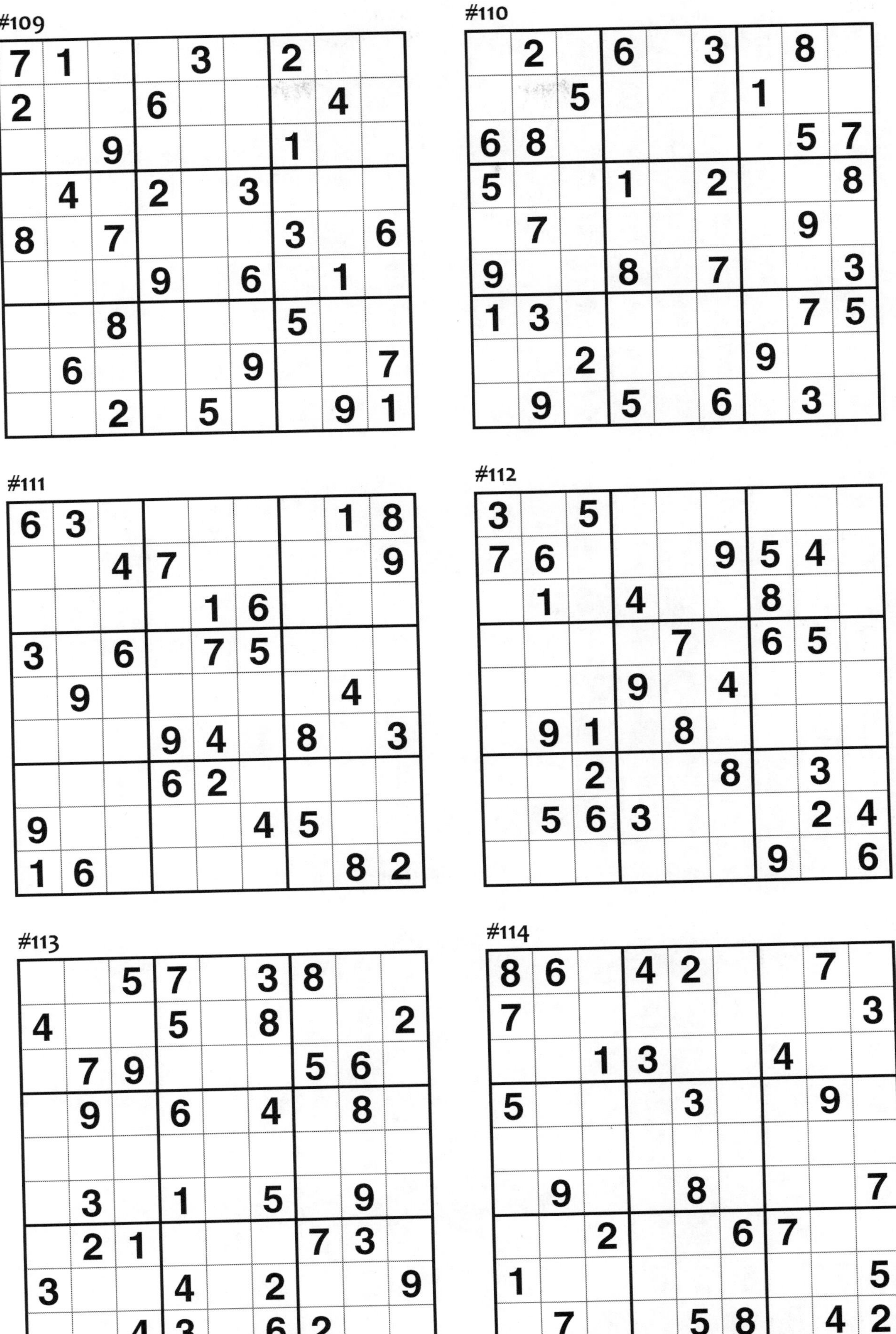

#115

	4	6	5					
	3		8		9			
1	2	8		4				9
						9	1	
	8		9		2		3	
	5	9						
3				9		1	8	7
			2		8		5	
					3	2	9	

#116

	7	3				1		
	4			3	9			
	2		5			7		
	5					2		8
			4		3			
9		2					6	
		8			1		9	
			3	6			2	
		1				3	5	

#117

6				1				9
	7						5	
	8	9				4	2	
7	5			3			1	4
		1	9		2	5		
4	9			7			6	3
	2	3				8	9	
	1						4	
9				2				5

#118

	4			6			9	
		2	4	1	9	7		
5								2
6			1		5			9
				8				
8			3		6			4
4								5
		8	9	7	3	6		
	1			5			8	

#119

		3				8		
	5		4	8	9		3	
7				1				6
5		4				3		9
	3						2	
8		2				6		4
2				9				3
	7		6	5	8		4	
		8				7		

#120

	1	5				7	8	
	4		6		9		1	
		9		1		3		
		6	9		2	4		
				4				
		4	7		1	2		
		8		9		1		
	6		4		8		2	
	7	3				8	5	

#121

	1		9		8	2	5	
				1	4			
9		8		6		3		
2							7	
	6						3	
	3							1
		3		8		6		7
			7	4				
	9	7	2		3		4	

#122

		6	7		2	9		
9		4				2		8
	7						3	
4				2				9
		5	8		7	1		
7				3				2
	3						2	
1		9				8		5
		2	1		5	3		

#123

			7	8	5			
2		6				3		8
7			6		2			5
3		2				4		7
			1	2	4			
8		4				5		1
4			2		9			6
5		1				7		2
			3	5	7			

#124

		3	8				4	
1	4	7		2				
5			3	4				1
		6					8	
				5				
	7					1		
7				6	5			9
				1		8	6	2
	1				9	3		

#125

8				9				1
		7		2		3		
		1				4		
	3	8	5		7	9	1	
2			1		9			6
	1	9	8		2	5	3	
		3				7		
		5		8		1		
1				7				5

#126

8			7	3		1		2
		2	8	6	1			
		4						7
		8						4
9			2	5	8			6
1						2		
4						7		
			1	2	7	4		
2		1		4	3			8

#127

		2	1		4	5		
	3	4				6	1	
	1			2			4	
	7		2		6		8	
		1				2		
	9		4		8		3	
	2			6			9	
	5	3				1	6	
		8	9		5	4		

#128

	8	4			2	6		
5				8				9
	1		4					
				2	9		3	
			5		7			
	7		3	4				
					5		4	
9				1				5
		3	9			8	6	

#129

	4			8				
5	6		3			4		8
	2		4		6		3	
						1	9	
		5	2	9	1	6		
	3	1						
	5		9		8		1	
8		6			3		5	4
				2			8	

#130

	1		4	5	6			
	4			8				
		9	3					8
1	5					9		
2			5	6	3			4
		8					3	7
5					4	8		
				1			4	
			6	3	8		1	

#131

	6	7			4		3	9
4	5				1			
	8		2				5	
			4	3				
8			9		5			2
				2	6			
	1				3		8	
			1				2	3
7	9		5			1	6	

#132

	4						8	
		2		8		4		
			4	5	7			
1			8		5			4
3								8
9			2		6			5
			6	7	3			
		9		1		7		
	8						6	

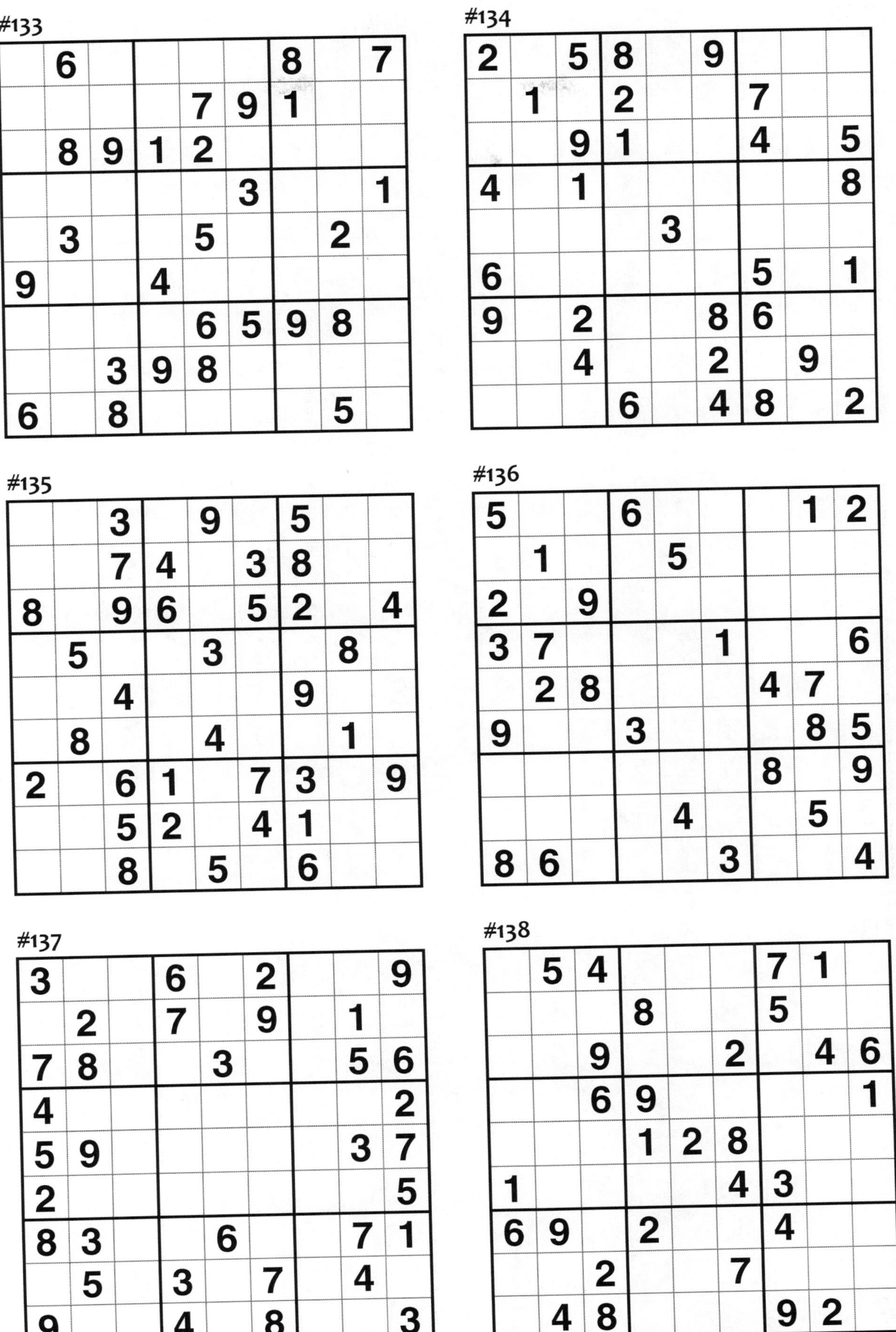
#133
#134
#135
#136
#137
#138

#139

	3		1	2	4		6	
	5						7	
1		9				2		8
2			8		3			6
			4		5			
9			2		1			7
3		6				1		5
	4						8	
	9		5	3	6		2	

#140

		7				2		
4	1		5		9		6	7
		9	2		7	4		
	4		8		1		9	
	2						4	
	9		4		6		2	
		5	7		2	9		
2	3		9		8		7	1
		8				5		

#141

	2			8			6	
9		7				1		3
			9		7			
		9	2		6	7		
5		1				3		6
		2	8		3	4		
			6		9			
2		3				6		1
	5			3			4	

#142

3							1	4
	1	4	3			6	8	
		9						5
		3	4		2			
2			5		6			1
			9		3	4		
8						2		
	6	1			4	8	9	
4	3							6

#143

6				2				9
5	7						4	1
	1		3		7		5	
3		1				8		7
			4		8			
2		8				4		5
	2		8		3		9	
4	5						7	8
9				6				2

#144

	3			2				9
	1	6						2
						1	6	
	4			7	3		9	
1								4
	8		1	6			2	
	2	8						
6						8	3	
7				3			4	

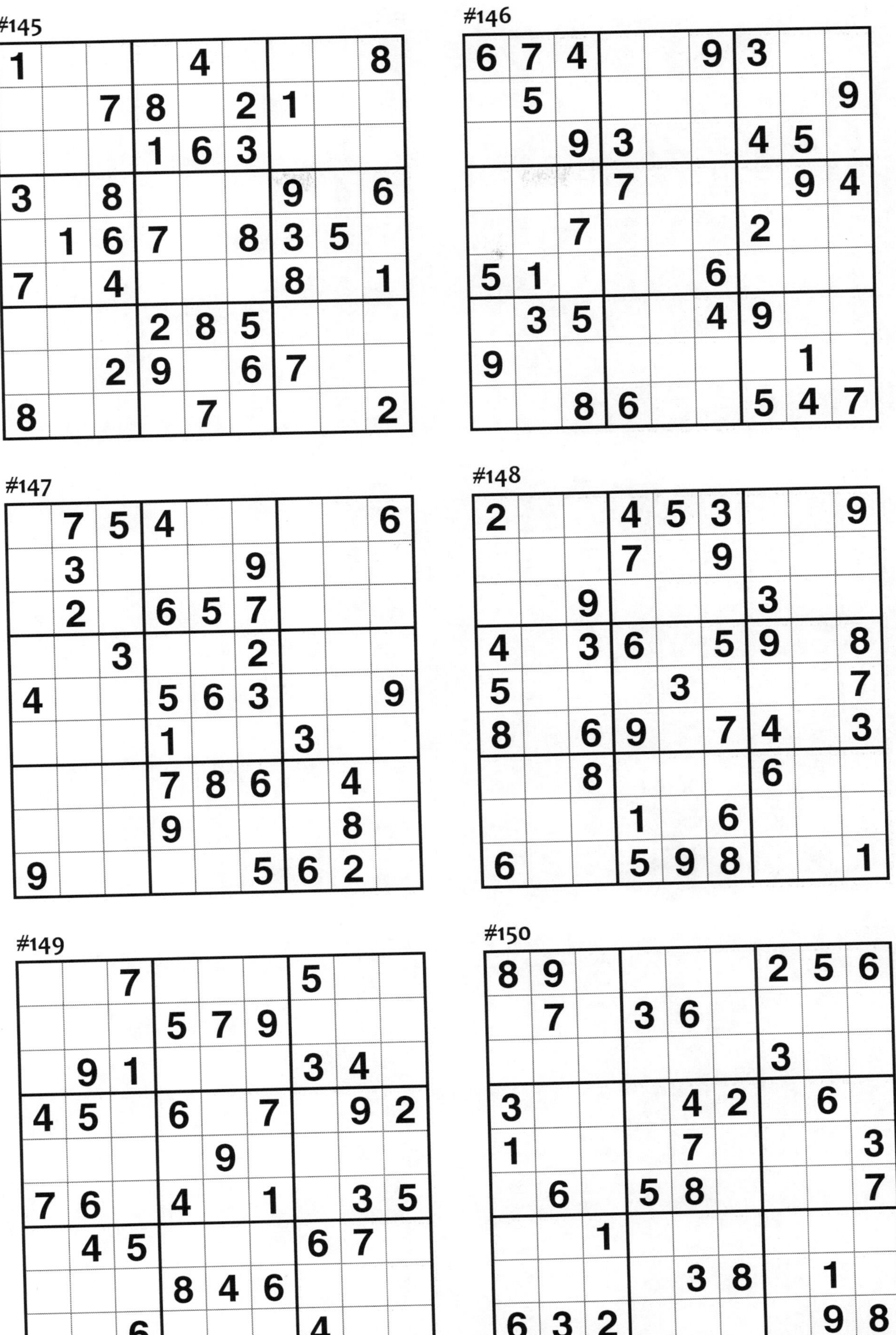

#145

1				4				8
		7	8		2	1		
			1	6	3			
3		8				9		6
	1	6	7		8	3	5	
7		4				8		1
			2	8	5			
		2	9		6	7		
8				7				2

#146

6	7	4			9	3		
	5							9
		9	3			4	5	
			7				9	4
		7				2		
5	1				6			
	3	5			4	9		
9							1	
		8	6			5	4	7

#147

	7	5	4					6
	3				9			
	2		6	5	7			
		3			2			
4			5	6	3			9
			1			3		
			7	8	6		4	
			9				8	
9					5	6	2	

#148

2			4	5	3			9
			7		9			
		9				3		
4		3	6		5	9		8
5				3				7
8		6	9		7	4		3
		8				6		
			1		6			
6			5	9	8			1

#149

		7				5		
			5	7	9			
	9	1				3	4	
4	5		6		7		9	2
				9				
7	6		4		1		3	5
	4	5				6	7	
			8	4	6			
		6				4		

#150

8	9					2	5	6
	7		3	6				
						3		
3				4	2		6	
1				7				3
	6		5	8				7
		1						
				3	8		1	
6	3	2					9	8

#151

		2				6		
	5						2	
6	8			2			4	3
		7	3		2	4		
			5	1	8			
		8	6		7	1		
7	3			6			8	4
	2						3	
		4				2		

#152

			6		8		9	1
6					9	5		
	8					3	4	
2	4	6						
1		5				6		7
						4	2	5
	6	3					5	
		7	9					4
8	9		4		3			

#153

	6			8	9		7	
	5			1	4	2		
						6	4	
6	3	8						
1								5
						4	9	8
	7	3						
		2	8	3			5	
	8		4	5			3	

#154

6			5		4			9
		3	7	8	9	6		
2	4			6			5	7
		6				5		
			2		7			
		4				7		
5	8			7			4	6
		1	8	3	2	9		
3			4		6			1

#155

		5				3		
		7	8		1	4		
4	9			7			6	5
7			9		5			1
		3				7		
1			7		6			8
3	6			1			5	2
		4	2		9	1		
		2				6		

#156

			8					
	7			6		9		
2		8			1	3		
	6			3				
5	1			8			4	3
				1			6	
		2	6			7		9
		9		7			2	
					4			

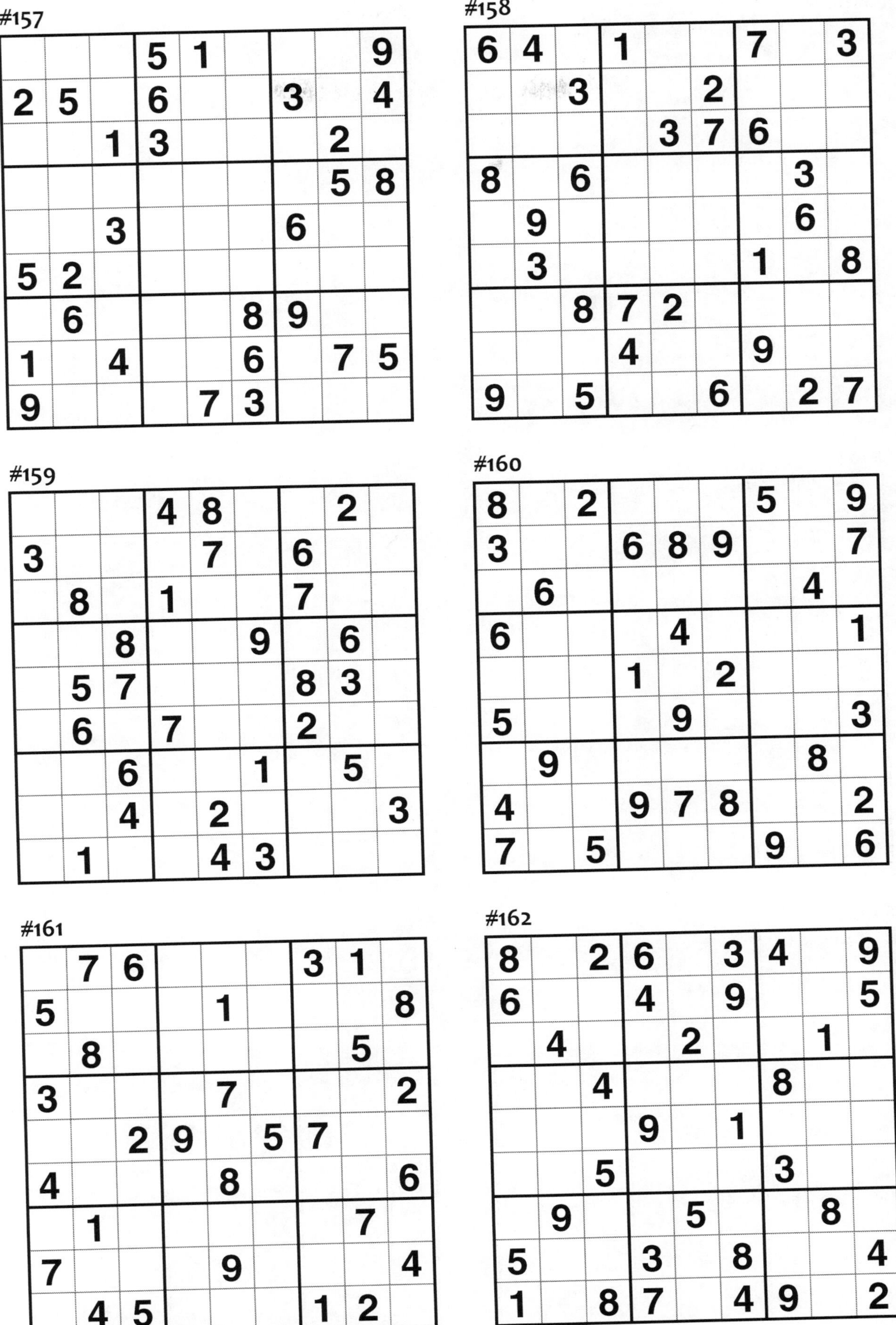

#157

			5	1				9
2	5		6			3		4
		1	3				2	
							5	8
		3				6		
5	2							
	6				8	9		
1		4			6		7	5
9				7	3			

#158

6	4		1			7		3
		3			2			
				3	7	6		
8		6					3	
	9						6	
	3					1		8
		8	7	2				
			4			9		
9		5			6		2	7

#159

			4	8			2	
3				7		6		
	8		1			7		
		8			9		6	
	5	7				8	3	
	6		7			2		
		6			1		5	
		4		2				3
	1			4	3			

#160

8		2				5		9
3			6	8	9			7
	6						4	
6				4				1
			1		2			
5				9				3
	9						8	
4			9	7	8			2
7		5				9		6

#161

	7	6				3	1	
5				1				8
	8						5	
3				7				2
		2	9		5	7		
4				8				6
	1						7	
7				9				4
	4	5				1	2	

#162

8		2	6		3	4		9
6			4		9			5
	4			2			1	
		4				8		
			9		1			
		5				3		
	9			5			8	
5			3		8			4
1		8	7		4	9		2

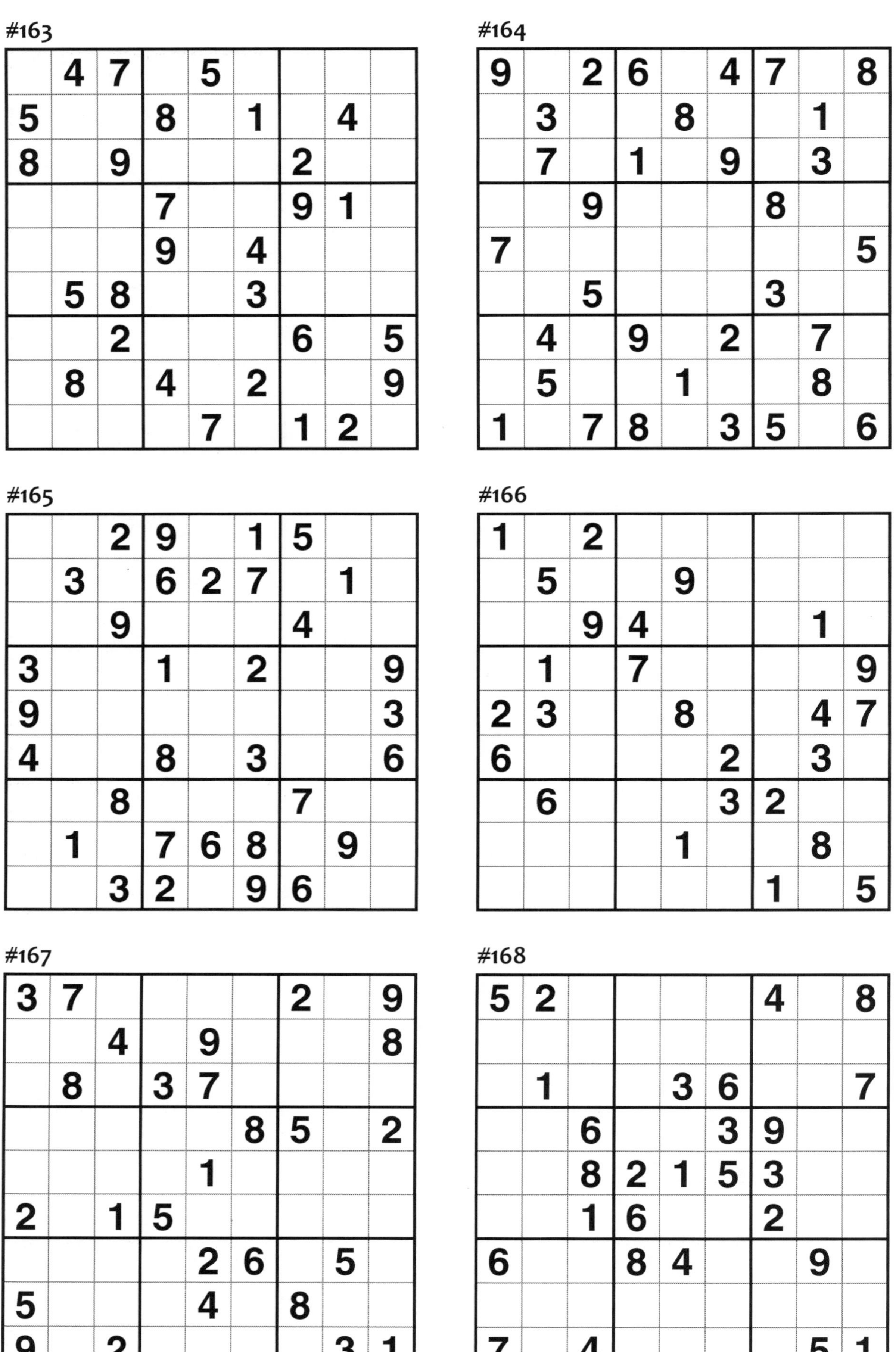

#163

	4	7		5				
5			8		1		4	
8		9				2		
			7			9	1	
			9		4			
	5	8			3			
		2				6		5
	8		4		2			9
				7		1	2	

#164

9		2	6		4	7		8
	3			8			1	
	7		1		9		3	
		9				8		
7								5
		5				3		
	4		9		2		7	
	5			1			8	
1		7	8		3	5		6

#165

		2	9		1	5		
	3		6	2	7		1	
		9				4		
3			1		2			9
9								3
4			8		3			6
		8				7		
	1		7	6	8		9	
		3	2		9	6		

#166

1		2						
	5			9				
		9	4				1	
	1		7					9
2	3			8			4	7
6					2		3	
	6				3	2		
				1			8	
						1		5

#167

3	7					2		9
		4		9				8
	8		3	7				
					8	5		2
				1				
2		1	5					
				2	6		5	
5				4		8		
9		2					3	1

#168

5	2					4		8
	1			3	6			7
		6			3	9		
		8	2	1	5	3		
		1	6			2		
6			8	4			9	
7		4					5	1

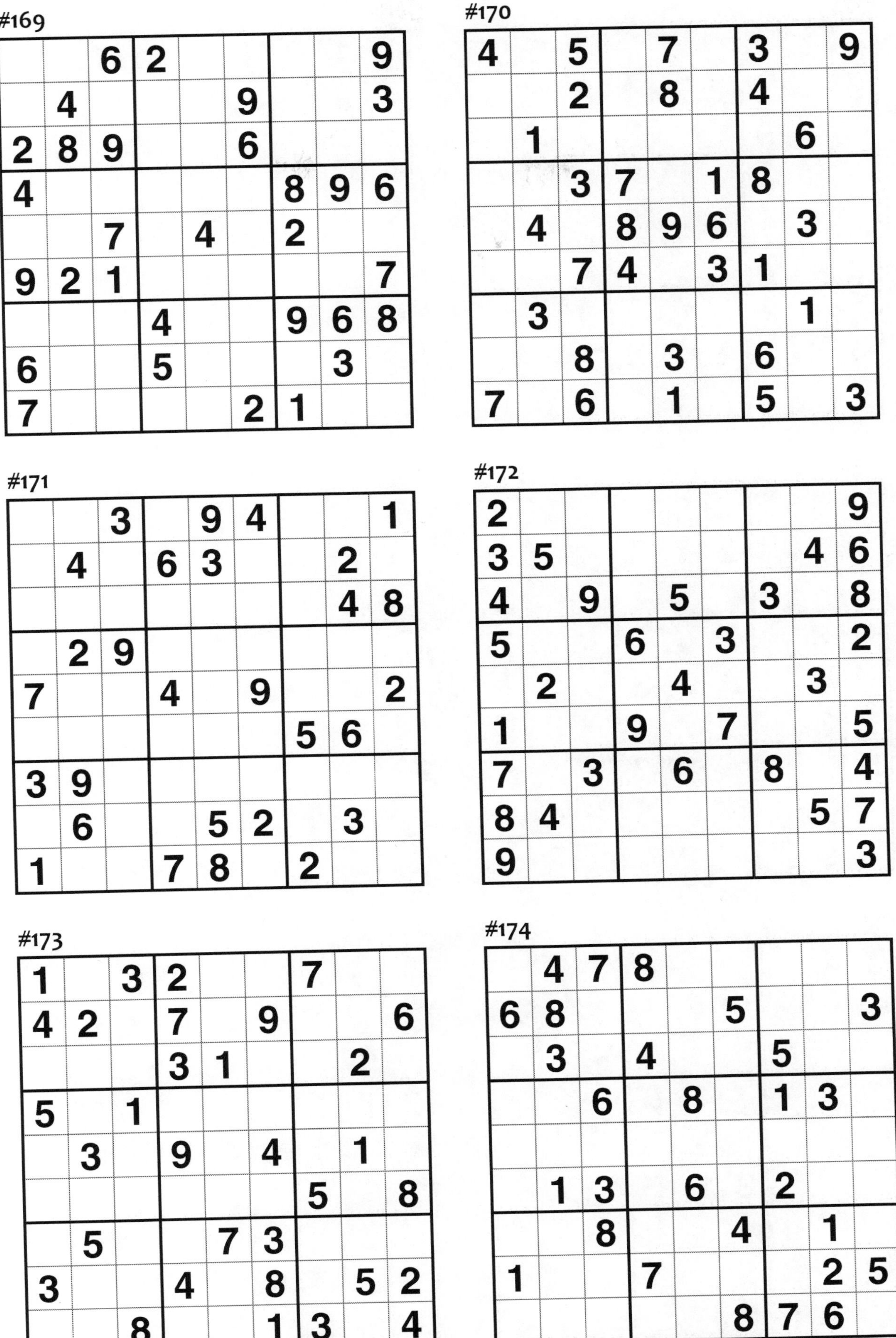

#169

		6	2					9
	4				9			3
2	8	9			6			
4						8	9	6
		7		4		2		
9	2	1						7
			4			9	6	8
6			5				3	
7					2	1		

#170

4		5		7		3		9
		2		8		4		
	1						6	
		3	7		1	8		
	4		8	9	6		3	
		7	4		3	1		
	3						1	
		8		3		6		
7		6		1		5		3

#171

		3		9	4			1
	4		6	3			2	
							4	8
	2	9						
7			4		9			2
						5	6	
3	9							
	6			5	2		3	
1			7	8		2		

#172

2								9
3	5						4	6
4		9		5		3		8
5			6		3			2
	2			4			3	
1			9		7			5
7		3		6		8		4
8	4						5	7
9								3

#173

1		3	2			7		
4	2		7		9			6
			3	1			2	
5		1						
	3		9		4		1	
						5		8
	5			7	3			
3			4		8		5	2
		8			1	3		4

#174

	4	7	8					
6	8				5			3
	3		4			5		
		6		8		1	3	
	1	3		6		2		
		8			4		1	
1			7				2	5
					8	7	6	

#175

	7						5	
5		3	7		1	8		9
		9		3		1		
3		4				7		5
	6						3	
9		7				6		8
		2		8		9		
6		5	1		4	2		3
	4						6	

#176

	1		4				8	
	6		3	8				7
7		9						
5	7		1					
		6	8		2	7		
					6		5	2
						4		3
3				2	4		6	
	4				1		2	

#177

	4			3			2	
			2	1	9			
8			7		4			3
9	8			6			1	7
			8		3			
2	3			7			4	5
5			4		7			6
			3	9	5			
	9			2			7	

#178

				8			9	
5	2				9	3	4	
3			4					
		4		1				9
2			5		4			1
1				2		4		
					6			3
	6	1	7				8	5
	5			9				

#179

9	4						8	1
		2	8		1	3		
		8				5		
	8		7		9		2	
				2				
	1		3		5		7	
		4				8		
		6	5		3	1		
8	3						5	2

#180

		7				8		
		6	2		8	3		
	1						5	
2	5			3			1	4
4		1	8		2	5		7
3	7			5			6	8
	8						4	
		4	5		3	1		
		5				6		

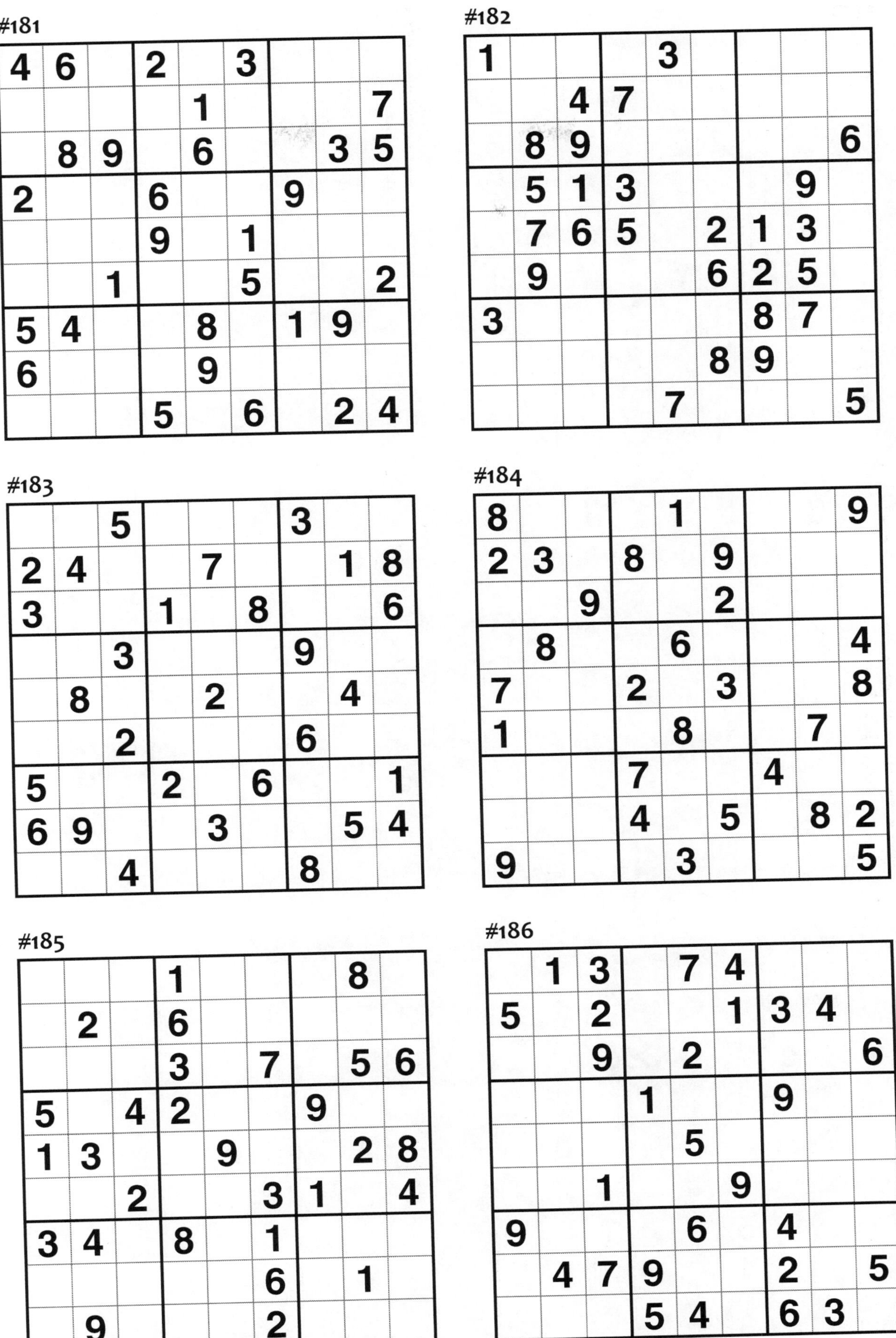

#181

4	6		2		3			
				1				7
	8	9		6			3	5
2			6			9		
			9		1			
		1			5			2
5	4			8		1	9	
6				9				
			5		6		2	4

#182

1				3				
		4	7					
	8	9						6
	5	1	3				9	
	7	6	5		2	1	3	
	9				6	2	5	
3						8	7	
					8	9		
				7				5

#183

		5				3		
2	4			7			1	8
3			1		8			6
		3				9		
	8			2			4	
		2				6		
5			2		6			1
6	9			3			5	4
		4				8		

#184

8				1				9
2	3		8		9			
		9			2			
	8			6				4
7			2		3			8
1				8			7	
			7			4		
			4		5		8	2
9				3				5

#185

			1				8	
	2		6					
			3		7		5	6
5		4	2			9		
1	3			9			2	8
		2			3	1		4
3	4		8		1			
					6		1	
	9				2			

#186

	1	3		7	4			
5		2			1	3	4	
		9		2				6
			1			9		
				5				
		1			9			
9				6		4		
	4	7	9			2		5
			5	4		6	3	

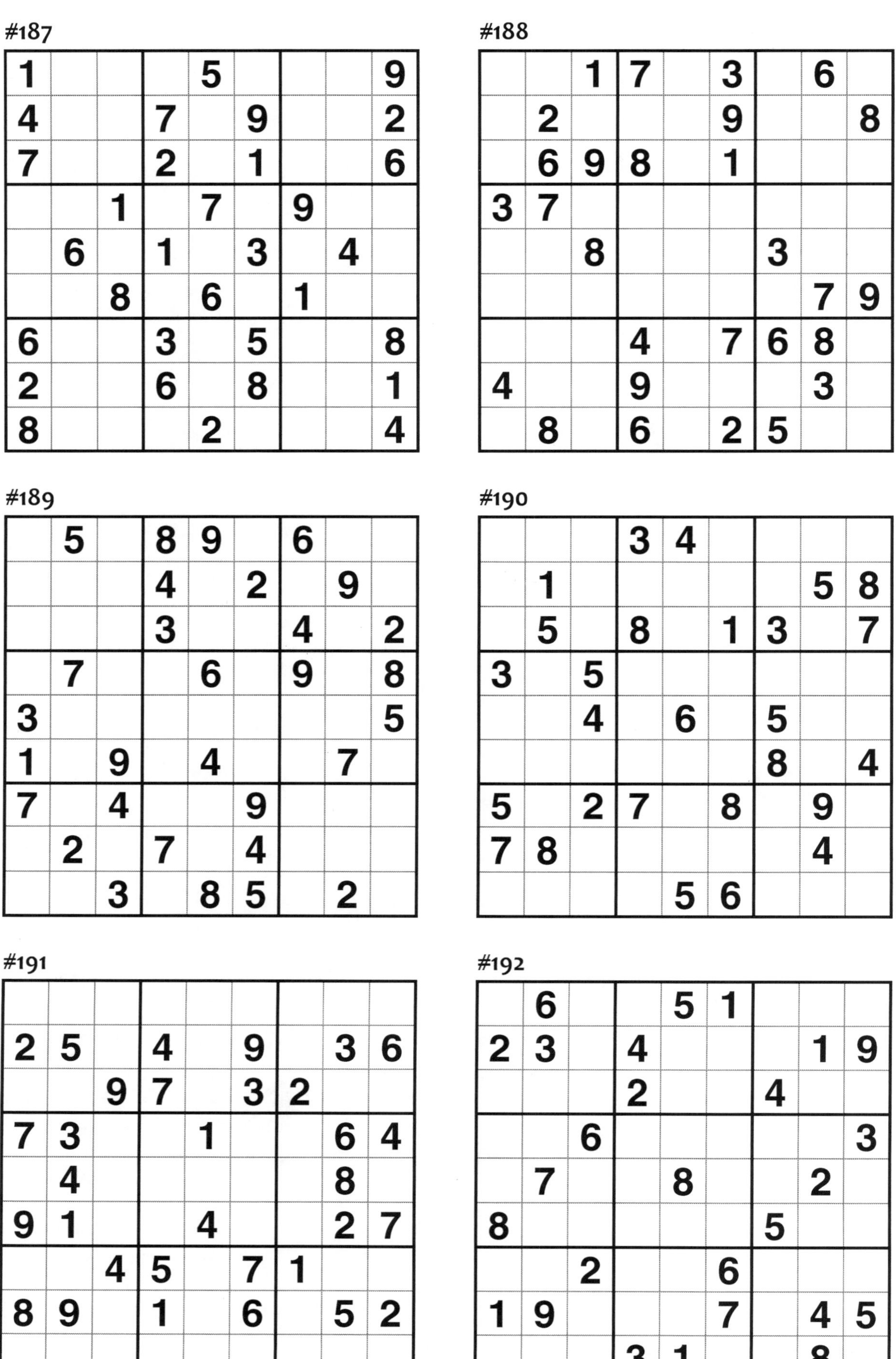

#187

1				5				9
4			7		9			2
7			2		1			6
		1		7		9		
	6		1		3		4	
		8		6		1		
6			3		5			8
2			6		8			1
8				2				4

#188

		1	7		3		6	
	2				9			8
	6	9	8		1			
3	7							
		8				3		
							7	9
			4		7	6	8	
4			9				3	
	8		6		2	5		

#189

	5		8	9		6		
			4		2		9	
			3			4		2
	7			6		9		8
3								5
1		9		4			7	
7		4			9			
	2		7		4			
		3		8	5		2	

#190

			3	4				
	1						5	8
	5		8		1	3		7
3		5						
		4		6		5		
						8		4
5		2	7		8		9	
7	8						4	
				5	6			

#191

2	5		4		9		3	6
		9	7		3	2		
7	3			1			6	4
	4						8	
9	1			4			2	7
		4	5		7	1		
8	9		1		6		5	2

#192

	6			5	1			
2	3		4				1	9
			2			4		
		6						3
	7			8			2	
8						5		
		2			6			
1	9				7		4	5
			3	1			8	

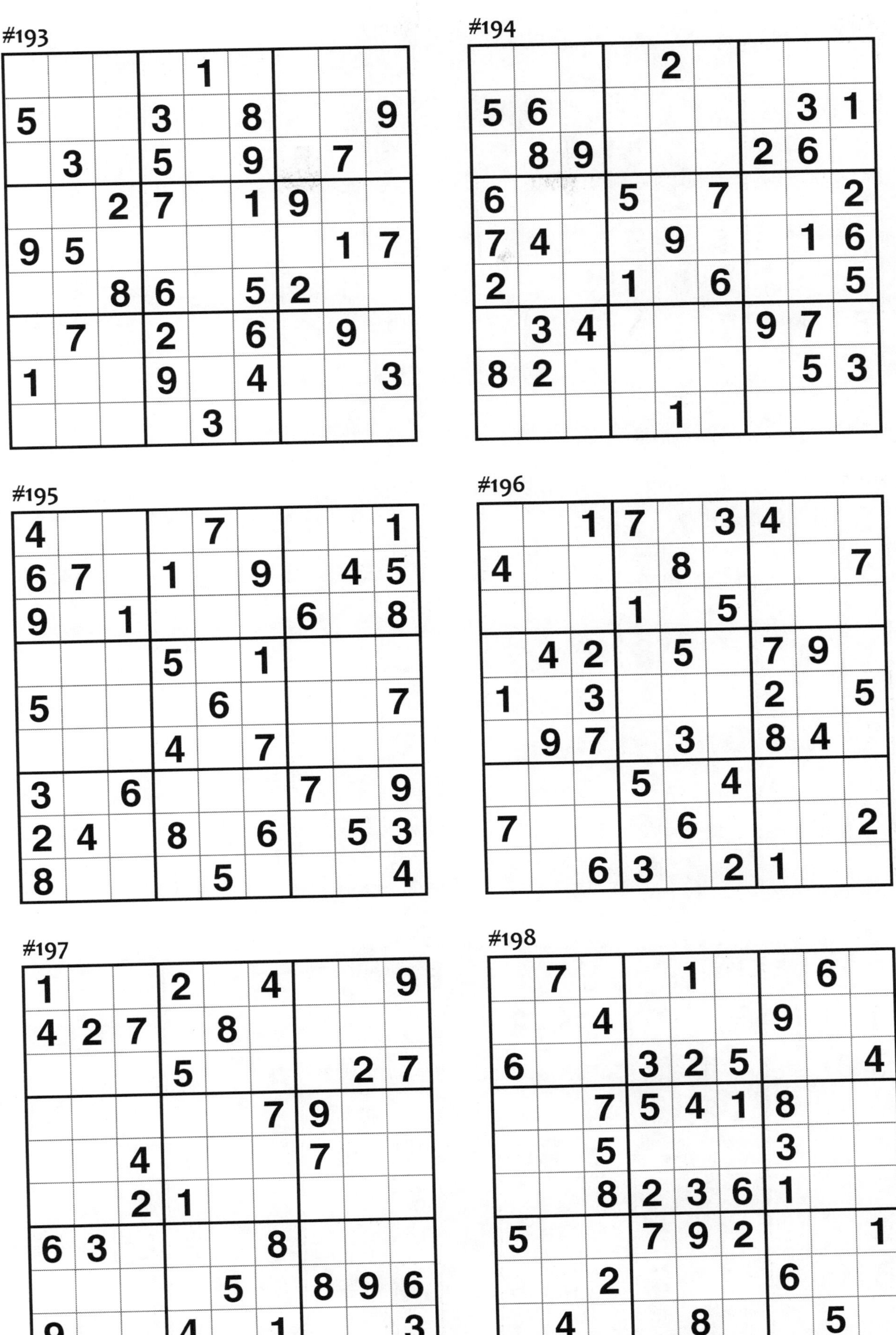

#193

				1				
5			3		8			9
	3		5		9		7	
		2	7		1	9		
9	5						1	7
		8	6		5	2		
	7		2		6		9	
1			9		4			3
				3				

#194

				2				
5	6						3	1
	8	9				2	6	
6			5		7			2
7	4			9			1	6
2			1		6			5
	3	4				9	7	
8	2						5	3
				1				

#195

4				7				1
6	7		1		9		4	5
9		1				6		8
			5		1			
5				6				7
			4		7			
3		6				7		9
2	4		8		6		5	3
8				5				4

#196

		1	7		3	4		
4				8				7
			1		5			
	4	2		5		7	9	
1		3				2		5
	9	7		3		8	4	
			5		4			
7				6				2
		6	3		2	1		

#197

1			2		4			9
4	2	7		8				
			5				2	7
					7	9		
		4				7		
		2	1					
6	3				8			
				5		8	9	6
9			4		1			3

#198

	7			1			6	
		4				9		
6			3	2	5			4
		7	5	4	1	8		
		5				3		
		8	2	3	6	1		
5			7	9	2			1
		2				6		
	4			8			5	

#199

	6			4		5		
	2							8
	9	1			5			2
3				2				
			1		9			
				8				1
8			7			9	5	
2							3	
		6		5			2	

#200

	7			3			1	
		2				3		
3		6				4		9
	2		3		1		4	
			4	9	5			
	5		2		7		3	
2		1				5		7
		4				2		
	3			7			6	

#201

8	5	6	9	1				
		1	8		7	5		
							6	
		5			3	9		6
				4				
7		2	6			1		
	6							
		4	1		5	6		
				3	6	2	9	4

#202

		1	4	5	2	7		
	5			7			6	
			6		1			
5			3		7			6
	6			4			1	
9			1		8			3
			5		4			
	7			9			3	
		8	7	1	3	6		

#203

9		7	1					
4	3		6					2
	6		2	5				9
		3		9				
	8						2	
				2		1		
3				4	2		9	
6					3		8	1
					6	4		5

#204

	7		8					
				7			2	
		9	5				6	
	4	2		8				5
8			9		1			6
1				6		8	4	
	1				2	6		
	6			1				
					3		7	

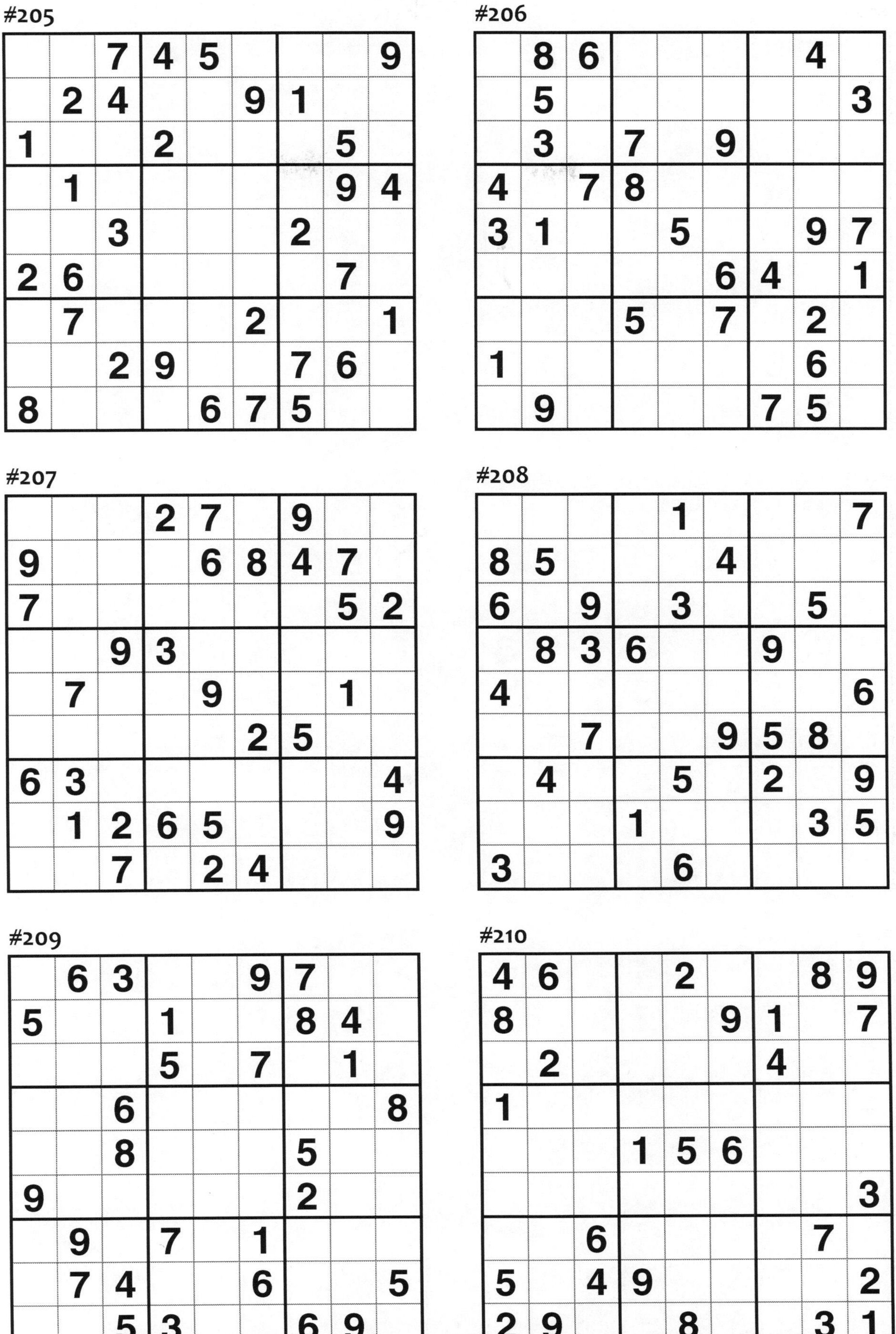

#205

		7	4	5				9
	2	4			9	1		
1			2				5	
	1						9	4
		3				2		
2	6						7	
	7				2			1
		2	9			7	6	
8				6	7	5		

#206

	8	6					4	
	5							3
	3		7		9			
4		7	8					
3	1			5			9	7
					6	4		1
			5		7		2	
1							6	
	9					7	5	

#207

			2	7		9		
9				6	8	4	7	
7							5	2
		9	3					
	7			9			1	
					2	5		
6	3							4
	1	2	6	5				9
		7		2	4			

#208

				1				7
8	5				4			
6		9		3			5	
	8	3	6			9		
4								6
		7			9	5	8	
	4			5		2		9
			1				3	5
3				6				

#209

	6	3			9	7		
5			1			8	4	
			5		7		1	
		6						8
		8				5		
9						2		
	9		7		1			
	7	4			6			5
		5	3			6	9	

#210

4	6			2			8	9
8					9	1		7
	2					4		
1								
			1	5	6			
								3
		6					7	
5		4	9					2
2	9			8			3	1

#211

	3		2		7		9	
		4		8		5		
2				3				7
		5	8		3	7		
8								6
		7	5		4	1		
3				5				8
		2		7		9		
	5		9		6		2	

#212

	1	7		3	4			
		4				7	9	
	5							
		5	8				4	
3	9						1	6
	8				3	2		
							8	
	6	9				3		
			5	9		4	7	

#213

				1				
2	3						9	7
	7		2	5	9		4	
3	6						8	5
		1	8		6	7		
9	8						6	1
	2		9	3	5		1	
5	4						2	6
				2				

#214

8		5	3		1			
	6			9		4		
	1		4			3		
6				4		1		
		1		8				2
		2			3		8	
		3		6			1	
			7		8	9		4

#215

	3			8	5		7	9
					9	3		
8	1			4				
4	7		3					
	8						3	
					8		5	2
				9			1	4
		1	4					
5	4		8	1			6	

#216

		3		4	1			
	2				7			
7			5				4	1
6	7		8					
		5		7		3		
					9		8	5
3	9				5			2
			9				3	
			3	2		9		

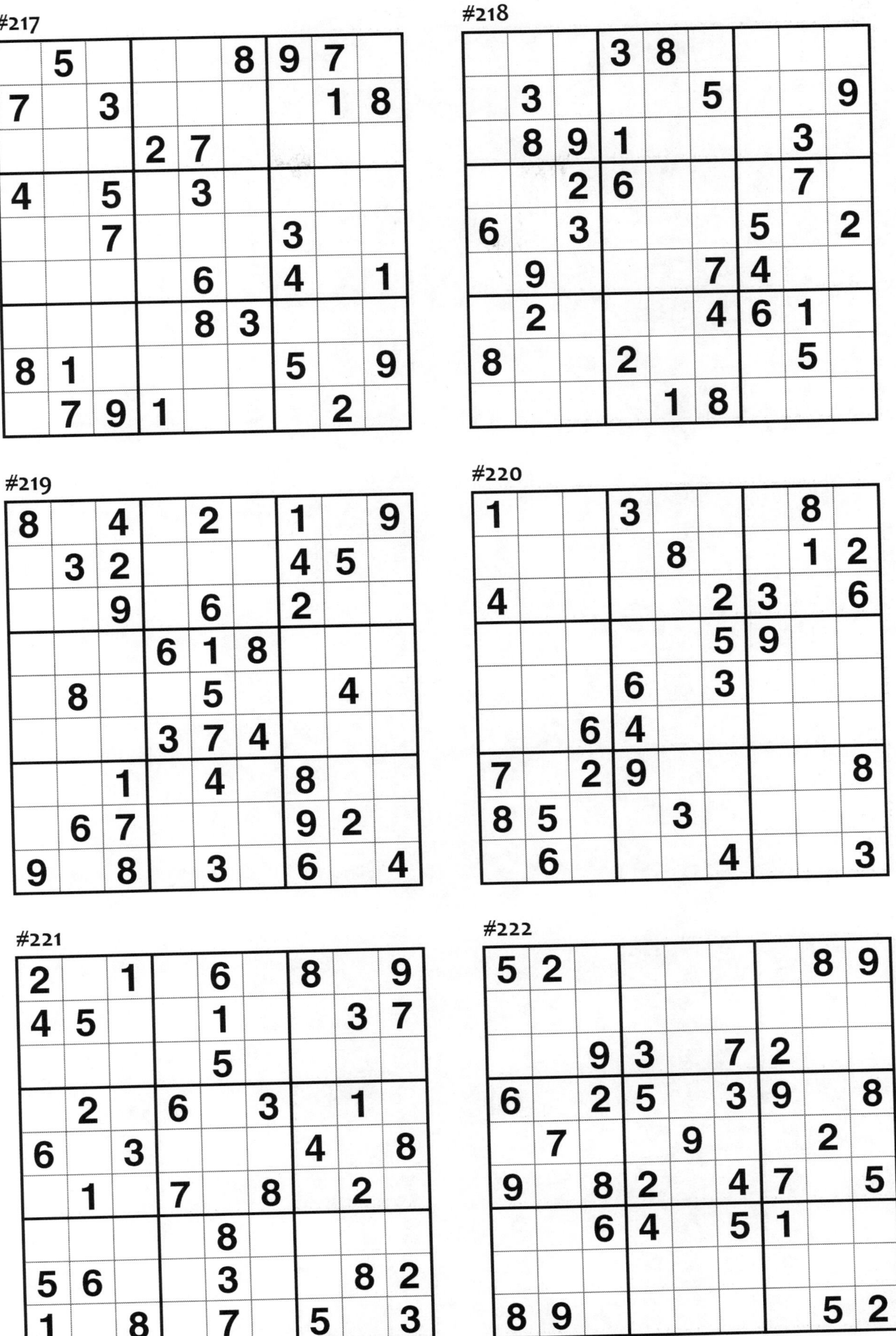

#217

	5				8	9	7	
7		3					1	8
			2	7				
4		5		3				
		7				3		
				6		4		1
				8	3			
8	1					5		9
	7	9	1				2	

#218

			3	8				
	3				5			9
	8	9	1				3	
		2	6				7	
6		3				5		2
	9				7	4		
	2				4	6	1	
8			2				5	
				1	8			

#219

8		4		2		1		9
	3	2				4	5	
		9		6		2		
			6	1	8			
	8			5			4	
			3	7	4			
		1		4		8		
	6	7				9	2	
9		8		3		6		4

#220

1			3				8	
				8			1	2
4					2	3		6
					5	9		
			6		3			
		6	4					
7		2	9					8
8	5			3				
	6				4			3

#221

2		1		6		8		9
4	5			1			3	7
				5				
	2		6		3		1	
6		3				4		8
	1		7		8		2	
				8				
5	6			3			8	2
1		8		7		5		3

#222

5	2						8	9
		9	3		7	2		
6		2	5		3	9		8
	7			9			2	
9		8	2		4	7		5
		6	4		5	1		
8	9						5	2

#223

	8			6			7	
4	2		7		9		6	1
6			4		1			8
	6	4				8	9	
	1	8				3	2	
5			6		4			2
7	4		9		8		5	3
	9			2			1	

#224

	3		1		6	5		
	8	9						
			4	5				9
			8			2	7	
9		7	2		3	8		5
	2	8			1			
2				1	4			
						6	1	
		1	3		5		2	

#225

		3	1		5	7		
7				3				6
	1						4	
	3		5		4		6	
	6	9		8		5	7	
	8		9		7		2	
	2						9	
8				9				2
		5	8		2	6		

#226

	3	5		7		1	2	
1				4				8
		9				3		
6	1						5	2
	4		9		2		1	
9	5						8	3
		8				7		
3				9				4
	9	4		8		2	3	

#227

		4						
5	3					4	8	
1		9		5	3			
6	4			3		7		8
	5			1			9	
8		7		4			1	2
			1	7		8		3
	1	3					2	6
						9		

#228

						2		4
	3	4	5					
	8						7	1
	2			1	8	3		6
7		8	6	2			1	
3	1						8	
					7	6	5	
9		6						

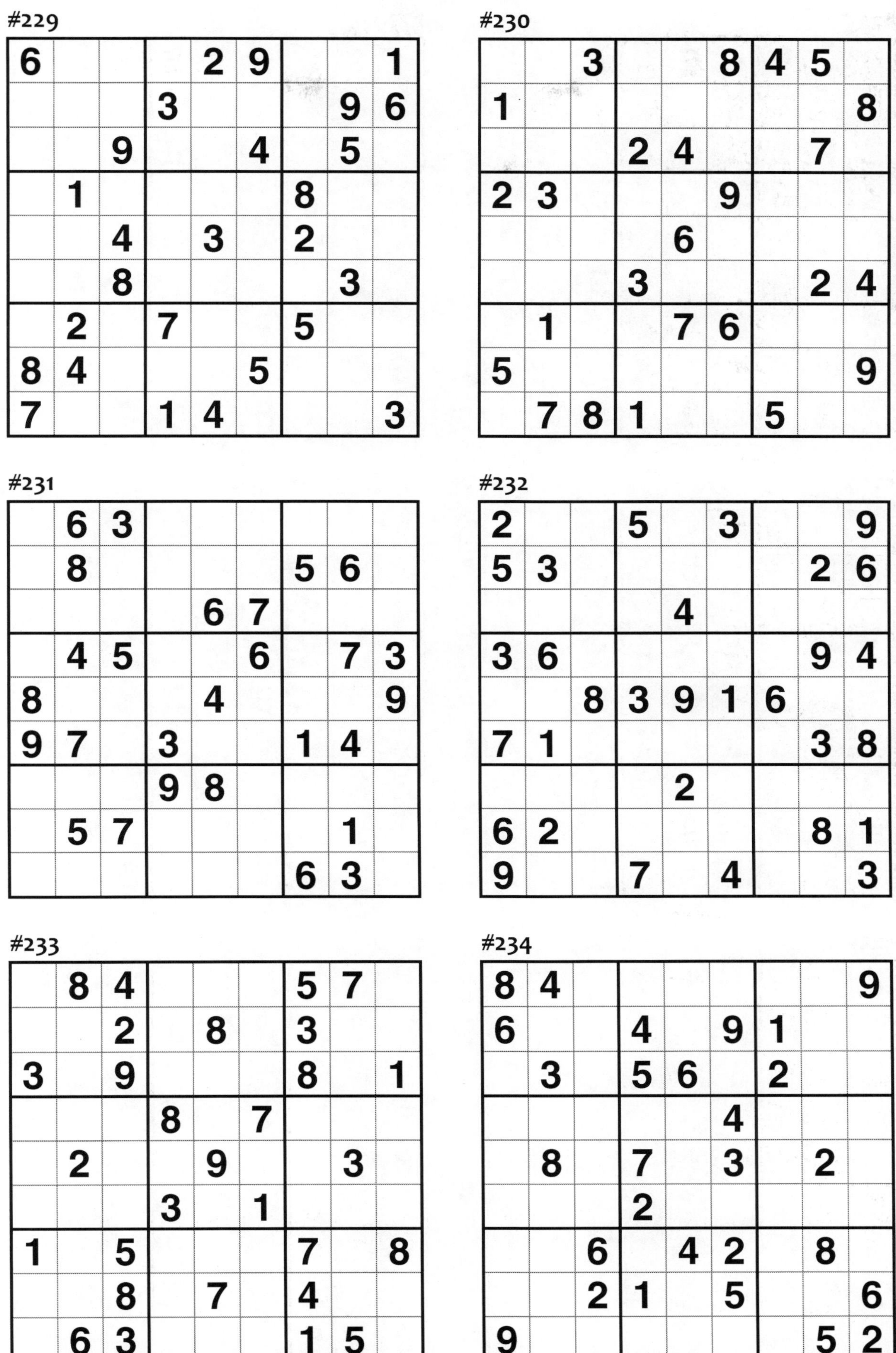

#229

6				2	9			1
			3				9	6
		9			4		5	
	1					8		
		4		3		2		
		8					3	
	2		7			5		
8	4				5			
7			1	4				3

#230

		3			8	4	5	
1								8
			2	4			7	
2	3				9			
				6				
			3				2	4
	1			7	6			
5								9
	7	8	1			5		

#231

	6	3						
	8					5	6	
				6	7			
	4	5			6		7	3
8				4				9
9	7		3			1	4	
			9	8				
	5	7					1	
						6	3	

#232

2			5		3			9
5	3						2	6
				4				
3	6						9	4
		8	3	9	1	6		
7	1						3	8
				2				
6	2						8	1
9			7		4			3

#233

	8	4				5	7	
		2		8		3		
3		9				8		1
			8		7			
	2			9			3	
			3		1			
1		5				7		8
		8		7		4		
	6	3				1	5	

#234

8	4							9
6			4		9	1		
	3		5	6		2		
					4			
	8		7		3		2	
			2					
		6		4	2		8	
		2	1		5			6
9							5	2

#235

		5	6	2			4	
			8					7
2	9			5				8
4	5	3						
	1						8	
						9	3	5
5				8			9	1
1					4			
	2			9	1	5		

#236

		9	5		2	1		
5	1			8			4	7
			4		6			
	4			5			3	
	7						1	
	6			3			7	
			9		3			
2	9			4			8	3
		7	8		1	4		

#237

6							5	
7	2			8		3		
	8	9						1
			9	7	8	5		
		3		5		9		
		8	3	1	4			
9						4	7	
		4		9			8	5
	6							2

#238

		1				5		
	4			8			3	
3		9				2		8
		5		2		8		
7			9		3			2
		3		1		6		
6		7				9		1
	2			9			5	
		8				3		

#239

6				1				
					5		1	9
8			6		4		3	2
			7			8		5
				4				
1		7			9			
2	9		5		6			1
7	3		4					
				9				4

#240

	6			2		5	3	
	7			9	3	4		
6			1			7	5	
8								1
	9	3			2			6
		4	5	6			2	
	3	5		7			6	

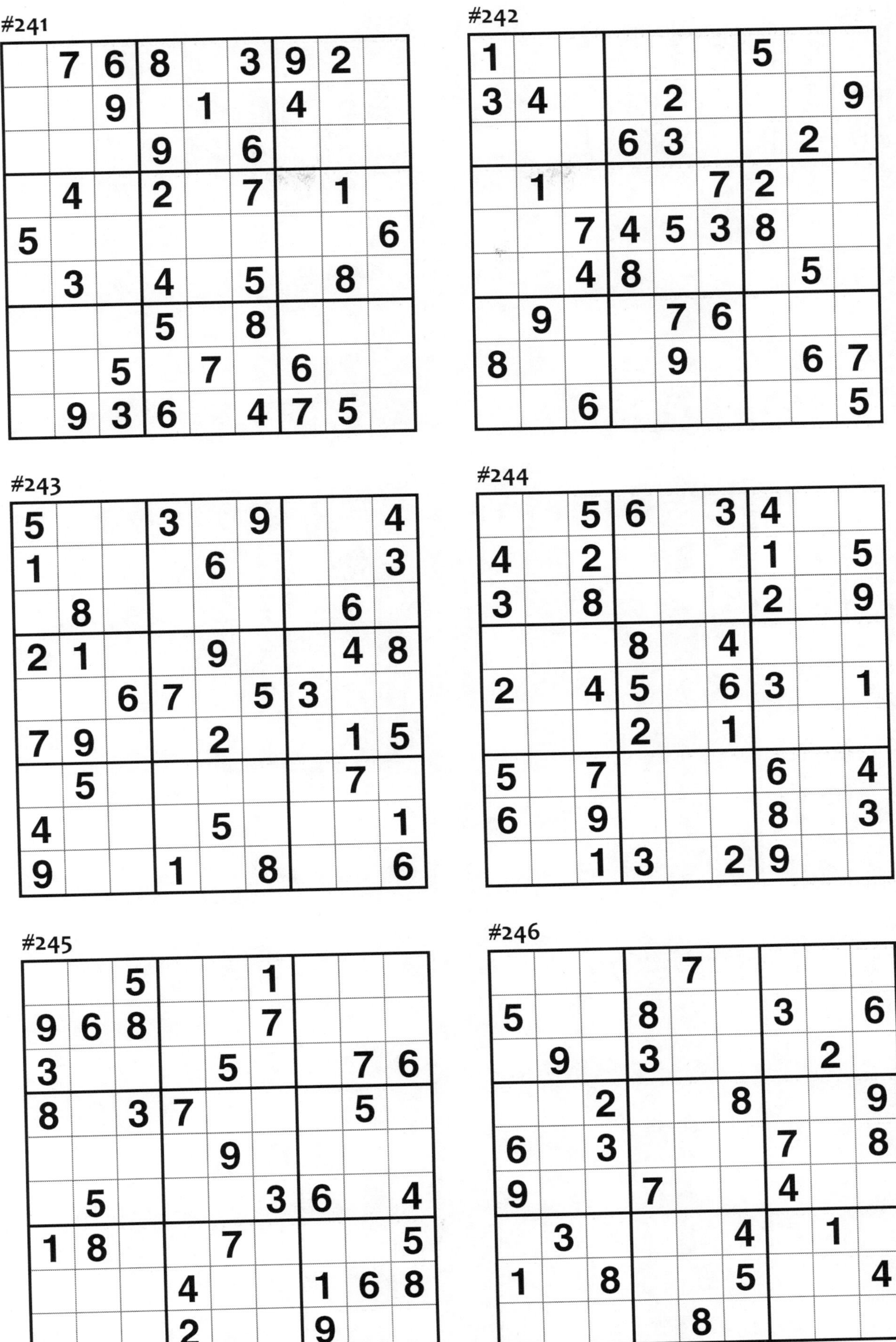

#241

	7	6	8		3	9	2	
		9		1		4		
			9		6			
	4		2		7		1	
5								6
	3		4		5		8	
			5		8			
		5		7		6		
	9	3	6		4	7	5	

#242

1						5		
3	4			2				9
			6	3			2	
	1				7	2		
		7	4	5	3	8		
		4	8				5	
	9			7	6			
8				9			6	7
		6						5

#243

5			3		9			4
1				6				3
	8						6	
2	1			9			4	8
		6	7		5	3		
7	9			2			1	5
	5						7	
4				5				1
9			1		8			6

#244

		5	6		3	4		
4		2				1		5
3		8				2		9
			8		4			
2		4	5		6	3		1
			2		1			
5		7				6		4
6		9				8		3
		1	3		2	9		

#245

		5			1			
9	6	8			7			
3				5			7	6
8		3	7				5	
				9				
	5				3	6		4
1	8			7				5
			4			1	6	8
			2			9		

#246

				7				
5			8			3		6
	9		3				2	
		2			8			9
6		3				7		8
9			7			4		
	3				4		1	
1		8			5			4
				8				

#247

	4	5		1		3	8	
1	3			8			4	7
		9				1		
	5		3		2		9	
			7		5			
	7		1		8		2	
		2				9		
4	1			2			3	5
	9	8		7		6	1	

#248

	4	2				7	1	
	6		8		1		3	
			4	2	7			
	5	4				8	9	
	1		9		2		7	
	9	6				3	2	
			3	6	5			
	7		2		9		4	
	8	3				6	5	

#249

					6			8
	5			9		1	4	7
7		9	3					
	3							
2			8		5			9
							6	
					1	8		5
6	7	5		8			9	
9			7					

#250

7					1			3
	3			5		8	1	
	8		7	2		4		
			5	4				9
			2		6			
6				3	7			
		9		7	2		8	
	5	2		8			7	
8			9					4

#251

		2	1		5	6		
				8				
	9	1		4		3	5	
	3		4		1		7	
6	1						2	8
	4		5		8		3	
	6	4		1		7	9	
				9				
		9	3		4	8		

#252

		3		9		4		
4				6				1
8			4		7			6
	3			7			8	
		6	8		5	7		
	8			1			4	
7			1		9			4
2				8				3
		1		4		8		

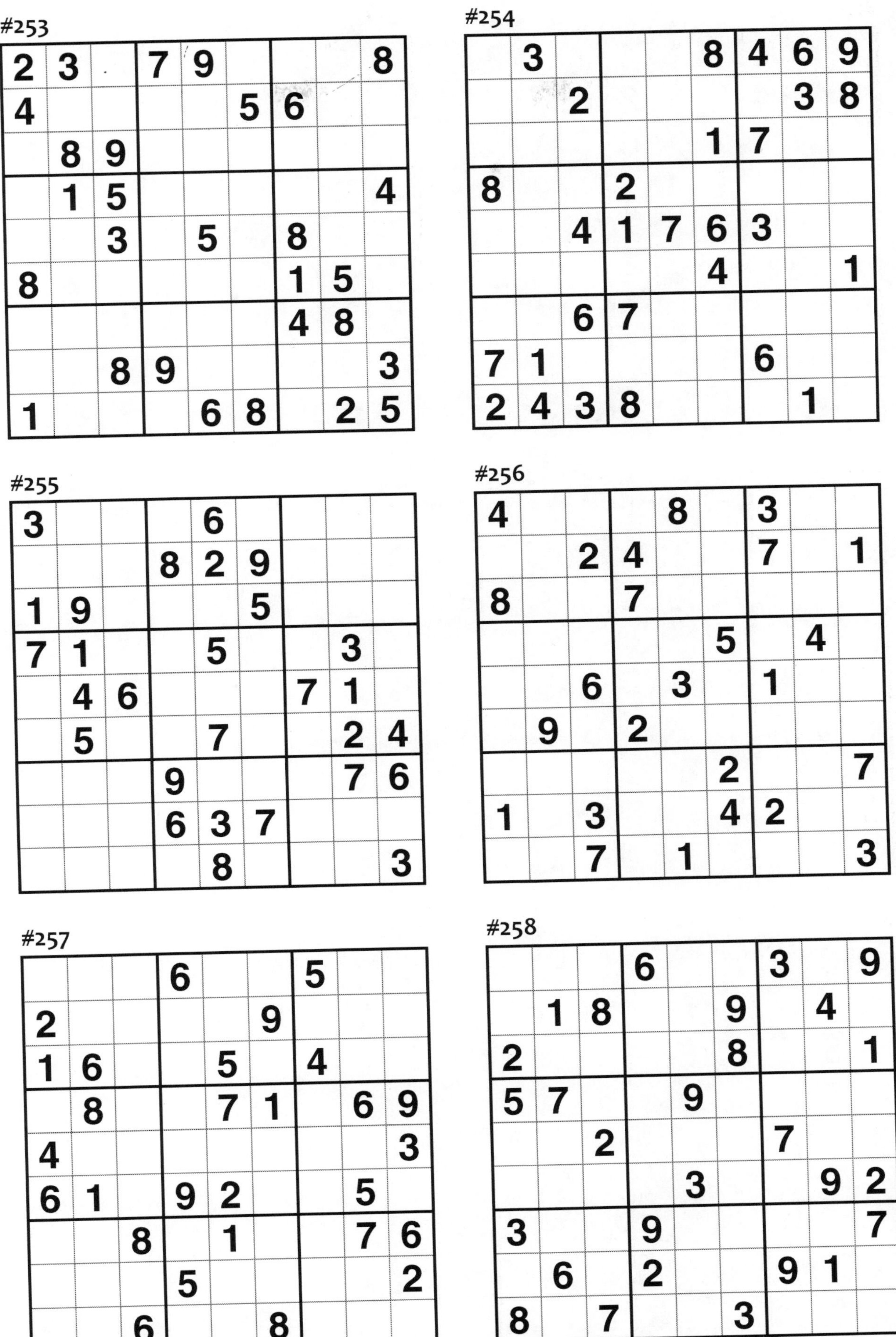

#253

2	3		7	9				8
4					5	6		
	8	9						
	1	5						4
		3		5		8		
8						1	5	
						4	8	
		8	9					3
1				6	8		2	5

#254

	3				8	4	6	9
		2					3	8
					1	7		
8			2					
		4	1	7	6	3		
					4			1
		6	7					
7	1					6		
2	4	3	8				1	

#255

3				6				
			8	2	9			
1	9				5			
7	1			5			3	
	4	6				7	1	
	5			7			2	4
			9				7	6
			6	3	7			
				8				3

#256

4				8		3		
		2	4			7		1
8			7					
					5		4	
		6		3		1		
	9		2					
					2			7
1		3			4	2		
		7		1				3

#257

			6			5		
2					9			
1	6			5		4		
	8			7	1		6	9
4								3
6	1		9	2			5	
		8		1			7	6
			5					2
		6			8			

#258

			6			3		9
	1	8			9		4	
2					8			1
5	7			9				
		2				7		
				3			9	2
3			9					7
	6		2			9	1	
8		7			3			

#259

3			5	1	4			9
		4	7		9	5		
	7		2		6		1	
2				4				7
			3		2			
8				9				5
	1		9		3		5	
		3	1		8	6		
9			4	7	5			3

#260

	4	3				8	1	
		7		8		2		
1								7
	3		6		1		7	
6			8	7	3			5
	1		4		5		2	
3								1
		6		1		4		
	5	1				7	8	

#261

	2				4			9
		1			9			6
				2				7
					3	9	6	
	1						2	
	8	4	1					
1				8				
3			7			8		
5			4				1	

#262

		6		4		3		
3			1		9			8
	8			2			1	
	1						8	
9				8				2
	2						6	
	9			3			5	
6			9		8			7
		7		1		6		

#263

	6	5	7		2		8	
								6
	8	9	5			4		
4	5					8		
6								1
		7					6	5
		4			7	6	3	
2								
	3		4		8	1	7	

#264

1	7				5			
	2		6				1	
						2		5
5	6	7						1
	1						3	
3						5	6	8
2		8						
	3				8		5	
			4				7	6

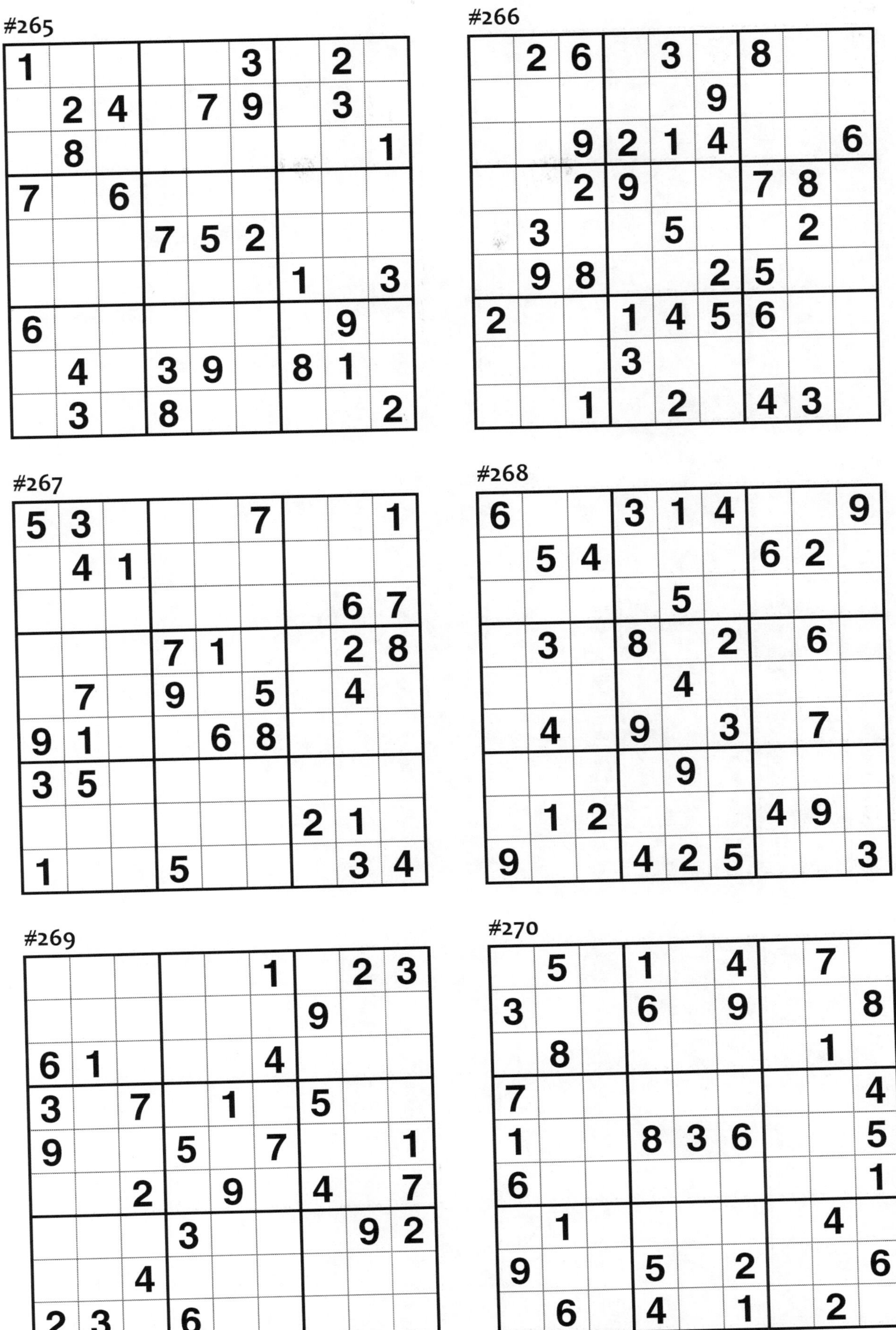

#265

1					3		2	
	2	4		7	9		3	
	8							1
7		6						
			7	5	2			
						1		3
6							9	
	4		3	9		8	1	
	3		8					2

#266

	2	6		3		8		
					9			
		9	2	1	4			6
		2	9			7	8	
	3			5			2	
	9	8			2	5		
2			1	4	5	6		
			3					
		1		2		4	3	

#267

5	3				7			1
	4	1						
							6	7
			7	1			2	8
	7		9		5		4	
9	1			6	8			
3	5							
						2	1	
1			5				3	4

#268

6			3	1	4			9
	5	4				6	2	
				5				
	3		8		2		6	
				4				
	4		9		3		7	
				9				
	1	2				4	9	
9			4	2	5			3

#269

					1		2	3
						9		
6	1				4			
3		7		1		5		
9			5		7			1
		2		9		4		7
			3				9	2
		4						
2	3		6					

#270

	5		1		4		7	
3			6		9			8
	8						1	
7								4
1			8	3	6			5
6								1
	1						4	
9			5		2			6
	6		4		1		2	

#271

1			6					
				2			4	
	6	9		1			3	
3			4				6	
5		7				9		3
	2				5			1
	3			5		2	9	
	9			4				
					1			5

#272

5				3	4		2	9
							5	6
2	4		5					1
					5	9		
			4	1	6			
		6	9					
6					1		8	5
9	7							
1	5		8	4				2

#273

9								8
5								7
		8	2		6	4		
	7		9		4		8	
		6		8		7		
	4		3		1		2	
		7	1		5	6		
4								5
6								1

#274

1	5						8	9
3	4						2	1
7			2		1			6
			5		7			
8			9		4			3
			6		8			
4			8		3			5
5	3						6	4
6	9						3	2

#275

		1	7		3	4		
	3		8		1		7	
7				2				1
8								3
2	7						4	6
4								8
3				6				5
	5		1		4		6	
		8	5		9	2		

#276

	8	5	7			3		
	2				8	4		9
				1				
3			4				9	5
		7		5		6		
5	9				6			7
				3				
7		8	9				5	
		4			5	7	3	

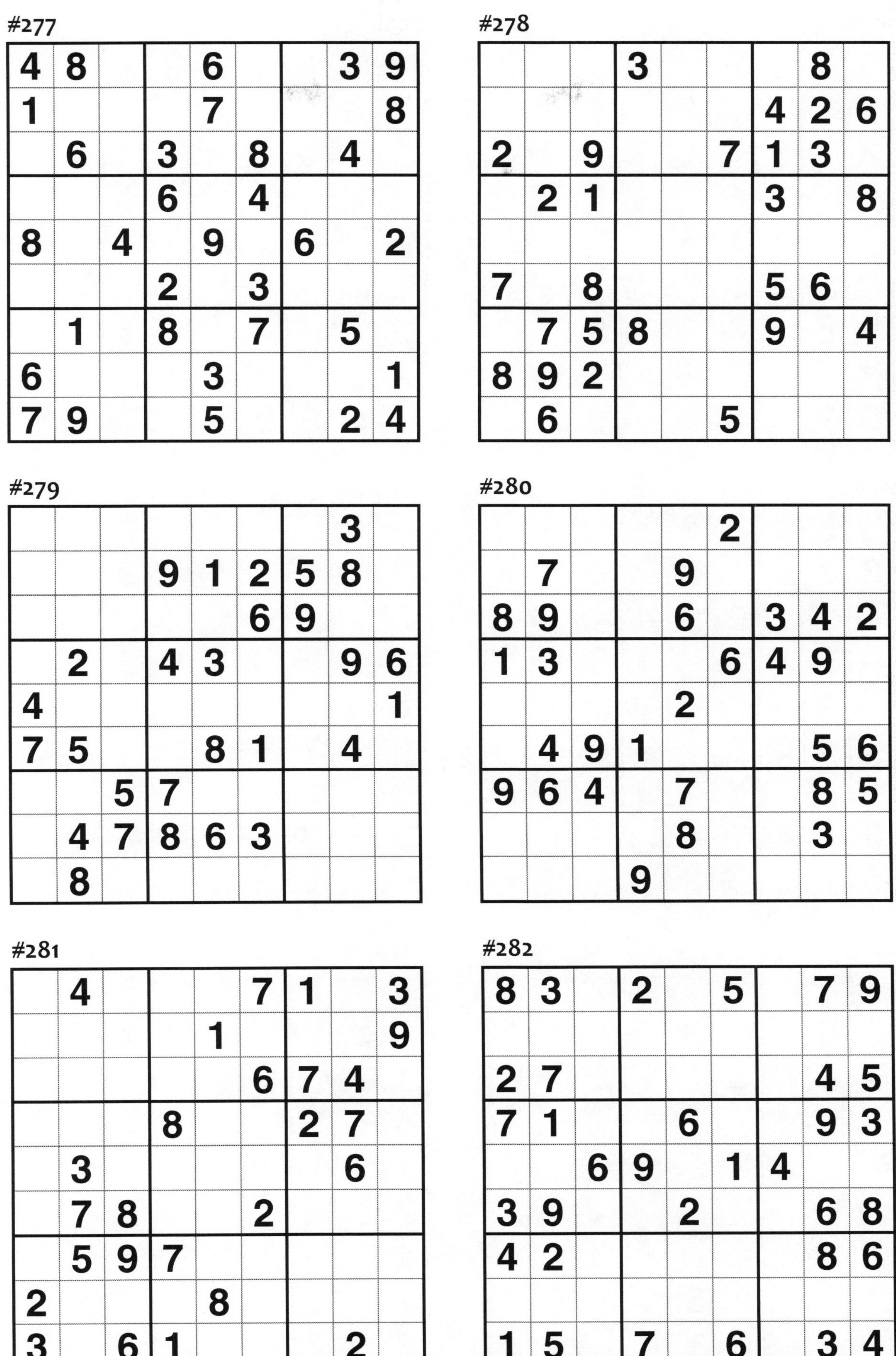

#277

4	8			6			3	9
1				7				8
	6		3		8		4	
			6		4			
8		4		9		6		2
			2		3			
	1		8		7		5	
6				3				1
7	9			5			2	4

#278

			3				8	
						4	2	6
2		9			7	1	3	
	2	1				3		8
7		8				5	6	
	7	5	8			9		4
8	9	2						
	6				5			

#279

							3	
			9	1	2	5	8	
					6	9		
	2		4	3			9	6
4								1
7	5			8	1		4	
		5	7					
	4	7	8	6	3			
	8							

#280

					2			
	7			9				
8	9			6		3	4	2
1	3				6	4	9	
				2				
	4	9	1				5	6
9	6	4		7			8	5
				8			3	
			9					

#281

	4				7	1		3
				1				9
					6	7	4	
			8			2	7	
	3						6	
	7	8			2			
	5	9	7					
2				8				
3		6	1				2	

#282

8	3		2		5		7	9
2	7						4	5
7	1			6			9	3
		6	9		1	4		
3	9			2			6	8
4	2						8	6
1	5		7		6		3	4

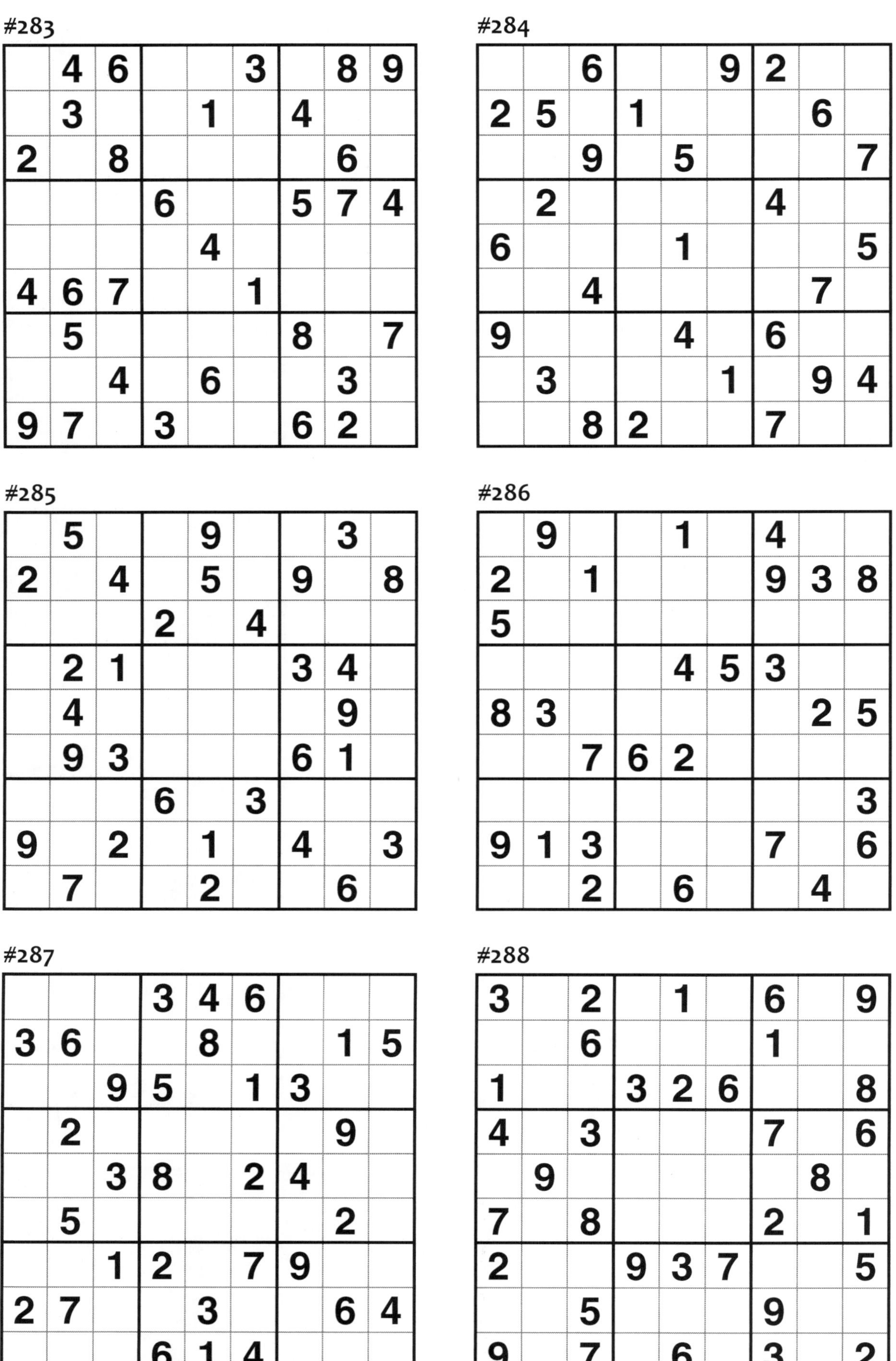

#283

	4	6			3		8	9
	3			1		4		
2		8					6	
			6			5	7	4
				4				
4	6	7			1			
	5					8		7
		4		6			3	
9	7		3			6	2	

#284

		6			9	2		
2	5		1				6	
		9		5				7
	2					4		
6				1				5
		4					7	
9				4		6		
	3				1		9	4
		8	2			7		

#285

	5			9			3	
2		4		5		9		8
			2		4			
	2	1				3	4	
	4						9	
	9	3				6	1	
			6		3			
9		2		1		4		3
	7			2			6	

#286

	9			1		4		
2		1				9	3	8
5								
				4	5	3		
8	3						2	5
		7	6	2				
								3
9	1	3				7		6
		2		6			4	

#287

			3	4	6			
3	6			8			1	5
		9	5		1	3		
	2						9	
		3	8		2	4		
	5						2	
		1	2		7	9		
2	7			3			6	4
			6	1	4			

#288

3		2		1		6		9
		6				1		
1			3	2	6			8
4		3				7		6
	9						8	
7		8				2		1
2			9	3	7			5
		5				9		
9		7		6		3		2

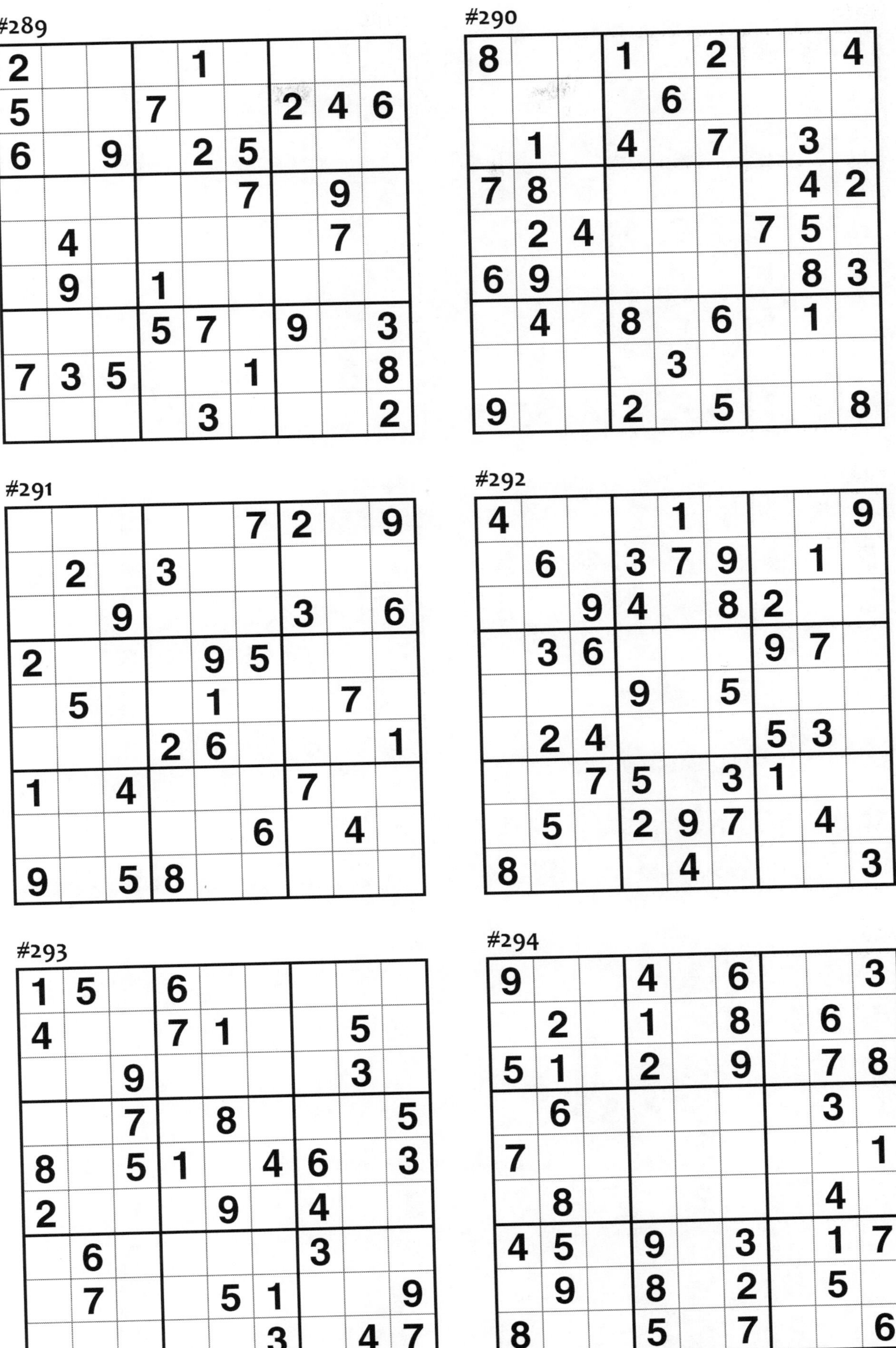

#289

2				1				
5			7			2	4	6
6		9		2	5			
					7		9	
	4						7	
	9		1					
			5	7		9		3
7	3	5			1			8
				3				2

#290

8			1		2			4
				6				
	1		4		7		3	
7	8						4	2
	2	4				7	5	
6	9						8	3
	4		8		6		1	
				3				
9			2		5			8

#291

					7	2		9
	2		3					
		9				3		6
2				9	5			
	5			1			7	
			2	6				1
1		4				7		
					6		4	
9		5	8					

#292

4				1				9
	6		3	7	9		1	
		9	4		8	2		
	3	6				9	7	
			9		5			
	2	4				5	3	
		7	5		3	1		
	5		2	9	7		4	
8				4				3

#293

1	5		6					
4			7	1			5	
		9					3	
		7		8				5
8		5	1		4	6		3
2				9		4		
	6					3		
	7			5	1			9
					3		4	7

#294

9			4		6			3
	2		1		8		6	
5	1		2		9		7	8
	6						3	
7								1
	8						4	
4	5		9		3		1	7
	9		8		2		5	
8			5		7			6

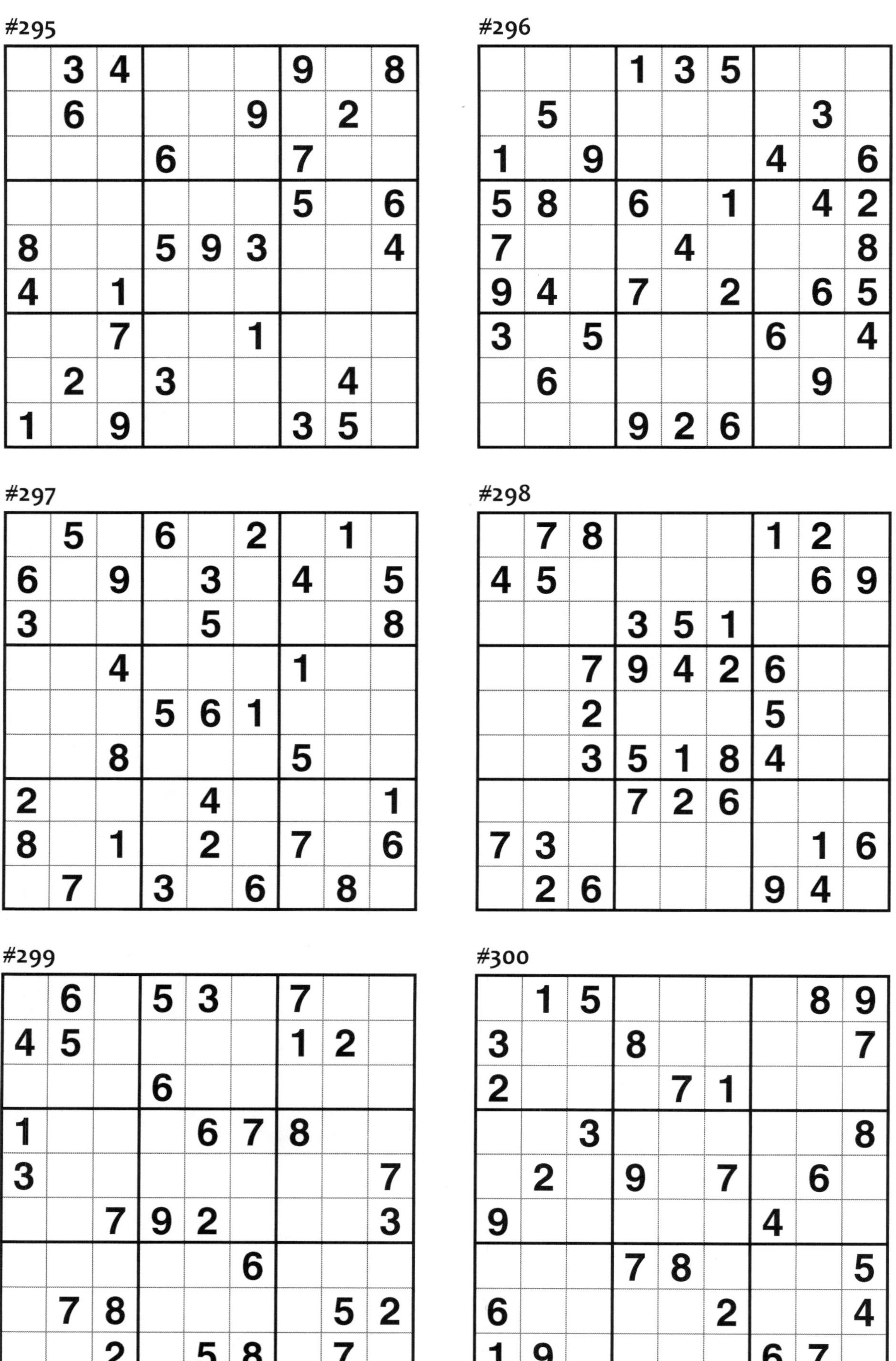

#295

	3	4				9		8
	6				9		2	
			6			7		
						5		6
8			5	9	3			4
4		1						
		7			1			
	2		3				4	
1		9				3	5	

#296

			1	3	5			
	5						3	
1		9				4		6
5	8		6		1		4	2
7				4				8
9	4		7		2		6	5
3		5				6		4
	6						9	
			9	2	6			

#297

	5		6		2		1	
6		9		3		4		5
3				5				8
		4				1		
			5	6	1			
		8				5		
2				4				1
8		1		2		7		6
	7		3		6		8	

#298

	7	8				1	2	
4	5						6	9
			3	5	1			
		7	9	4	2	6		
		2				5		
		3	5	1	8	4		
			7	2	6			
7	3						1	6
	2	6				9	4	

#299

	6		5	3		7		
4	5					1	2	
			6					
1				6	7	8		
3								7
		7	9	2				3
					6			
	7	8					5	2
		2		5	8		7	

#300

	1	5					8	9
3			8					7
2				7	1			
		3						8
	2		9		7		6	
9						4		
			7	8				5
6					2			4
1	9					6	7	

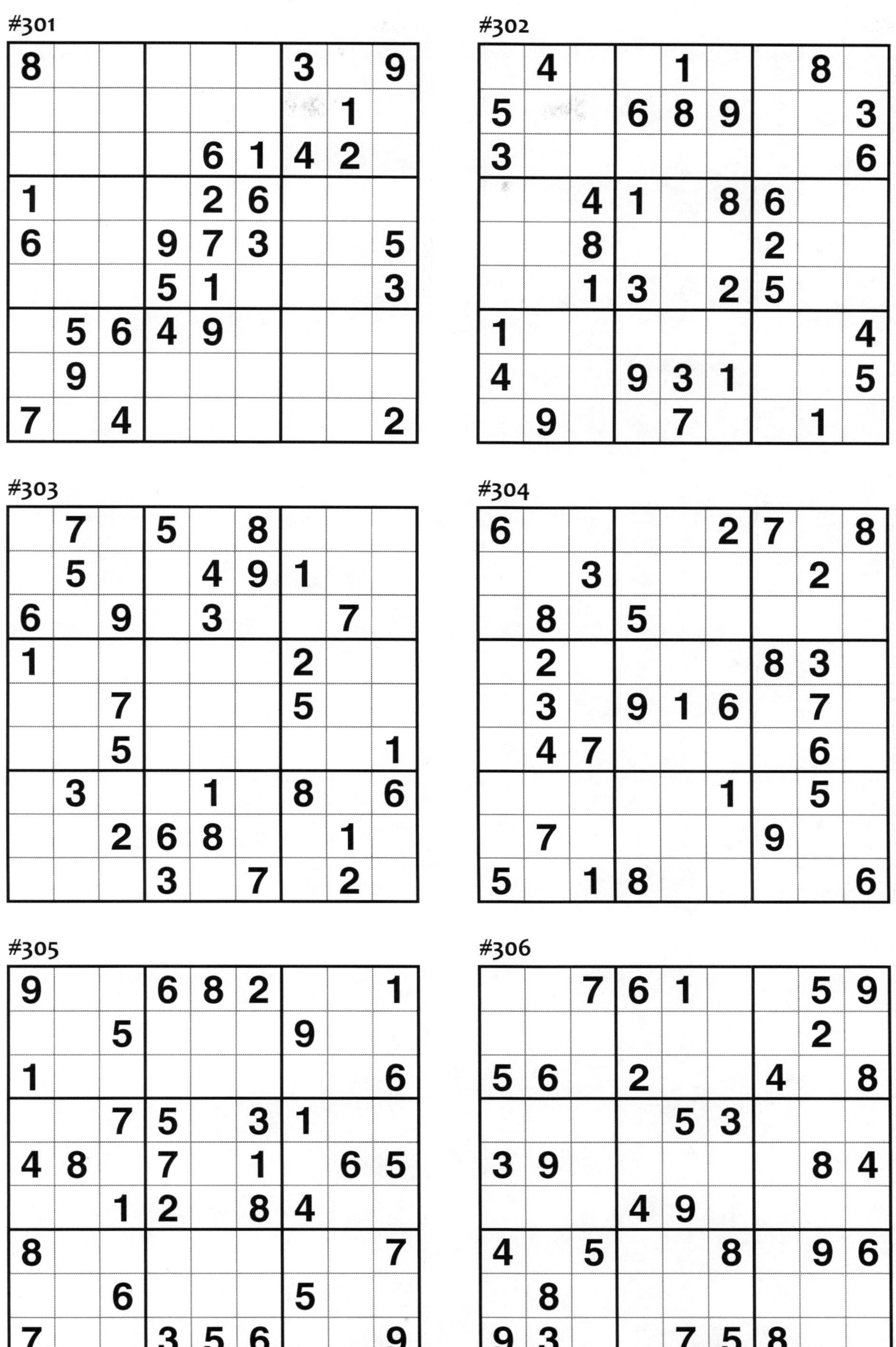

#301

8						3		9
							1	
				6	1	4	2	
1				2	6			
6			9	7	3			5
			5	1				3
	5	6	4	9				
	9							
7		4						2

#302

	4			1			8	
5			6	8	9			3
3								6
		4	1		8	6		
		8				2		
		1	3		2	5		
1								4
4			9	3	1			5
	9			7			1	

#303

	7		5		8			
	5			4	9	1		
6		9		3			7	
1						2		
		7				5		
		5						1
	3			1		8		6
		2	6	8			1	
			3		7		2	

#304

6					2	7		8
		3					2	
	8		5					
	2					8	3	
	3		9	1	6		7	
	4	7					6	
					1		5	
	7					9		
5		1	8					6

#305

9			6	8	2			1
		5				9		
1								6
		7	5		3	1		
4	8		7		1		6	5
		1	2		8	4		
8								7
		6				5		
7			3	5	6			9

#306

		7	6	1			5	9
							2	
5	6		2			4		8
				5	3			
3	9						8	4
			4	9				
4		5			8		9	6
	8							
9	3			7	5	8		

#307

8		3		4				1
4	5	6			9		2	
		9			8			6
			9	2	1			
		2				8		
			3	8	7			
2			1			9		
	7		4			1	6	2
6				7		5		3

#308

		7		4			9	8
	5	4	2			1		
	8		7		1			
2			4					3
9					5			2
			1		3		5	
		1			7	4	3	
8	9			5		2		

#309

		7		2		6		
4			7		3			8
9		1				7		3
3			9		4			6
5			8		7			4
2		5				4		1
1			6		2			7
		9		4		5		

#310

8		3				6	7	9
6	4				9			
5							8	
			8	4				
4		5		7		8		3
				6	3			
	1							6
			4				3	8
9	8	7				5		4

#311

	7						1	
		6	3		7	8		
		1				7		
7			5		4			9
2				7				3
5			1		8			2
		7				9		
		4	9		5	3		
	5						6	

#312

	1			3	5	8		
5				8				7
4		9						3
7	4	1	8	2				
			1		6			
				7	3	1	8	2
1						7		8
3				6				1
		2	3	4			5	

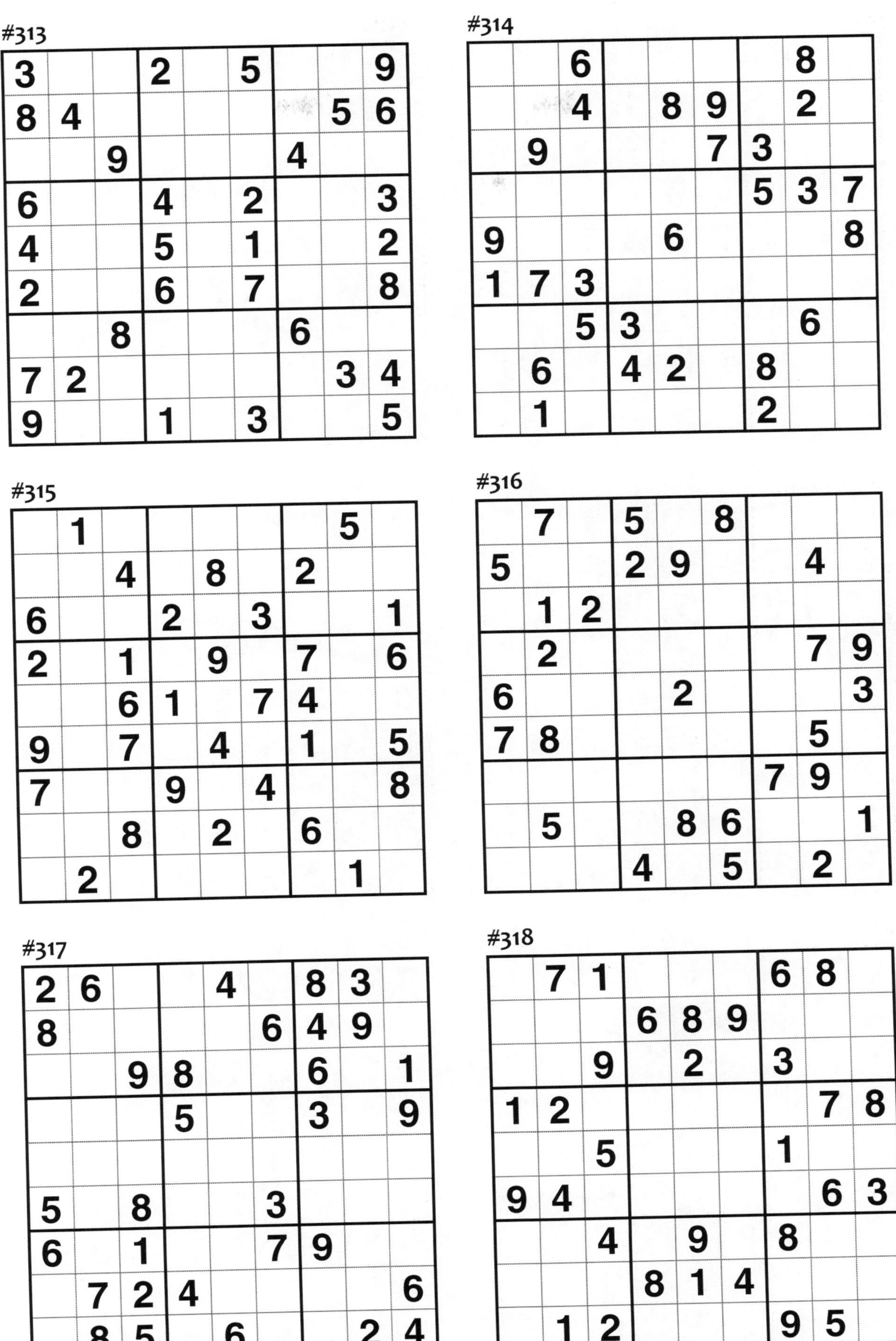

#313

3			2		5			9
8	4						5	6
		9				4		
6			4		2			3
4			5		1			2
2			6		7			8
		8				6		
7	2						3	4
9			1		3			5

#314

		6					8	
		4		8	9		2	
	9				7	3		
						5	3	7
9				6				8
1	7	3						
		5	3				6	
	6		4	2		8		
	1					2		

#315

	1						5	
		4		8		2		
6			2		3			1
2		1		9		7		6
		6	1		7	4		
9		7		4		1		5
7			9		4			8
		8		2		6		
	2						1	

#316

	7		5		8			
5			2	9			4	
	1	2						
	2						7	9
6				2				3
7	8						5	
						7	9	
	5			8	6			1
			4		5		2	

#317

2	6			4		8	3	
8					6	4	9	
		9	8			6		1
			5			3		9
5		8			3			
6		1			7	9		
	7	2	4					6
	8	5		6			2	4

#318

	7	1				6	8	
			6	8	9			
		9		2		3		
1	2						7	8
		5				1		
9	4						6	3
		4		9		8		
			8	1	4			
	1	2				9	5	

#319

			8			3	5	
				7	1			
						1		4
1				9			2	8
		2	6	1	4	5		
9	6			5				7
6		7						
			7	4				
	4	5			3			

#320

	1		4		6		8	
4	5						2	3
		9	1		3	4		
	2			4			9	
		7		9		2		
	9			6			7	
		5	8		2	9		
2	3						1	5
	7		6		5		3	

#321

	1		2			3		7
3		7				6		9
		9		3		5		
			7	6			9	
			1		5			
	7			2	9			
		4		5		1		
7		5				9		4
1		3			6		2	

#322

		5	9			2		
		4	8	7				
9					4		7	
	2	6		9		3		1
3				6				9
1		7		4		5	6	
	5		6					3
				5	7	9		
		9			3	6		

#323

9	2	6		1				4
	1	4		6	8			
					3	9		
	8	1						7
		3				4		
6						1	8	
		9	8					
			4	7		5	2	
4				9		6	1	8

#324

6			1		3			9
	2		5	7	8		4	
		5		3		4		
8	1	4				9	3	2
		9		8		6		
	3		8	1	5		9	
7			6		2			3

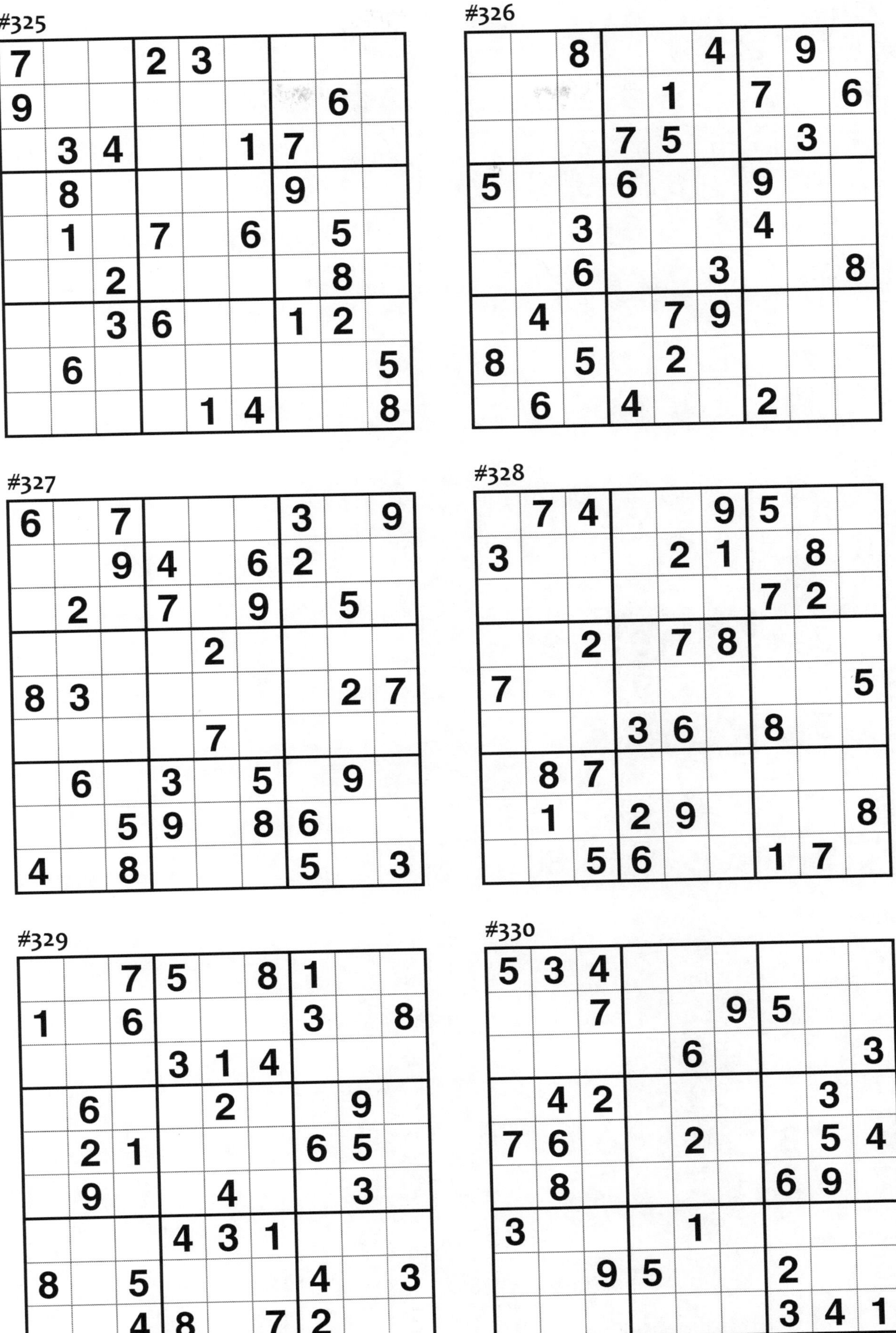

#325

7			2	3				
9							6	
	3	4			1	7		
	8					9		
	1		7		6		5	
		2					8	
		3	6			1	2	
	6							5
				1	4			8

#326

		8			4		9	
				1		7		6
			7	5			3	
5			6			9		
		3				4		
		6			3			8
	4			7	9			
8		5		2				
	6		4			2		

#327

6		7				3		9
		9	4		6	2		
	2		7		9		5	
				2				
8	3						2	7
				7				
	6		3		5		9	
		5	9		8	6		
4		8				5		3

#328

	7	4			9	5		
3				2	1		8	
						7	2	
		2		7	8			
7								5
			3	6		8		
	8	7						
	1		2	9				8
		5	6			1	7	

#329

		7	5		8	1		
1		6				3		8
			3	1	4			
	6			2			9	
	2	1				6	5	
	9			4			3	
			4	3	1			
8		5				4		3
		4	8		7	2		

#330

5	3	4						
		7			9	5		
				6				3
	4	2					3	
7	6			2			5	4
	8					6	9	
3				1				
		9	5			2		
						3	4	1

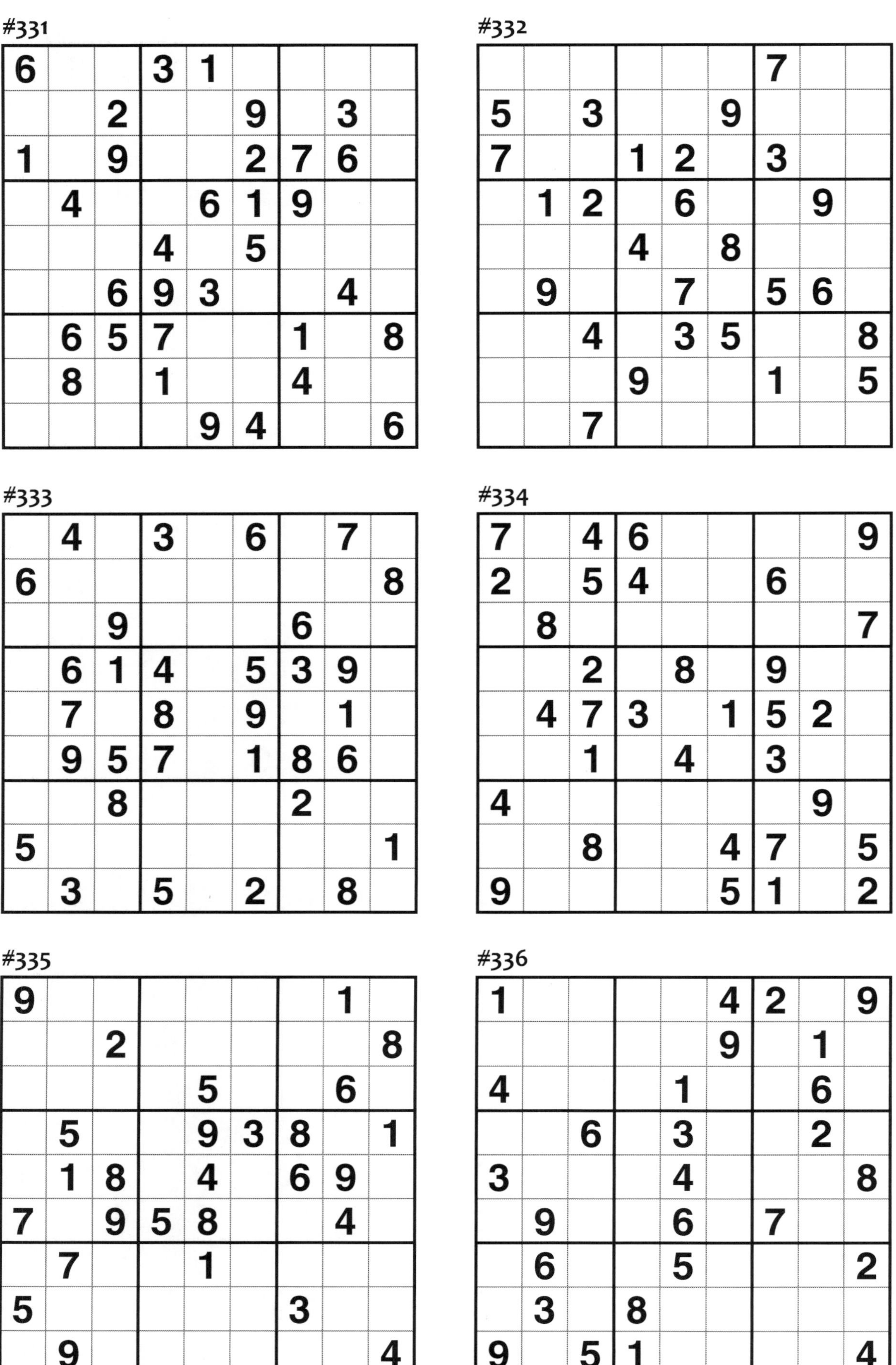

#331

6			3	1				
		2			9		3	
1		9			2	7	6	
	4			6	1	9		
			4		5			
		6	9	3			4	
	6	5	7			1		8
	8		1			4		
				9	4			6

#332

						7		
5		3			9			
7			1	2		3		
	1	2		6			9	
			4		8			
	9			7		5	6	
		4		3	5			8
			9			1		5
		7						

#333

	4		3		6		7	
6								8
		9				6		
	6	1	4		5	3	9	
	7		8		9		1	
	9	5	7		1	8	6	
		8				2		
5								1
	3		5		2		8	

#334

7		4	6					9
2		5	4			6		
	8							7
		2		8		9		
	4	7	3		1	5	2	
		1		4		3		
4							9	
		8			4	7		5
9					5	1		2

#335

9							1	
		2						8
				5			6	
	5			9	3	8		1
	1	8		4		6	9	
7		9	5	8			4	
	7			1				
5						3		
	9							4

#336

1					4	2		9
					9		1	
4				1			6	
		6		3			2	
3				4				8
	9			6		7		
	6			5				2
	3		8					
9		5	1					4

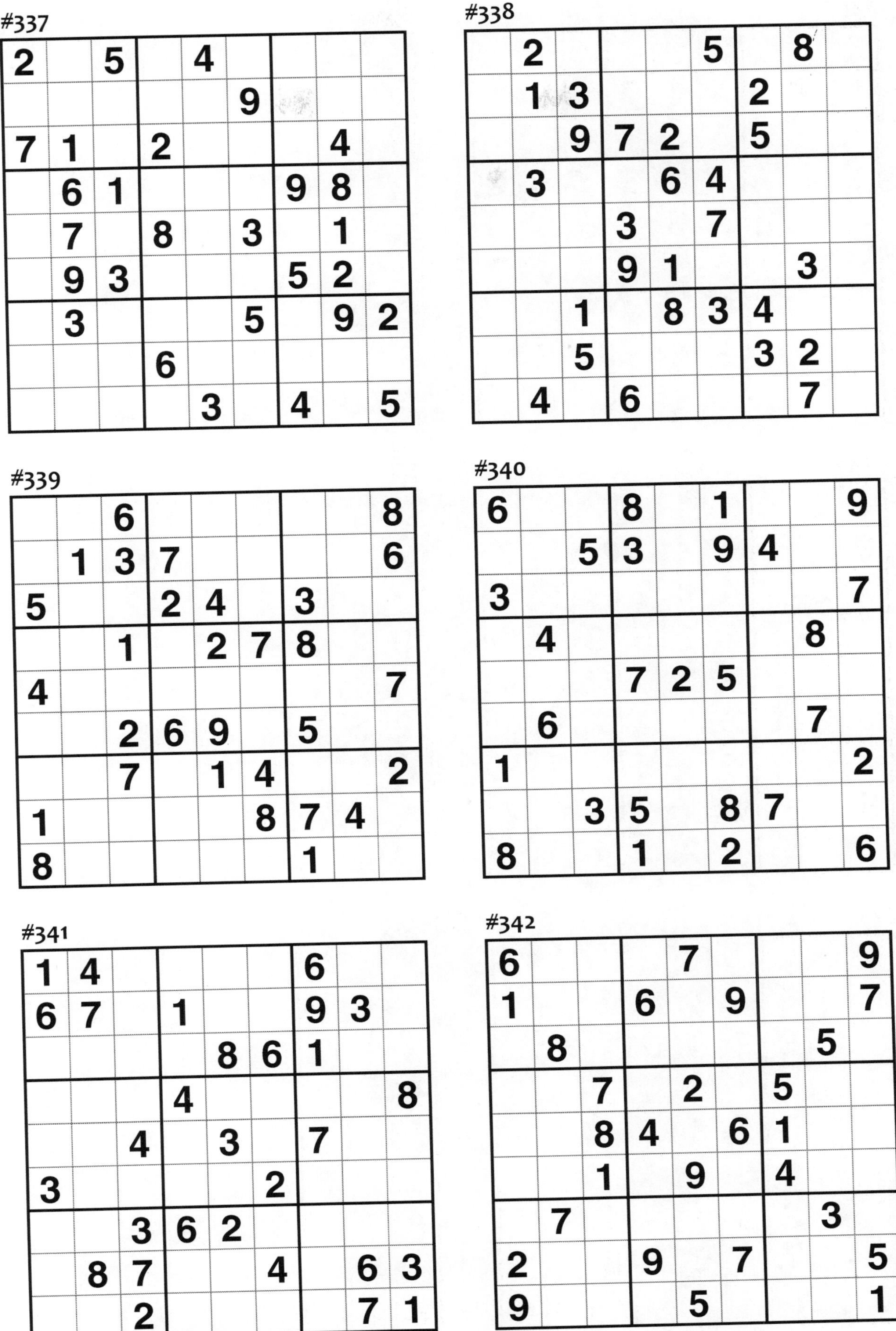

#337

2		5		4				
					9			
7	1		2				4	
	6	1				9	8	
	7		8		3		1	
	9	3				5	2	
	3				5		9	2
			6					
				3		4		5

#338

	2				5		8	
	1	3				2		
		9	7	2		5		
	3			6	4			
			3		7			
			9	1			3	
		1		8	3	4		
		5				3	2	
	4		6				7	

#339

		6						8
	1	3	7					6
5			2	4		3		
		1		2	7	8		
4								7
		2	6	9		5		
		7		1	4			2
1					8	7	4	
8						1		

#340

6			8		1			9
		5	3		9	4		
3								7
	4						8	
			7	2	5			
	6						7	
1								2
		3	5		8	7		
8			1		2			6

#341

1	4					6		
6	7		1			9	3	
				8	6	1		
			4					8
		4		3		7		
3					2			
		3	6	2				
	8	7			4		6	3
		2					7	1

#342

6				7				9
1			6		9			7
	8						5	
		7		2		5		
		8	4		6	1		
		1		9		4		
	7						3	
2			9		7			5
9				5				1

#343

	5		4	1	7		8	
		9	5		3	4		
7	4		1		8		6	2
		2		3		5		
9	3		6		5		4	7
		4	3		2	8		
	1		9	4	6		2	

#344

	6	7		2			8	
				7	9	5		
					8		7	
	8	3	9			7		
6	7			8			1	5
		5			7	3	4	
	3		2					
		6	7	3				
	9			5		6	2	

#345

		7		1		3		
2								7
	5		4		7		2	
		5	7		6	8		
6		9	8	5	1	2		4
		1	2		4	7		
	8		6		3		7	
5								2
		6		2		4		

#346

	7		8		6		4	
		9	4	3	1	2		
3	1	2				7	9	6
		7				3		
9	5	8				4	1	2
		1	2	8	7	9		
	2		1		4		3	

#347

4								3
		6		5		7		
	8	9	2		3	4	5	
			1		5			
	1			3			4	
			6		8			
	6	2	3		4	1	9	
		7		9		8		
8								6

#348

			1		9			
	9						4	
3			2	4	6			5
5		9		6		7		8
		4				5		
1		6		3		4		9
8			9	5	3			4
	5						1	
			7		8			

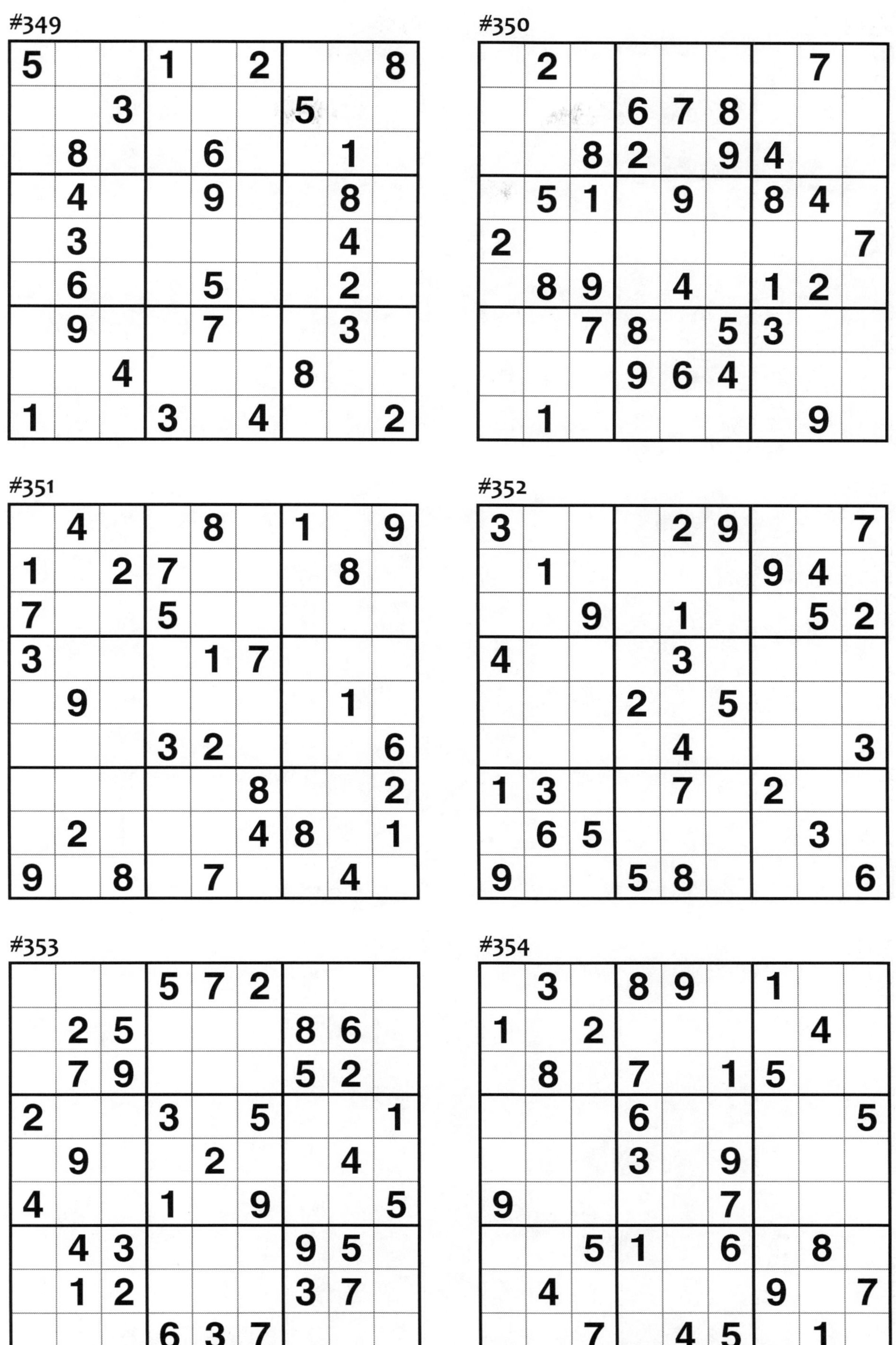

#349

5			1		2			8
		3				5		
	8			6			1	
	4			9			8	
	3						4	
	6			5			2	
	9			7			3	
		4				8		
1			3		4			2

#350

	2						7	
			6	7	8			
		8	2		9	4		
	5	1		9		8	4	
2								7
	8	9		4		1	2	
		7	8		5	3		
			9	6	4			
	1						9	

#351

	4			8		1		9
1		2	7				8	
7			5					
3				1	7			
	9						1	
			3	2				6
					8			2
	2				4	8		1
9		8		7			4	

#352

3				2	9			7
	1					9	4	
		9		1			5	2
4				3				
			2		5			
				4				3
1	3			7		2		
	6	5					3	
9			5	8				6

#353

			5	7	2			
	2	5				8	6	
	7	9				5	2	
2			3		5			1
	9			2			4	
4			1		9			5
	4	3				9	5	
	1	2				3	7	
			6	3	7			

#354

	3		8	9		1		
1		2					4	
	8		7		1	5		
			6					5
			3		9			
9					7			
		5	1		6		8	
	4					9		7
		7		4	5		1	

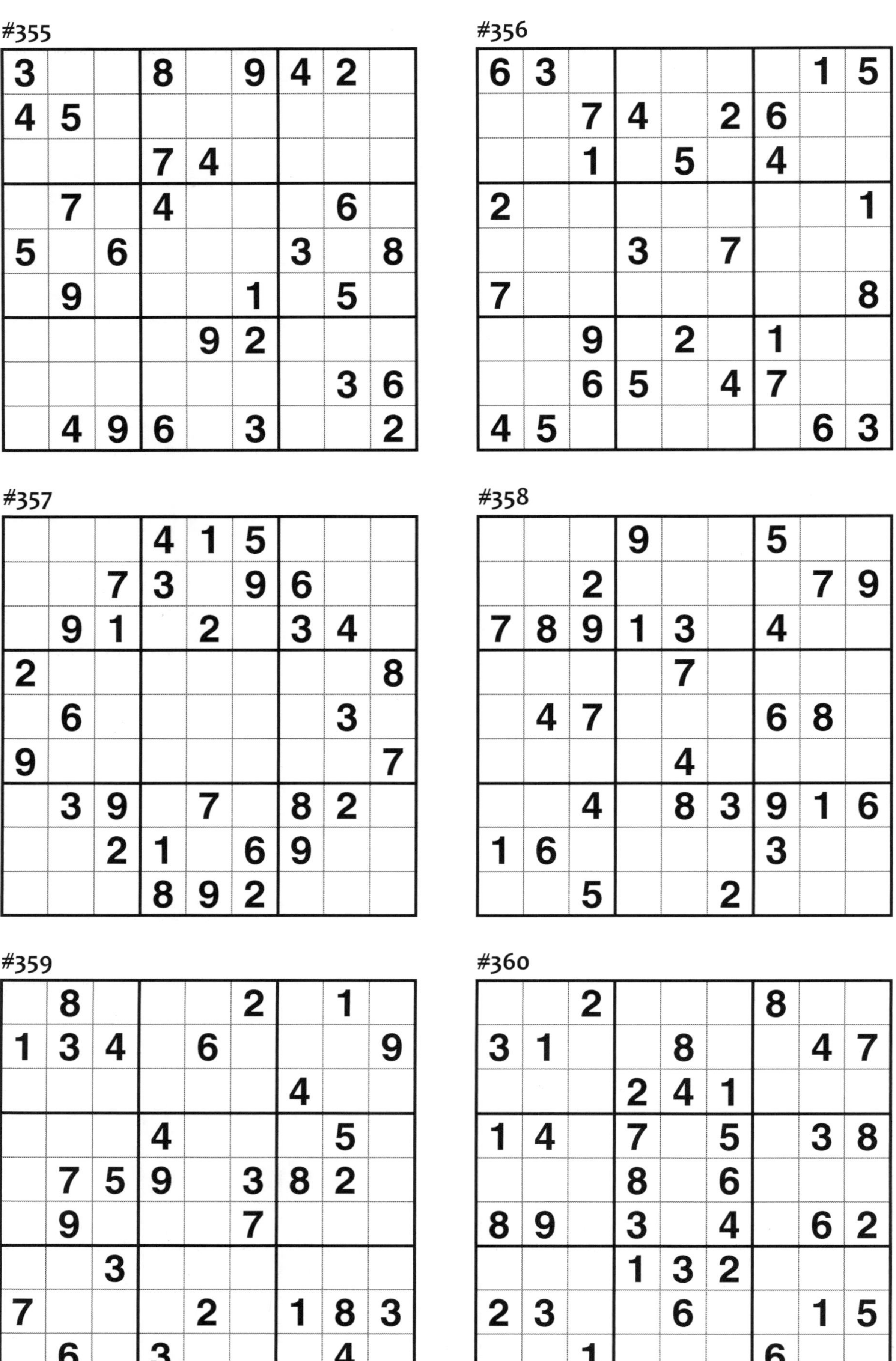

#355

3			8		9	4	2	
4	5							
			7	4				
	7		4				6	
5		6				3		8
	9				1		5	
				9	2			
							3	6
	4	9	6		3			2

#356

6	3						1	5
		7	4		2	6		
		1		5		4		
2								1
			3		7			
7								8
		9		2		1		
		6	5		4	7		
4	5						6	3

#357

			4	1	5			
		7	3		9	6		
	9	1		2		3	4	
2								8
	6						3	
9								7
	3	9		7		8	2	
		2	1		6	9		
			8	9	2			

#358

			9			5		
		2					7	9
7	8	9	1	3		4		
				7				
	4	7				6	8	
				4				
		4		8	3	9	1	6
1	6					3		
		5			2			

#359

	8				2		1	
1	3	4		6				9
						4		
			4				5	
	7	5	9		3	8	2	
	9				7			
		3						
7				2		1	8	3
	6		3				4	

#360

		2				8		
3	1			8			4	7
			2	4	1			
1	4		7		5		3	8
			8		6			
8	9		3		4		6	2
			1	3	2			
2	3			6			1	5
		1				6		

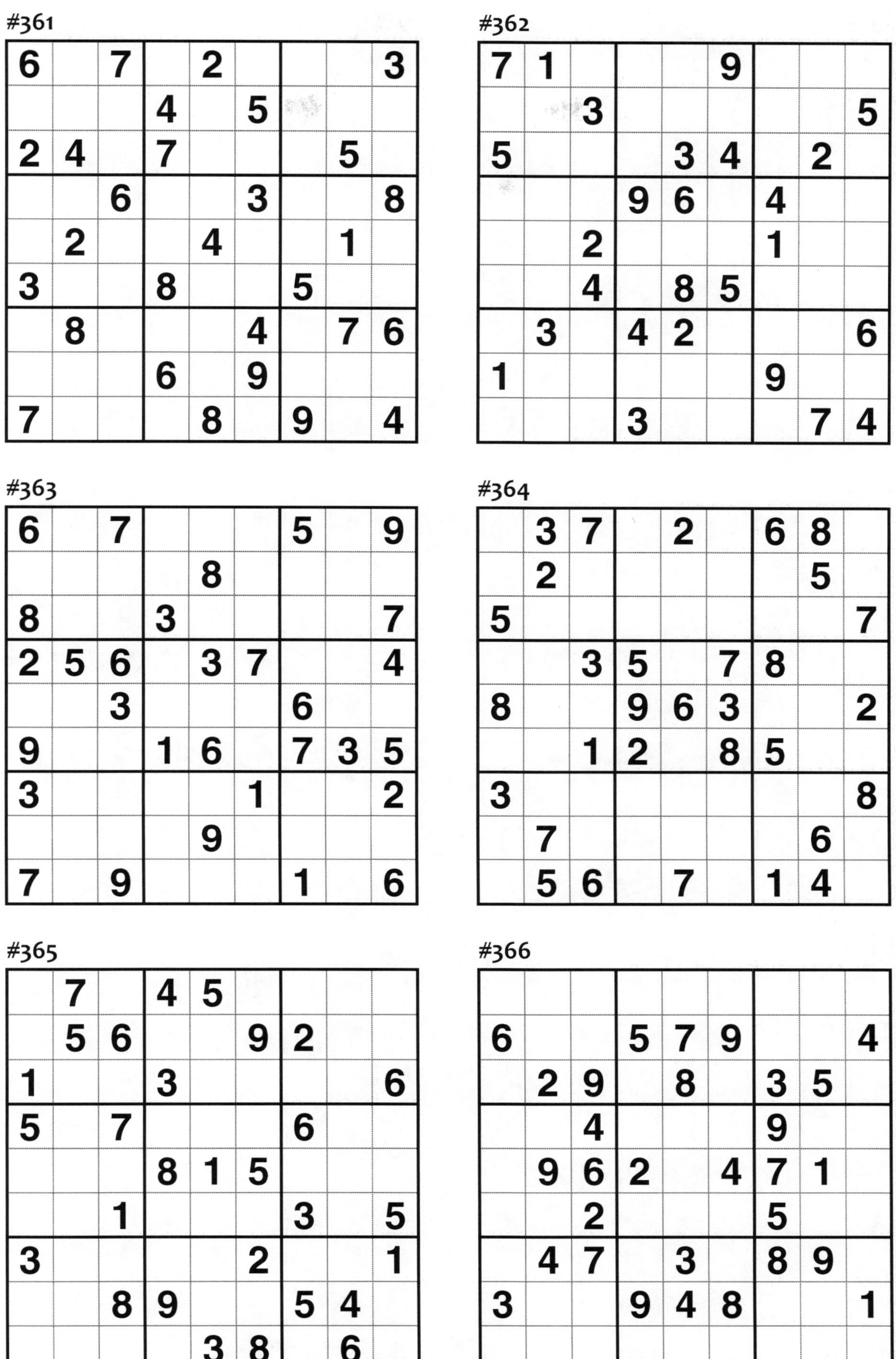

#361

6		7		2				3
			4		5			
2	4		7				5	
		6			3			8
	2			4			1	
3			8			5		
	8				4		7	6
			6		9			
7				8		9		4

#362

7	1				9			
		3						5
5				3	4		2	
			9	6		4		
		2				1		
		4		8	5			
	3		4	2				6
1						9		
			3				7	4

#363

6		7				5		9
				8				
8			3					7
2	5	6		3	7			4
		3				6		
9			1	6		7	3	5
3					1			2
				9				
7		9				1		6

#364

	3	7		2		6	8	
	2						5	
5								7
		3	5		7	8		
8			9	6	3			2
		1	2		8	5		
3								8
	7						6	
	5	6		7		1	4	

#365

	7		4	5				
	5	6			9	2		
1			3					6
5		7				6		
			8	1	5			
		1				3		5
3					2			1
		8	9			5	4	
				3	8		6	

#366

6			5	7	9			4
	2	9		8		3	5	
		4				9		
	9	6	2		4	7	1	
		2				5		
	4	7		3		8	9	
3			9	4	8			1

#367

2		3		8			4	
	5		3			2		
	9		7				8	
		5	1			9	6	
3			2		9			5
	6	9			5	1		
	3				7		9	
		6			3		5	
	8			1		3		6

#368

3						2		
	1			7	4			9
	6			1	5	3		
	9	6				1		
			7		9			
		3				6	9	
		7	8	4			2	
9			6	3			8	
		1						3

#369

		1		5		3		
6	3						8	1
		9		8		2		
	2		1		7		9	
8								7
	1		5		8		2	
		5		2		9		
3	9						5	4
		8		4		1		

#370

	1		5		6		8	
			7		9			
		9		4		2		
	4	1	6		2	9	7	
	5						4	
	9	7	4		3	5	6	
		8		3		4		
			8		7			
	7		1		4		2	

#371

			4		6		8	
4	5				9		1	
		9				4		
1	6			2				8
	2		9		5		4	
9				4			3	1
		7				8		
	9		8				7	3
	4		1		3			

#372

3			6		8			2
	1		5		9		3	
		9		1		5		
		6				1		
1				9				3
		8				6		
		3		4		8		
	8		2		7		4	
7			1		3			6

#373

6	5				2	8		
			1	4	8			
4							2	
			8	3			9	7
	7						5	
8	6			1	5			
	1							6
			4	7	9			
		2	6				4	9

#374

9	3			4			7	
						2	1	
		8	3	6			5	
		2					6	1
1								7
6	9					3		
	1			7	3	8		
	4	9						
	6			2			3	4

#375

		2	1		6	7		
				8				
	1	9				2	5	
4	2		6		5		9	7
7	9		4		8		1	3
	3	6				1	7	
				3				
		8	7		2	9		

#376

1				3				4
7	4		6		1		5	8
3		9				7		6
			8	6	9			
	9						6	
			2	5	4			
6		1				4		7
4	3		7		6		2	5
9				4				1

#377

7			9			5		2
	6	2		3				9
5	8					7		
			1				5	
			6		8			
	5				2			
		7					8	4
2				4		6	1	
8		6			7			5

#378

	6	3		5				1
4	2		1			3		
		9						5
			6	4				
	3	4		9		2	7	
				1	7			
3						9		
		7			6		4	3
9				3		6	5	

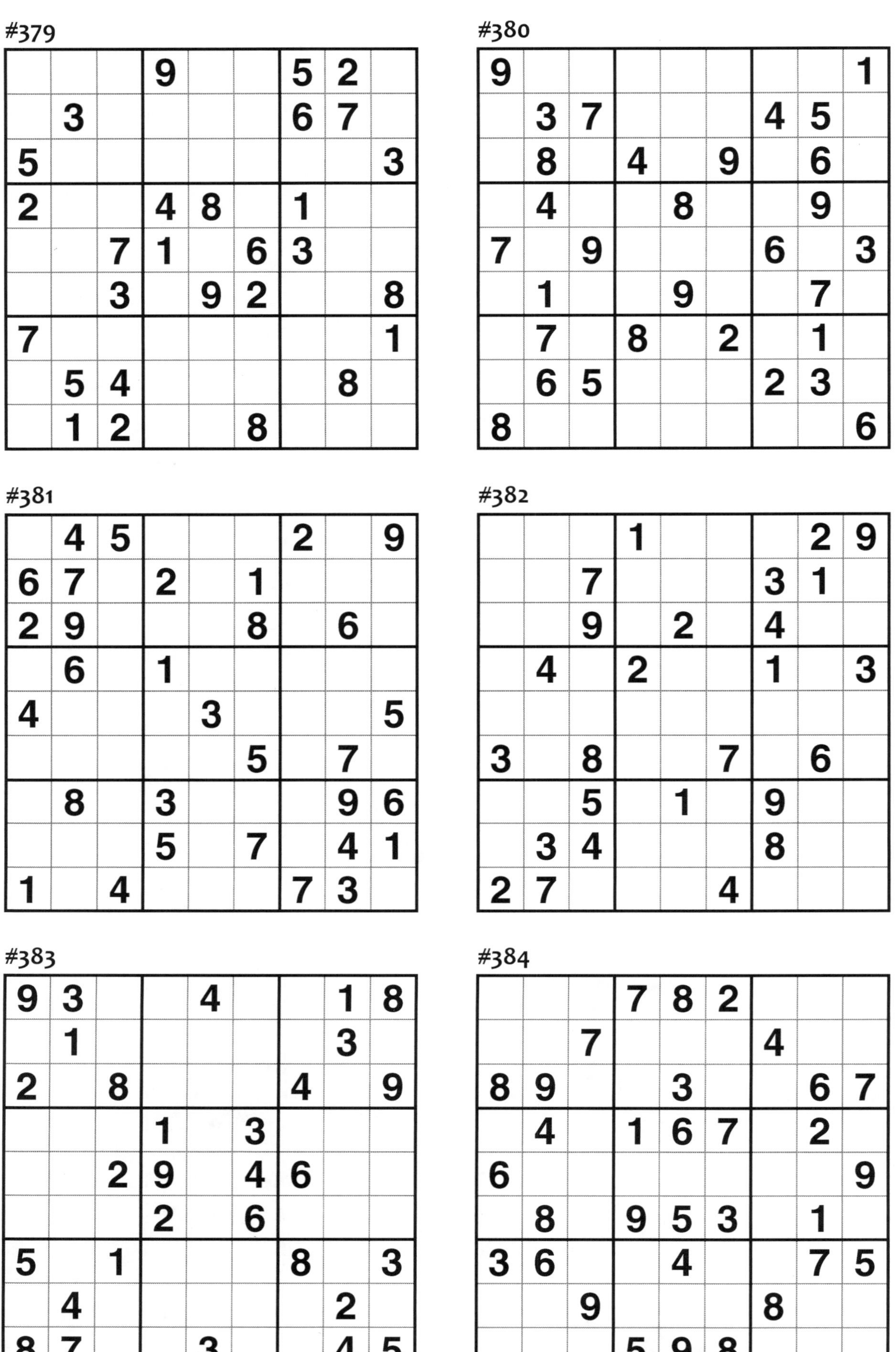

#379

			9			5	2	
	3					6	7	
5								3
2			4	8		1		
		7	1		6	3		
		3		9	2			8
7								1
	5	4					8	
	1	2			8			

#380

9								1
	3	7				4	5	
	8		4		9		6	
	4			8			9	
7		9				6		3
	1			9			7	
	7		8		2		1	
	6	5				2	3	
8								6

#381

	4	5				2		9
6	7		2		1			
2	9				8		6	
	6		1					
4				3				5
					5		7	
	8		3				9	6
			5		7		4	1
1		4				7	3	

#382

			1				2	9
		7				3	1	
		9		2		4		
	4		2			1		3
3		8			7		6	
		5		1		9		
	3	4				8		
2	7				4			

#383

9	3			4			1	8
	1						3	
2		8				4		9
			1		3			
		2	9		4	6		
			2		6			
5		1				8		3
	4						2	
8	7			3			4	5

#384

			7	8	2			
		7				4		
8	9			3			6	7
	4		1	6	7		2	
6								9
	8		9	5	3		1	
3	6			4			7	5
		9				8		
			5	9	8			

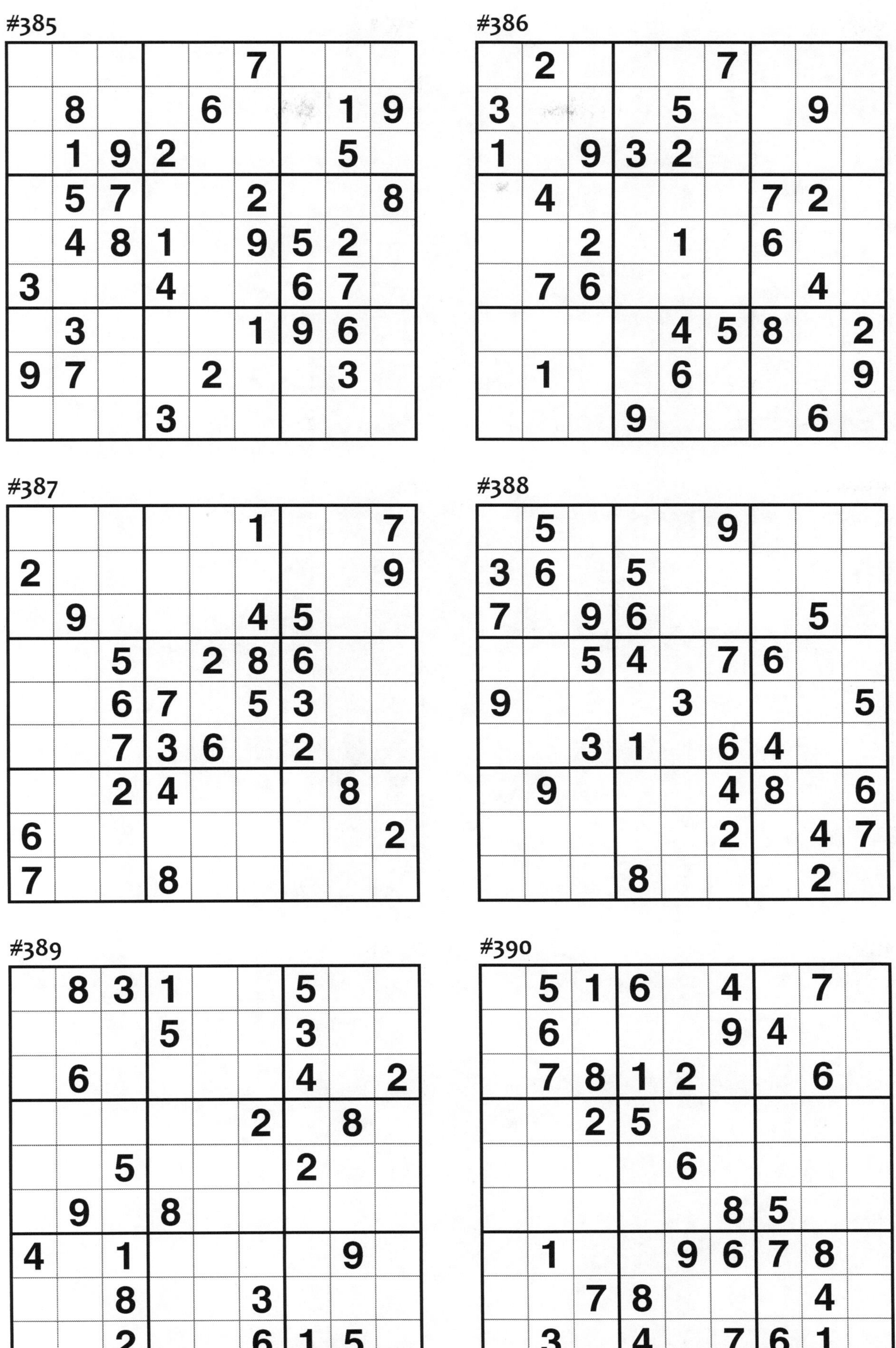

#385

					7			
	8			6			1	9
	1	9	2				5	
	5	7			2			8
	4	8	1		9	5	2	
3			4			6	7	
	3				1	9	6	
9	7			2			3	
			3					

#386

	2				7			
3				5			9	
1		9	3	2				
	4					7	2	
		2		1		6		
	7	6					4	
				4	5	8		2
	1			6				9
			9				6	

#387

					1			7
2								9
	9				4	5		
		5		2	8	6		
		6	7		5	3		
		7	3	6		2		
		2	4				8	
6								2
7			8					

#388

	5				9			
3	6		5					
7		9	6				5	
		5	4		7	6		
9				3				5
		3	1		6	4		
	9				4	8		6
					2		4	7
			8				2	

#389

	8	3	1			5		
			5			3		
	6					4		2
					2		8	
		5				2		
	9		8					
4		1					9	
		8			3			
		2			6	1	5	

#390

	5	1	6		4		7	
	6				9	4		
	7	8	1	2			6	
		2	5					
				6				
					8	5		
	1			9	6	7	8	
		7	8				4	
	3		4		7	6	1	

#391

8	7		1		9		6	4
6			8		5			1
		7		1		9		
4	8	3				5	1	2
		2		8		7		
1			2		8			5
2	4		7		1		3	9

#392

	6		8	7		3		
	3	4		6	1			
					5			
5						1	3	8
3								6
9	4	1						2
			5					
			9	2		7	1	
		8		3	7		6	

#393

				6	9			
		6						9
2					5		7	
	1					5		2
		5	4		3	6		
8		4					1	
	7		5					3
5						8		
			6	4				

#394

		7				2		1
		4	5	1				
1					3			4
				4	1		8	
4								2
	3		9	6				
7			8					6
				5	9	3		
2		8				7		

#395

			6	5			9	
	4				9			
		9	2		4	6		
		6			1			5
4		1				7		2
3			7			1		
		2	1		6	8		
			5				3	
	9			3	8			

#396

2		4	6		7	8		5
		1				3		
	7			5			6	
	4		7		9		8	
	2		4		6		3	
	8		1		5		4	
	9			1			5	
		8				6		
4		7	9		3	1		8

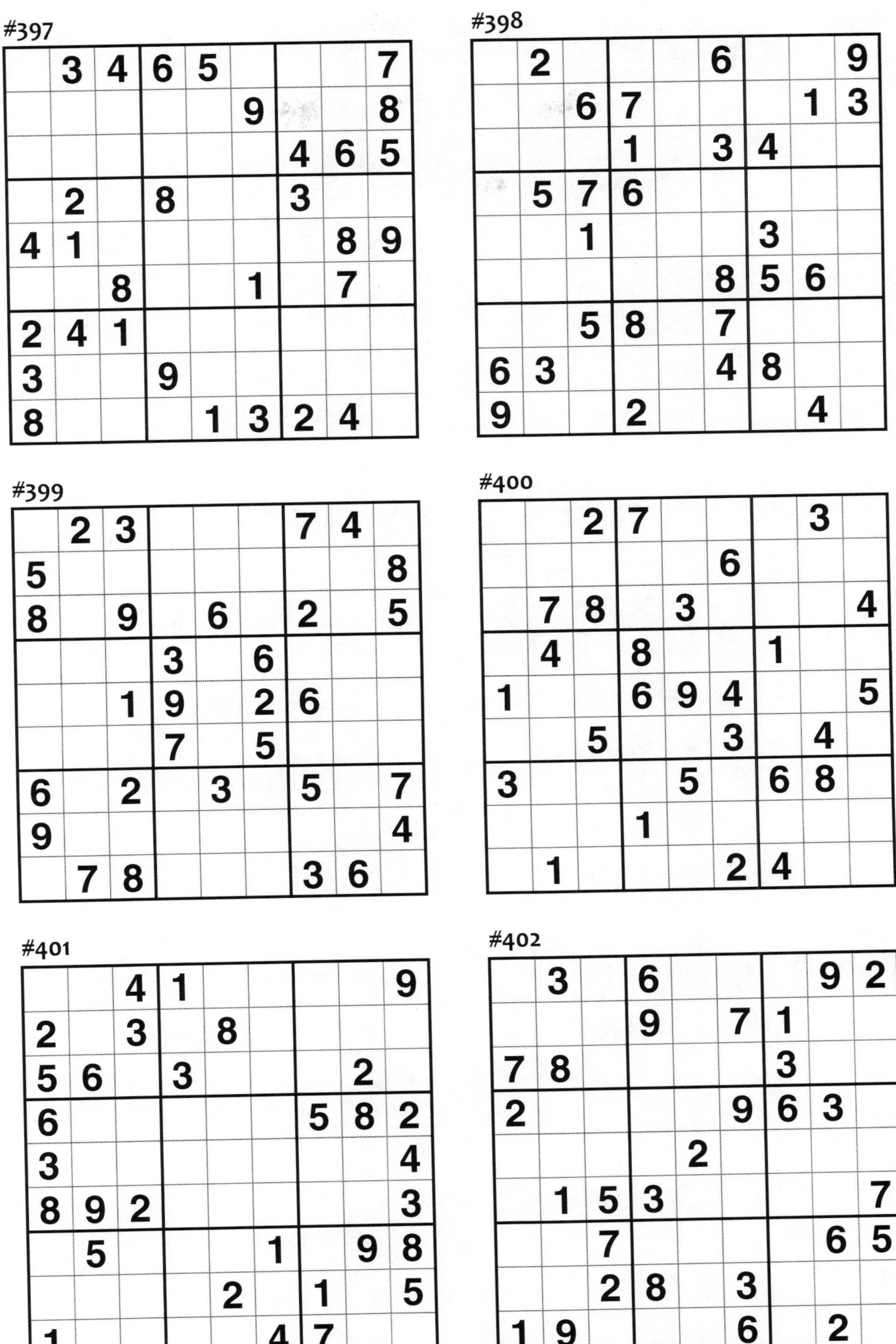

#397

	3	4	6	5				7
					9			8
						4	6	5
	2		8			3		
4	1						8	9
		8			1		7	
2	4	1						
3			9					
8				1	3	2	4	

#398

	2				6			9
		6	7				1	3
			1		3	4		
	5	7	6					
		1				3		
					8	5	6	
		5	8		7			
6	3				4	8		
9			2				4	

#399

	2	3				7	4	
5								8
8		9		6		2		5
			3		6			
		1	9		2	6		
			7		5			
6		2		3		5		7
9								4
	7	8				3	6	

#400

		2	7				3	
					6			
	7	8		3				4
	4		8			1		
1			6	9	4			5
		5			3		4	
3				5		6	8	
			1					
	1				2	4		

#401

		4	1					9
2		3		8				
5	6		3				2	
6						5	8	2
3								4
8	9	2						3
	5				1		9	8
				2		1		5
1					4	7		

#402

	3		6				9	2
			9		7	1		
7	8					3		
2					9	6	3	
				2				
	1	5	3					7
		7					6	5
		2	8		3			
1	9				6		2	

#403

		3	6	9	8	2		
			4		3			
	1	9				3	6	
	3		8		2		9	
	4	5				7	1	
	9		1		5		3	
	5	6				1	2	
			7		1			
		1	5	2	9	6		

#404

	6				5		2	
	4				8			
5	7	9			1			
2							8	3
		4	9		3	5		
3	9							7
			1			7	5	6
			6				4	
	5		4				9	

#405

		7				6		
2		4		8		3		7
6			3		7			5
			9	4	6			
4		1	2		8	7		3
			7	3	1			
5			8		3			1
7		3		9		8		2
		8				4		

#406

		2		6		8		
5								7
7			3	4	1			6
	1						6	
	4	3	7	9	2	5	1	
	7						2	
3			1	5	8			2
1								3
		7		3		1		

#407

			6	4	8			
4	6		7	1	9		5	8
5		3				7		1
6	1						8	4
9		8				5		6
2	8		5	9	4		7	3
			2	3	6			

#408

4	7	6					9	
	5				9			1
1					4		5	
						1		4
2				3				7
9		7						
	9		8					3
7			2				4	
	4					5	7	6

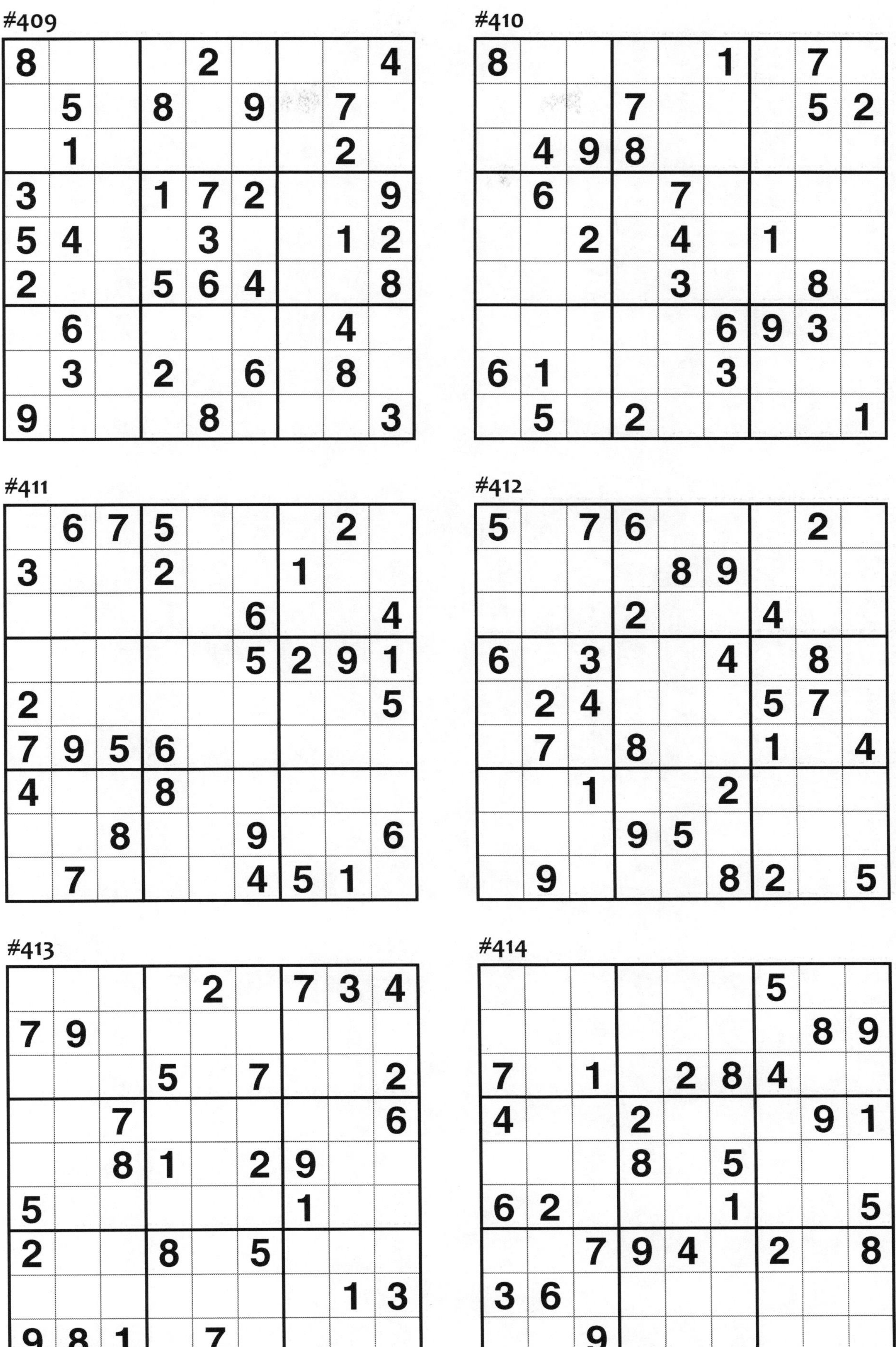

#409

8				2				4
	5		8		9		7	
	1						2	
3			1	7	2			9
5	4			3			1	2
2			5	6	4			8
	6						4	
	3		2		6		8	
9				8				3

#410

8					1		7	
			7				5	2
	4	9	8					
	6			7				
		2		4		1		
				3			8	
					6	9	3	
6	1				3			
	5		2					1

#411

	6	7	5				2	
3			2			1		
					6			4
					5	2	9	1
2								5
7	9	5	6					
4			8					
		8			9			6
	7				4	5	1	

#412

5		7	6				2	
				8	9			
			2			4		
6		3			4		8	
	2	4				5	7	
	7		8			1		4
		1			2			
			9	5				
	9				8	2		5

#413

				2		7	3	4
7	9							
			5		7			2
		7						6
		8	1		2	9		
5						1		
2			8		5			
							1	3
9	8	1		7				

#414

						5		
							8	9
7		1		2	8	4		
4			2				9	1
			8		5			
6	2				1			5
		7	9	4		2		8
3	6							
		9						

#415

			1		3			
3	4			8			2	7
		9				1		
	5	3	8		1	2	9	
1								6
	2	7	4		6	3	5	
		8				9		
4	7			3			1	2
			7		2			

#416

9	5			1			7	8
	6		7		9		5	
		1				3		
	2	5				9	8	
6		3				5		7
	1	7				4	3	
		8				2		
	4		9		3		1	
1	3			5			6	4

#417

	9		4		1		3	
6			3					9
3						7	8	
	5					9		
1		8		2		5		7
		9					2	
	6	4						3
7					5			2
	2		8		7		4	

#418

8	6		2		4		5	9
4				1				7
			5		7			
		1		7		8		
2		6	9		8	4		1
		8		4		5		
			7		5			
6				2				5
7	8		3		6		1	4

#419

5			3		9			
		1	7			5	3	
3		9					1	7
						8	7	
			8		5			
	3	4						
1	6					3		8
	2	8			7	4		
			1		2			6

#420

3	2		5		7		8	9
	6						2	
8				2				7
1				9				2
7				8				6
2				4				8
	5						7	
9	7		6		8		4	3

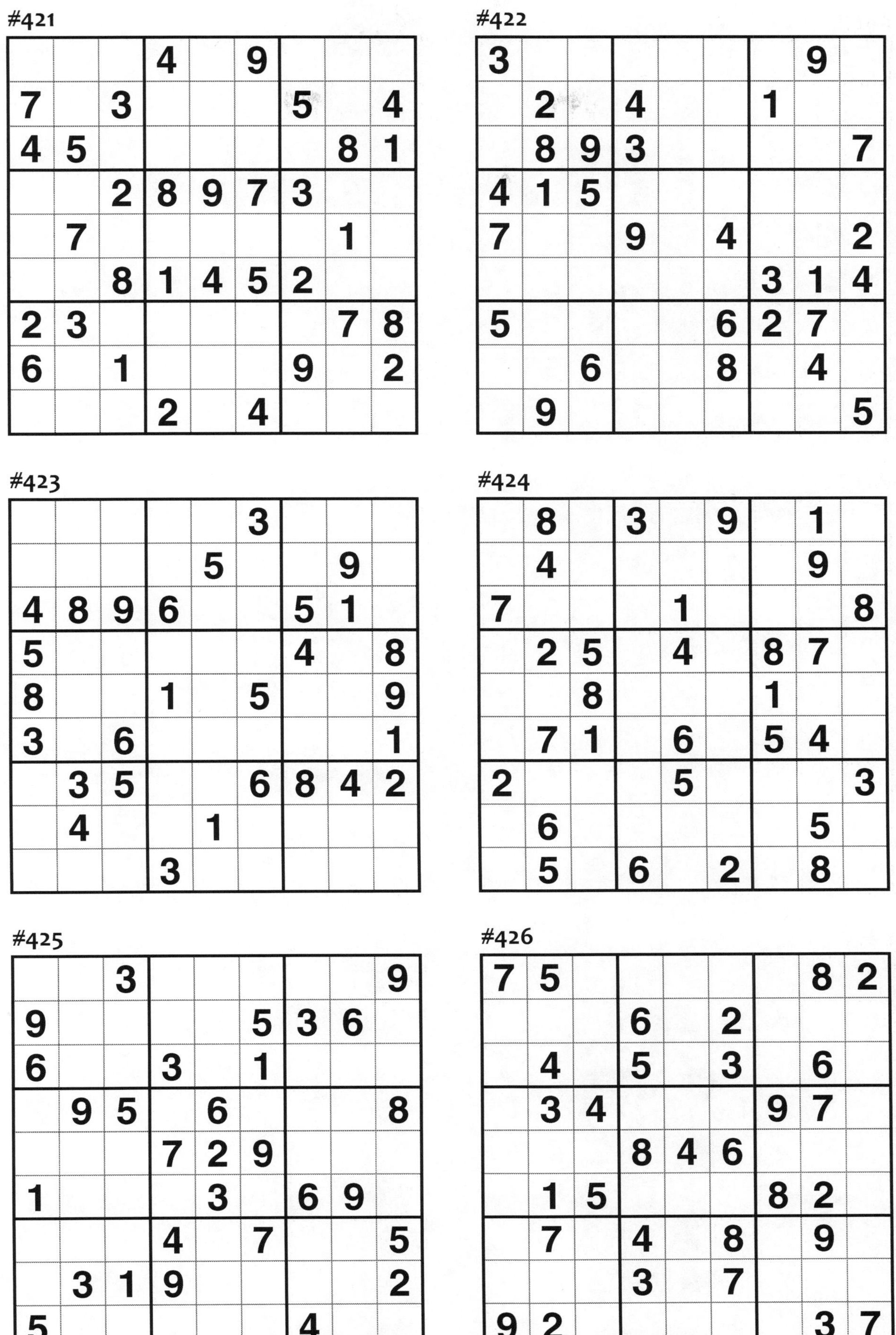

#421

			4		9			
7		3				5		4
4	5						8	1
		2	8	9	7	3		
	7						1	
		8	1	4	5	2		
2	3						7	8
6		1				9		2
			2		4			

#422

3							9	
	2		4			1		
	8	9	3					7
4	1	5						
7			9		4			2
						3	1	4
5					6	2	7	
		6			8		4	
	9							5

#423

					3			
				5			9	
4	8	9	6			5	1	
5						4		8
8			1		5			9
3		6						1
	3	5			6	8	4	2
	4			1				
			3					

#424

	8		3		9		1	
	4						9	
7				1				8
	2	5		4		8	7	
		8				1		
	7	1		6		5	4	
2				5				3
	6						5	
	5		6		2		8	

#425

		3						9
9					5	3	6	
6			3		1			
	9	5		6				8
			7	2	9			
1				3		6	9	
			4		7			5
	3	1	9					2
5						4		

#426

7	5						8	2
			6		2			
	4		5		3		6	
	3	4				9	7	
			8	4	6			
	1	5				8	2	
	7		4		8		9	
			3		7			
9	2						3	7

#427

7			5					4
	4					9		
5	9	1		3				
9				5	8	1		
	3						4	
		8	3	4				7
				2		4	9	8
		3					1	
4					5			6

#428

	1	5						2
6		2		1				
					7	8		5
1	5		3	6				
			1		8			
				4	9		6	8
5		4	7					
				8		3		1
9						4	8	

#429

		2				5		
			1	7	3			
	8						4	
3		7		6		1		4
5	2						3	8
6		8		4		7		5
	6						7	
			4	8	5			
		3				8		

#430

4	5				2			
		7			9		3	
8			3		7		5	
	7	6				9		
5								4
		8				3	6	
	3		7		8			2
	1		9			5		
			4				7	3

#431

	5				8		9	
	2	4	6	3				
				2				3
	8	7	3					
	6	1	2		7	3	4	
					6	7	8	
5				7				
				9	5	2	7	
	7		4				5	

#432

	1		3		5		9	
3	6						2	5
		9				7		
1		3		4		6		2
8	9						5	4
6		2		3		9		8
		1				5		
4	8						3	7
	3		2		4		6	

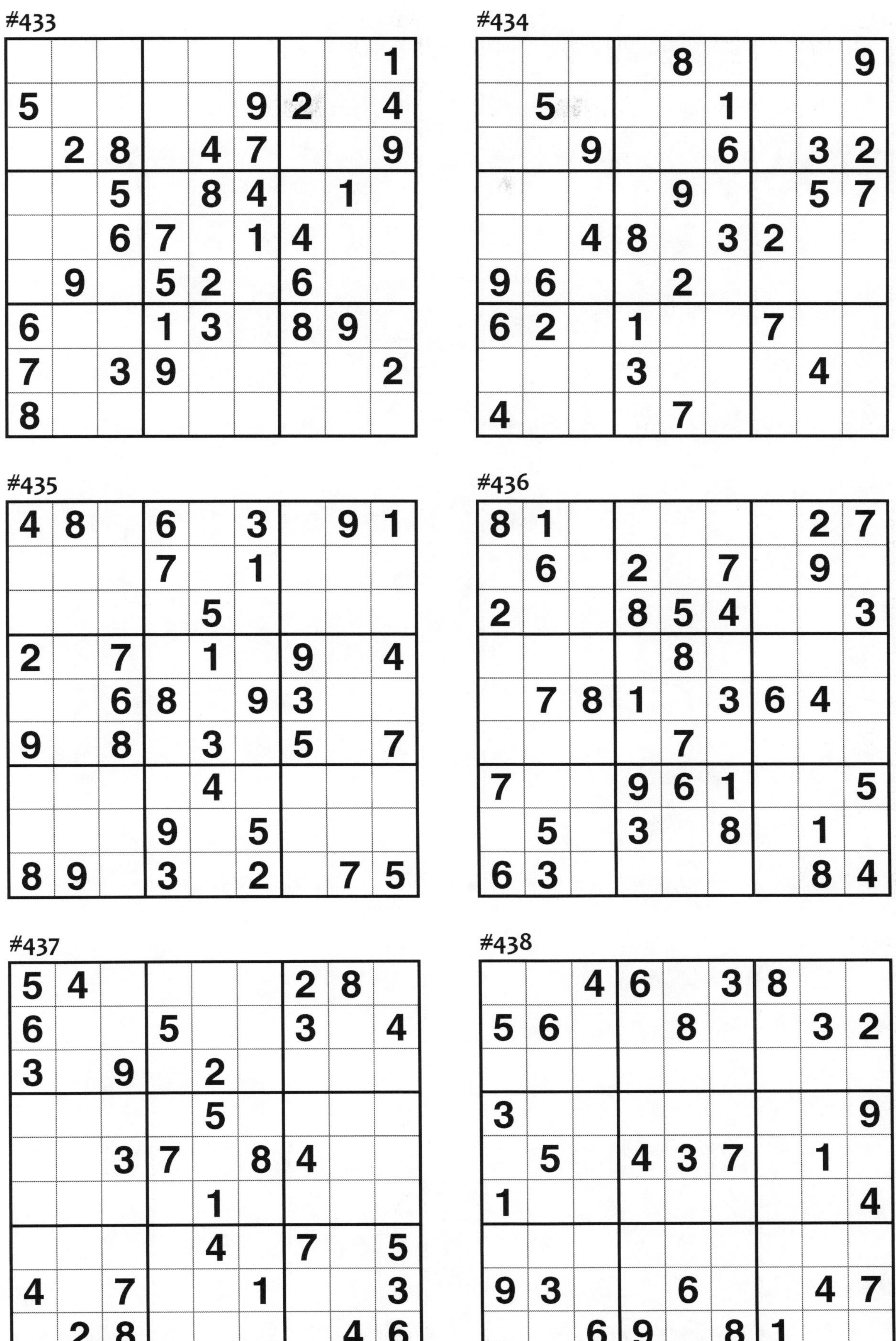

#433

								1
5					9	2		4
	2	8		4	7			9
		5		8	4		1	
		6	7		1	4		
	9		5	2		6		
6			1	3		8	9	
7		3	9					2
8								

#434

				8				9
	5				1			
		9			6		3	2
				9			5	7
		4	8		3	2		
9	6			2				
6	2		1			7		
			3				4	
4				7				

#435

4	8		6		3		9	1
			7		1			
				5				
2		7		1		9		4
		6	8		9	3		
9		8		3		5		7
				4				
			9		5			
8	9		3		2		7	5

#436

8	1						2	7
	6		2		7		9	
2			8	5	4			3
				8				
	7	8	1		3	6	4	
				7				
7			9	6	1			5
	5		3		8		1	
6	3						8	4

#437

5	4					2	8	
6			5			3		4
3		9		2				
				5				
		3	7		8	4		
				1				
				4		7		5
4		7			1			3
	2	8					4	6

#438

		4	6		3	8		
5	6			8			3	2
3								9
	5		4	3	7		1	
1								4
9	3			6			4	7
		6	9		8	1		

#439

4			7		3			9
	7						2	
6		1				3		5
			9	3	5			
		8		7		5		
			8	2	1			
8		4				1		3
	1						9	
2			5		6			4

#440

1	7	4						9
			6	8		4		
					7			
	3			5		2		
	4	6		7		5	1	
		2		1			4	
			2					
		7		9	1			
9						1	6	2

#441

7				5				9
	2		7		9		6	
			1		8			
6	3						9	5
		8		7		6		
2	9						3	4
			2		4			
	1		6		5		7	
9				8				2

#442

		2		4				
4		6				1		
	8		1		3		5	
	6				2	8		5
	3			6			4	
2		7	4				6	
	4		2		5		7	
		1				5		4
				3		6		

#443

				2				
6		1				2		5
	8		4		6		1	
3			5		8			4
7								8
5			6		1			3
	4		2		7		9	
9		7				4		6
				3				

#444

9			3		4			8
1				6				9
	3			1			5	
6		3				2		1
		9				8		
5		1				7		4
	9			5			1	
7				4				2
8			9		1			3

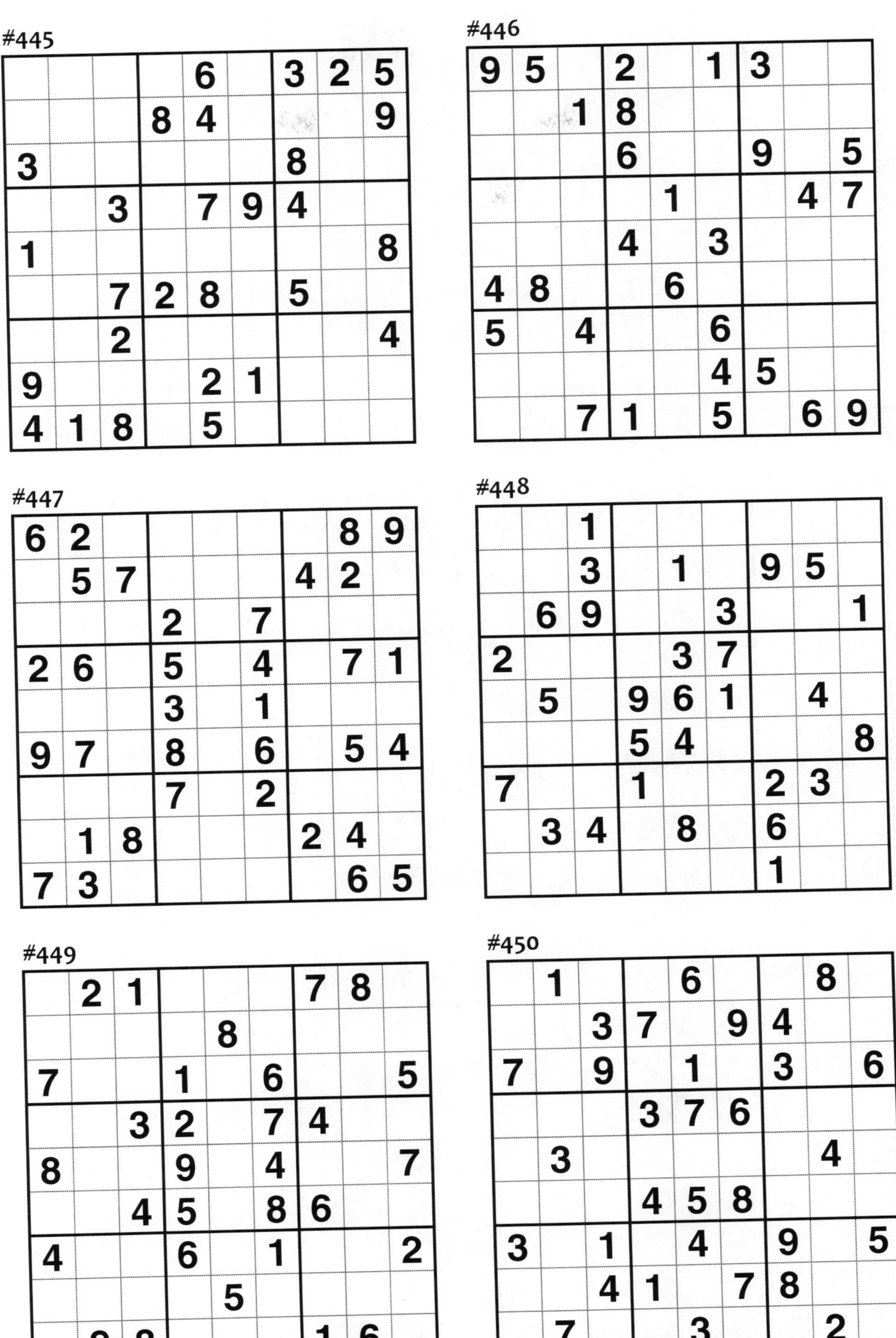

#445

				6		3	2	5
			8	4				9
3						8		
		3		7	9	4		
1								8
		7	2	8		5		
		2						4
9				2	1			
4	1	8		5				

#446

9	5		2		1	3		
		1	8					
			6			9		5
				1			4	7
			4		3			
4	8			6				
5		4			6			
					4	5		
		7	1		5		6	9

#447

6	2						8	9
	5	7				4	2	
			2		7			
2	6		5		4		7	1
			3		1			
9	7		8		6		5	4
			7		2			
	1	8				2	4	
7	3						6	5

#448

		1						
		3		1		9	5	
	6	9			3			1
2				3	7			
	5		9	6	1		4	
			5	4				8
7			1			2	3	
	3	4		8		6		
						1		

#449

	2	1				7	8	
				8				
7			1		6			5
		3	2		7	4		
8			9		4			7
		4	5		8	6		
4			6		1			2
				5				
	9	8				1	6	

#450

	1			6			8	
		3	7		9	4		
7		9		1		3		6
			3	7	6			
	3						4	
			4	5	8			
3		1		4		9		5
		4	1		7	8		
	7			3			2	

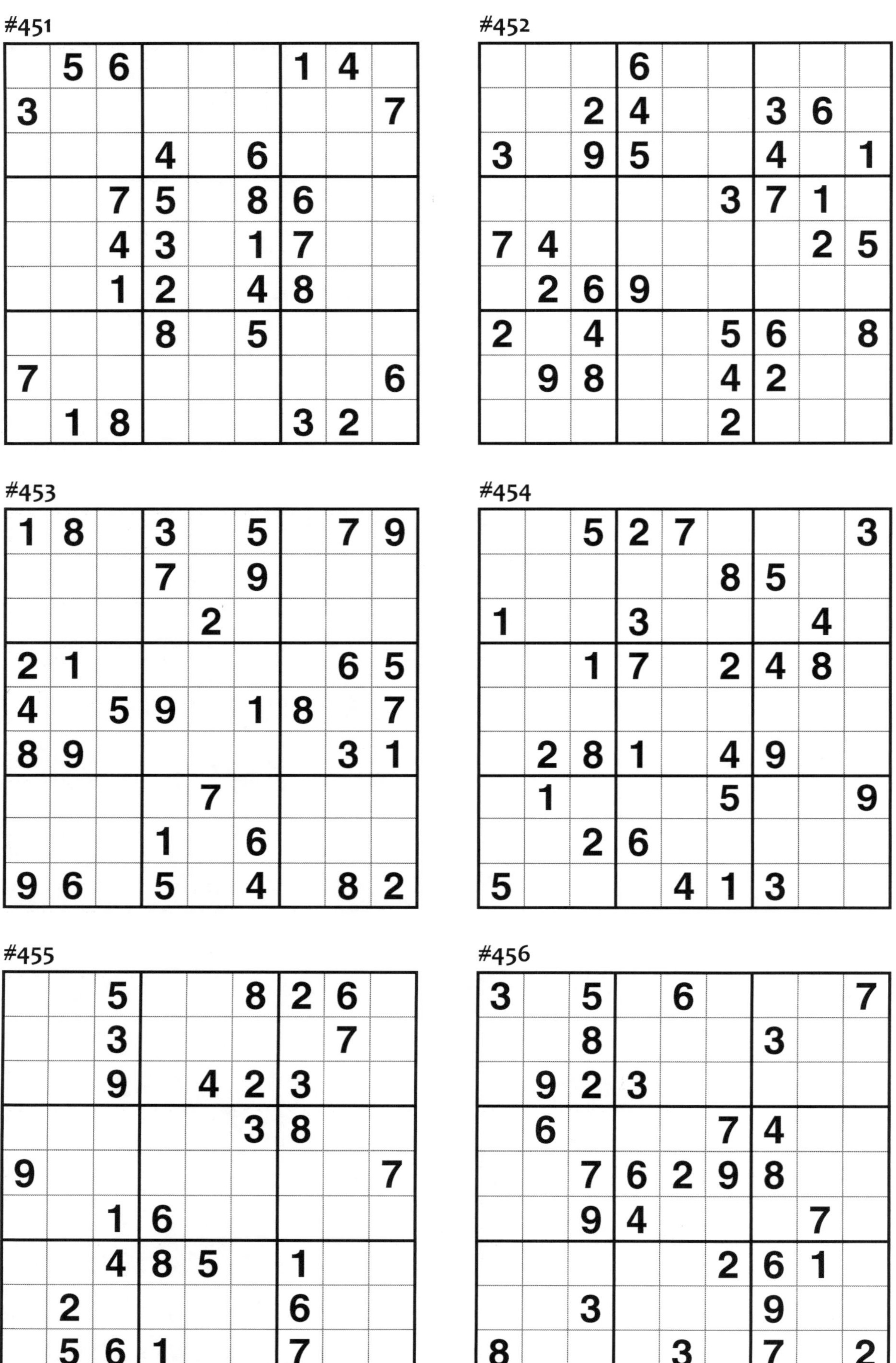

#451

	5	6				1	4	
3								7
			4		6			
		7	5		8	6		
		4	3		1	7		
		1	2		4	8		
			8		5			
7								6
	1	8				3	2	

#452

			6					
		2	4			3	6	
3		9	5			4		1
					3	7	1	
7	4						2	5
	2	6	9					
2		4			5	6		8
	9	8			4	2		
					2			

#453

1	8		3		5		7	9
			7		9			
				2				
2	1						6	5
4		5	9		1	8		7
8	9						3	1
				7				
			1		6			
9	6		5		4		8	2

#454

		5	2	7				3
					8	5		
1			3				4	
		1	7		2	4	8	
	2	8	1		4	9		
	1				5			9
		2	6					
5				4	1	3		

#455

		5			8	2	6	
		3					7	
		9		4	2	3		
					3	8		
9								7
		1	6					
		4	8	5		1		
	2					6		
	5	6	1			7		

#456

3		5		6				7
		8				3		
	9	2	3					
	6				7	4		
		7	6	2	9	8		
		9	4				7	
					2	6	1	
		3				9		
8				3		7		2

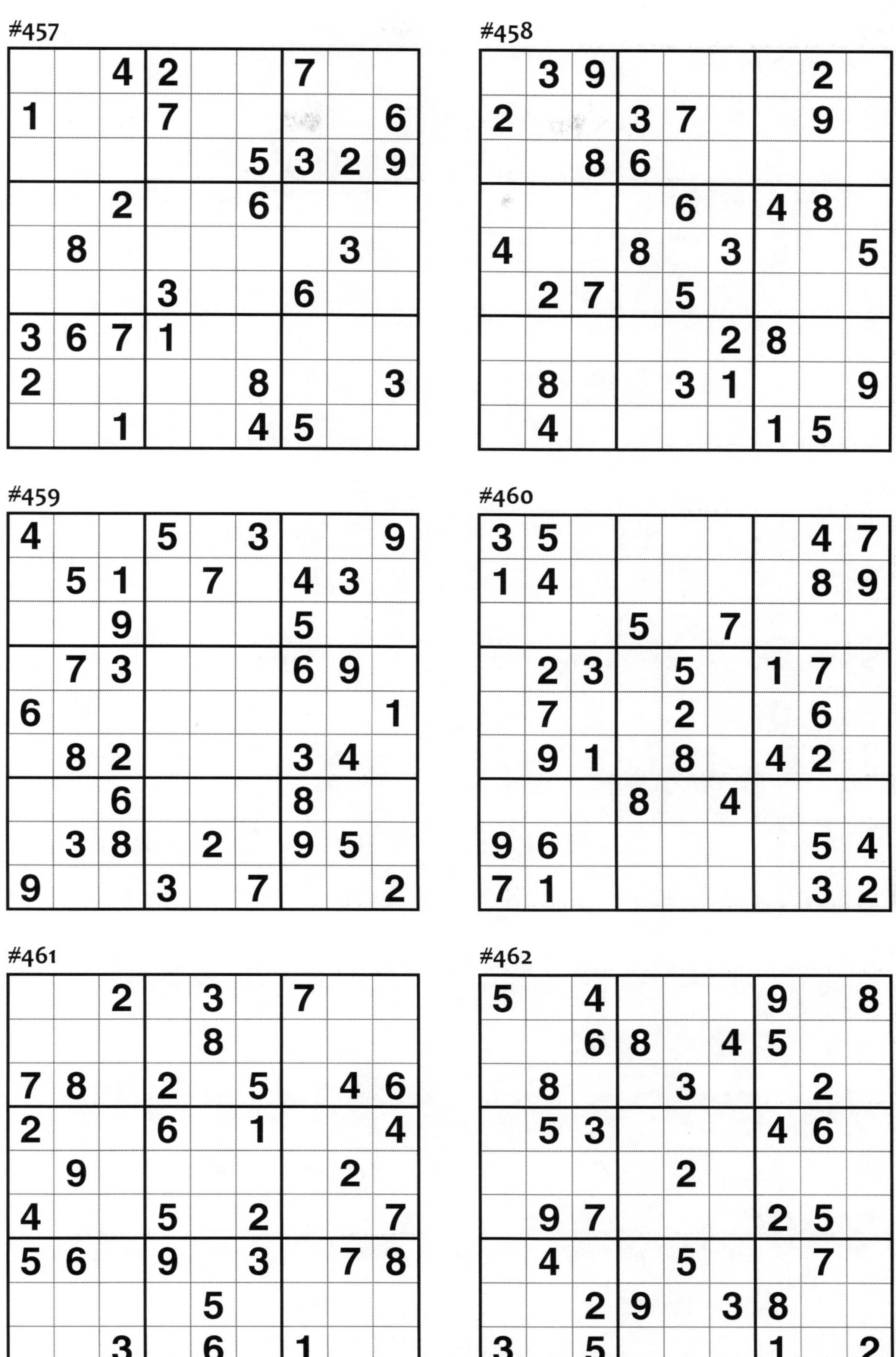

#457

		4	2			7		
1			7					6
					5	3	2	9
		2			6			
	8						3	
			3			6		
3	6	7	1					
2					8			3
		1			4	5		

#458

	3	9					2	
2			3	7			9	
		8	6					
				6		4	8	
4			8		3			5
	2	7		5				
					2	8		
	8			3	1			9
	4					1	5	

#459

4			5		3			9
	5	1		7		4	3	
		9				5		
	7	3				6	9	
6								1
	8	2				3	4	
		6				8		
	3	8		2		9	5	
9			3		7			2

#460

3	5						4	7
1	4						8	9
			5		7			
	2	3		5		1	7	
	7			2			6	
	9	1		8		4	2	
			8		4			
9	6						5	4
7	1						3	2

#461

		2		3		7		
				8				
7	8		2		5		4	6
2			6		1			4
	9						2	
4			5		2			7
5	6		9		3		7	8
				5				
		3		6		1		

#462

5		4				9		8
		6	8		4	5		
	8			3			2	
	5	3				4	6	
				2				
	9	7				2	5	
	4			5			7	
		2	9		3	8		
3		5				1		2

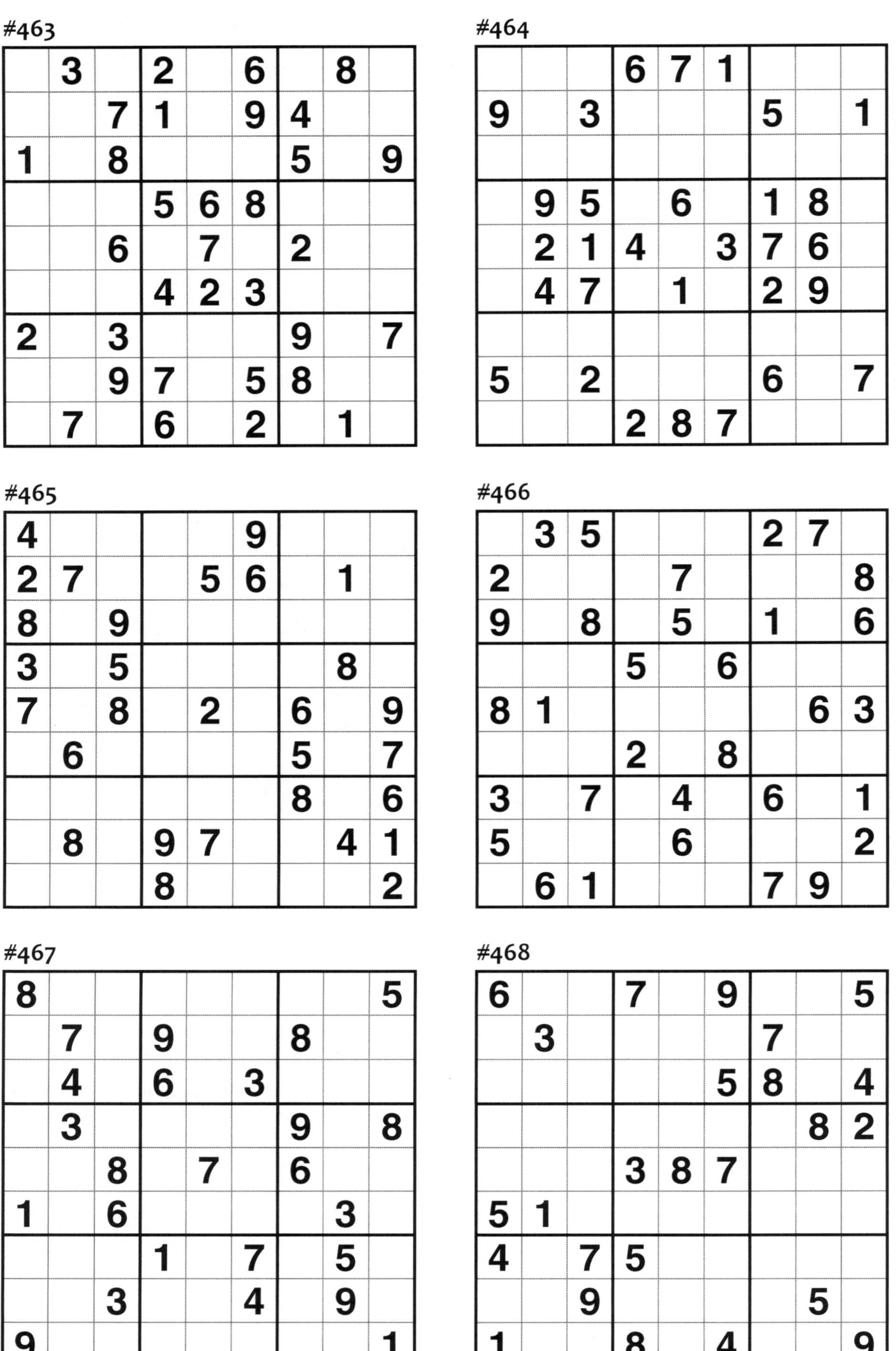

#463

	3		2		6		8	
		7	1		9	4		
1		8				5		9
			5	6	8			
		6		7		2		
			4	2	3			
2		3				9		7
		9	7		5	8		
	7		6		2		1	

#464

			6	7	1			
9		3				5		1
	9	5		6		1	8	
	2	1	4		3	7	6	
	4	7		1		2	9	
5		2				6		7
			2	8	7			

#465

4					9			
2	7			5	6		1	
8		9						
3		5					8	
7		8		2		6		9
	6					5		7
						8		6
	8		9	7			4	1
			8					2

#466

	3	5				2	7	
2				7				8
9		8		5		1		6
			5		6			
8	1						6	3
			2		8			
3		7		4		6		1
5				6				2
	6	1				7	9	

#467

8								5
	7		9			8		
	4		6		3			
	3					9		8
		8		7		6		
1		6					3	
			1		7		5	
		3			4		9	
9								1

#468

6			7		9			5
	3					7		
					5	8		4
							8	2
			3	8	7			
5	1							
4		7	5					
		9					5	
1			8		4			9

#469

		8			3	9		2
	4			8	7			1
			4					
7	6		3	4	2			
			7	1	8		9	6
					1			
1			2	6			8	
8		3	9			1		

#470

		7	8		2	3		
1			5		9			8
2		9	3		7	5		1
3								5
			9		1			
9								3
4		2	7		3	8		6
5			1		6			4
		3	4		5	1		

#471

	5						1	
7				1				6
			4	5	6			
		5	2		8	9		
	9		5	4	1		8	
		1	3		7	5		
			6	7	2			
9				8				3
	7						2	

#472

3			6		1			
	2			4				
			8	5			4	6
4	9				7	2	3	
	5						7	
	3	7	4				9	8
8	4			9	3			
				8			5	
			5		6			3

#473

		4	3		1	5		
	5	6				8	1	
			8		7			
8	2		7		3		9	6
				2				
4	9		6		5		7	8
			2		4			
	6	2				7	3	
		7	5		6	9		

#474

	2	6			9			
			5				8	
7		9	4					
	1	4			6			2
9	5						3	4
2			3			9	1	
					3	2		1
	4				5			
			6			4	5	

#475

		7	5		1	2		
5	6						3	4
		9				5		
	7		8		3		9	
	9			2			5	
	8		9		6		7	
		4				9		
8	1						2	3
		2	1		7	8		

#476

			6		8			
		6				4		
7	8		5		4		3	6
	4	7		2		8	5	
	2			4			1	
	9	1		8		6	4	
4	1		8		3		6	5
		5				1		
			7		1			

#477

2	5						7	9
		4				2		
			2		6			
8			5		4			3
3			8	1	9			4
9			6		3			2
			9		8			
		6				3		
1	2						5	6

#478

	4			6				
	5	6				7		1
	8	9	1					
				1	8			
6	2		3		9		7	5
			2	5				
					7	9	5	
9		5				2	4	
				3			8	

#479

		7	6		4	5		
3			7		9			2
6	8			1			4	7
	7						6	
4								1
	9						3	
5	1			2			9	3
7			9		6			4
		2	1		3	8		

#480

			7				5	
	7					1	8	
2	1		3					
6				1		7		8
		1	8		3	4		
3		2		6				1
					5		4	3
	4	5					7	
	3				8			

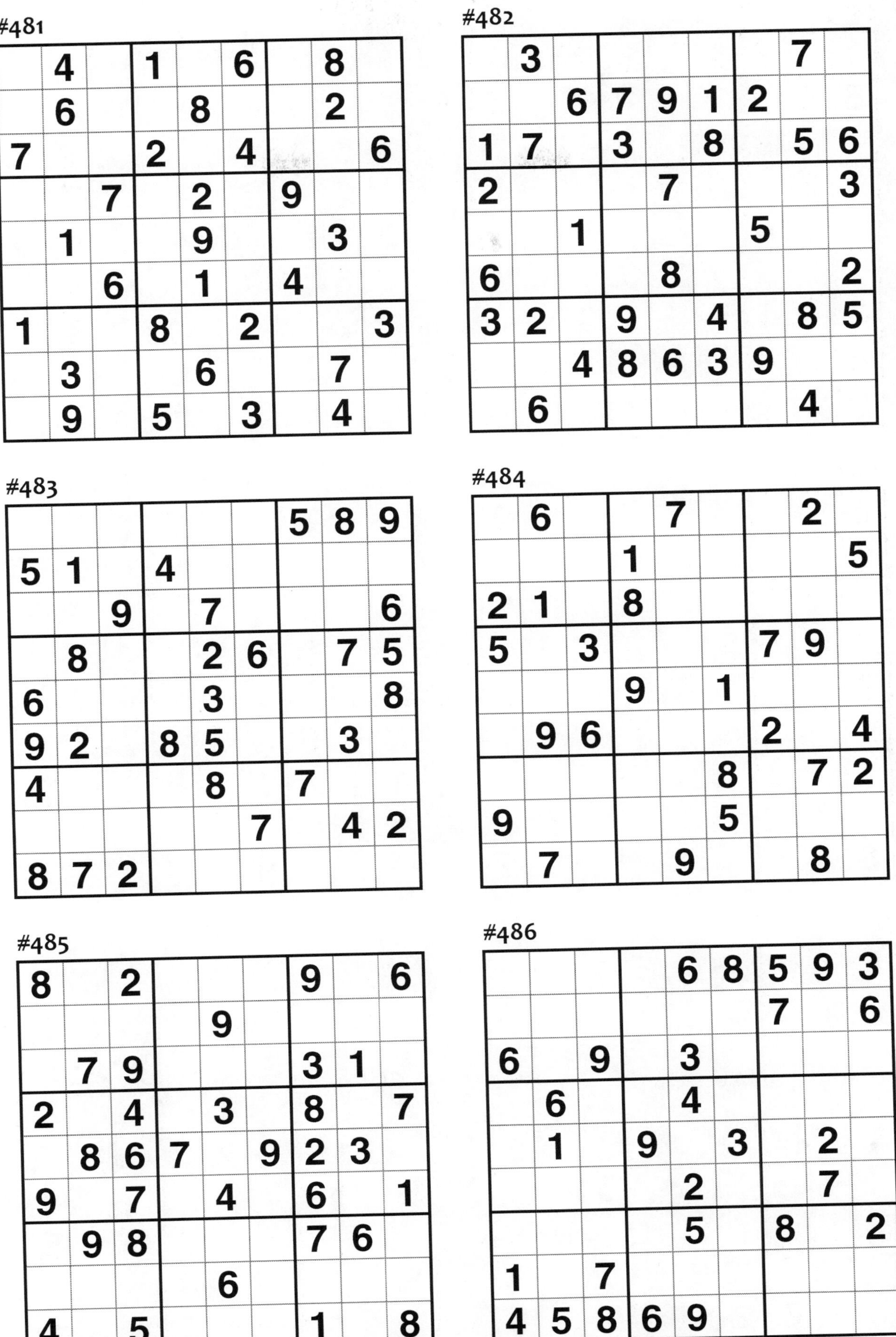

#481

	4		1		6		8	
	6			8			2	
7			2		4			6
		7		2		9		
	1			9			3	
		6		1		4		
1			8		2			3
	3			6			7	
	9		5		3		4	

#482

	3						7	
		6	7	9	1	2		
1	7		3		8		5	6
2				7				3
		1				5		
6				8				2
3	2		9		4		8	5
		4	8	6	3	9		
	6						4	

#483

						5	8	9
5	1		4					
		9		7				6
	8			2	6		7	5
6				3				8
9	2		8	5			3	
4				8		7		
					7		4	2
8	7	2						

#484

	6			7			2	
			1					5
2	1		8					
5		3				7	9	
			9		1			
	9	6				2		4
					8		7	2
9					5			
	7			9			8	

#485

8		2				9		6
				9				
	7	9				3	1	
2		4		3		8		7
	8	6	7		9	2	3	
9		7		4		6		1
	9	8				7	6	
				6				
4		5				1		8

#486

				6	8	5	9	3
						7		6
6		9		3				
	6			4				
	1		9		3		2	
				2			7	
				5		8		2
1		7						
4	5	8	6	9				

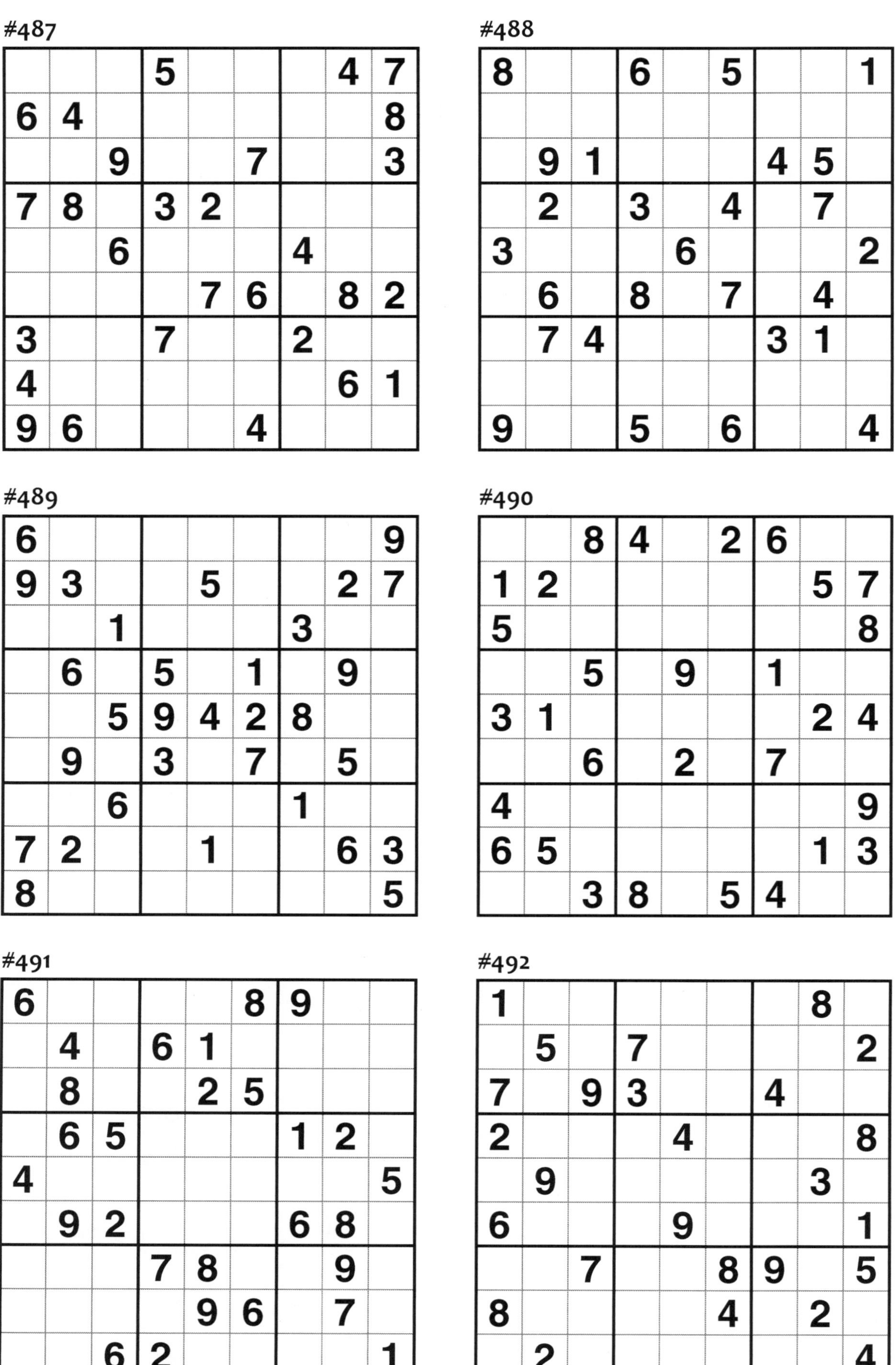

#487

			5				4	7
6	4							8
		9			7			3
7	8		3	2				
		6				4		
				7	6		8	2
3			7			2		
4							6	1
9	6				4			

#488

8			6		5			1
	9	1				4	5	
	2		3		4		7	
3				6				2
	6		8		7		4	
	7	4				3	1	
9			5		6			4

#489

6								9
9	3			5			2	7
		1				3		
	6		5		1		9	
		5	9	4	2	8		
	9		3		7		5	
		6				1		
7	2			1			6	3
8								5

#490

		8	4		2	6		
1	2						5	7
5								8
		5		9		1		
3	1						2	4
		6		2		7		
4								9
6	5						1	3
		3	8		5	4		

#491

6					8	9		
	4		6	1				
	8			2	5			
	6	5				1	2	
4								5
	9	2				6	8	
			7	8			9	
				9	6		7	
		6	2					1

#492

1							8	
	5		7					2
7		9	3			4		
2				4				8
	9						3	
6				9				1
		7			8	9		5
8					4		2	
	2							4

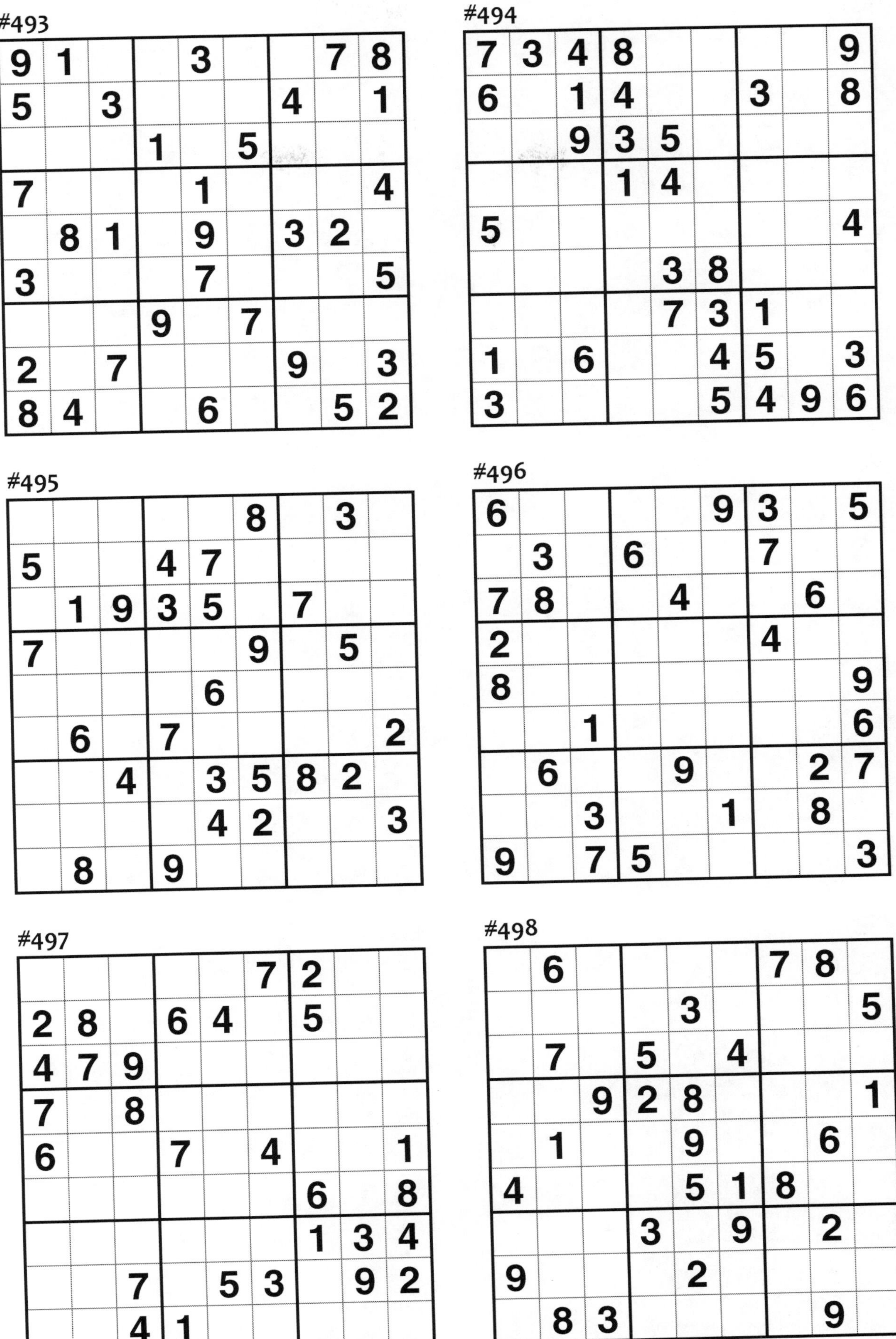

#493

9	1			3			7	8
5		3				4		1
			1		5			
7				1				4
	8	1		9		3	2	
3				7				5
			9		7			
2		7				9		3
8	4			6			5	2

#494

7	3	4	8					9
6		1	4			3		8
		9	3	5				
			1	4				
5								4
				3	8			
				7	3	1		
1		6			4	5		3
3					5	4	9	6

#495

					8		3	
5			4	7				
	1	9	3	5		7		
7					9		5	
				6				
	6		7					2
		4		3	5	8	2	
				4	2			3
	8		9					

#496

6					9	3		5
	3		6			7		
7	8			4			6	
2						4		
8								9
		1						6
	6			9			2	7
		3			1		8	
9		7	5					3

#497

					7	2		
2	8		6	4		5		
4	7	9						
7		8						
6			7		4			1
						6		8
						1	3	4
		7		5	3		9	2
		4	1					

#498

	6					7	8	
				3				5
	7		5		4			
		9	2	8				1
	1			9			6	
4				5	1	8		
			3		9		2	
9				2				
	8	3					9	

#499

	7							9
	1	2		8				
3		9	7				4	
4							1	2
	5		6	1	8		9	
8	9							7
	4				1	9		8
				6		4	5	
1							3	

#500

			2		1			
1				5				9
8		9				1		4
3	1			8			6	5
	4		5		3		7	
5	7			4			1	3
6		4				2		7
7				2				8
			8		6			

#501

3	2			5				8
6		5	1		7		2	
	9	1				5		4
			6			4		
			2		5			
		6			8			
4		3				1	5	
	7		8		1	9		3
1				3			8	7

#502

			4		5			
	2		7		9		1	
	8	9				4	2	
5	3			1			6	8
9	1			5			4	7
	4	8				6	9	
	5		6		1		7	
			8		3			

#503

	6				5			
5					9		4	
		1		4	8			7
6	4					1		
8			1		4			6
		7					3	5
1			5	9		6		
	3		4					1
			3				8	

#504

		8		1		3		
	4		6		8		1	
5			3		2			8
2	3						8	5
		4	9		5	7		
9	1						3	6
7			2		3			4
	2		1		6		5	
		6		8		2		

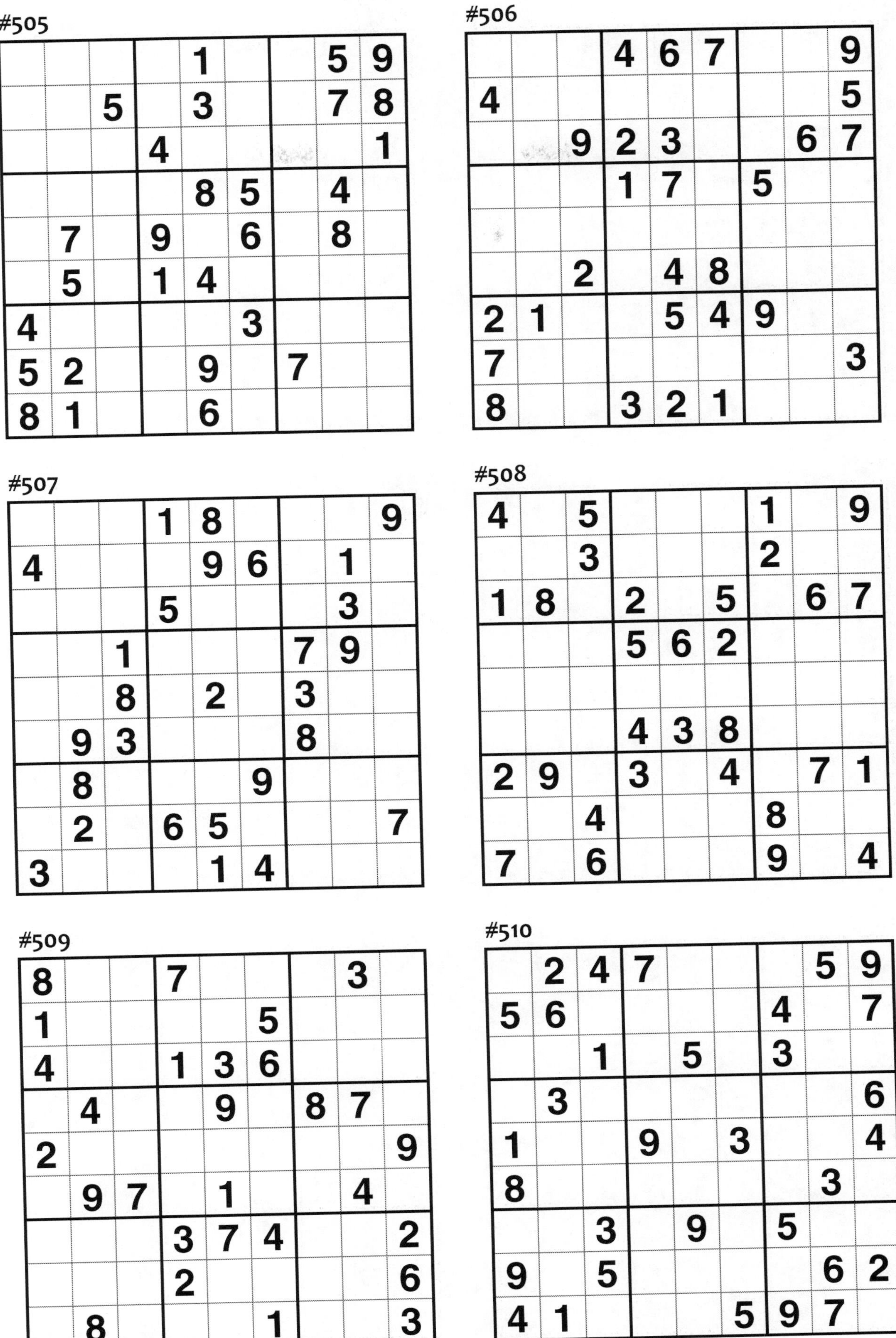

#505

				1			5	9
		5		3			7	8
			4					1
				8	5		4	
	7		9		6		8	
	5		1	4				
4					3			
5	2			9		7		
8	1			6				

#506

			4	6	7			9
4								5
		9	2	3			6	7
			1	7		5		
		2		4	8			
2	1			5	4	9		
7								3
8			3	2	1			

#507

			1	8				9
4				9	6		1	
			5				3	
		1				7	9	
		8		2		3		
	9	3				8		
	8				9			
	2		6	5				7
3				1	4			

#508

4		5				1		9
		3				2		
1	8		2		5		6	7
			5	6	2			
			4	3	8			
2	9		3		4		7	1
		4				8		
7		6				9		4

#509

8			7				3	
1					5			
4			1	3	6			
	4			9		8	7	
2								9
	9	7		1			4	
			3	7	4			2
			2					6
	8				1			3

#510

	2	4	7				5	9
5	6					4		7
		1		5		3		
	3							6
1			9		3			4
8							3	
		3		9		5		
9		5					6	2
4	1				5	9	7	

#511

		6	3		2	1		
3	5			6			9	2
	1		8	4	5		6	
	4						2	
		3				8		
	9						4	
	3		5	1	6		8	
7	6			3			1	4
		9	4		7	6		

#512

		3	9		1	8		
		7		3		6		
8			6	4	7			2
6	8						7	3
3	9						8	5
4			8	5	3			9
		8		9		7		
		2	1		4	3		

#513

9			2		3			7
3				7				1
	6			5			3	
6								3
		8	7	9	4	6		
5								4
	2			3			5	
7				6				8
8			5		1			2

#514

9	1		2		4		6	8
		3				1		
5	6						3	4
			6	8	1			
	8						2	
			3	2	5			
4	3						1	2
		2				9		
8	7		4		2		5	3

#515

8			1		9		7	
		5						9
1	7						5	
		4	6	9				
		1	7		3	9		
				1	8	5		
	6						9	4
4						7		
	9		8		1			3

#516

			2	1	4	3		
		9	8				4	
			5				1	6
	1		4			7		
8				9				5
		6			7		9	
7	4				8			
	9				1	8		
		1	6	5	2			

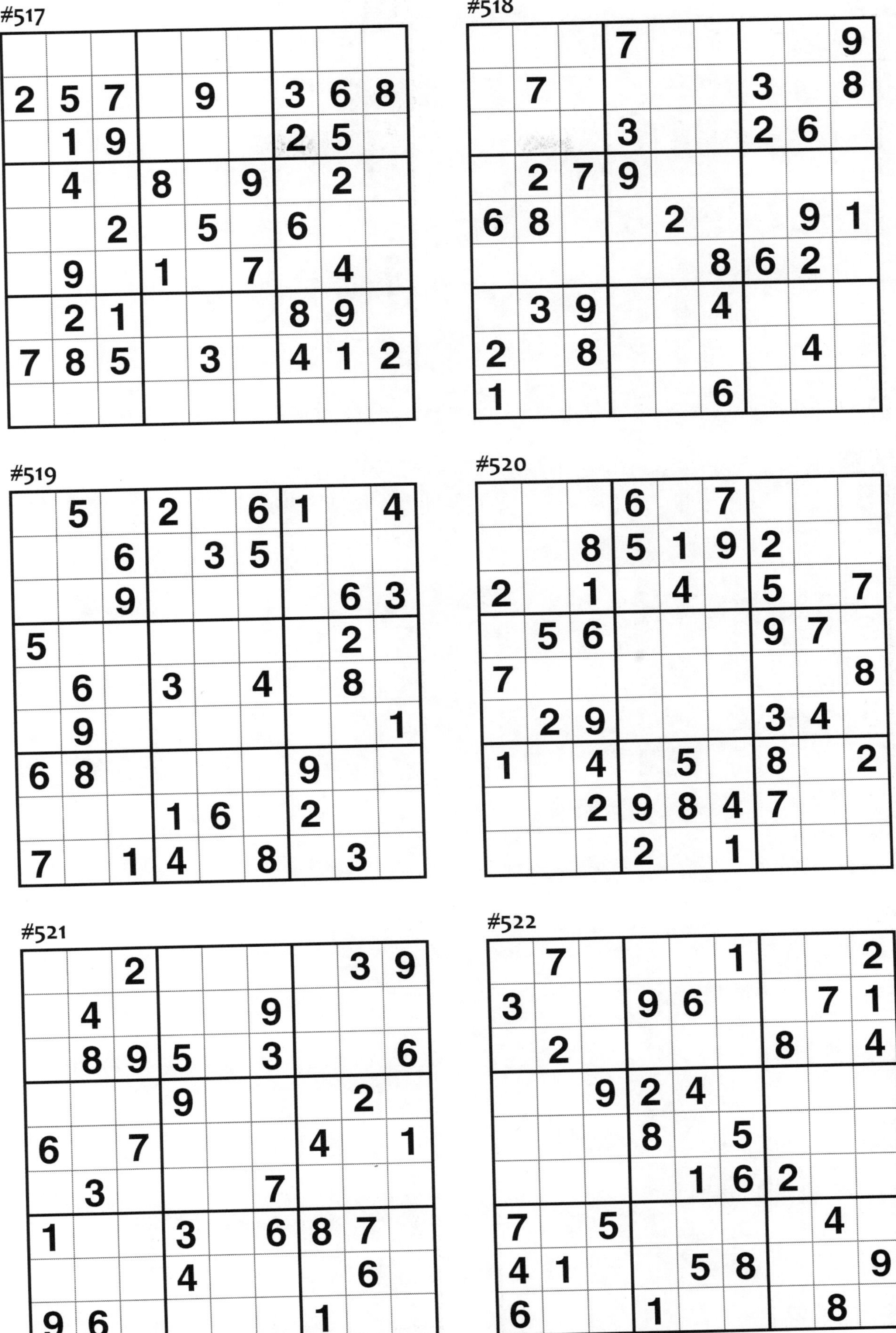

#517

2	5	7		9		3	6	8
	1	9				2	5	
	4		8		9		2	
		2		5		6		
	9		1		7		4	
	2	1				8	9	
7	8	5		3		4	1	2

#518

			7					9
	7					3		8
			3			2	6	
	2	7	9					
6	8			2			9	1
					8	6	2	
	3	9			4			
2		8					4	
1					6			

#519

	5		2		6	1		4
		6		3	5			
		9					6	3
5							2	
	6		3		4		8	
	9							1
6	8					9		
			1	6		2		
7		1	4		8		3	

#520

			6		7			
		8	5	1	9	2		
2		1		4		5		7
	5	6				9	7	
7								8
	2	9				3	4	
1		4		5		8		2
		2	9	8	4	7		
			2		1			

#521

		2					3	9
	4				9			
	8	9	5		3			6
			9				2	
6		7				4		1
	3				7			
1			3		6	8	7	
			4				6	
9	6					1		

#522

	7				1			2
3			9	6			7	1
	2					8		4
		9	2	4				
			8		5			
				1	6	2		
7		5					4	
4	1			5	8			9
6			1				8	

#523

5	2						8	
		7	8	9		3		5
	1			3				
	6					9		
	3		6		8		4	
		8					3	
				4			1	
4		1		8	2	6		
	9						5	4

#524

7	1	6						
	3			8		6		
	8			7	1			
3				1		8		2
	6						5	
8		1		9				6
			1	5			6	
		2		3			7	
						2	4	3

#525

6				4				1
	5						3	
			2	3	1			
5			8		6			9
	3	2		9		6	7	
9			3		4			5
			9	6	2			
	9						4	
1				5				2

#526

			1		9			
1				2				9
	7	9		4		5	2	
3	1						4	7
			9		3			
9	6						8	5
	9	7		5		4	6	
6				3				8
			6		7			

#527

6		5				7		9
7			5		9			8
	4		7		8		5	
				4				
	3	1				6	9	
				5				
	9		6		2		7	
5			3		1			2
8		6				9		1

#528

9		7				5		8
	4	2		6		7	1	
		8				2		
6			3		7			5
			9		5			
1			4		6			7
		1				8		
	2	6		4		9	5	
8		5				6		3

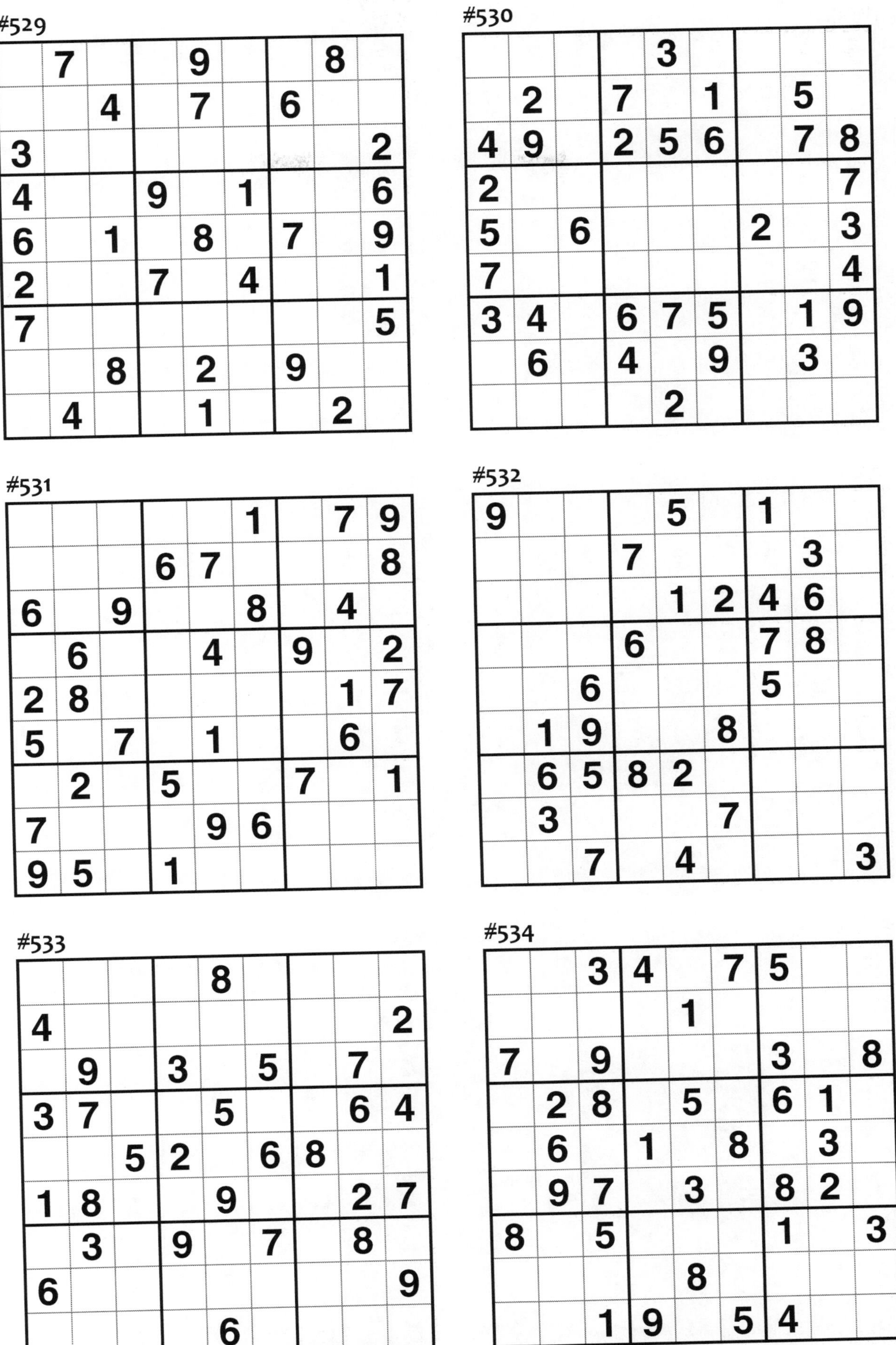

#529

	7			9			8	
		4		7		6		
3								2
4			9		1			6
6		1		8		7		9
2			7		4			1
7								5
		8		2		9		
	4			1			2	

#530

				3				
	2		7		1		5	
4	9		2	5	6		7	8
2								7
5		6				2		3
7								4
3	4		6	7	5		1	9
	6		4		9		3	
				2				

#531

					1		7	9
			6	7				8
6		9			8		4	
	6			4		9		2
2	8						1	7
5		7		1			6	
	2		5			7		1
7				9	6			
9	5		1					

#532

9				5		1		
			7				3	
				1	2	4	6	
			6			7	8	
		6				5		
	1	9			8			
	6	5	8	2				
	3				7			
		7		4				3

#533

				8				
4								2
	9		3		5		7	
3	7			5			6	4
		5	2		6	8		
1	8			9			2	7
	3		9		7		8	
6								9
				6				

#534

		3	4		7	5		
				1				
7		9				3		8
	2	8		5		6	1	
	6		1		8		3	
	9	7		3		8	2	
8		5				1		3
				8				
		1	9		5	4		

#535

1			4					
			7		8			9
5		7				1		8
		9					2	6
		3		7		8		
8	2					7		
3		8				5		2
6			5		2			
					6			1

#536

8			1		6			9
		6		8		5		
1			3		7			8
	8						7	
		2	4		5	8		
	1						5	
3			9		4			1
		1		7		6		
7			5		1			2

#537

								9
		8		9	1	7		
		1	2				6	8
	4		6					5
	9	3				6	8	
6					4		1	
3	1				7	8		
		6	8	5		4		
4								

#538

			2		6			
6				7				3
2		3	5		9	4		7
5	4						8	2
9		2				7		6
1	6						5	9
7		4	9		5	6		8
8				2				4
			4		8			

#539

6								8
		9		6		3		
5			3		8			7
8	9		6		1		5	2
7	3		9		2		6	4
3			8		5			9
		8		7		4		
1								5

#540

1		9				2		5
				7				
5			1		3			9
	9	2	4		6	1	8	
	1						2	
	8	6	3		2	5	9	
6			2		9			4
				6				
8		3				9		1

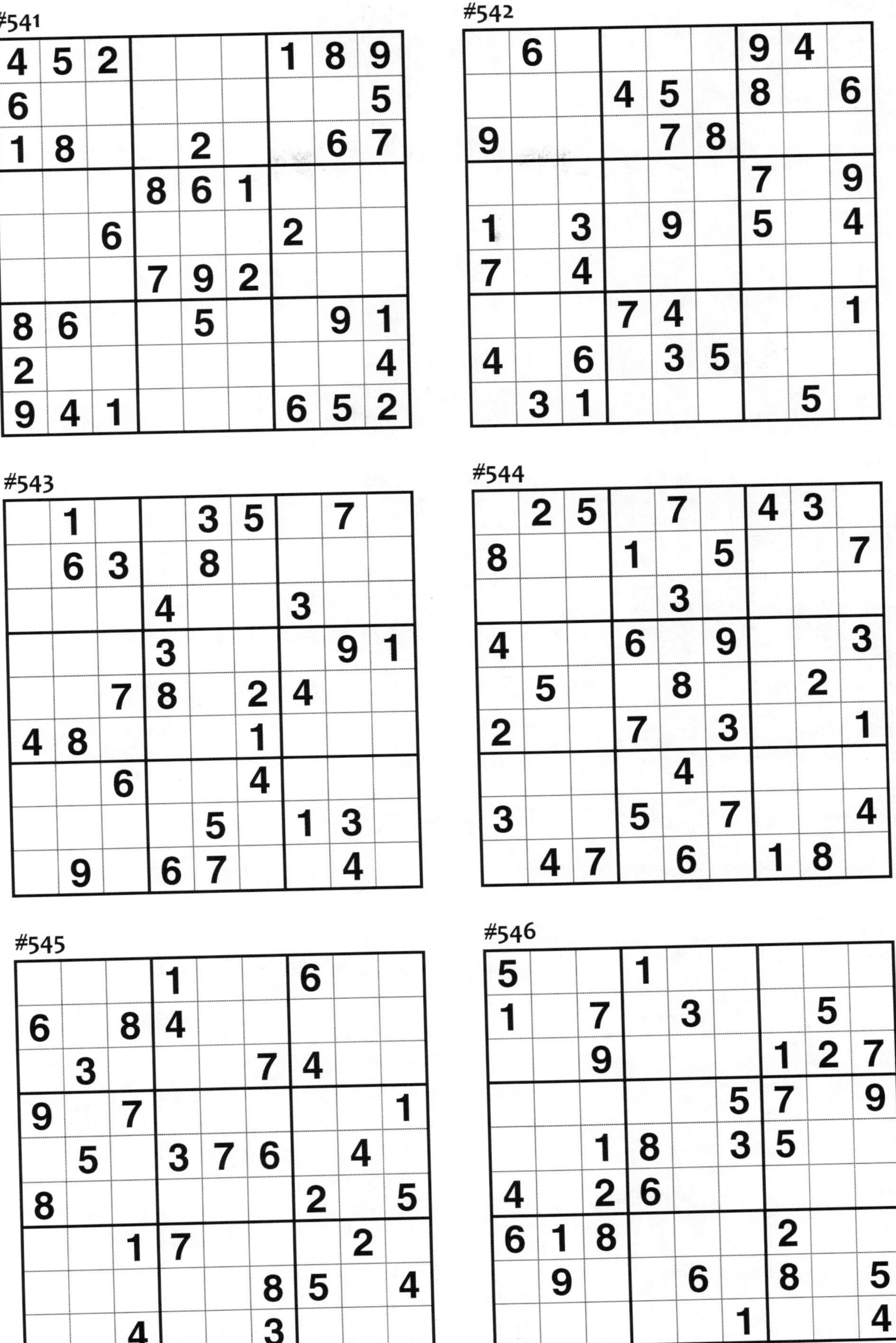

#541

4	5	2				1	8	9
6								5
1	8			2			6	7
			8	6	1			
		6				2		
			7	9	2			
8	6			5			9	1
2								4
9	4	1				6	5	2

#542

	6					9	4	
			4	5		8		6
9				7	8			
						7		9
1		3		9		5		4
7		4						
			7	4				1
4		6		3	5			
	3	1					5	

#543

	1			3	5		7	
	6	3		8				
			4			3		
			3				9	1
		7	8		2	4		
4	8				1			
		6			4			
				5		1	3	
	9		6	7			4	

#544

	2	5		7		4	3	
8			1		5			7
				3				
4			6		9			3
	5			8			2	
2			7		3			1
				4				
3			5		7			4
	4	7		6		1	8	

#545

			1			6		
6		8	4					
	3				7	4		
9		7						1
	5		3	7	6		4	
8						2		5
		1	7				2	
					8	5		4
		4			3			

#546

5			1					
1		7		3			5	
		9				1	2	7
					5	7		9
		1	8		3	5		
4		2	6					
6	1	8				2		
	9			6		8		5
					1			4

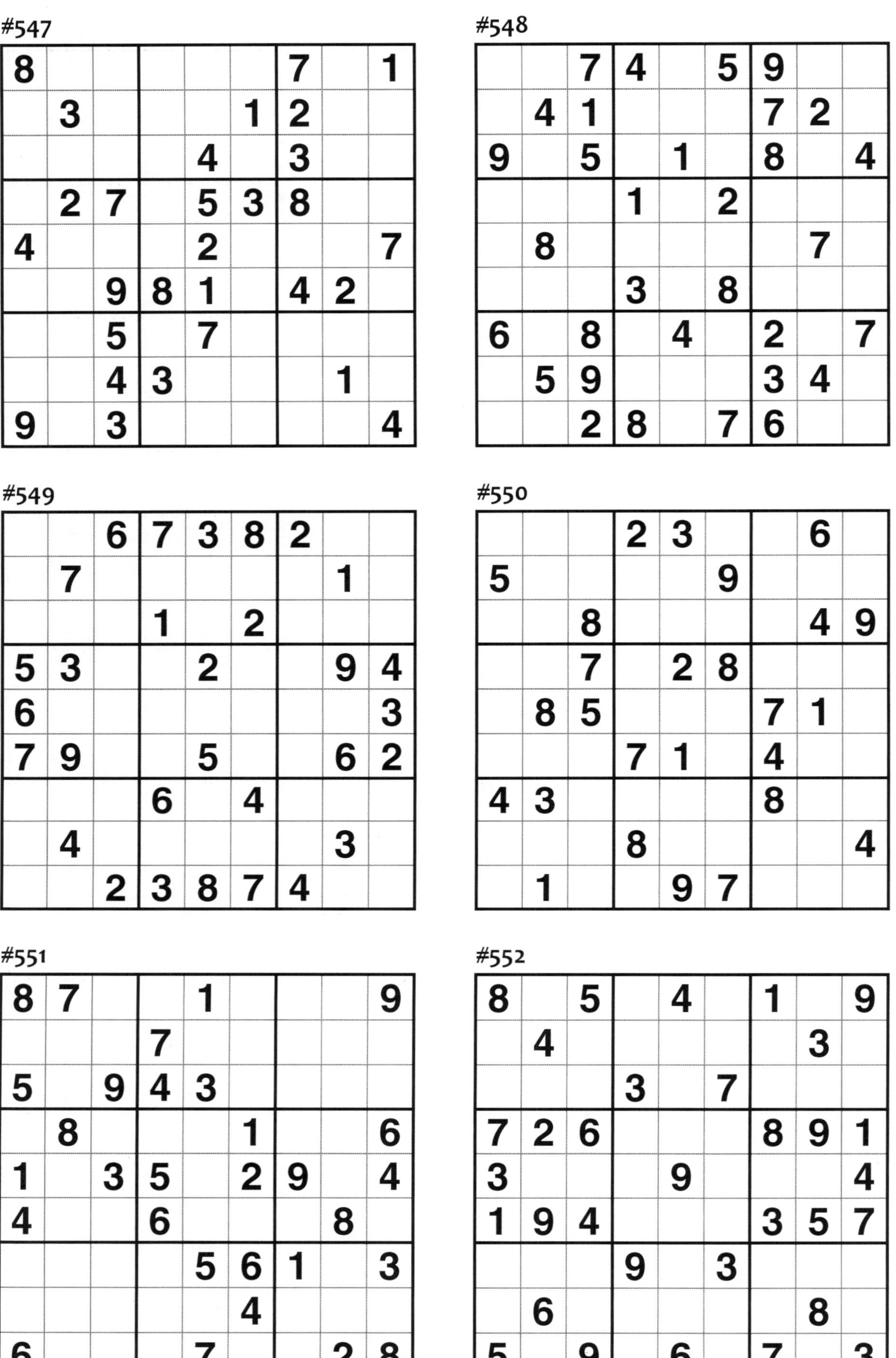

#547

8						7		1
	3				1	2		
				4		3		
	2	7		5	3	8		
4				2				7
		9	8	1		4	2	
		5		7				
		4	3				1	
9		3						4

#548

		7	4		5	9		
	4	1				7	2	
9		5		1		8		4
			1		2			
	8						7	
			3		8			
6		8		4		2		7
	5	9				3	4	
		2	8		7	6		

#549

		6	7	3	8	2		
	7						1	
			1		2			
5	3			2			9	4
6								3
7	9			5			6	2
			6		4			
	4						3	
		2	3	8	7	4		

#550

			2	3			6	
5					9			
		8					4	9
		7		2	8			
	8	5				7	1	
			7	1		4		
4	3					8		
			8					4
	1			9	7			

#551

8	7			1				9
			7					
5		9	4	3				
	8				1			6
1		3	5		2	9		4
4			6				8	
				5	6	1		3
					4			
6				7			2	8

#552

8		5		4		1		9
	4						3	
			3		7			
7	2	6				8	9	1
3				9				4
1	9	4				3	5	7
			9		3			
	6						8	
5		9		6		7		3

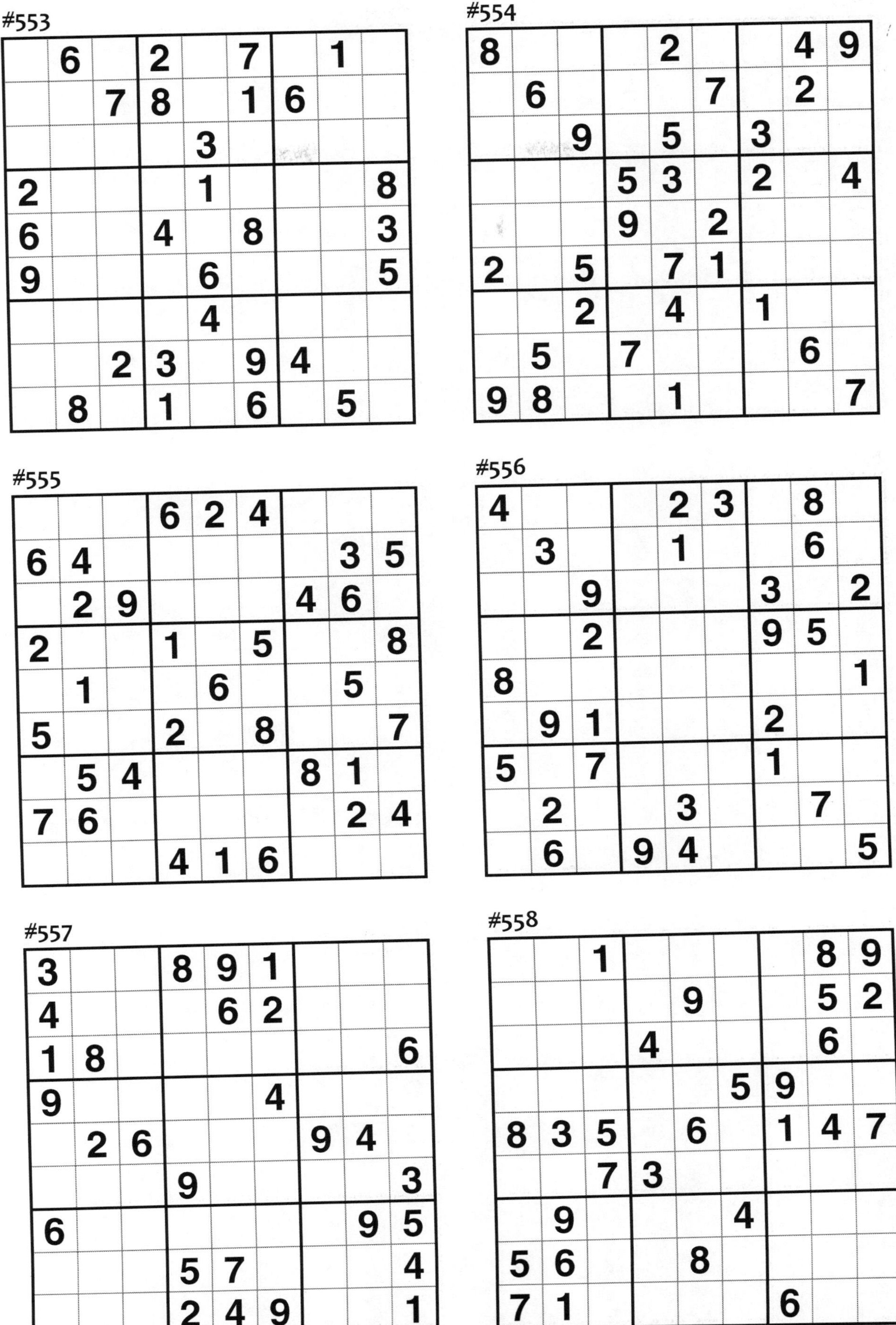

#553

	6		2		7		1	
		7	8		1	6		
				3				
2				1				8
6			4		8			3
9				6				5
				4				
		2	3		9	4		
	8		1		6		5	

#554

8				2			4	9
	6				7		2	
		9		5		3		
			5	3		2		4
			9		2			
2		5		7	1			
		2		4		1		
	5		7				6	
9	8			1				7

#555

			6	2	4			
6	4						3	5
	2	9				4	6	
2			1		5			8
	1			6			5	
5			2		8			7
	5	4				8	1	
7	6						2	4
			4	1	6			

#556

4				2	3		8	
	3			1			6	
		9				3		2
		2				9	5	
8								1
	9	1				2		
5		7				1		
	2			3			7	
	6		9	4				5

#557

3			8	9	1			
4				6	2			
1	8							6
9					4			
	2	6				9	4	
			9					3
6							9	5
			5	7				4
			2	4	9			1

#558

		1					8	9
				9			5	2
			4				6	
					5	9		
8	3	5		6		1	4	7
		7	3					
	9				4			
5	6			8				
7	1					6		

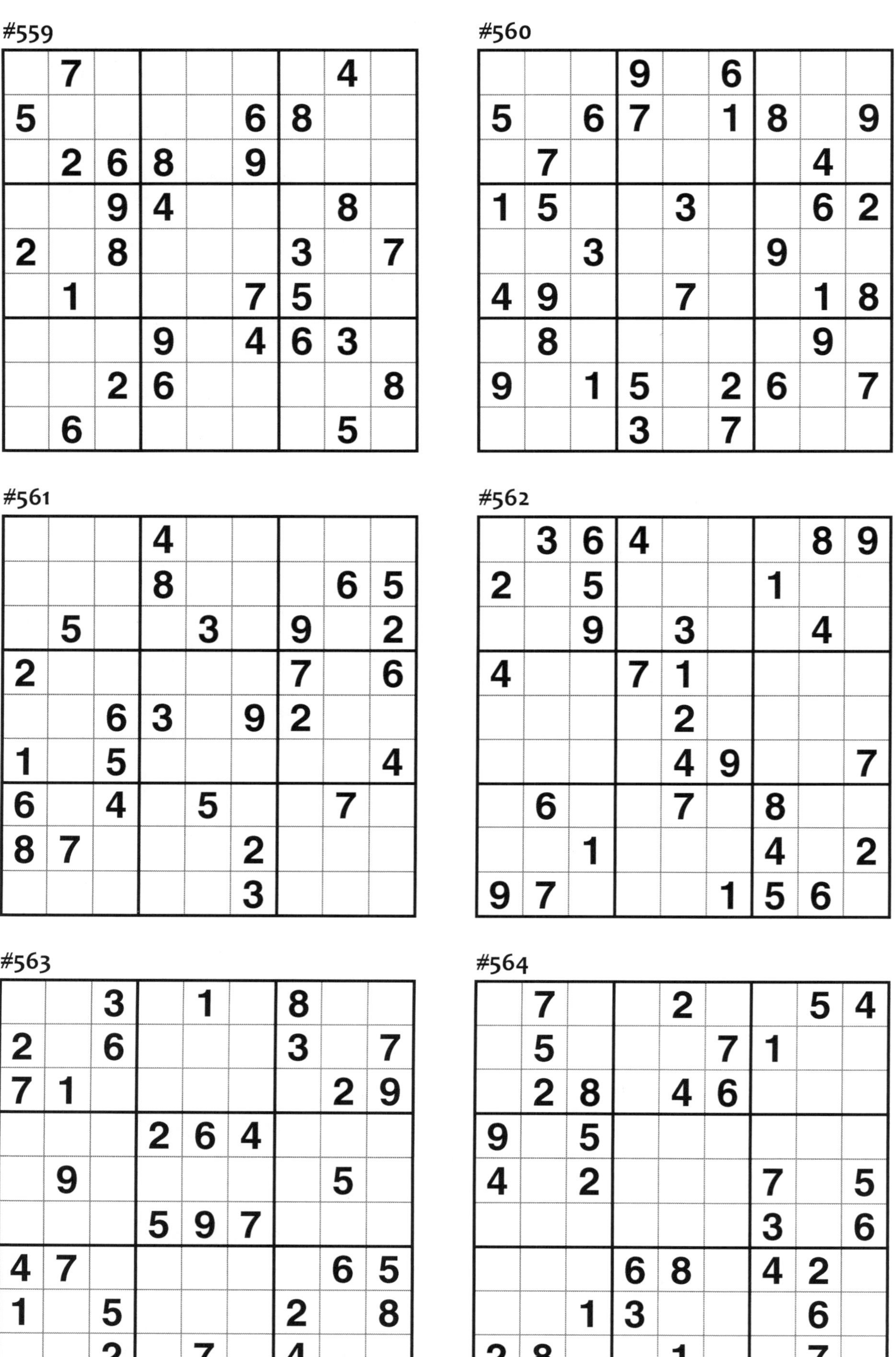

#559

·	7	·	·	·	·	·	4	·
5	·	·	·	·	6	8	·	·
·	2	6	8	·	9	·	·	·
·	·	9	4	·	·	·	8	·
2	·	8	·	·	·	3	·	7
·	1	·	·	·	7	5	·	·
·	·	·	9	·	4	6	3	·
·	·	2	6	·	·	·	·	8
·	6	·	·	·	·	·	5	·

#560

·	·	·	9	·	6	·	·	·
5	·	6	7	·	1	8	·	9
·	7	·	·	·	·	·	4	·
1	5	·	·	3	·	·	6	2
·	·	3	·	·	·	9	·	·
4	9	·	·	7	·	·	1	8
·	8	·	·	·	·	·	9	·
9	·	1	5	·	2	6	·	7
·	·	·	3	·	7	·	·	·

#561

·	·	·	4	·	·	·	·	·
·	·	·	8	·	·	·	6	5
·	5	·	·	3	·	9	·	2
2	·	·	·	·	·	7	·	6
·	·	6	3	·	9	2	·	·
1	·	5	·	·	·	·	·	4
6	·	4	·	5	·	·	7	·
8	7	·	·	·	2	·	·	·
·	·	·	·	·	3	·	·	·

#562

·	3	6	4	·	·	·	8	9
2	·	5	·	·	·	1	·	·
·	·	9	·	3	·	·	4	·
4	·	·	7	1	·	·	·	·
·	·	·	·	2	·	·	·	·
·	·	·	·	4	9	·	·	7
·	6	·	·	7	·	8	·	·
·	·	1	·	·	·	4	·	2
9	7	·	·	·	1	5	6	·

#563

·	·	3	·	1	·	8	·	·
2	·	6	·	·	·	3	·	7
7	1	·	·	·	·	·	2	9
·	·	·	2	6	4	·	·	·
·	9	·	·	·	·	·	5	·
·	·	·	5	9	7	·	·	·
4	7	·	·	·	·	·	6	5
1	·	5	·	·	·	2	·	8
·	·	2	·	7	·	4	·	·

#564

·	7	·	·	2	·	·	5	4
·	5	·	·	·	7	1	·	·
·	2	8	·	4	6	·	·	·
9	·	5	·	·	·	·	·	·
4	·	2	·	·	·	7	·	5
·	·	·	·	·	·	3	·	6
·	·	·	6	8	·	4	2	·
·	·	1	3	·	·	·	6	·
2	8	·	·	1	·	·	7	·

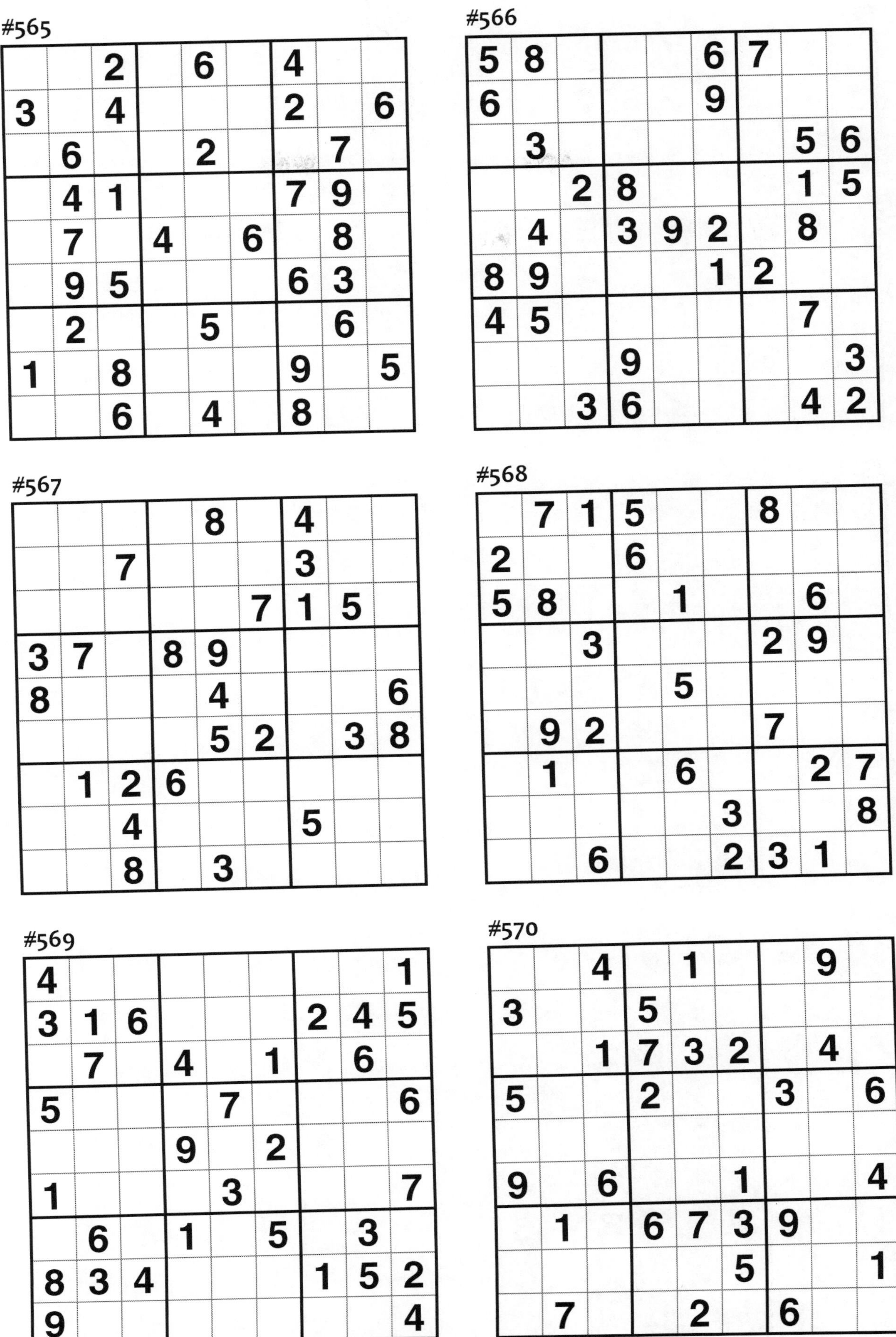

#565

		2		6		4		
3		4				2		6
	6			2			7	
	4	1				7	9	
	7		4		6		8	
	9	5				6	3	
	2			5			6	
1		8				9		5
		6		4		8		

#566

5	8				6	7		
6					9			
	3						5	6
		2	8				1	5
	4		3	9	2		8	
8	9				1	2		
4	5						7	
			9					3
		3	6				4	2

#567

				8		4		
		7				3		
					7	1	5	
3	7		8	9				
8				4				6
				5	2		3	8
	1	2	6					
		4				5		
		8		3				

#568

	7	1	5			8		
2			6					
5	8			1			6	
		3				2	9	
				5				
	9	2				7		
	1			6			2	7
					3			8
		6			2	3	1	

#569

4								1
3	1	6				2	4	5
	7		4		1		6	
5				7				6
			9		2			
1				3				7
	6		1		5		3	
8	3	4				1	5	2
9								4

#570

		4		1			9	
3			5					
		1	7	3	2		4	
5			2			3		6
9		6			1			4
	1		6	7	3	9		
					5			1
	7			2		6		

#571

	5			7			3	
		3				2		
1				5				7
5			7	3	1			8
		8		4		5		
9			8	6	5			1
6				8				3
		5				8		
	4			9			5	

#572

	2	5				7	1	
	3			8			2	
7		1				3		6
2			1		8			3
			6	9	3			
3			2		5			1
4		3				9		5
	1			6			3	
	9	7				1	6	

#573

	1	2		4		7		
	4				7			8
	7	9	2		3			5
			4					
	9			7			4	
					9			
1			8		2	6	9	
9			7				5	
		5		3		2	1	

#574

	2	5		1		6	8	
			7		9			
		9				3		
1			5		3			4
	7	3				5	6	
5			4		8			1
		7				8		
			6		7			
	6	1		4		7	5	

#575

	5	6	7		2	1	3	
				1				
3		9	4		6	2		8
6								7
		1		9		5		
9								4
1		4	8		7	6		5
				3				
	9	2	1		5	7	4	

#576

	5	6		4				
	9			5	3		4	
	4	1	6		2			
	7		9	3				
		9				5		
				8	4		2	
			7		9	4	1	
	2		4	1			9	
				2		8	7	

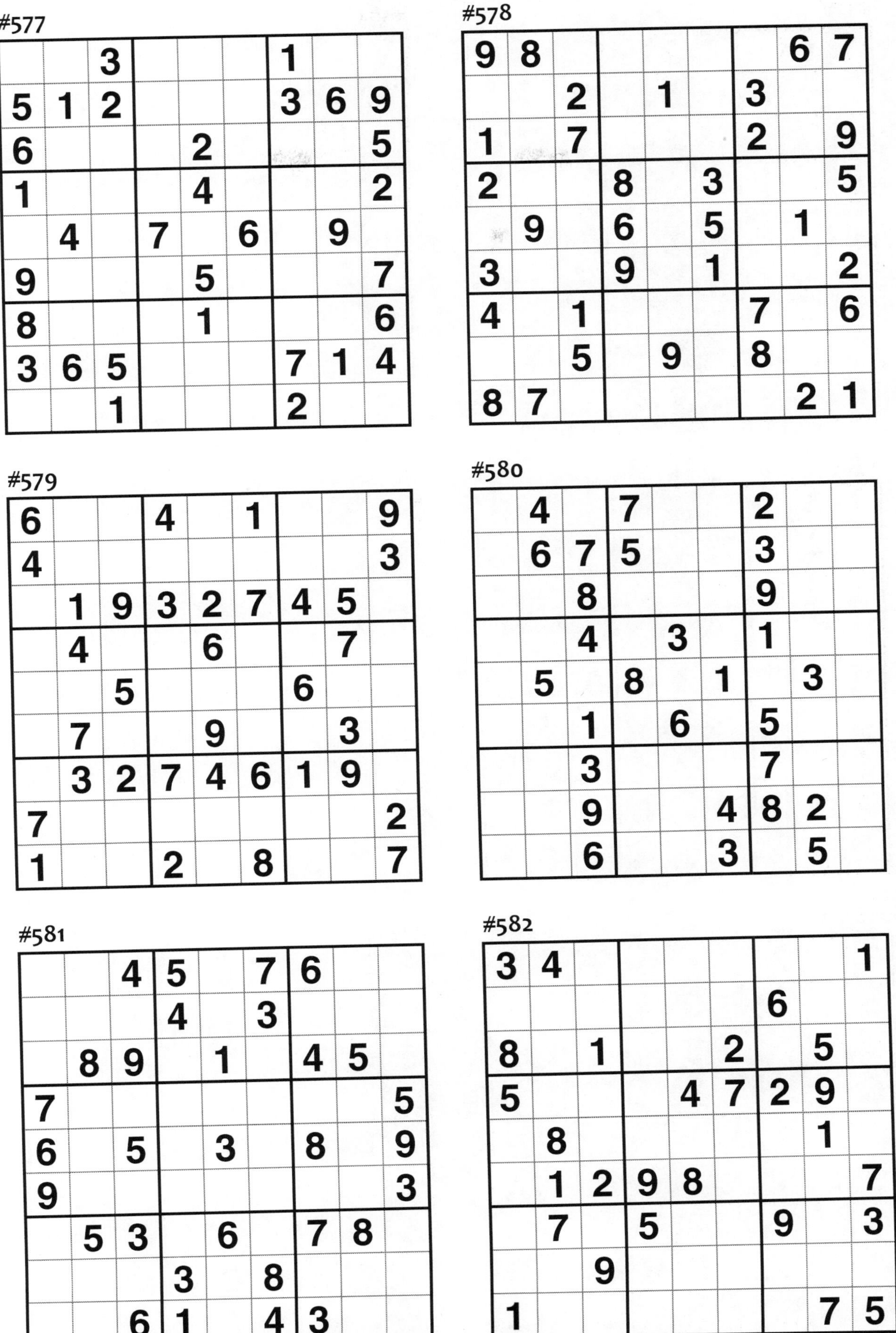

#577

		3				1		
5	1	2				3	6	9
6				2				5
1				4				2
	4		7		6		9	
9				5				7
8				1				6
3	6	5				7	1	4
		1				2		

#578

9	8						6	7
		2		1		3		
1		7				2		9
2			8		3			5
	9		6		5		1	
3			9		1			2
4		1				7		6
		5		9		8		
8	7						2	1

#579

6			4		1			9
4								3
	1	9	3	2	7	4	5	
	4			6			7	
		5				6		
	7			9			3	
	3	2	7	4	6	1	9	
7								2
1			2		8			7

#580

	4		7			2		
	6	7	5			3		
		8				9		
		4		3		1		
	5		8		1		3	
		1		6		5		
		3				7		
		9			4	8	2	
		6			3		5	

#581

		4	5		7	6		
			4		3			
	8	9		1		4	5	
7								5
6		5		3		8		9
9								3
	5	3		6		7	8	
			3		8			
		6	1		4	3		

#582

3	4							1
						6		
8		1			2		5	
5				4	7	2	9	
	8						1	
	1	2	9	8				7
	7		5			9		3
		9						
1							7	5

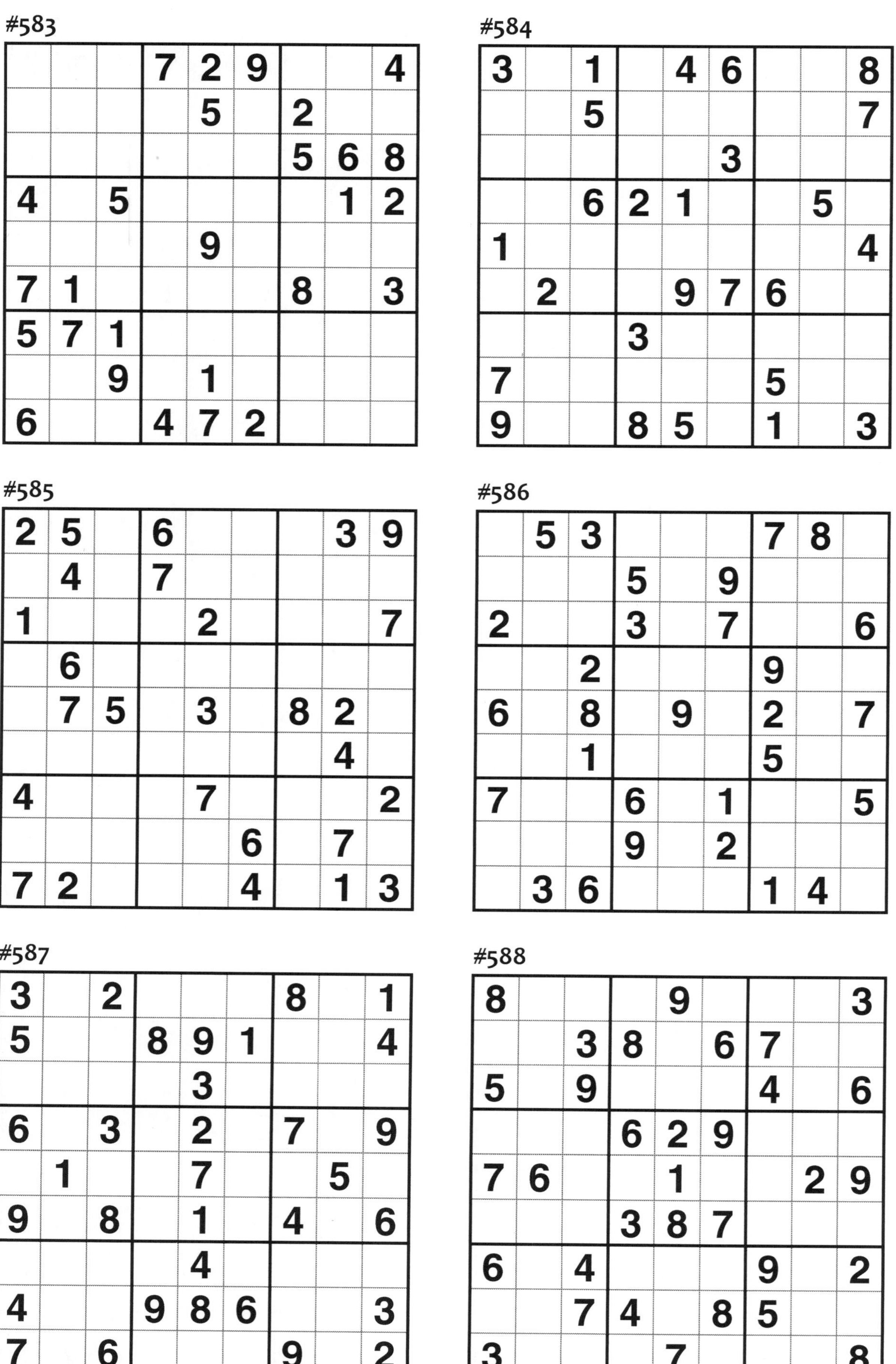

#583

			7	2	9			4
				5		2		
						5	6	8
4		5					1	2
				9				
7	1					8		3
5	7	1						
		9		1				
6			4	7	2			

#584

3		1		4	6			8
		5						7
					3			
		6	2	1			5	
1								4
	2			9	7	6		
			3					
7						5		
9			8	5		1		3

#585

2	5		6				3	9
	4		7					
1				2				7
	6							
	7	5		3		8	2	
							4	
4				7				2
					6		7	
7	2				4		1	3

#586

	5	3				7	8	
			5		9			
2			3		7			6
		2				9		
6		8		9		2		7
		1				5		
7			6		1			5
			9		2			
	3	6				1	4	

#587

3		2				8		1
5			8	9	1			4
				3				
6		3		2		7		9
	1			7			5	
9		8		1		4		6
				4				
4			9	8	6			3
7		6				9		2

#588

8				9				3
		3	8		6	7		
5		9				4		6
			6	2	9			
7	6			1			2	9
			3	8	7			
6		4				9		2
		7	4		8	5		
3				7				8

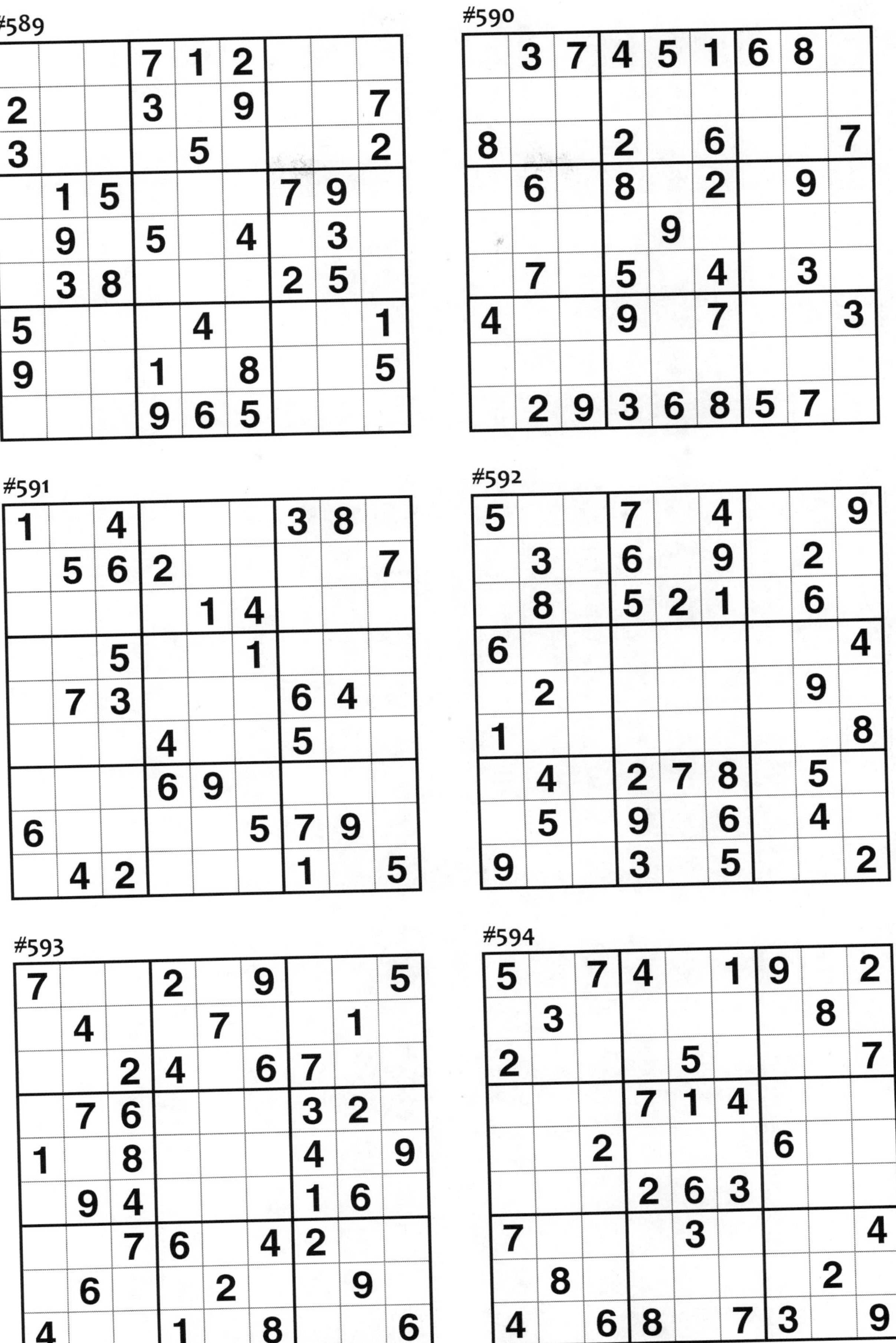

#589

1	2	3	4	5	6	7	8	9
			7	1	2			
2			3		9			7
3				5				2
	1	5				7	9	
	9		5		4		3	
	3	8				2	5	
5				4				1
9			1		8			5
			9	6	5			

#590

1	2	3	4	5	6	7	8	9
	3	7	4	5	1	6	8	
8			2		6			7
	6		8		2		9	
				9				
	7		5		4		3	
4			9		7			3
	2	9	3	6	8	5	7	

#591

1	2	3	4	5	6	7	8	9
1		4				3	8	
	5	6	2					7
				1	4			
		5			1			
	7	3				6	4	
			4			5		
			6	9				
6					5	7	9	
	4	2				1		5

#592

1	2	3	4	5	6	7	8	9
5			7		4			9
	3		6		9		2	
	8		5	2	1		6	
6								4
	2						9	
1								8
	4		2	7	8		5	
	5		9		6		4	
9			3		5			2

#593

1	2	3	4	5	6	7	8	9
7			2		9			5
	4			7			1	
		2	4		6	7		
	7	6				3	2	
1		8				4		9
	9	4				1	6	
		7	6		4	2		
	6			2			9	
4			1		8			6

#594

1	2	3	4	5	6	7	8	9
5		7	4		1	9		2
	3						8	
2				5				7
			7	1	4			
		2				6		
			2	6	3			
7				3				4
	8						2	
4		6	8		7	3		9

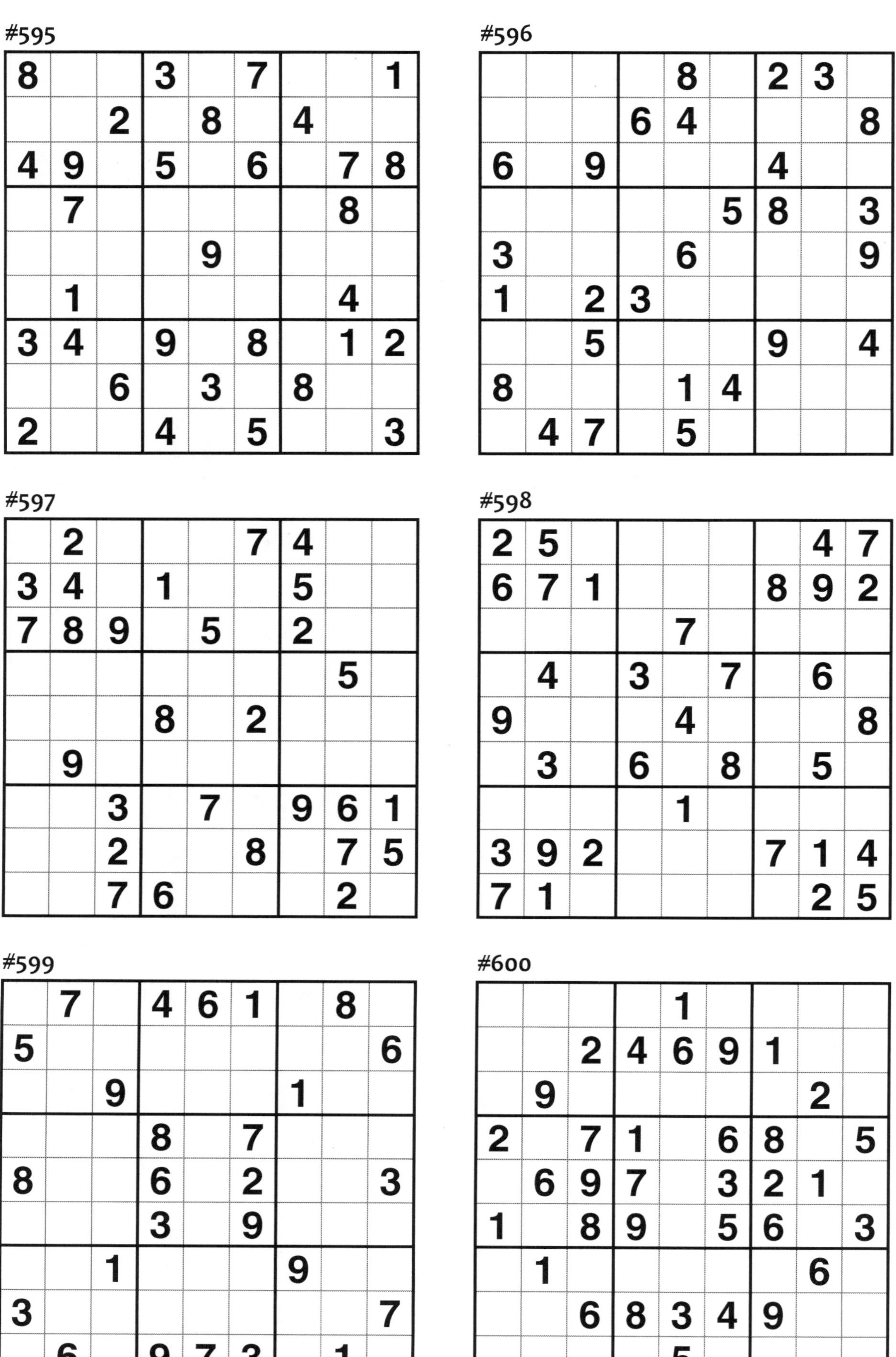

#595

8			3		7			1
		2		8		4		
4	9		5		6		7	8
	7						8	
				9				
	1						4	
3	4		9		8		1	2
		6		3		8		
2			4		5			3

#596

				8		2	3	
			6	4				8
6		9				4		
					5	8		3
3				6				9
1		2	3					
		5				9		4
8				1	4			
	4	7		5				

#597

	2				7	4		
3	4		1			5		
7	8	9		5		2		
							5	
			8		2			
	9							
		3		7		9	6	1
		2			8		7	5
		7	6				2	

#598

2	5						4	7
6	7	1				8	9	2
				7				
	4		3		7		6	
9				4				8
	3		6		8		5	
				1				
3	9	2				7	1	4
7	1						2	5

#599

	7		4	6	1		8	
5								6
		9				1		
			8		7			
8			6		2			3
			3		9			
		1				9		
3								7
	6		9	7	3		1	

#600

				1				
		2	4	6	9	1		
	9						2	
2		7	1		6	8		5
	6	9	7		3	2	1	
1		8	9		5	6		3
	1						6	
		6	8	3	4	9		
				5				

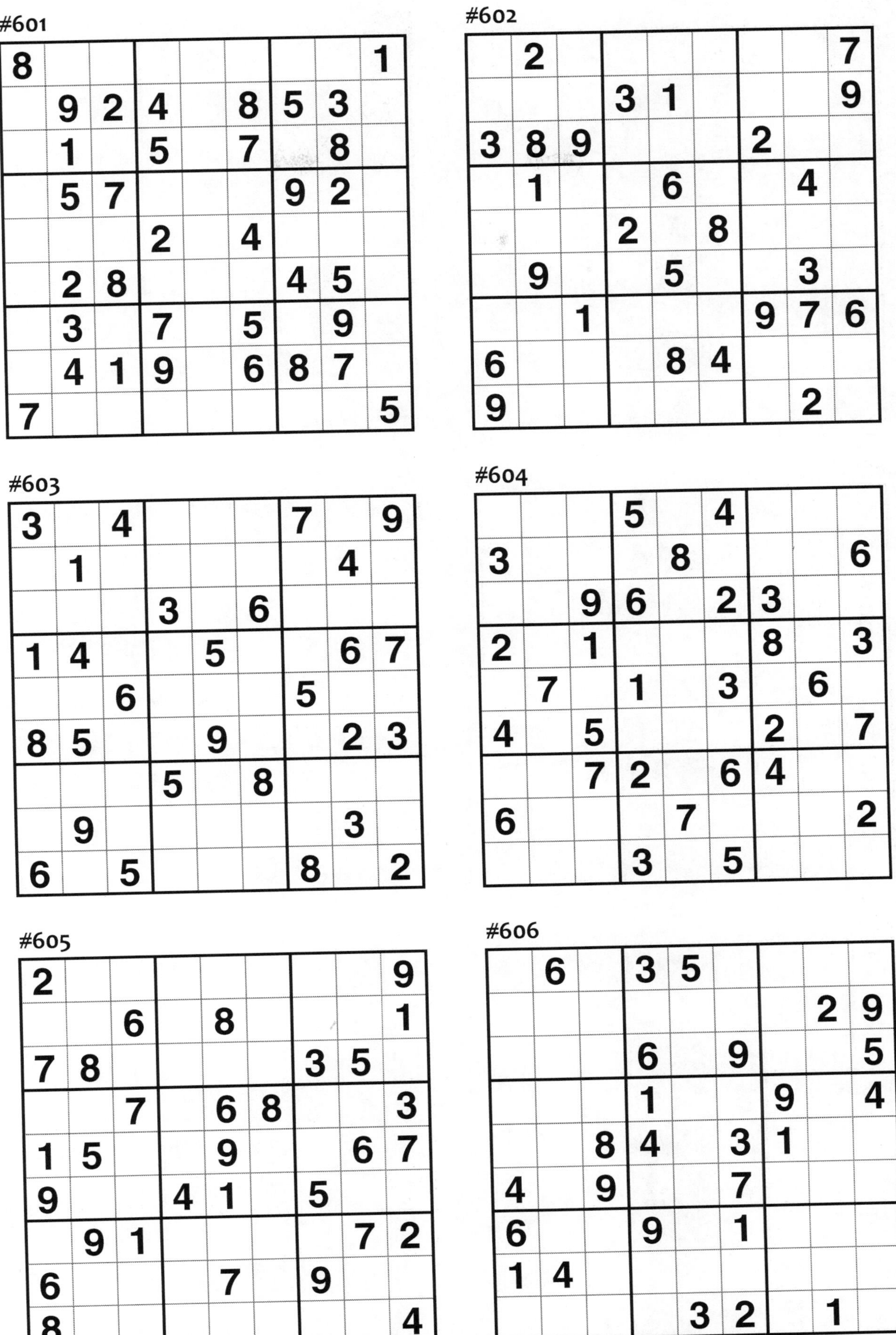

#601

8								1
	9	2	4		8	5	3	
	1		5		7		8	
	5	7				9	2	
			2		4			
	2	8				4	5	
	3		7		5		9	
	4	1	9		6	8	7	
7								5

#602

	2							7
			3	1				9
3	8	9				2		
	1			6			4	
			2		8			
	9			5			3	
		1				9	7	6
6				8	4			
9							2	

#603

3		4				7		9
	1						4	
			3		6			
1	4			5			6	7
		6				5		
8	5			9			2	3
			5		8			
	9						3	
6		5				8		2

#604

			5		4			
3				8				6
		9	6		2	3		
2		1				8		3
	7		1		3		6	
4		5				2		7
		7	2		6	4		
6				7				2
			3		5			

#605

2								9
		6		8				1
7	8					3	5	
		7		6	8			3
1	5			9			6	7
9			4	1		5		
	9	1					7	2
6				7		9		
8								4

#606

	6		3	5				
							2	9
			6		9			5
			1			9		4
		8	4		3	1		
4		9			7			
6			9		1			
1	4							
				3	2		1	

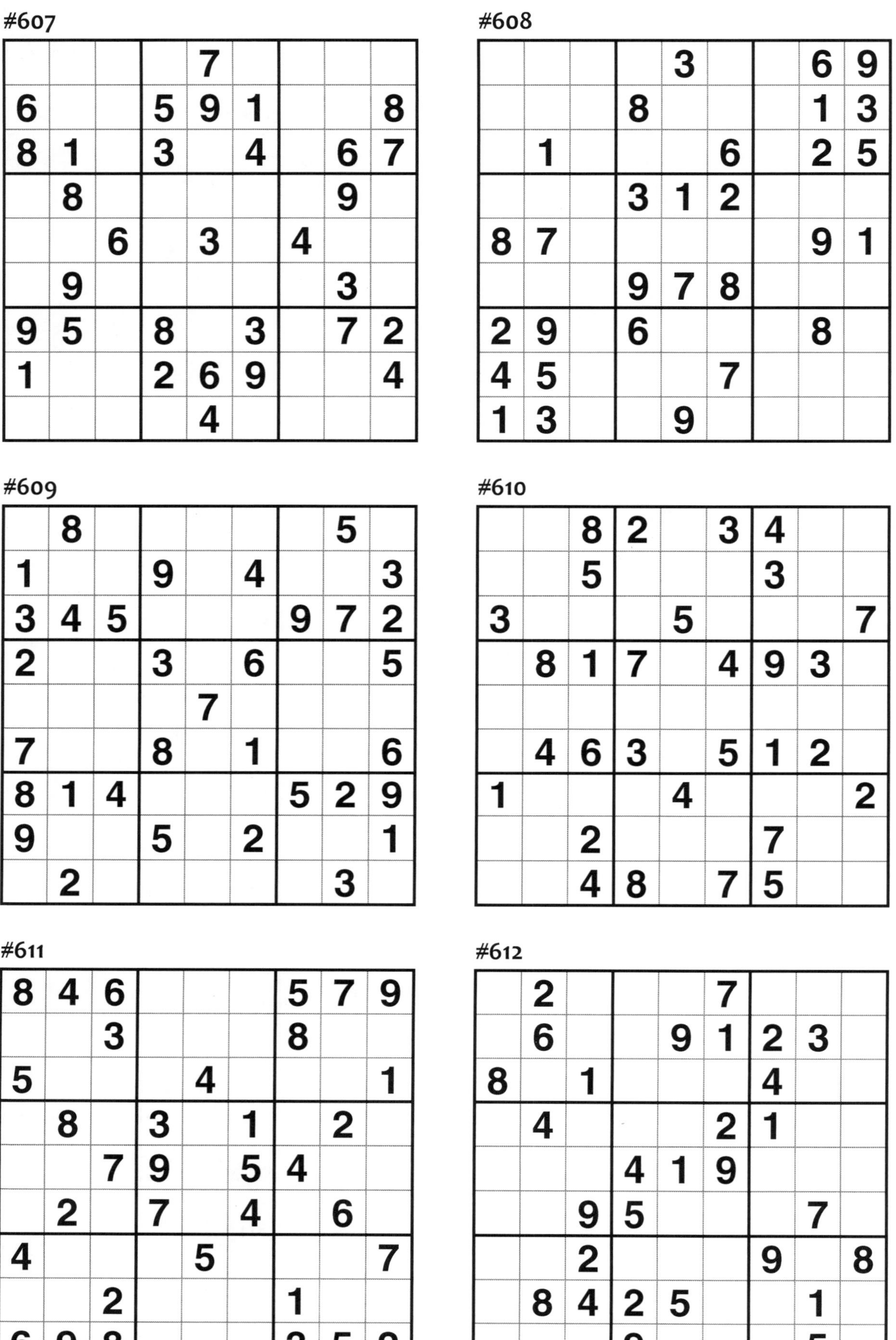

#607

				7				
6			5	9	1			8
8	1		3		4		6	7
	8						9	
		6		3		4		
	9						3	
9	5		8		3		7	2
1			2	6	9			4
				4				

#608

				3			6	9
			8				1	3
	1				6		2	5
			3	1	2			
8	7						9	1
			9	7	8			
2	9		6				8	
4	5				7			
1	3			9				

#609

	8						5	
1			9		4			3
3	4	5				9	7	2
2			3		6			5
				7				
7			8		1			6
8	1	4				5	2	9
9			5		2			1
	2						3	

#610

		8	2		3	4		
		5				3		
3				5				7
	8	1	7		4	9	3	
	4	6	3		5	1	2	
1				4				2
		2				7		
		4	8		7	5		

#611

8	4	6				5	7	9
		3				8		
5				4				1
	8		3		1		2	
		7	9		5	4		
	2		7		4		6	
4				5				7
		2				1		
6	9	8				3	5	2

#612

	2				7			
	6			9	1	2	3	
8		1				4		
	4				2	1		
			4	1	9			
		9	5				7	
		2				9		8
	8	4	2	5			1	
			9				5	

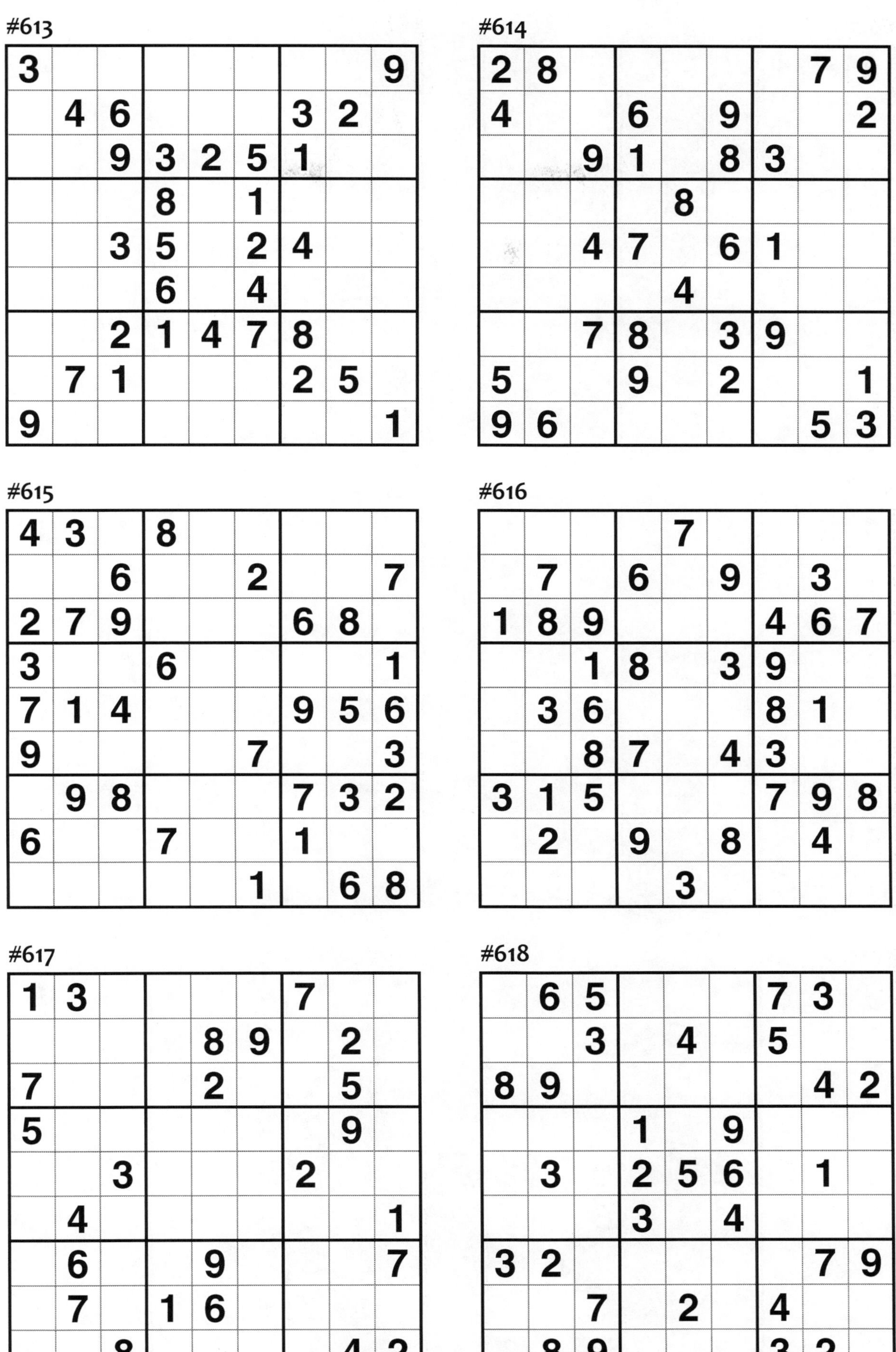

#613

3								9
	4	6				3	2	
		9	3	2	5	1		
			8		1			
		3	5		2	4		
			6		4			
		2	1	4	7	8		
	7	1				2	5	
9								1

#614

2	8						7	9
4			6		9			2
		9	1		8	3		
				8				
		4	7		6	1		
				4				
		7	8		3	9		
5			9		2			1
9	6						5	3

#615

4	3		8					
		6			2			7
2	7	9				6	8	
3			6					1
7	1	4				9	5	6
9					7			3
	9	8				7	3	2
6			7			1		
					1		6	8

#616

				7				
	7		6		9		3	
1	8	9				4	6	7
		1	8		3	9		
	3	6				8	1	
		8	7		4	3		
3	1	5				7	9	8
	2		9		8		4	
				3				

#617

1	3					7		
				8	9		2	
7				2			5	
5							9	
		3				2		
	4							1
	6			9				7
	7		1	6				
		8					4	2

#618

	6	5				7	3	
		3		4		5		
8	9						4	2
			1		9			
	3		2	5	6		1	
			3		4			
3	2						7	9
		7		2		4		
	8	9				3	2	

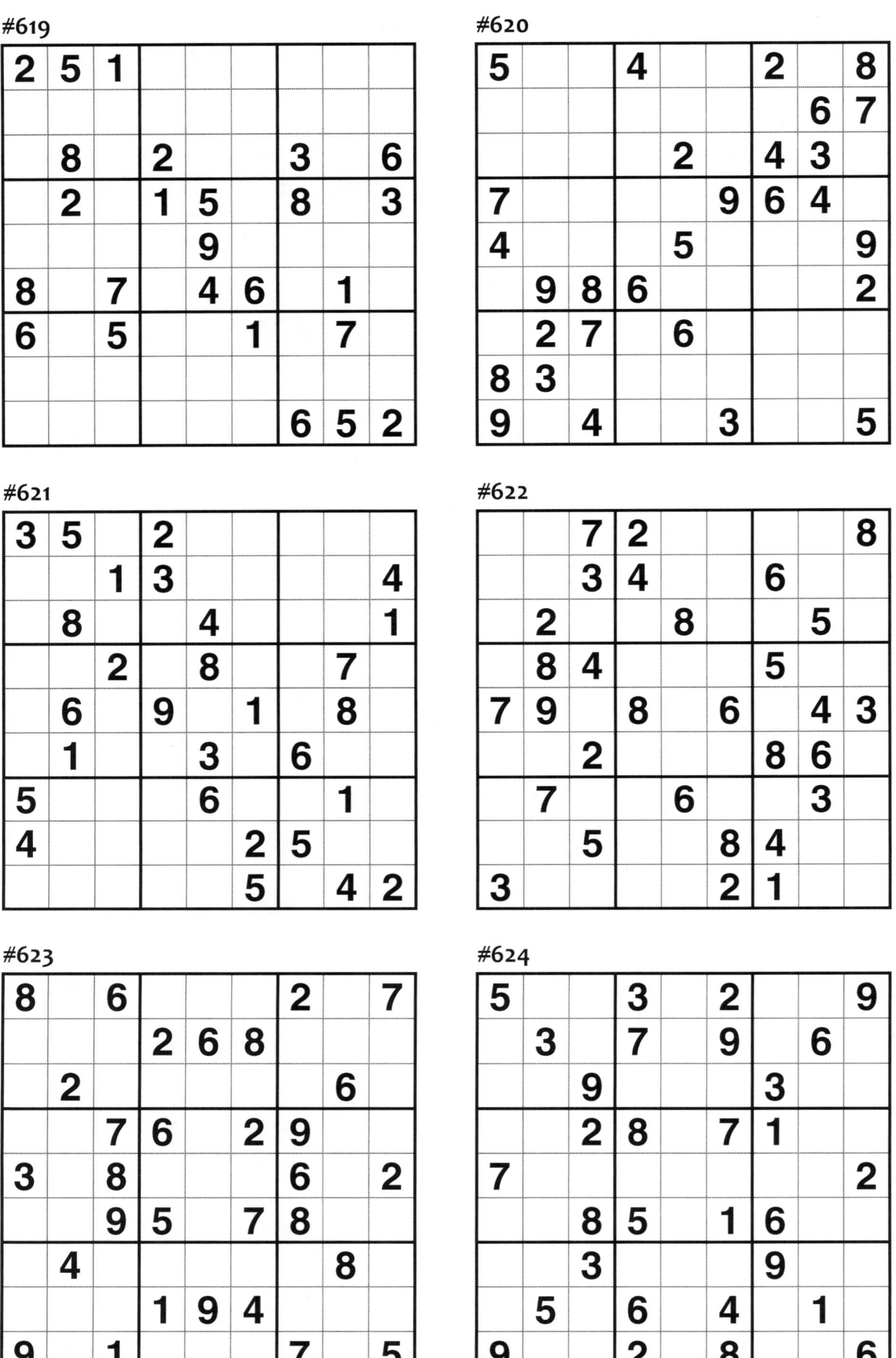

#619

2	5	1						
	8		2			3		6
	2		1	5		8		3
				9				
8		7		4	6		1	
6		5			1		7	
						6	5	2

#620

5			4			2		8
							6	7
				2		4	3	
7					9	6	4	
4				5				9
	9	8	6					2
	2	7		6				
8	3							
9		4			3			5

#621

3	5		2					
		1	3					4
	8			4				1
		2		8			7	
	6		9		1		8	
	1			3		6		
5				6			1	
4					2	5		
					5		4	2

#622

		7	2					8
		3	4			6		
	2			8			5	
	8	4				5		
7	9		8		6		4	3
		2				8	6	
	7			6			3	
		5			8	4		
3					2	1		

#623

8		6				2		7
			2	6	8			
	2						6	
		7	6		2	9		
3		8				6		2
		9	5		7	8		
	4						8	
			1	9	4			
9		1				7		5

#624

5			3		2			9
	3		7		9		6	
		9				3		
		2	8		7	1		
7								2
		8	5		1	6		
		3				9		
	5		6		4		1	
9			2		8			6

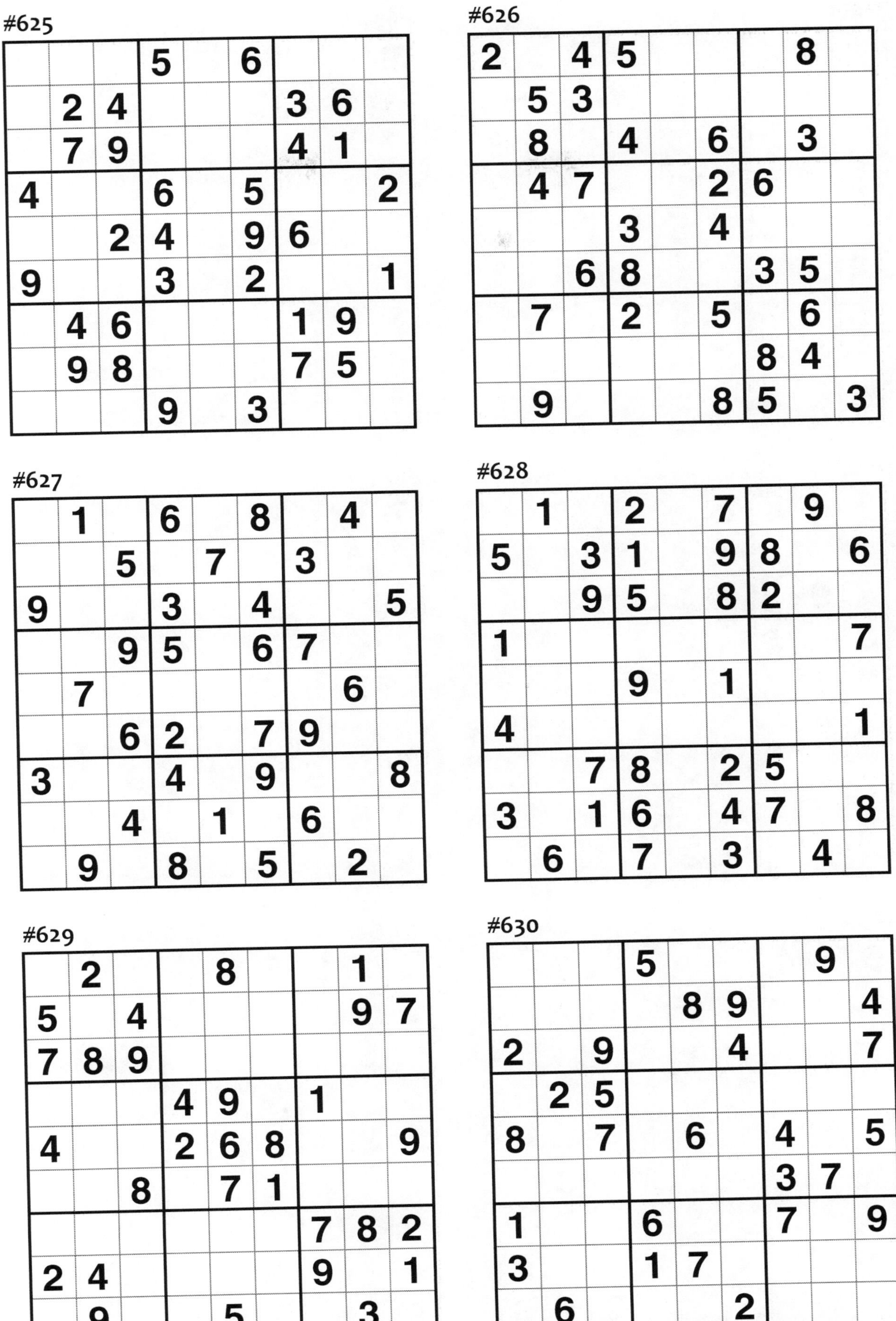

#625

			5		6			
	2	4				3	6	
	7	9				4	1	
4			6		5			2
		2	4		9	6		
9			3		2			1
	4	6				1	9	
	9	8				7	5	
			9		3			

#626

2		4	5				8	
	5	3						
	8		4		6		3	
	4	7			2	6		
			3		4			
		6	8			3	5	
	7		2		5		6	
						8	4	
	9				8	5		3

#627

	1		6		8		4	
		5		7		3		
9			3		4			5
		9	5		6	7		
	7						6	
		6	2		7	9		
3			4		9			8
		4		1		6		
	9		8		5		2	

#628

	1		2		7		9	
5		3	1		9	8		6
		9	5		8	2		
1								7
			9		1			
4								1
		7	8		2	5		
3		1	6		4	7		8
	6		7		3		4	

#629

	2			8			1	
5		4					9	7
7	8	9						
			4	9		1		
4			2	6	8			9
		8		7	1			
						7	8	2
2	4					9		1
	9			5			3	

#630

			5				9	
				8	9			4
2		9			4			7
	2	5						
8		7		6		4		5
						3	7	
1			6			7		9
3			1	7				
	6				2			

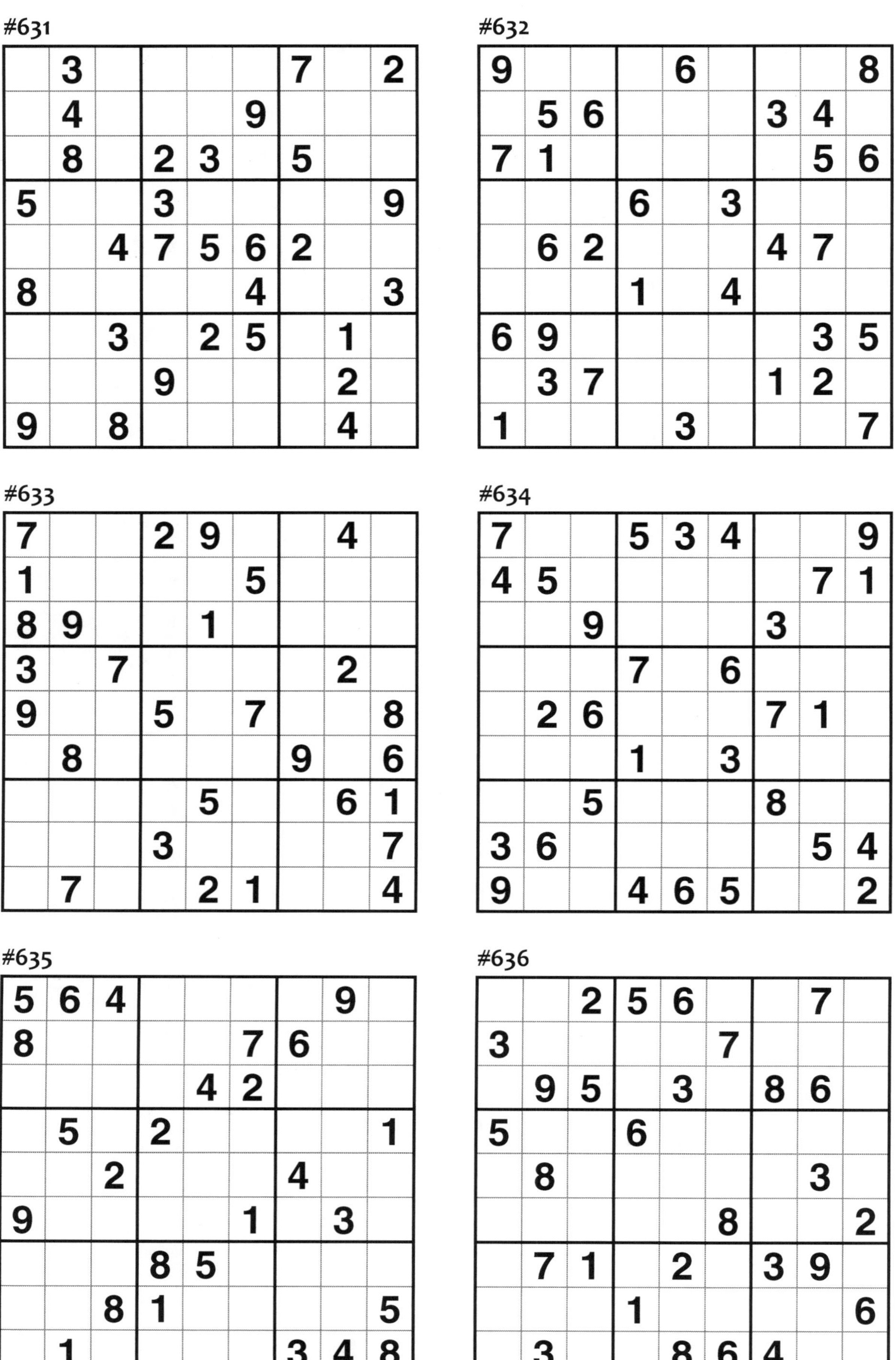

#631

	3					7		2
	4				9			
	8		2	3		5		
5			3					9
		4	7	5	6	2		
8					4			3
		3		2	5		1	
			9				2	
9		8					4	

#632

9				6				8
	5	6				3	4	
7	1						5	6
			6		3			
	6	2				4	7	
			1		4			
6	9						3	5
	3	7				1	2	
1				3				7

#633

7			2	9			4	
1					5			
8	9			1				
3		7					2	
9			5		7			8
	8					9		6
				5			6	1
			3					7
	7			2	1			4

#634

7			5	3	4			9
4	5						7	1
		9				3		
			7		6			
	2	6				7	1	
			1		3			
		5				8		
3	6						5	4
9			4	6	5			2

#635

5	6	4					9	
8					7	6		
				4	2			
	5		2					1
		2				4		
9					1		3	
			8	5				
		8	1					5
	1					3	4	8

#636

		2	5	6			7	
3					7			
	9	5		3		8	6	
5			6					
	8						3	
					8			2
	7	1		2		3	9	
			1					6
	3			8	6	4		

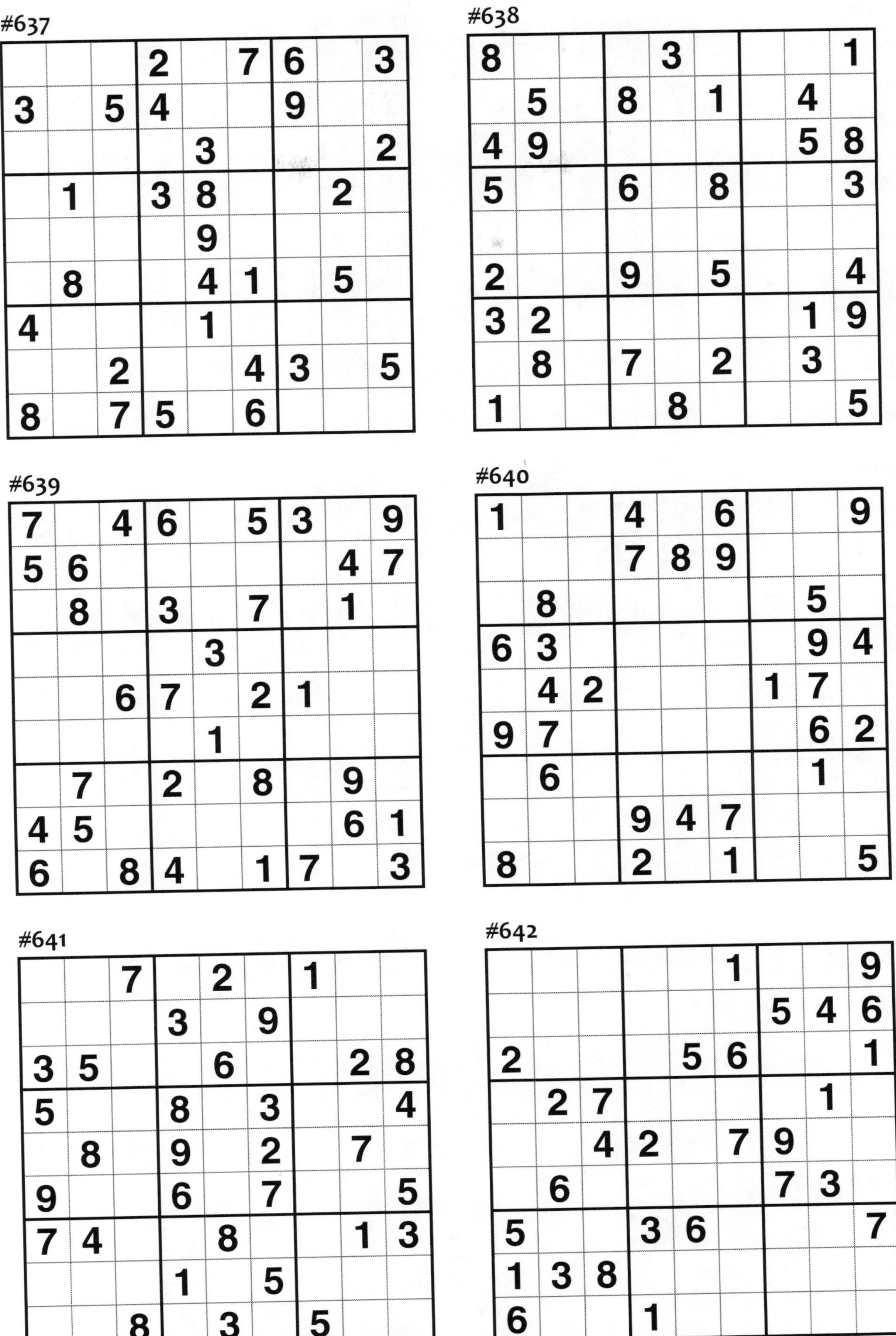

#637

			2		7	6		3
3		5	4			9		
				3				2
	1		3	8			2	
				9				
	8			4	1		5	
4				1				
		2			4	3		5
8		7	5		6			

#638

8				3				1
	5		8		1		4	
4	9						5	8
5			6		8			3
2			9		5			4
3	2						1	9
	8		7		2		3	
1				8				5

#639

7		4	6		5	3		9
5	6						4	7
	8		3		7		1	
				3				
		6	7		2	1		
				1				
	7		2		8		9	
4	5						6	1
6		8	4		1	7		3

#640

1			4		6			9
			7	8	9			
	8						5	
6	3						9	4
	4	2				1	7	
9	7						6	2
	6						1	
			9	4	7			
8			2		1			5

#641

		7		2		1		
			3		9			
3	5			6			2	8
5			8		3			4
	8		9		2		7	
9			6		7			5
7	4			8			1	3
			1		5			
		8		3		5		

#642

					1			9
						5	4	6
2				5	6			1
	2	7					1	
		4	2		7	9		
	6					7	3	
5			3	6				7
1	3	8						
6			1					

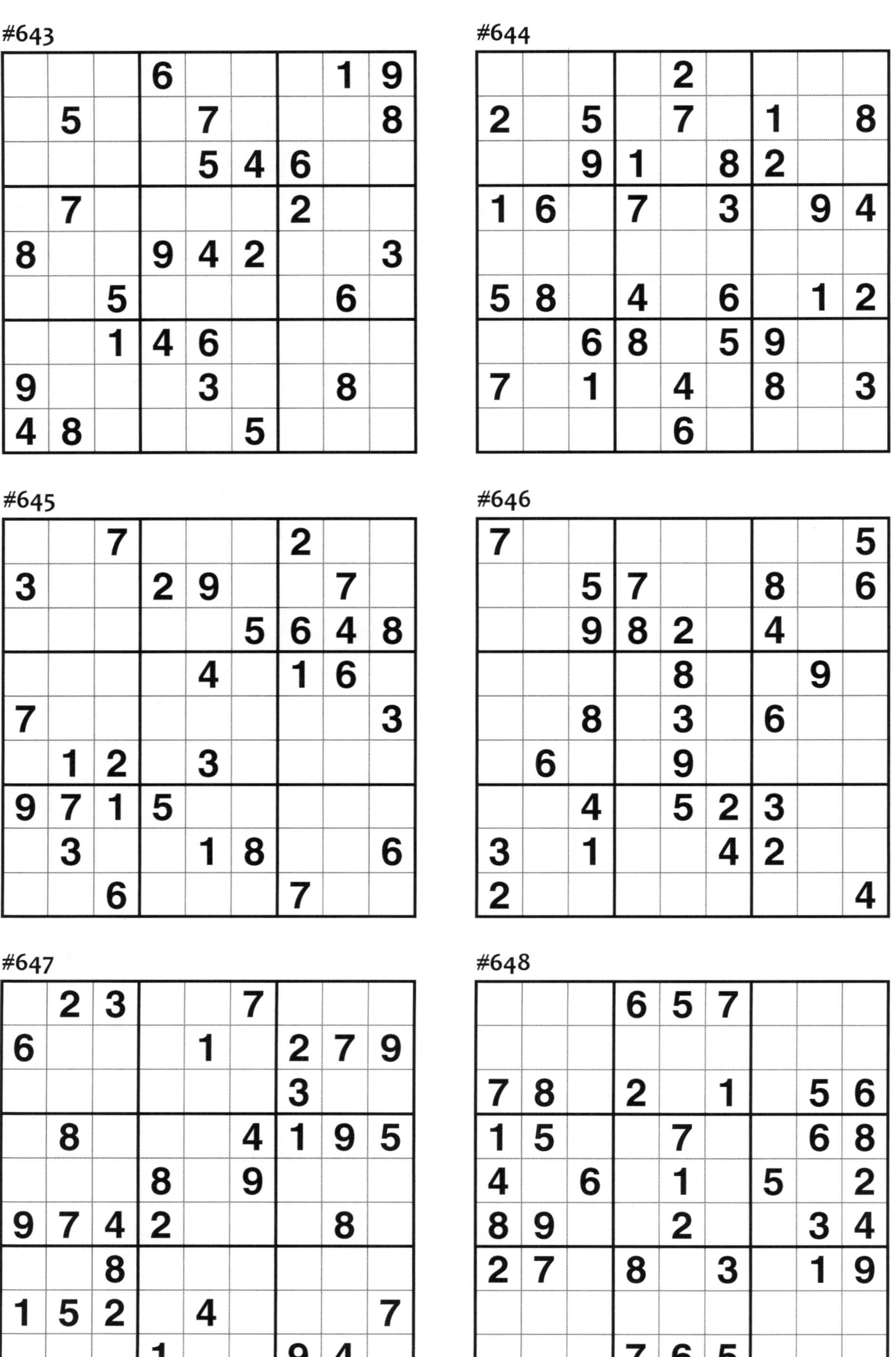

#643

			6				1	9
	5			7				8
				5	4	6		
	7					2		
8			9	4	2			3
		5					6	
		1	4	6				
9				3			8	
4	8				5			

#644

				2				
2		5		7		1		8
		9	1		8	2		
1	6		7		3		9	4
5	8		4		6		1	2
		6	8		5	9		
7		1		4		8		3
				6				

#645

		7				2		
3			2	9			7	
					5	6	4	8
				4		1	6	
7								3
	1	2		3				
9	7	1	5					
	3			1	8			6
		6				7		

#646

7								5
		5	7			8		6
		9	8	2		4		
				8			9	
		8		3		6		
	6			9				
		4		5	2	3		
3		1			4	2		
2								4

#647

	2	3			7			
6				1		2	7	9
						3		
	8				4	1	9	5
			8		9			
9	7	4	2				8	
		8						
1	5	2		4				7
			1			9	4	

#648

			6	5	7			
7	8		2		1		5	6
1	5			7			6	8
4		6		1		5		2
8	9			2			3	4
2	7		8		3		1	9
			7	6	5			

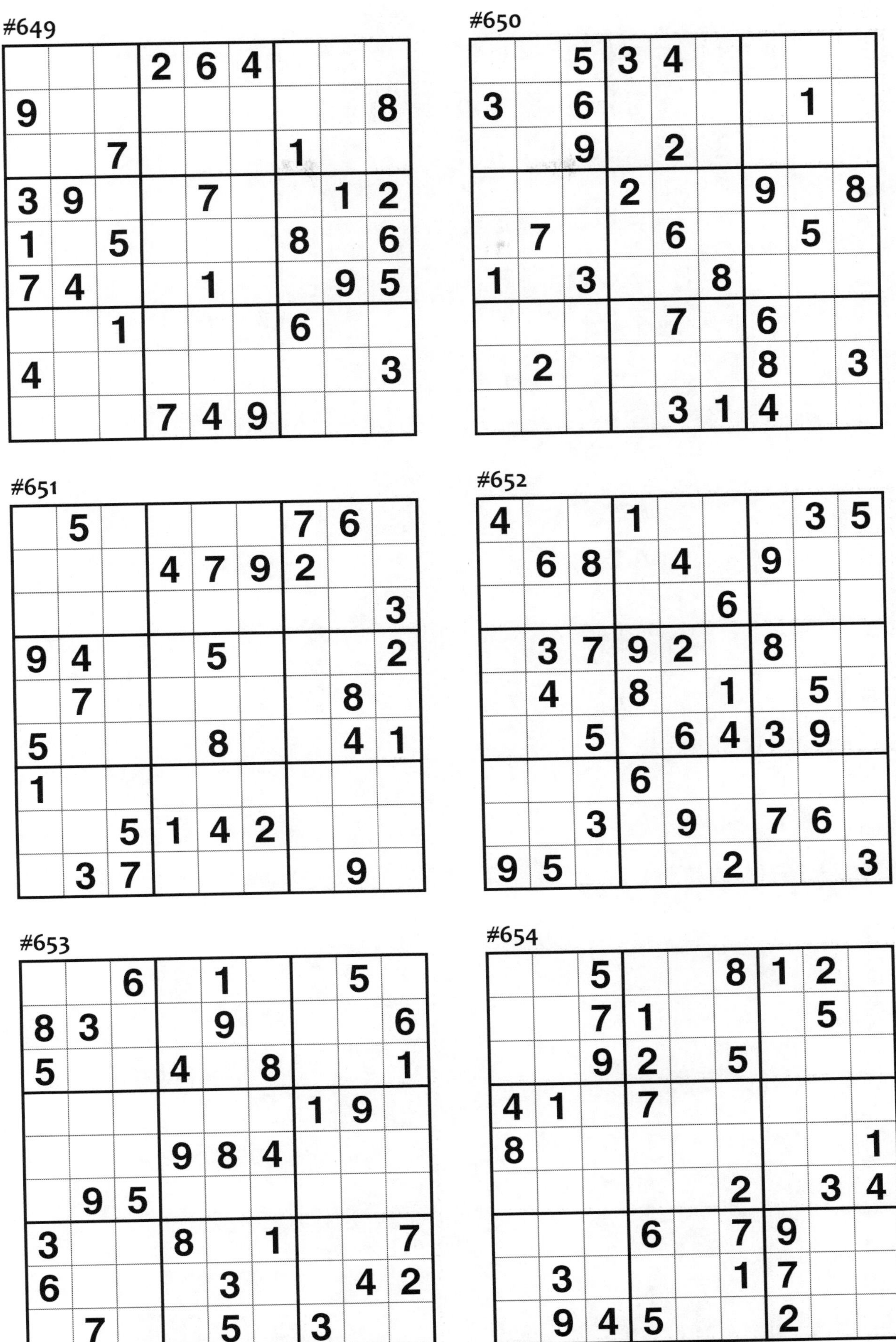

#649

			2	6	4			
9								8
		7				1		
3	9			7			1	2
1		5				8		6
7	4			1			9	5
		1				6		
4								3
			7	4	9			

#650

		5	3	4				
3		6					1	
		9		2				
			2			9		8
	7			6			5	
1		3			8			
				7		6		
	2					8		3
				3	1	4		

#651

	5					7	6	
			4	7	9	2		
								3
9	4			5				2
	7						8	
5				8			4	1
1								
		5	1	4	2			
	3	7					9	

#652

4			1				3	5
	6	8		4		9		
					6			
	3	7	9	2		8		
	4		8		1		5	
		5		6	4	3	9	
			6					
		3		9		7	6	
9	5				2			3

#653

		6		1			5	
8	3			9				6
5			4		8			1
						1	9	
			9	8	4			
	9	5						
3			8		1			7
6				3			4	2
	7			5		3		

#654

		5			8	1	2	
		7	1				5	
		9	2		5			
4	1		7					
8								1
					2		3	4
			6		7	9		
	3				1	7		
	9	4	5			2		

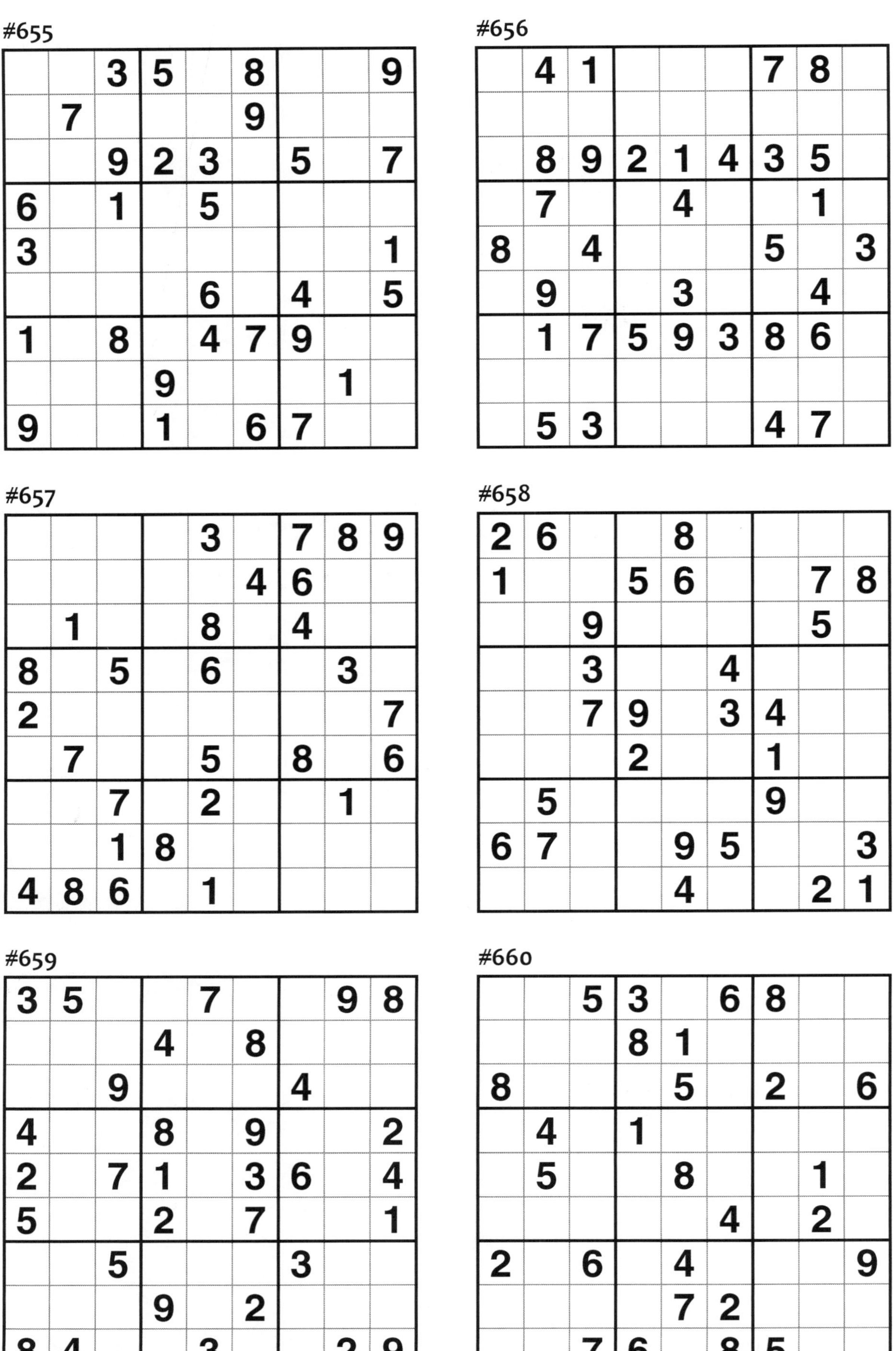

#655

		3	5		8			9
	7				9			
		9	2	3		5		7
6		1		5				
3								1
				6		4		5
1		8		4	7	9		
			9				1	
9			1		6	7		

#656

	4	1				7	8	
	8	9	2	1	4	3	5	
	7			4			1	
8		4				5		3
	9			3			4	
	1	7	5	9	3	8	6	
	5	3				4	7	

#657

				3		7	8	9
					4	6		
	1			8		4		
8		5		6			3	
2								7
	7			5		8		6
		7		2			1	
		1	8					
4	8	6		1				

#658

2	6			8				
1			5	6			7	8
		9					5	
		3			4			
		7	9		3	4		
			2			1		
	5					9		
6	7			9	5			3
				4			2	1

#659

3	5			7			9	8
			4		8			
		9				4		
4			8		9			2
2		7	1		3	6		4
5			2		7			1
		5				3		
			9		2			
8	4			3			2	9

#660

		5	3		6	8		
			8	1				
8				5		2		6
	4		1					
	5			8			1	
					4		2	
2		6		4				9
				7	2			
		7	6		8	5		

#661

6		2		4		1		9
	1	9	6		2	8	3	
	2	3				7	8	
		6	1		5	2		
	9	5				4	1	
	3	8	5		6	9	4	
9		1		2		6		8

#662

		5	6		1	2		
6			5		9			7
7				2				6
2		6				9		4
	5	1				8	2	
9		8				5		1
5				3				8
8			4		2			5
		7	9		8	3		

#663

4								9
	2		7		9		1	
			3	1	4			
		4		3		8		
		7	8		5	2		
		1		4		6		
			1	6	3			
	3		9		8		5	
9								3

#664

6			1				5	
4		3	9		5		2	
		9				7		3
				8			6	
2				4				1
	6			1				
7		6				8		
	2		3		7	5		4
	4				2			6

#665

	4	2	5		3	7	8	
3								2
7			1		4			6
		5	3	1	7	9		
		7	9	4	2	5		
2			4		8			5
5								3
	1	8	2		5	6	7	

#666

2		6	5		4	7		9
		4	7	8	9	2		
				1				
	4						9	
7			8		1			4
	9						2	
				4				
		8	9	2	3	5		
9		5	1		8	4		2

#667

	6						5	
5		2				3		8
	4		5	2	8		6	
1				4				2
	8	3	9		7	5	1	
6				5				3
	2		3	8	5		7	
8		7				4		1
	3						2	

#668

	2		1		5		6	
		7		4		1		
8	9						5	2
6	3	2				8	1	9
1	4	8				3	7	5
2	8						9	4
		9		3		7		
	1		9		4		3	

#669

	5			4			2	
		4				7		
1	8						4	3
	7	3	6		9	2	1	
		2		5		6		
	1	8	2		4	9	5	
8	4						9	2
		5				1		
	6			1			8	

#670

	4	5		7		8	1	
3		2	6		9	4		7
		9				2		
			8		3			
		3		9		1		
			2		4			
		6				9		
2		8	5		1	6		4
	7	4		6		5	2	

#671

3	8					6		
		5		7		2		
		9		3	8			
	5		1			7		
	9		5		3		1	
		8			6		5	
			8	2		9		
		7		5		4		
		1					8	7

#672

	7			3			9	
	1	4		8		2	5	
5								8
		1	5		3	9		
		5	1		8	7		
1								9
	9	8		5		4	1	
	5			6			3	

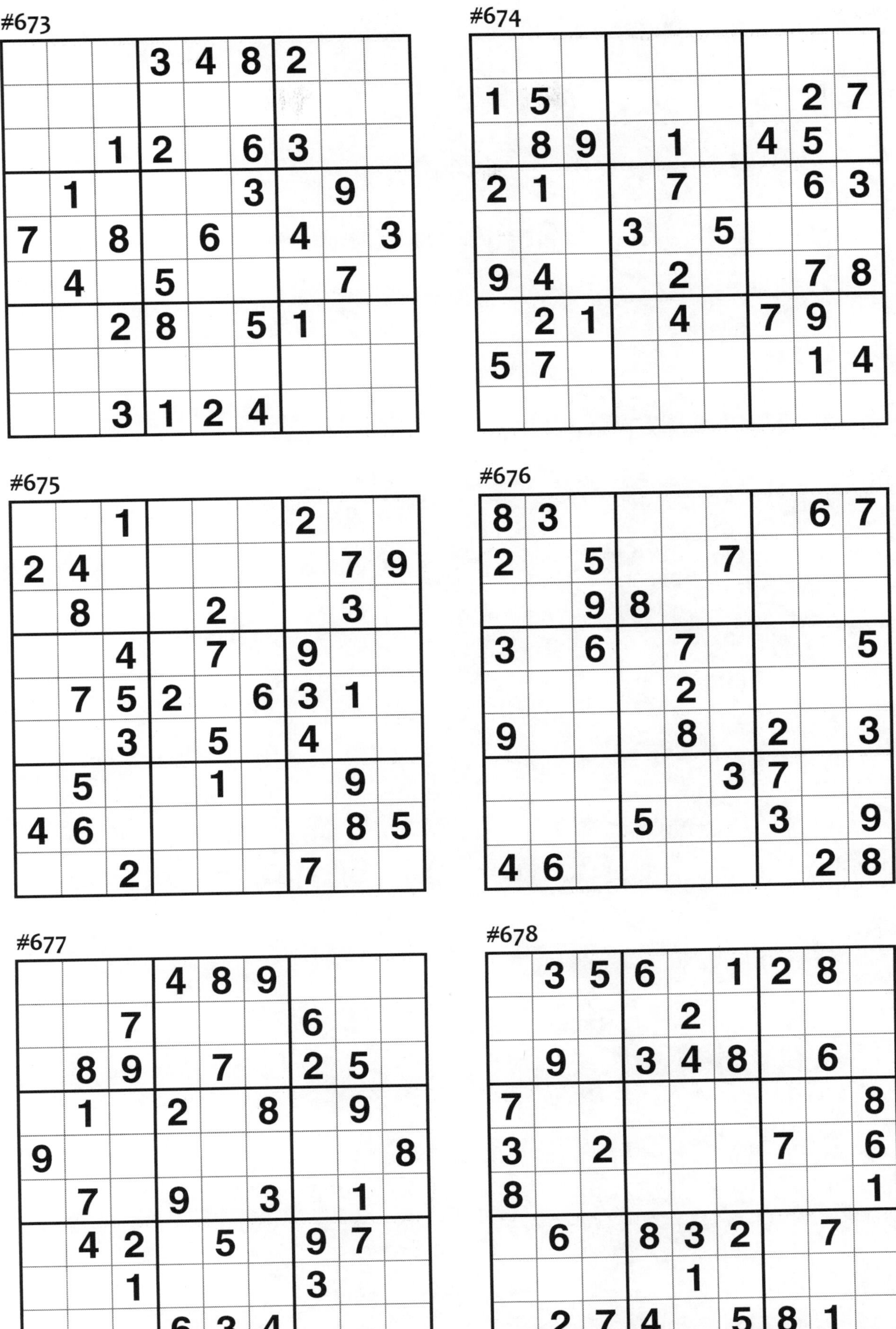
#673
#674
#675
#676
#677
#678

#679

1	5		6					9
8	6	3						
						4		
2				4	8		3	
	9						2	
	7		5	2				6
		7						
						1	7	8
9					6		4	2

#680

3			4	5	2			9
			1		9			
	9	1		6		4	5	
1		5				8		4
	3						6	
9		8				5		7
	7	3		2		9	8	
			8		1			
8			9	7	3			5

#681

5		4						1
	6		4			5		9
		9		5	6		4	
		6					9	5
			6		7			
4	7					8		
	4		8	1		9		
7		5			2		1	
1						6		8

#682

	4	1	6		3	7	8	
	3	6	7		9	4	1	
	8						3	
				4				
4			8		6			3
				3				
	1						9	
	2	3	9		4	6	5	
	5	7	1		8	3	4	

#683

	3				1			
4		7				1	3	
1	8			3				
			3		6		1	8
	9			1			7	
8	1		9		4			
				9			6	7
	7	4				8		5
			6				2	

#684

							3	9
6	8				9	4	5	
					5	6		
	7				6	8		
	5			3			4	
		2	4				1	
		7	1					
	3	8	2				6	1
1	6							

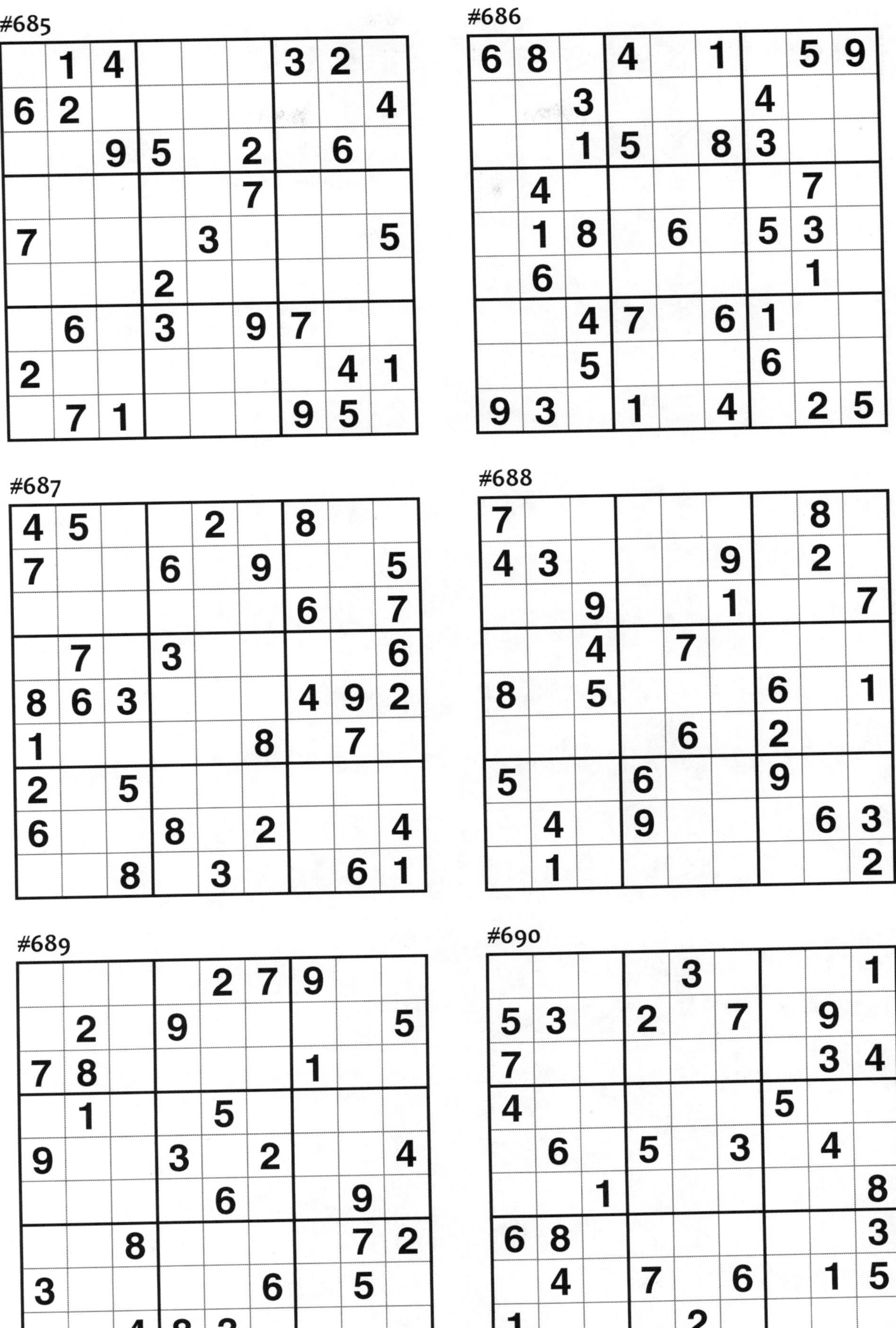

#685

	1	4				3	2	
6	2							4
		9	5		2		6	
					7			
7				3				5
			2					
	6		3		9	7		
2							4	1
	7	1				9	5	

#686

6	8		4		1		5	9
		3				4		
		1	5		8	3		
	4						7	
	1	8		6		5	3	
	6						1	
		4	7		6	1		
		5				6		
9	3		1		4		2	5

#687

4	5			2		8		
7			6		9			5
						6		7
	7		3					6
8	6	3				4	9	2
1					8		7	
2		5						
6			8		2			4
		8		3			6	1

#688

7							8	
4	3				9		2	
		9			1			7
		4		7				
8		5				6		1
				6		2		
5			6			9		
	4		9				6	3
	1							2

#689

				2	7	9		
	2		9					5
7	8					1		
	1			5				
9			3		2			4
				6			9	
		8					7	2
3					6		5	
		4	8	3				

#690

				3				1
5	3		2		7		9	
7							3	4
4						5		
	6		5		3		4	
		1						8
6	8							3
	4		7		6		1	5
1				2				

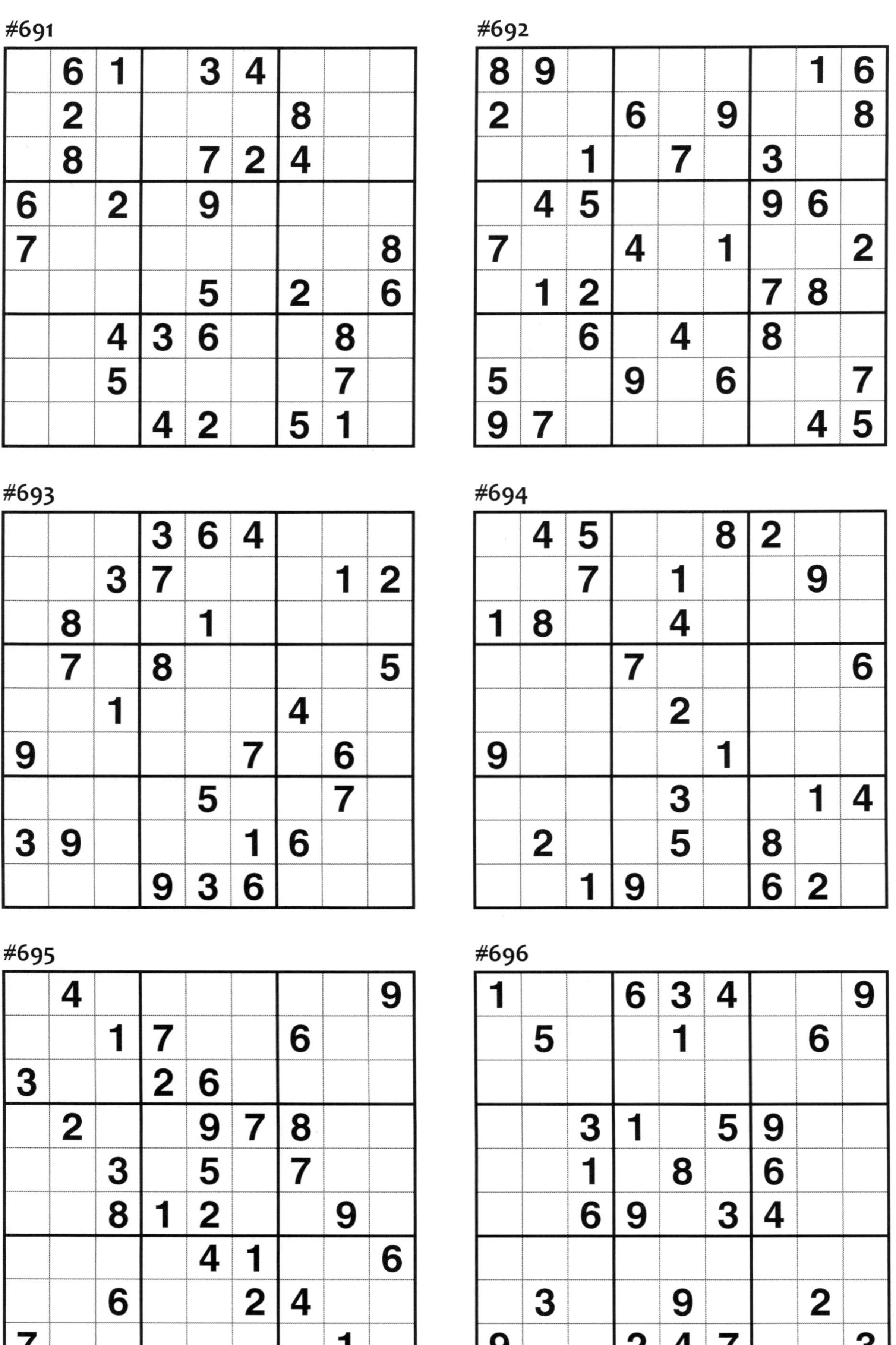

#691

	6	1		3	4			
	2					8		
	8			7	2	4		
6		2		9				
7								8
				5		2		6
		4	3	6			8	
		5					7	
			4	2		5	1	

#692

8	9						1	6
2			6		9			8
		1		7		3		
	4	5				9	6	
7			4		1			2
	1	2				7	8	
		6		4		8		
5			9		6			7
9	7						4	5

#693

			3	6	4			
		3	7				1	2
	8			1				
	7		8					5
		1				4		
9					7		6	
				5			7	
3	9				1	6		
			9	3	6			

#694

	4	5			8	2		
		7		1			9	
1	8			4				
			7					6
				2				
9					1			
				3			1	4
	2			5		8		
		1	9			6	2	

#695

	4							9
		1	7			6		
3			2	6				
	2			9	7	8		
		3		5		7		
		8	1	2			9	
				4	1			6
		6			2	4		
7							1	

#696

1			6	3	4			9
	5			1			6	
		3	1		5	9		
		1		8		6		
		6	9		3	4		
	3			9			2	
9			2	4	7			3

#697

				2				
		8	3		9	2		
2	1						4	5
		6		1		4		
3	4						9	7
		7		9		5		
6	2						7	3
		4	2		6	9		
				8				

#698

		8	6					
1	3				9			
		9		2			8	
6		5		4	2			
	7	2				1	4	
			9	7		5		8
	1			5		6		
			3				1	5
					1	7		

#699

5	2			7			9	6
6								7
			6		1			
2	7						4	9
		6	5		4	1		
1	4						5	8
			1		6			
4								1
9	1			4			6	2

#700

1	2				5	3		
			4	9	8			1
					1			
	3						8	4
6		7				9		5
9	4						3	
			2					
8			5	4	9			
		1	7				4	3

#701

8	2				1			6
				6				1
		1					4	3
					2	5		
			7		5			
		4	9					
3	6					8		
2				9				
5			2				3	4

#702

					4	5		9
4	3			7				
					9	8	4	
			4	5			6	
	7	6		8		3	5	
	9			6	7			
	2	7	5					
				9			3	8
9		3	2					

#703

		6	2	5	4	7		
1	2			8			5	6
	3		8	2	6		1	
		5	1		3	8		
	1		4	9	5		3	
7	5			1			6	4
		1	6	4	2	5		

#704

2			3		6			9
	5	6		8		2	1	
			1		4			
	2	7				9	6	
	6	5				1	3	
			4		2			
	4	8		3		6	7	
6			8		1			3

#705

		6	9	3			7	
	7				6	9		2
8				2				
		2	7	8				5
	8						3	
9				1	2	7		
				6				1
1		4	5				2	
	9			7	3	6		

#706

	3	1	4		7	9	6	
6			5		9			8
		9		6		3		
			9	1	8			
1								9
			2	7	6			
		5		9		1		
8			6		3			7
	7	3	8		1	6	5	

#707

	5				9	1		7
			8			5		
	7				4	2	9	8
	8				5	7		
		7	6		8	4		
		4	7				8	
4	6	8	9				1	
		5			1			
1		2	4				7	

#708

6				9				5
		5	6		1	9		
	8		5		7		6	
		6		5		8		
5	2						7	9
		3		4		1		
	9		1		5		4	
		4	2		3	5		
8				7				3

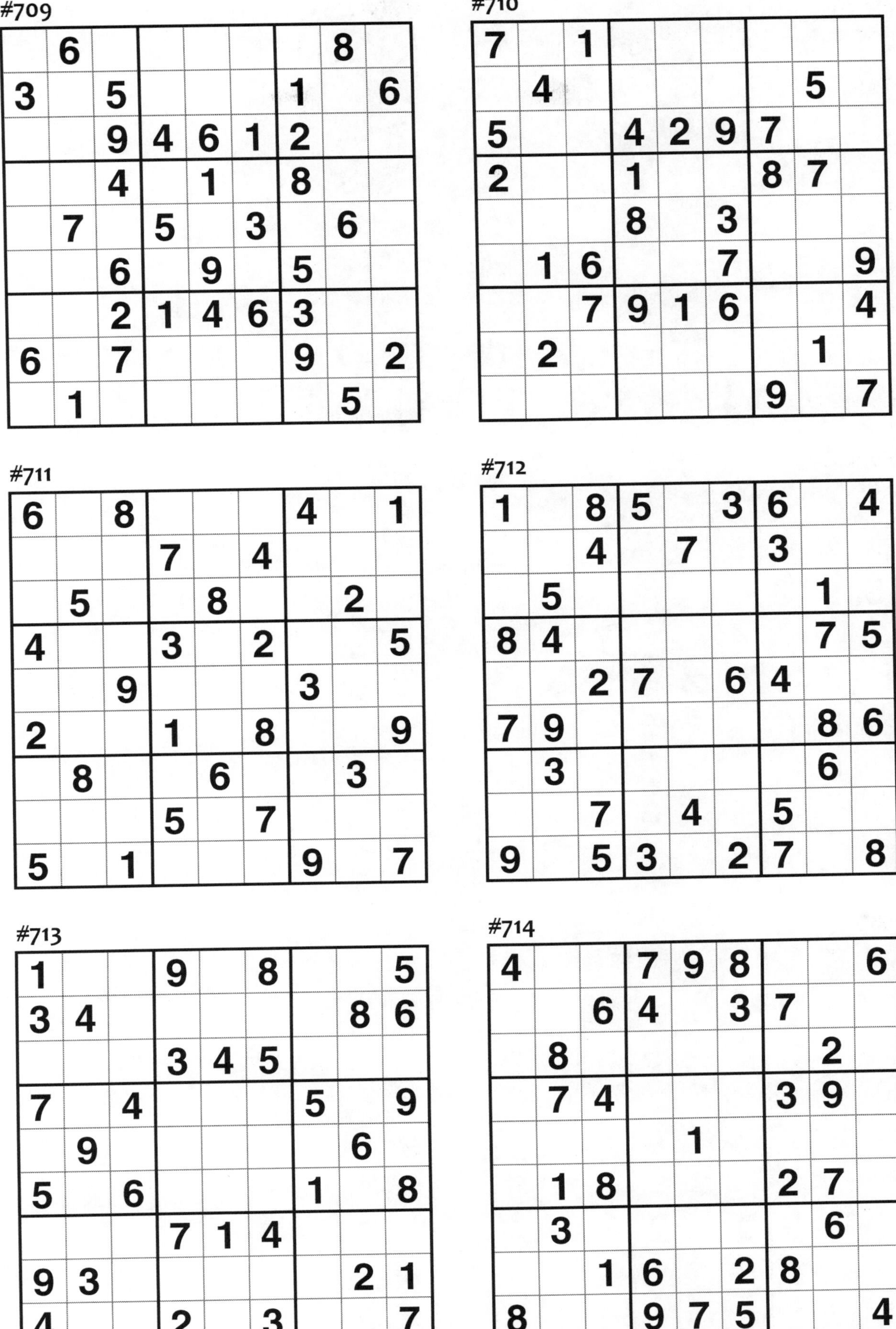

#709

	6						8	
3		5				1		6
		9	4	6	1	2		
		4		1		8		
	7		5		3		6	
		6		9		5		
		2	1	4	6	3		
6		7				9		2
	1						5	

#710

7		1						
	4						5	
5			4	2	9	7		
2			1			8	7	
			8		3			
	1	6			7			9
		7	9	1	6			4
	2						1	
						9		7

#711

6		8				4		1
			7		4			
	5			8			2	
4			3		2			5
		9				3		
2			1		8			9
	8			6			3	
			5		7			
5		1				9		7

#712

1		8	5		3	6		4
		4		7		3		
	5						1	
8	4						7	5
		2	7		6	4		
7	9						8	6
	3						6	
		7		4		5		
9		5	3		2	7		8

#713

1			9		8			5
3	4						8	6
			3	4	5			
7		4				5		9
	9						6	
5		6				1		8
			7	1	4			
9	3						2	1
4			2		3			7

#714

4			7	9	8			6
		6	4		3	7		
	8						2	
	7	4				3	9	
				1				
	1	8				2	7	
	3						6	
		1	6		2	8		
8			9	7	5			4

#715

8					3			9
6						1	2	
1	2		4	6				
	9	4			2	7		
		8	6			4	3	
				1	4		9	7
	3	7						1
4			3					8

#716

		1			5			9
			6	7				1
6	7		4			2	3	
4	8					9	5	
	1	7					4	6
	2	3			6		9	8
7				8	1			
1			2			7		

#717

		1			4			
4			5					
5	6	7					3	
			4			7	9	2
	7			2			5	
1	2	8			5			
	8					6	7	1
					3			5
			6			4		

#718

4							2	
		8		5	6		3	
		3	7		8		5	
8			5		2			
	9						4	
			8		9			3
	6		9		3	1		
	8		2	6		5		
	7							4

#719

6	4						8	9
		2				3		
		9	2		5	6		
4				5				8
	3		7		6		1	
1				3				6
		3	5		4	8		
		4				1		
8	9						5	2

#720

					6		5	
4		6		1				9
7			5	2			1	
3	4							
9	2			4			6	3
							4	5
	7			8	3			1
6				7		8		2
	9		1					

#721

		9	1		3	8		
	4			2			3	
	3		8		9		4	
3			6		4			2
				9				
1			7		2			6
	7		9		1		5	
	8			5			6	
		6	2		8	4		

#722

			4	6			8	9
	2				9			1
7							4	
	4	5			3		9	
2			8		1			7
	3		2			5	6	
	5							4
4			9				2	
9	7			4	8			

#723

	5			6			1	
2				5				8
			3	7	1			
		5				9		
	9	6				1	3	
		2				4		
			6	2	4			
7				3				4
	6			8			2	

#724

	7	6	3				8	
8		9				5	2	
							3	
	8	7		6		2		
			7		2			
		3		5		7	1	
	6							
	9	4				3		8
	2				1	9	6	

#725

		3	1		7			
5		2			9			
4	7	9				6	3	
	9	1						6
3						7	5	
	3	8				9	1	2
			9			4		8
			8		2	3		

#726

8			2	4	5	6		
6						8		2
2		1	3				7	
7						2		6
				8				
1		3						5
	2				6	1		7
4		6						3
		5	7	2	4			8

#727

		4	1		5	6		
			6		9			
	8			4			2	
7	3						9	8
		6				4		
1	4						3	6
	2			5			7	
			7		4			
		7	2		8	5		

#728

5			7	2		1	8	9
7		1	6					
				5				
	3	2					4	
			2		6			
	1					2	3	
				6				
					7	8		3
4	2	8		9	3			5

#729

	3			1		4		
1	4				9		6	8
5						7		
						8		
6	9			3			4	5
		4						
		3						2
4	6		5				7	3
		7		8			1	

#730

			5	3	4			
		5		7		9		
	7	8				3	4	
7			4		3			6
			9	8	7			
4			1		6			3
	9	6				5	3	
		7		1		8		
			7	6	5			

#731

	7	3		8		4	6	
				7				
4			3	2	6			5
	3	7				5	2	
2	9						7	3
	6	5				1	9	
7			4	1	5			9
				6				
	4	1		9		6	5	

#732

		1		4		2		
	5	4	2		9	7	3	
	3		5		8		4	
			7	5	6			
8								7
			4	8	1			
	2		3		4		7	
	6	5	1		7	9	8	
		3		6		4		

#733

	8		6	7				9
					9			8
			3			4	5	
6							3	
1	5			2			8	4
	9							2
	1	6			3			
5			2					
9				8	4		2	

#734

	1			5			8	
	4	5	7		9	3	6	
	8	9				2	4	
			8		3			
		1		7		4		
			2		4			
	6	4				9	7	
	7	2	3		8	6	5	
	5			4			3	

#735

8			1					
				6	4	5		7
				3			6	
2		6	7	1			8	
		3	2		5	1		
	1			8	9	3		2
	5			2				
7		2	9	5				
					6			8

#736

6	1						8	9
			5		9			
2								6
		4	1		3	5		
	5		6		2		3	
		2	8		5	4		
3								8
			3		1			
5	2						4	3

#737

2			4		7			9
		7				2		
	9	1				4	6	
	7			3			9	
6	2						7	1
	1			8			2	
	3	5				9	1	
		6				8		
9			6		1			3

#738

7			2			3	4	1
			7			9	6	
						7		2
8	5			2				
		1		6		5		
				8			1	6
1		8						
	3	4			8			
5	9	2			1			7

#739

			2		4			
3								1
	8			5			2	
7		4				1		6
9			4		5			8
8		1				2		5
	6			4			5	
2								3
			9		3			

#740

	2						8	
1				8				5
	8		6		5		1	
2			9	7	6			3
8				4				1
4			5	1	8			7
	6		2		3		7	
5				6				2
	7						5	

#741

	5						2	
6					9	3		
7				2	4			6
		5					9	2
	2		7		1		6	
9	4					1		
4			6	7				1
		1	9					4
	9						7	

#742

	9		7		3		2	
		3				5		
	5		2	9	1		6	
5			1		2			3
		1				6		
3			5		6			7
	4		3	1	7		8	
		2				1		
	3		9		4		5	

#743

	4	5	6	2	3		9	
	3						5	7
8								
	5	6		3	8	7		
		8	5	1		2	6	
								3
2	6						7	
	8		3	6	5	1	4	

#744

		8		6				9
4		5	1					
6	7		5			1	3	
	5		7				8	
	4				3		2	
	9	3			5		4	6
					4	3		2
7				9		5		

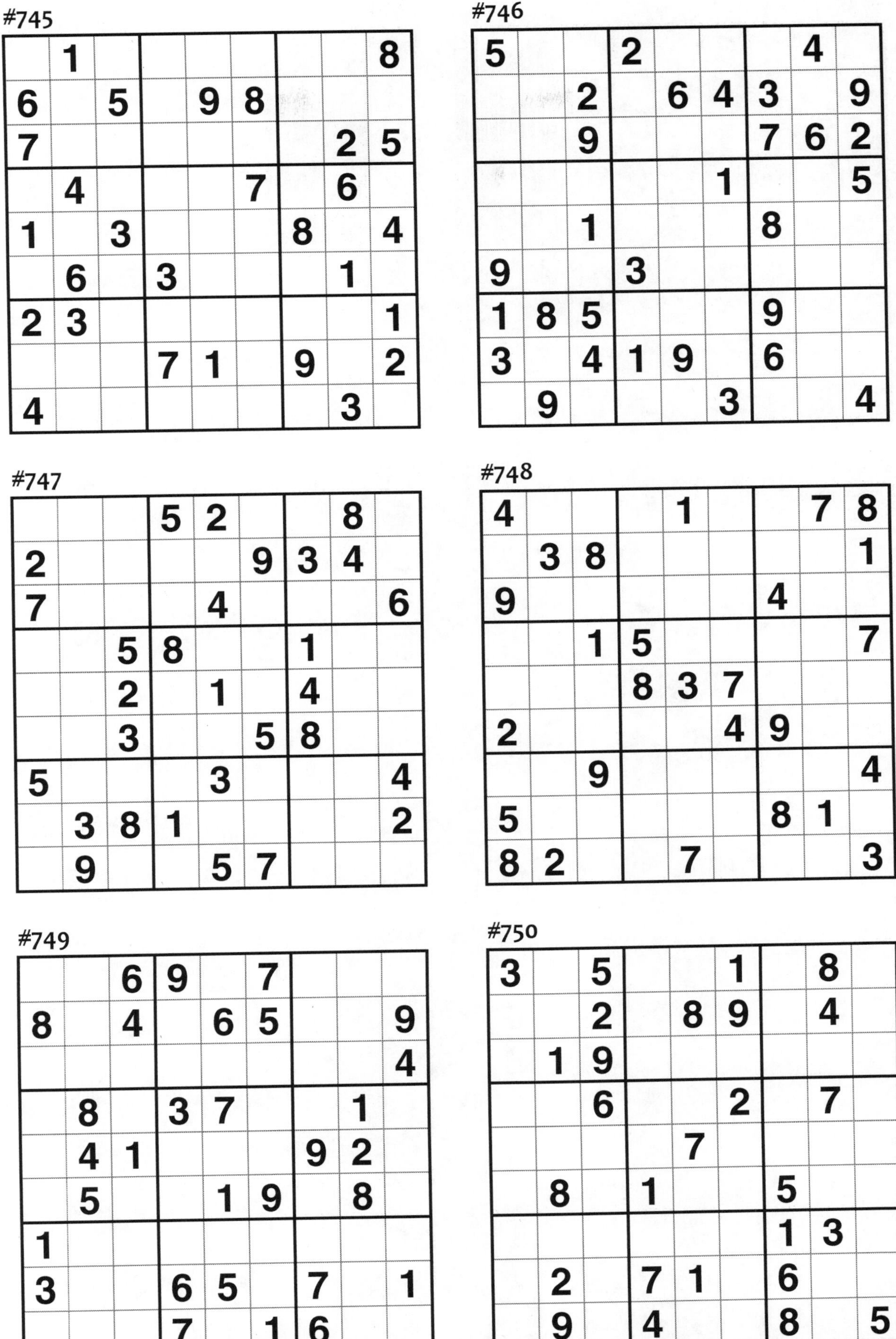
#745
#746
#747
#748
#749
#750

#751

		1	6				8	
				7				
3	6	9	5				1	
	8				2	6		
2								5
		4	3				7	
	4				3	9	6	1
				9				
	2				7	8		

#752

		3	5			4		
4				7			3	
7								
1		9	3					7
5			8		1			2
3					4	6		9
								5
	6			2				3
		7			6	9		

#753

			1		3			
	6	3				2	4	
7			4		5			6
6	4			1			5	8
	9						7	
8	1			9			2	3
4			2		8			7
	7	8				5	6	
			6		4			

#754

	3			8				
2	5			3		8		
						7		1
5			3			4		
4		3	9		7	6		8
		7			5			3
3		6						
		8		5			6	7
				9			4	

#755

	5			8			3	
7		8				4		6
3				6				8
	8		6		3		7	
	3	5				6	1	
	7		9		1		4	
5				9				1
8		1				3		7
	9			3			6	

#756

			5	6	1			
	6	1	7		9	2	3	
		9				5		
	7		8		2		9	
8								7
	1		4		6		2	
		6				8		
	3	7	9		8	4	1	
			6	1	3			

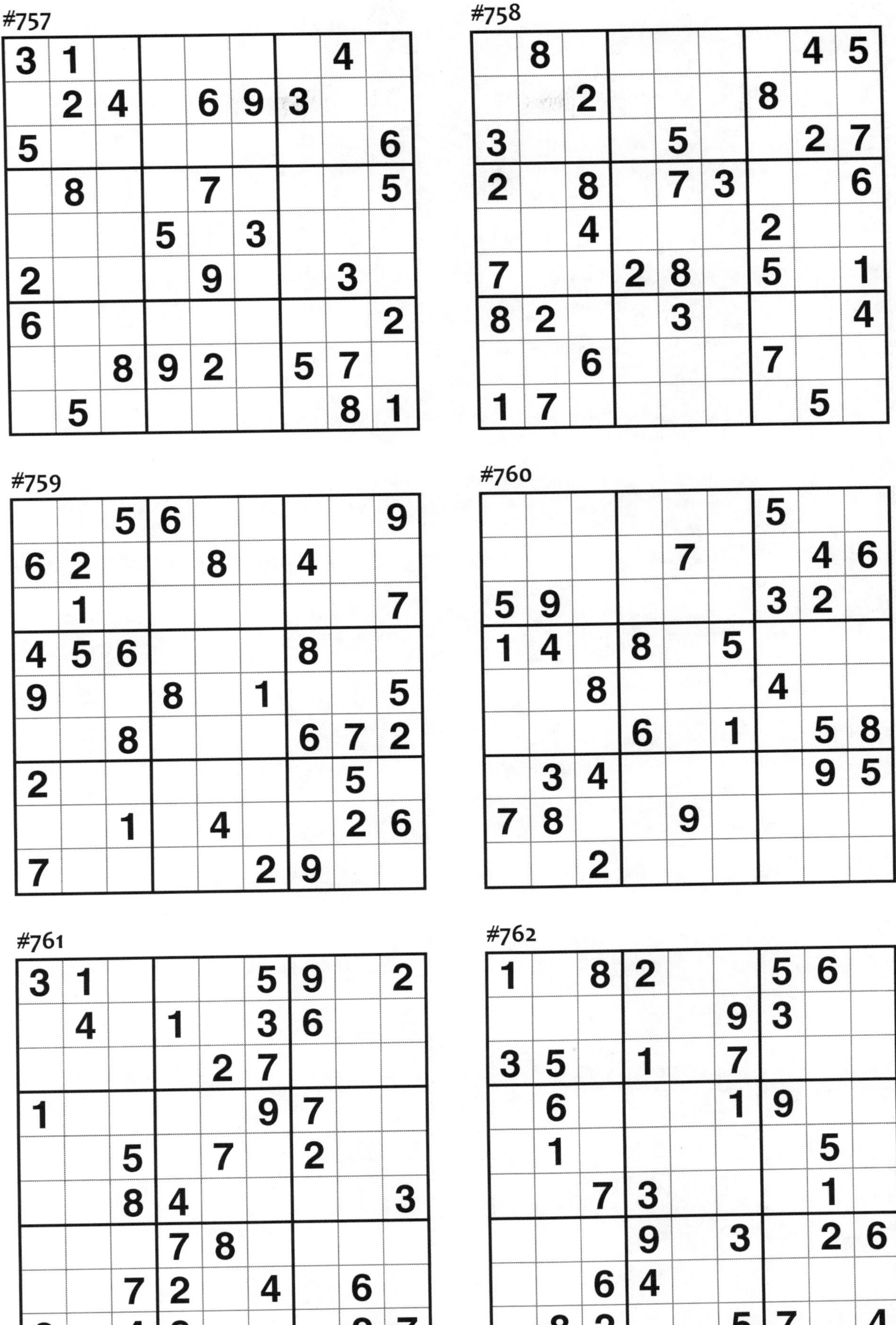

#757

3	1						4	
	2	4		6	9	3		
5								6
	8			7				5
			5		3			
2				9			3	
6								2
		8	9	2		5	7	
	5						8	1

#758

	8						4	5
		2				8		
3				5			2	7
2		8		7	3			6
		4				2		
7			2	8		5		1
8	2			3				4
		6				7		
1	7						5	

#759

		5	6					9
6	2			8		4		
	1							7
4	5	6				8		
9			8		1			5
		8				6	7	2
2							5	
		1		4			2	6
7					2	9		

#760

						5		
				7			4	6
5	9					3	2	
1	4		8		5			
		8				4		
			6		1		5	8
	3	4					9	5
7	8			9				
		2						

#761

3	1				5	9		2
	4		1		3	6		
				2	7			
1					9	7		
		5		7		2		
		8	4					3
			7	8				
		7	2		4		6	
8		4	9				2	7

#762

1		8	2			5	6	
					9	3		
3	5		1		7			
	6				1	9		
	1						5	
		7	3				1	
			9		3		2	6
		6	4					
	8	2			5	7		4

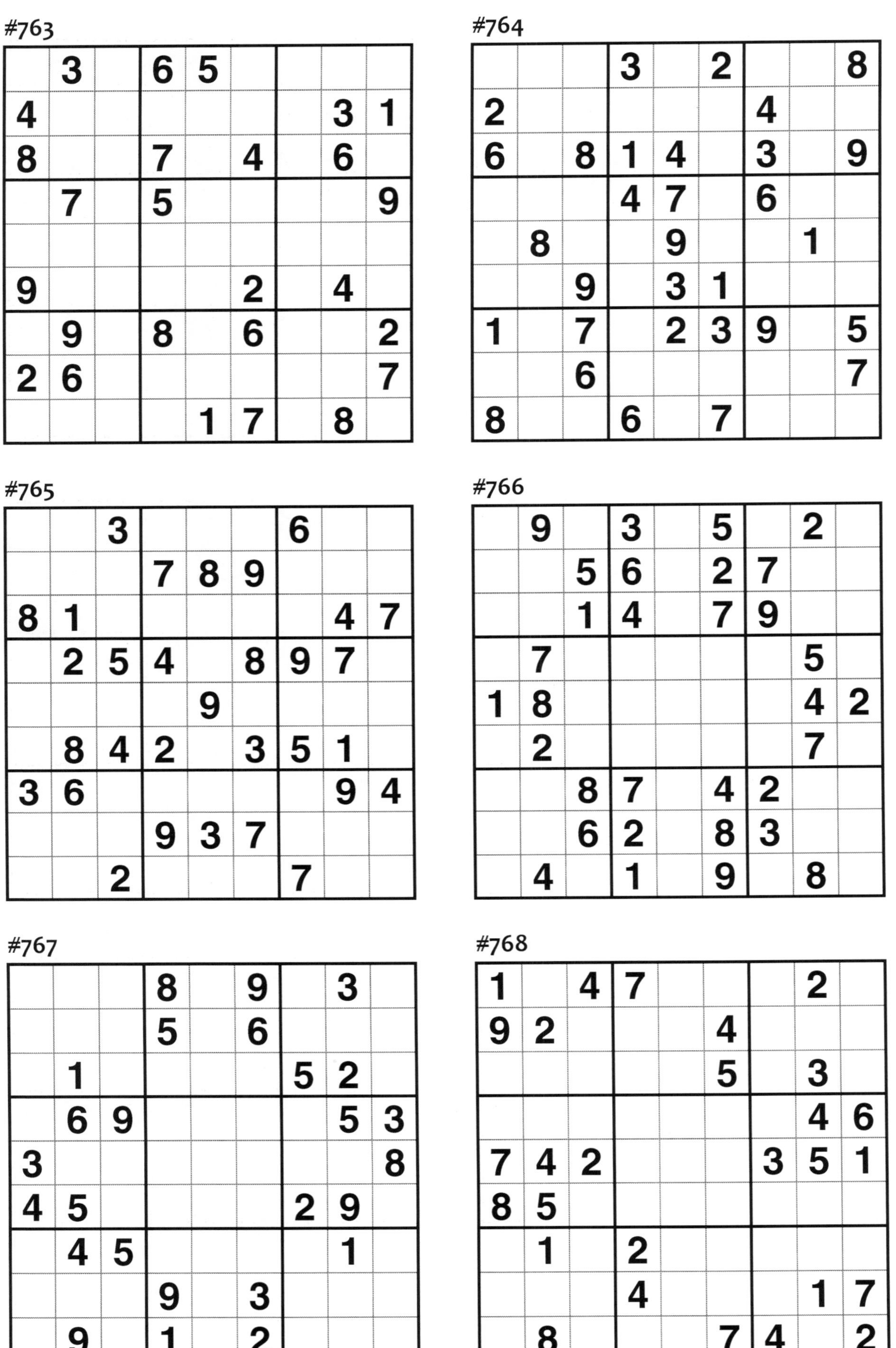

#763

	3		6	5				
4							3	1
8			7		4		6	
	7		5					9
9					2		4	
	9		8		6			2
2	6							7
				1	7		8	

#764

			3		2			8
2						4		
6		8	1	4		3		9
			4	7		6		
	8			9			1	
		9		3	1			
1		7		2	3	9		5
		6						7
8			6		7			

#765

		3				6		
			7	8	9			
8	1						4	7
	2	5	4		8	9	7	
				9				
	8	4	2		3	5	1	
3	6						9	4
			9	3	7			
		2				7		

#766

	9		3		5		2	
		5	6		2	7		
		1	4		7	9		
	7						5	
1	8						4	2
	2						7	
		8	7		4	2		
		6	2		8	3		
	4		1		9		8	

#767

			8		9		3	
			5		6			
	1					5	2	
	6	9					5	3
3								8
4	5					2	9	
	4	5					1	
			9		3			
	9		1		2			

#768

1		4	7				2	
9	2				4			
					5		3	
							4	6
7	4	2				3	5	1
8	5							
	1		2					
			4				1	7
	8				7	4		2

#769

				8				
1		3		4		7		9
		9	1		3	5		
	7		6		8		5	
	2						7	
	9		2		5		1	
		7	9		1	8		
6		4		2		3		5
				3				

#770

	1		8			4		
	4					2	8	9
3				7				5
				4				6
		6	7		1	8		
7				5				
1				2				8
4	9	3					7	
		8			4		1	

#771

		3		7	8			
4						2		6
6	7		2	4			1	
		4		2				
7	3	2				6	4	5
				5		3		
	5			1	7		3	4
9		8						1
			4	6		5		

#772

5		7					2	3
	3				6			7
				2	3	4		
4	6			3				
8								4
				7			6	1
		8	6	9				
3			2				7	
1	4					9		6

#773

		2				4		
			2		9			
6	7		8		4		2	3
7				9				4
	9	5		1		2	7	
2				7				8
5	8		7		1		3	2
			3		6			
		7				6		

#774

	5	1			7			
4			8				1	
	2		3	5	1			7
			1			9		
	8			4			2	
		6			2			
6			2	9	4		7	
	4				8			3
			7			5	4	

#775

	3		1	2			8	9
			5					
2				4		5		
		2	9		4	8		
		7				6		
		6	7		8	3		
		4		7				8
					5			
9	6			1	3		7	

#776

8		2		3		7		4
1				8				6
			1		2			
		7				9		
5			2		4			1
		1				6		
			9		3			
6				1				9
9		3		6		4		7

#777

4				9		2		
	1			3				8
6	8	9			1			
		3						
5		2	7		8	4		1
						6		
			5			9	8	7
9				8			4	
		1		4				3

#778

	4				9	5	8	
	7	8					2	
			3		5			
			8					6
		4		5		7		
6					2			
			6		8			
	6					9	4	
	5	2	7				1	

#779

	7		4				8	1
3			6					
8					2		6	
		7				6	1	
	1			3			7	
	6	8				9		
	4		2					8
					9			7
2	8				1		3	

#780

4			6	8	9			2
	8		1	2	7		4	
2		6		3		5		8
		1	7		2	9		
9		3		4		1		6
	6		2	9	4		5	
1			8	7	5			3

#781

7					2			
3	1			8				
6	2		3	1				
		7				5		3
2				7				9
8		3				2		
				3	9		6	1
				6			3	5
			4					7

#782

	6			4			8	
4		3	6		9	2		7
	8		2		1		4	
		4				9		
		1	5		3	4		
		8				6		
	9		1		8		6	
8		7	9		6	5		2
	2			7			9	

#783

		3				8		
	5	6				7	1	
	2		7		1		5	
2			3		7			5
	9		5		4		8	
3			6		8			4
	3		1		9		4	
	4	1				9	6	
		2				1		

#784

2	7						8	9
5				2				7
	4	9				6	1	
			8		4			
4			3		7			1
			2		1			
	3	5				2	9	
7				8				6
9	6						5	4

#785

3					9		5	4
	4							
	8	9	2					
5		3			7		8	
		7				1		
	2		4			7		5
					8	5	6	
							1	
1	9		7					3

#786

6			3		5			9
			7		9			
	8						4	
5	3						9	7
		4	2		1	5		
1	7						2	6
	5						7	
			6		7			
8			9		4			2

#787

		1			8			
	7					8	6	
	6	9		5				
		3	2		1			8
		7				1		
6			4		7	9		
				8		7	9	
	2	6					8	
			7			4		

#788

6		7		2		5		1
1				8				4
	8		6		1		2	
	5	8				1	9	
2								7
	7	1				4	5	
	1		2		6		4	
4				7				9
8		2		1		6		5

#789

	1	6				4	5	
2			5		9			1
		8	1		6	3		
			8	6	7			
6		7				5		4
			3	5	4			
		1	2		5	8		
7			4		8			3
	9	3				2	4	

#790

	4						7	
5			7		9			1
		8		2		5		
6	1			4			9	2
	2	7				1	3	
8	3			6			5	7
		3		5		6		
1			6		8			3
	9						8	

#791

	1		7	9		4		
	3		1					7
7			4		6	2		
						1		6
6	7						4	9
8		4						
		7	3		2			4
9					1		2	
		8		4	9		1	

#792

3	7			1			5	8
	4	8				6	9	
2		9				3		4
			1		4			
	9	4				1	6	
			7		8			
9		5				7		6
	6	2				9	1	
1	8			3			4	2

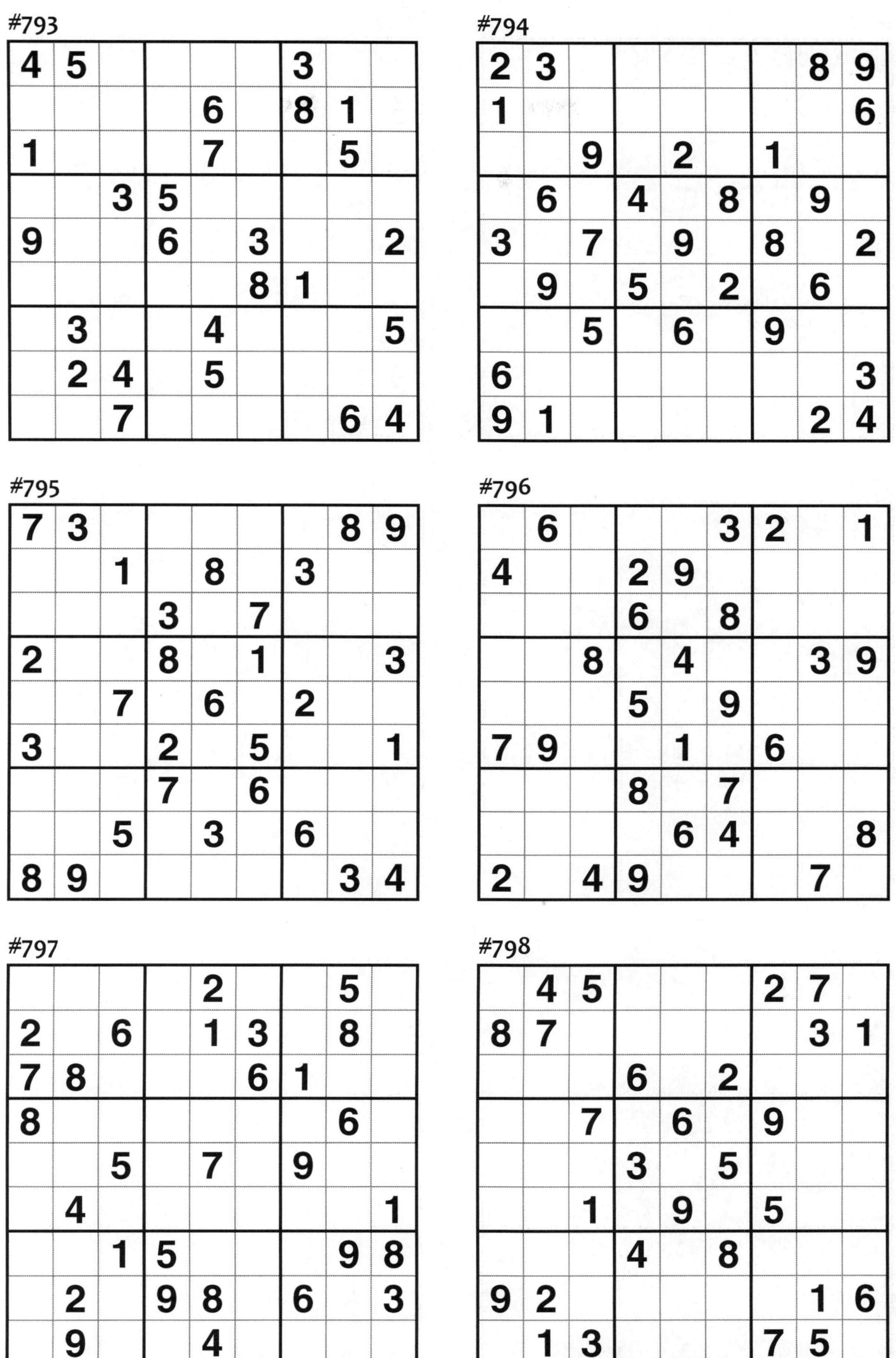

#793

4	5					3		
				6		8	1	
1				7			5	
		3	5					
9			6		3			2
					8	1		
	3			4				5
	2	4		5				
		7					6	4

#794

2	3						8	9
1								6
		9		2		1		
	6		4		8		9	
3		7		9		8		2
	9		5		2		6	
		5		6		9		
6								3
9	1						2	4

#795

7	3						8	9
		1		8		3		
			3		7			
2			8		1			3
		7		6		2		
3			2		5			1
			7		6			
		5		3		6		
8	9						3	4

#796

	6				3	2		1
4			2	9				
			6		8			
		8		4			3	9
			5		9			
7	9			1		6		
			8		7			
				6	4			8
2		4	9				7	

#797

				2			5	
2		6		1	3		8	
7	8				6	1		
8							6	
		5		7		9		
	4							1
		1	5				9	8
	2		9	8		6		3
	9			4				

#798

	4	5				2	7	
8	7						3	1
			6		2			
		7		6		9		
			3		5			
		1		9		5		
			4		8			
9	2						1	6
	1	3				7	5	

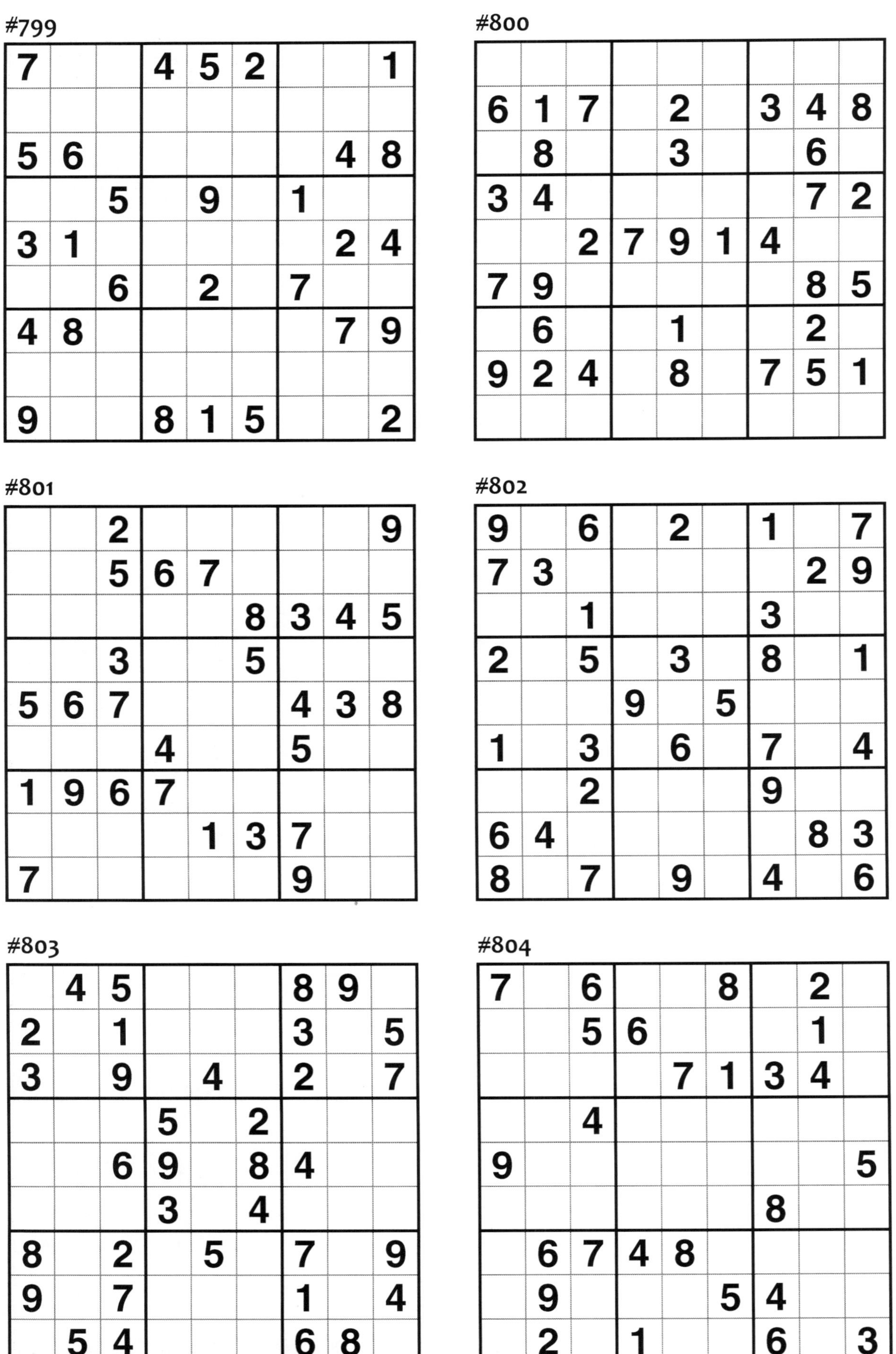

#799

7			4	5	2			1
5	6						4	8
		5		9		1		
3	1						2	4
		6		2		7		
4	8						7	9
9			8	1	5			2

#800

6	1	7		2		3	4	8
	8			3			6	
3	4						7	2
		2	7	9	1	4		
7	9						8	5
	6			1			2	
9	2	4		8		7	5	1

#801

		2						9
		5	6	7				
					8	3	4	5
		3			5			
5	6	7				4	3	8
			4			5		
1	9	6	7					
				1	3	7		
7						9		

#802

9		6		2		1		7
7	3						2	9
		1				3		
2		5		3		8		1
			9		5			
1		3		6		7		4
		2				9		
6	4						8	3
8		7		9		4		6

#803

	4	5				8	9	
2		1				3		5
3		9		4		2		7
			5		2			
		6	9		8	4		
			3		4			
8		2		5		7		9
9		7				1		4
	5	4				6	8	

#804

7		6			8		2	
		5	6				1	
				7	1	3	4	
		4						
9								5
						8		
	6	7	4	8				
	9				5	4		
	2		1			6		3

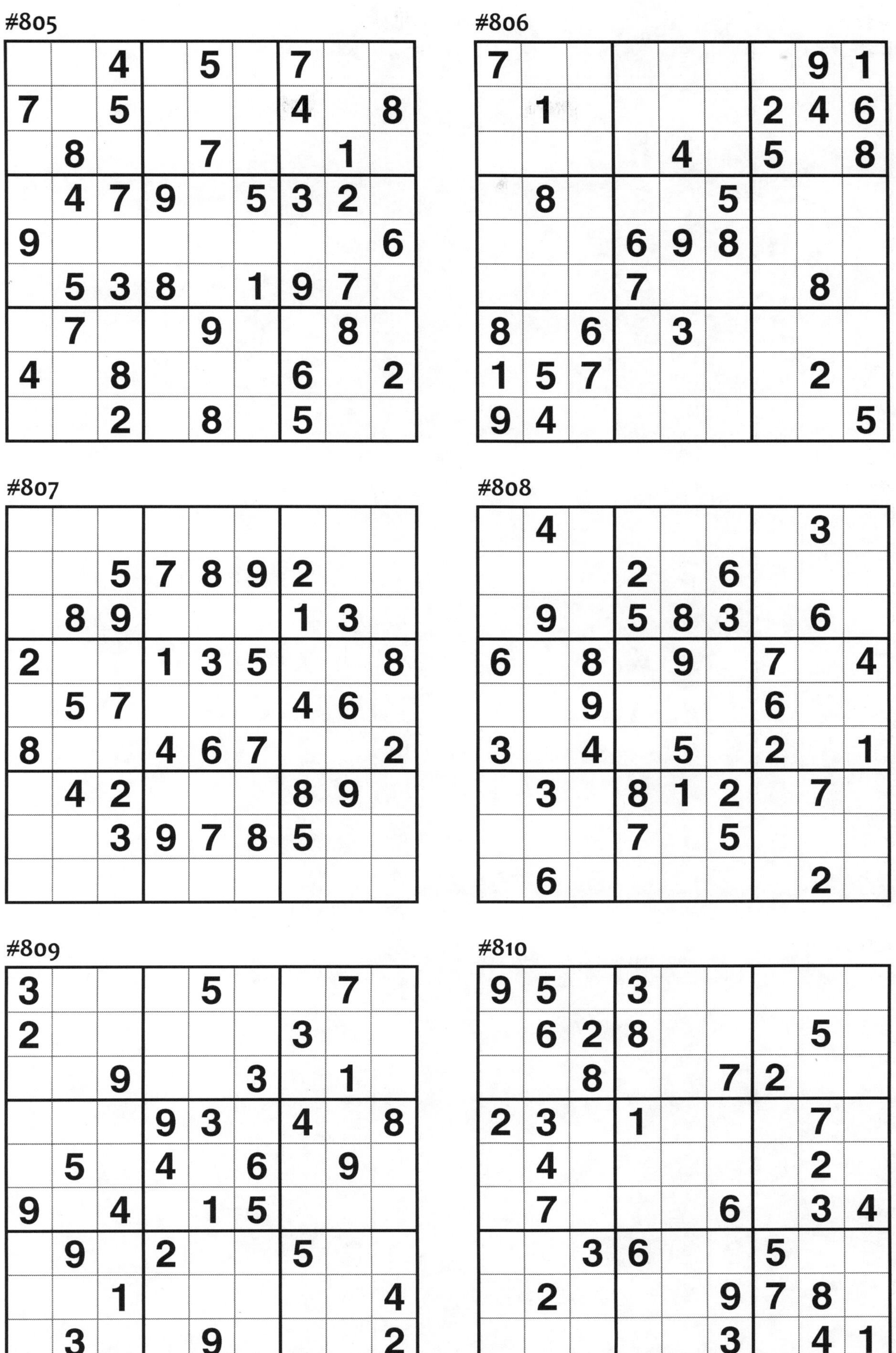

#805

		4		5		7		
7		5				4		8
	8			7			1	
	4	7	9		5	3	2	
9								6
	5	3	8		1	9	7	
	7			9			8	
4		8				6		2
		2		8		5		

#806

7							9	1
	1					2	4	6
				4		5		8
	8				5			
			6	9	8			
			7				8	
8		6		3				
1	5	7					2	
9	4							5

#807

		5	7	8	9	2		
	8	9				1	3	
2			1	3	5			8
	5	7				4	6	
8			4	6	7			2
	4	2				8	9	
		3	9	7	8	5		

#808

	4						3	
			2		6			
	9		5	8	3		6	
6		8		9		7		4
		9				6		
3		4		5		2		1
	3		8	1	2		7	
			7		5			
	6						2	

#809

3				5			7	
2						3		
		9			3		1	
			9	3		4		8
	5		4		6		9	
9		4		1	5			
	9		2			5		
		1						4
	3			9				2

#810

9	5		3					
	6	2	8				5	
		8			7	2		
2	3		1				7	
	4						2	
	7			6			3	4
		3	6			5		
	2			9		7	8	
				3			4	1

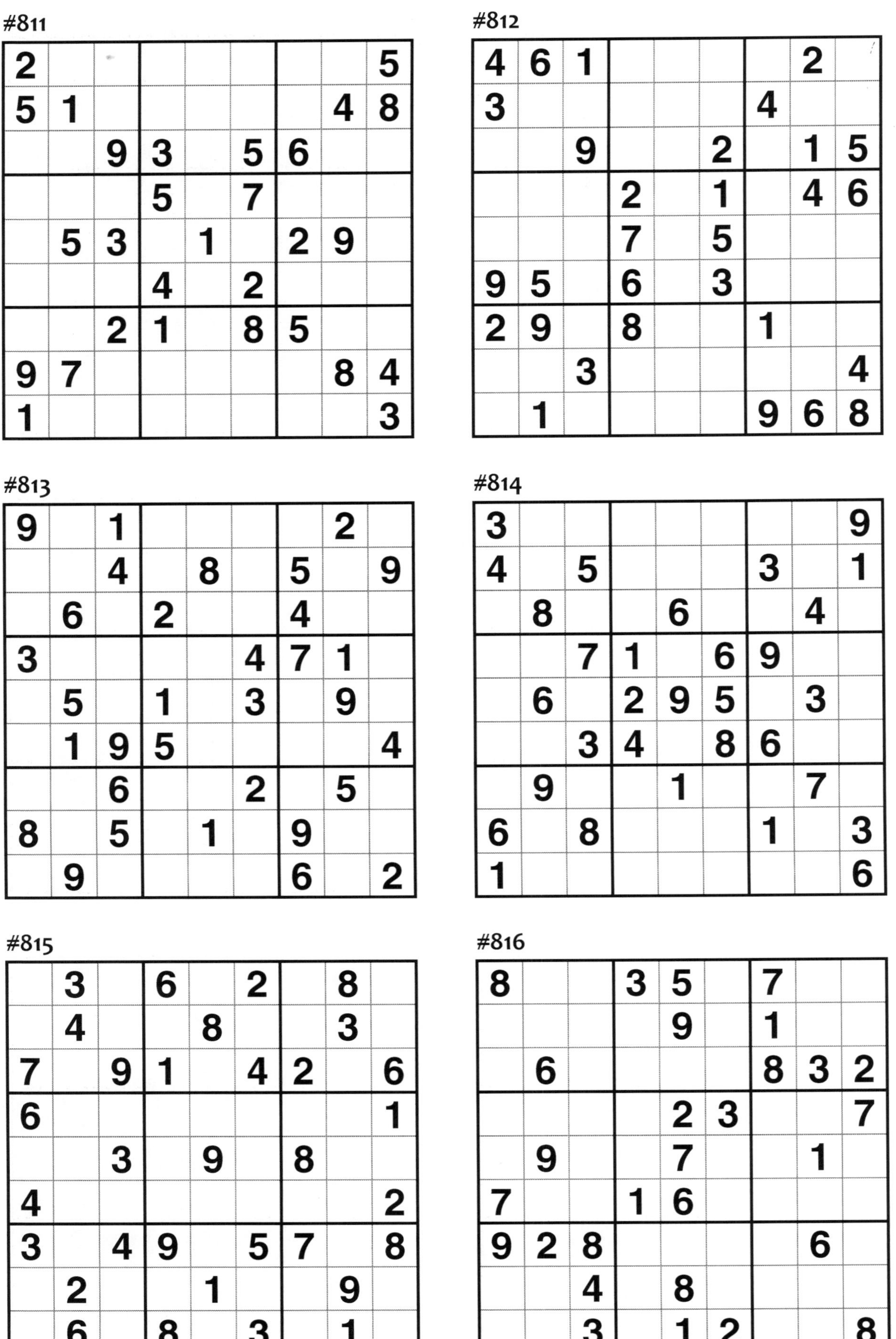

#811

2								5
5	1						4	8
		9	3		5	6		
			5		7			
	5	3		1		2	9	
			4		2			
		2	1		8	5		
9	7						8	4
1								3

#812

4	6	1					2	
3						4		
		9			2		1	5
			2		1		4	6
			7		5			
9	5		6		3			
2	9		8			1		
		3						4
	1					9	6	8

#813

9		1					2	
		4		8		5		9
	6		2			4		
3					4	7	1	
	5		1		3		9	
	1	9	5					4
		6			2		5	
8		5		1		9		
	9					6		2

#814

3								9
4		5				3		1
	8			6			4	
		7	1		6	9		
	6		2	9	5		3	
		3	4		8	6		
	9			1			7	
6		8				1		3
1								6

#815

	3		6		2		8	
	4			8			3	
7		9	1		4	2		6
6								1
		3		9		8		
4								2
3		4	9		5	7		8
	2			1			9	
	6		8		3		1	

#816

8			3	5		7		
				9		1		
	6					8	3	2
				2	3			7
	9			7			1	
7			1	6				
9	2	8					6	
		4		8				
		3		1	2			8

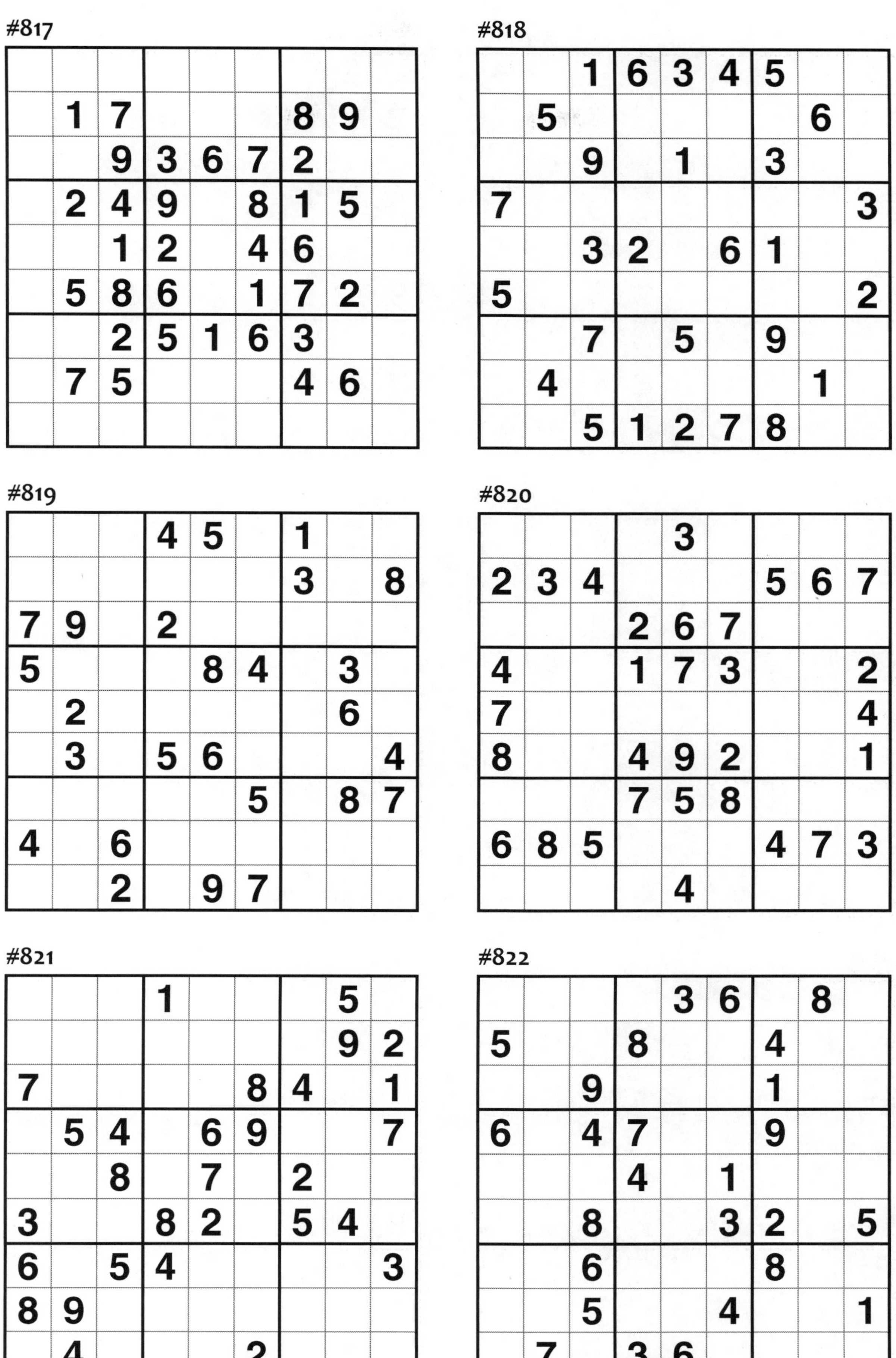

#817

	1	7				8	9	
		9	3	6	7	2		
	2	4	9		8	1	5	
		1	2		4	6		
	5	8	6		1	7	2	
		2	5	1	6	3		
	7	5				4	6	

#818

		1	6	3	4	5		
	5						6	
		9		1		3		
7								3
		3	2		6	1		
5								2
		7		5		9		
	4						1	
		5	1	2	7	8		

#819

			4	5		1		
						3		8
7	9		2					
5				8	4		3	
	2						6	
	3		5	6				4
					5		8	7
4		6						
		2		9	7			

#820

				3				
2	3	4				5	6	7
			2	6	7			
4			1	7	3			2
7								4
8			4	9	2			1
			7	5	8			
6	8	5				4	7	3
				4				

#821

			1				5	
							9	2
7					8	4		1
	5	4		6	9			7
		8		7		2		
3			8	2		5	4	
6		5	4					3
8	9							
	4				2			

#822

				3	6		8	
5			8			4		
		9				1		
6		4	7			9		
			4		1			
		8			3	2		5
		6				8		
		5			4			1
	7		3	6				

#823

2			7		1			9
		7	9		2	4		
				5				
6		1	8		3	9		7
		5				3		
3		8	5		9	6		1
				2				
		3	4		8	7		
7			6		5			4

#824

	9			4			5	
2	1		5		9		7	8
			7		8			
5		1				8		3
	3						6	
9		8				2		7
			4		6			
3	2		9		7		1	5
	8			2			3	

#825

5			2	8				
	3	4		7		6	2	
1						5		
		3		6	7		9	
2								3
	6		4	2		7		
		5						7
	1	8		5		3	4	
				1	6			9

#826

	5				7			
	3	1	8			5	4	
	6	7		3				
6				5	3			
			7	9	4			
			6	1				5
				6		2	1	
	4	9			5	8	6	
			4				5	

#827

	4			3			2	
2	5						6	8
3		9				4		7
			8	2	1			
	8		9		3		7	
			5	6	7			
5		4				9		6
7	2						1	5
	3			5			4	

#828

	2		5		6		8	
5	6						3	2
		9		3		4		
2			1		4			7
9			3		2			4
		5		4		2		
7	3						4	5
	4		9		1		7	

#829

	5						7	
1		7				8		4
8				2				6
5	9			7			4	1
7		1	9		8	6		2
3	6			5			8	7
6				9				8
9		3				7		5
	8						9	

#830

	7	4		9				
2		1	3					8
	8						4	
		2		5	8			9
		5				1		
4			7	3		2		
	4						3	
9					3	8		7
				2		4	1	

#831

	6	1						9
				8		5	1	
	7		1			3		
		6	4					
	9	3				6	5	
					3	1		
		5			4		6	
	4	2		1				
9						2	8	

#832

			1		5			
3	4						1	2
		9		3		4		
4	8						3	6
			4	7	1			
7	9						4	5
		4		9		8		
1	6						9	3
			5		7			

#833

				5				9
			8			4	6	
	9	1				5		
5		6	1				9	
7	4						5	1
	2				3	6		4
		4				2	7	
	8	2			4			
9				1				

#834

	1				5	3		7
			7	9				6
		9				4		2
2			1	6				
6			9	3	4			1
				8	2			4
1		2				7		
5				7	8			
3		7	2				4	

#835

		3	7		1	2		
1				8				7
	8		2		5		6	
	4			1			9	
	5	8				1	2	
	9			6			7	
	7		1		6		3	
8				9				2
		6	8		4	7		

#836

4		5	6		3	7		9
3			5		9			2
				2				
1		2				8		7
	7						1	
6		8				5		3
				4				
7			8		5			1
9		6	2		1	4		5

#837

					8	5		9
	7		6					8
		9		4		6		
8	9	5		6				
			7		3			
				9		2	5	6
		4		3		8		
7					1		6	
3		8	4					

#838

	4	5				9	2	
2	6						5	8
8		1		4		3		7
			3		2			
	2						4	
			4		9			
4		7		1		5		2
6	5						1	4
	1	8				6	7	

#839

		6	4		7	8		
	4	8				3	2	
				5				
	2		5		3		9	
9								8
	8		7		1		4	
				3				
	9	2				6	5	
		3	2		6	9		

#840

4				3				7
			5		6			
3		8		2		4		6
	9		4		7		1	
	4	2	1		8	6	3	
	6		3		2		9	
6		4		1		2		8
			6		3			
1				8				9

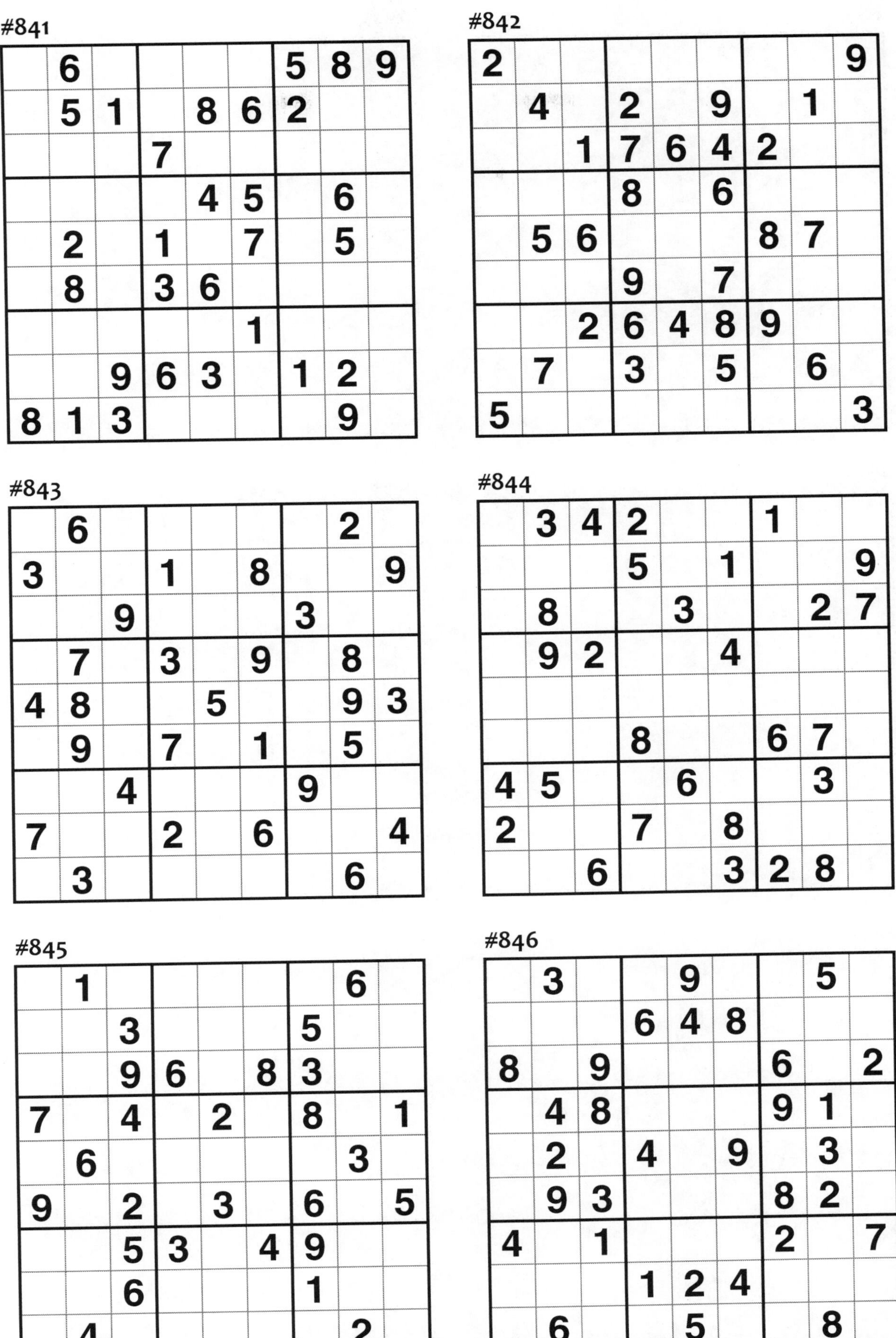

#841

	6					5	8	9
	5	1		8	6	2		
			7					
				4	5		6	
	2		1		7		5	
	8		3	6				
					1			
		9	6	3		1	2	
8	1	3					9	

#842

2								9
	4		2		9		1	
		1	7	6	4	2		
			8		6			
	5	6				8	7	
			9		7			
		2	6	4	8	9		
	7		3		5		6	
5								3

#843

	6						2	
3			1		8			9
		9				3		
	7		3		9		8	
4	8			5			9	3
	9		7		1		5	
		4				9		
7			2		6			4
	3						6	

#844

	3	4	2			1		
			5		1			9
	8			3			2	7
	9	2			4			
			8			6	7	
4	5			6			3	
2			7		8			
		6			3	2	8	

#845

	1						6	
		3				5		
		9	6		8	3		
7		4		2		8		1
	6						3	
9		2		3		6		5
		5	3		4	9		
		6				1		
	4						2	

#846

	3			9			5	
			6	4	8			
8		9				6		2
	4	8				9	1	
	2		4		9		3	
	9	3				8	2	
4		1				2		7
			1	2	4			
	6			5			8	

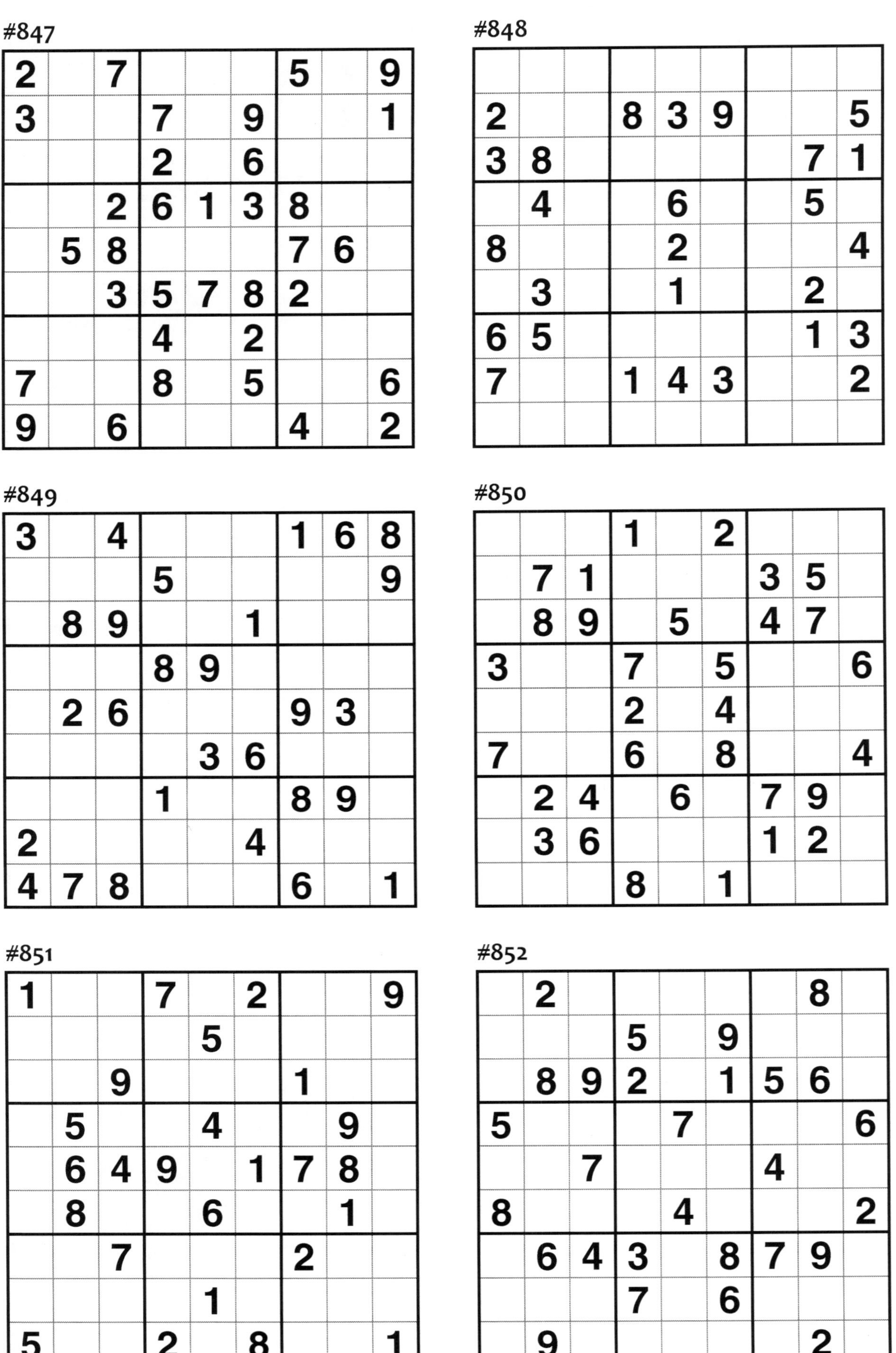

#847

2		7				5		9
3			7		9			1
			2		6			
		2	6	1	3	8		
	5	8				7	6	
		3	5	7	8	2		
			4		2			
7			8		5			6
9		6				4		2

#848

2			8	3	9			5
3	8						7	1
	4			6			5	
8				2				4
	3			1			2	
6	5						1	3
7			1	4	3			2

#849

3		4				1	6	8
			5					9
	8	9			1			
			8	9				
	2	6				9	3	
				3	6			
			1			8	9	
2					4			
4	7	8				6		1

#850

			1		2			
	7	1				3	5	
	8	9		5		4	7	
3			7		5			6
			2		4			
7			6		8			4
	2	4		6		7	9	
	3	6				1	2	
			8		1			

#851

1			7		2			9
				5				
		9				1		
	5			4			9	
	6	4	9		1	7	8	
	8			6			1	
		7				2		
				1				
5			2		8			1

#852

	2						8	
			5		9			
	8	9	2		1	5	6	
5				7				6
		7				4		
8				4				2
	6	4	3		8	7	9	
			7		6			
	9						2	

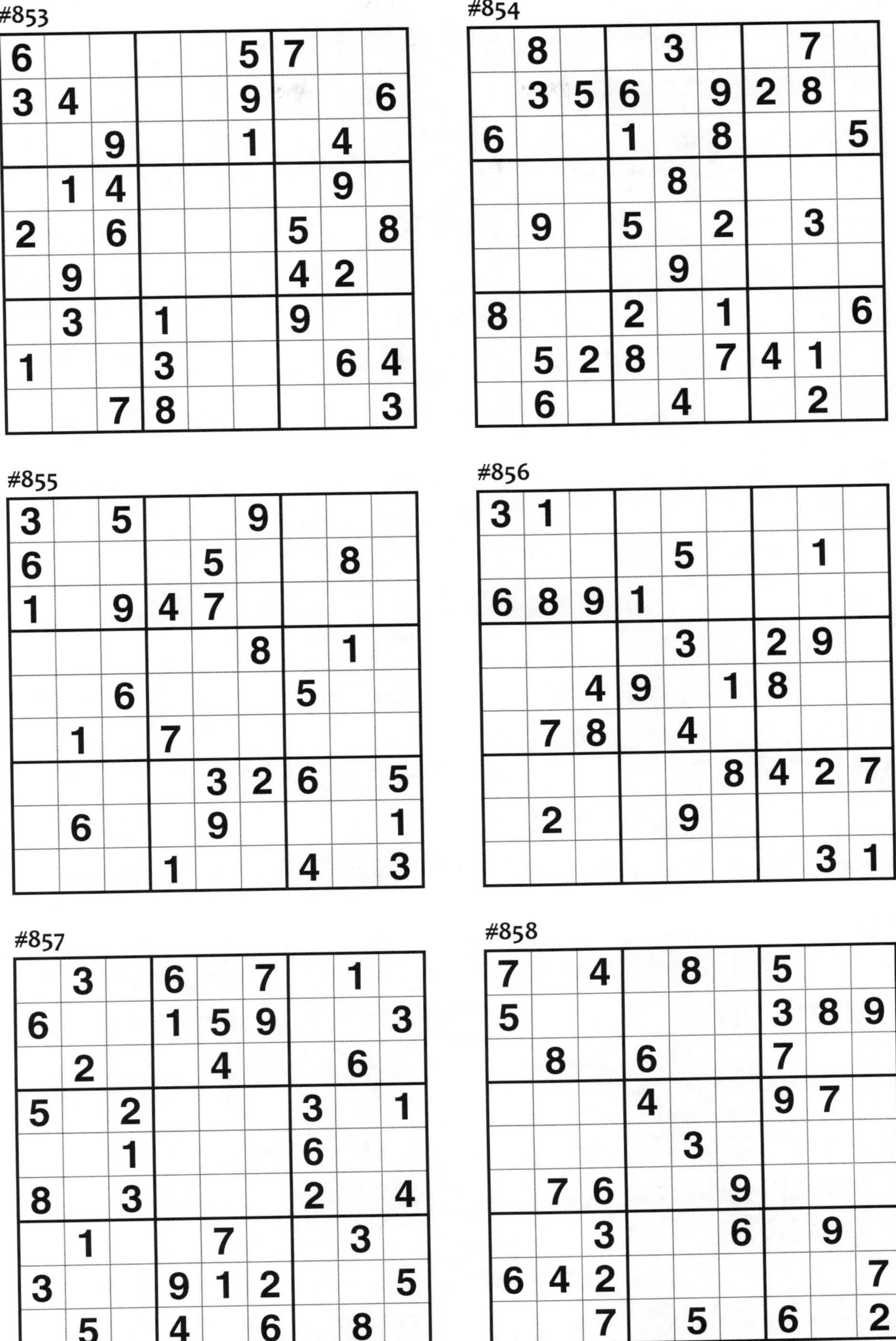

#853

6					5	7		
3	4				9			6
		9			1		4	
	1	4					9	
2		6				5		8
	9					4	2	
	3		1			9		
1			3				6	4
		7	8					3

#854

	8			3			7	
	3	5	6		9	2	8	
6			1		8			5
				8				
	9		5		2		3	
				9				
8			2		1			6
	5	2	8		7	4	1	
	6			4			2	

#855

3		5			9			
6				5			8	
1		9	4	7				
					8		1	
		6				5		
	1		7					
				3	2	6		5
	6			9				1
			1			4		3

#856

3	1							
				5			1	
6	8	9	1					
				3		2	9	
		4	9		1	8		
	7	8		4				
					8	4	2	7
	2			9				
							3	1

#857

	3		6		7		1	
6			1	5	9			3
	2			4			6	
5		2				3		1
		1				6		
8		3				2		4
	1			7			3	
3			9	1	2			5
	5		4		6		8	

#858

7		4		8		5		
5						3	8	9
	8		6			7		
			4			9	7	
				3				
	7	6			9			
		3			6		9	
6	4	2						7
		7		5		6		2

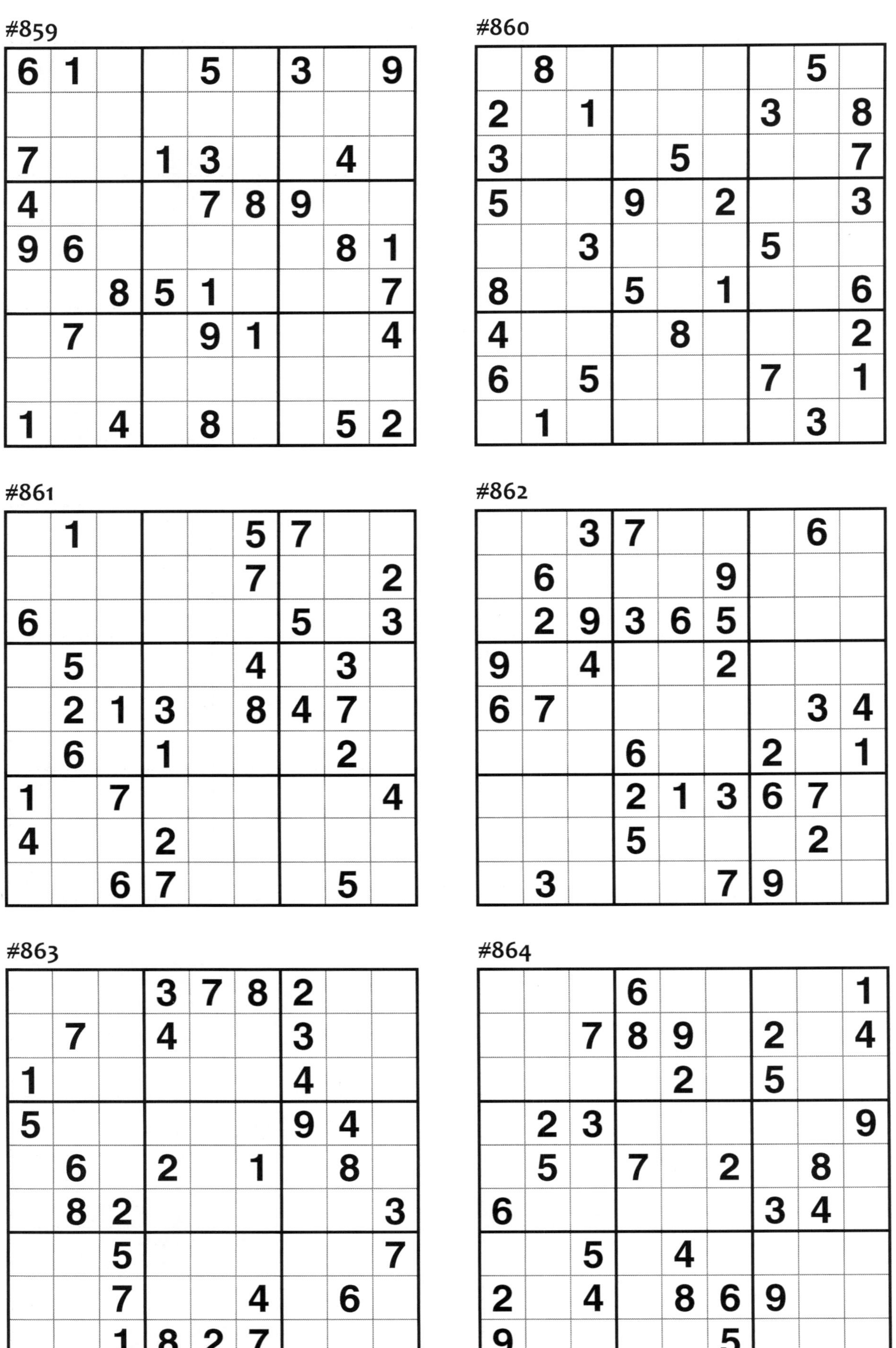

#859

6	1			5		3		9
7			1	3			4	
4				7	8	9		
9	6						8	1
		8	5	1				7
	7			9	1			4
1		4		8			5	2

#860

	8						5	
2		1				3		8
3				5				7
5			9		2			3
		3				5		
8			5		1			6
4				8				2
6		5				7		1
	1						3	

#861

	1				5	7		
					7			2
6						5		3
	5				4		3	
	2	1	3		8	4	7	
	6		1				2	
1		7						4
4			2					
		6	7				5	

#862

		3	7				6	
	6				9			
	2	9	3	6	5			
9		4			2			
6	7						3	4
			6			2		1
			2	1	3	6	7	
			5				2	
	3				7	9		

#863

			3	7	8	2		
	7		4			3		
1						4		
5						9	4	
	6		2		1		8	
	8	2						3
		5						7
		7			4		6	
		1	8	2	7			

#864

			6					1
		7	8	9		2		4
				2		5		
	2	3						9
	5		7		2		8	
6						3	4	
		5		4				
2		4		8	6	9		
9					5			

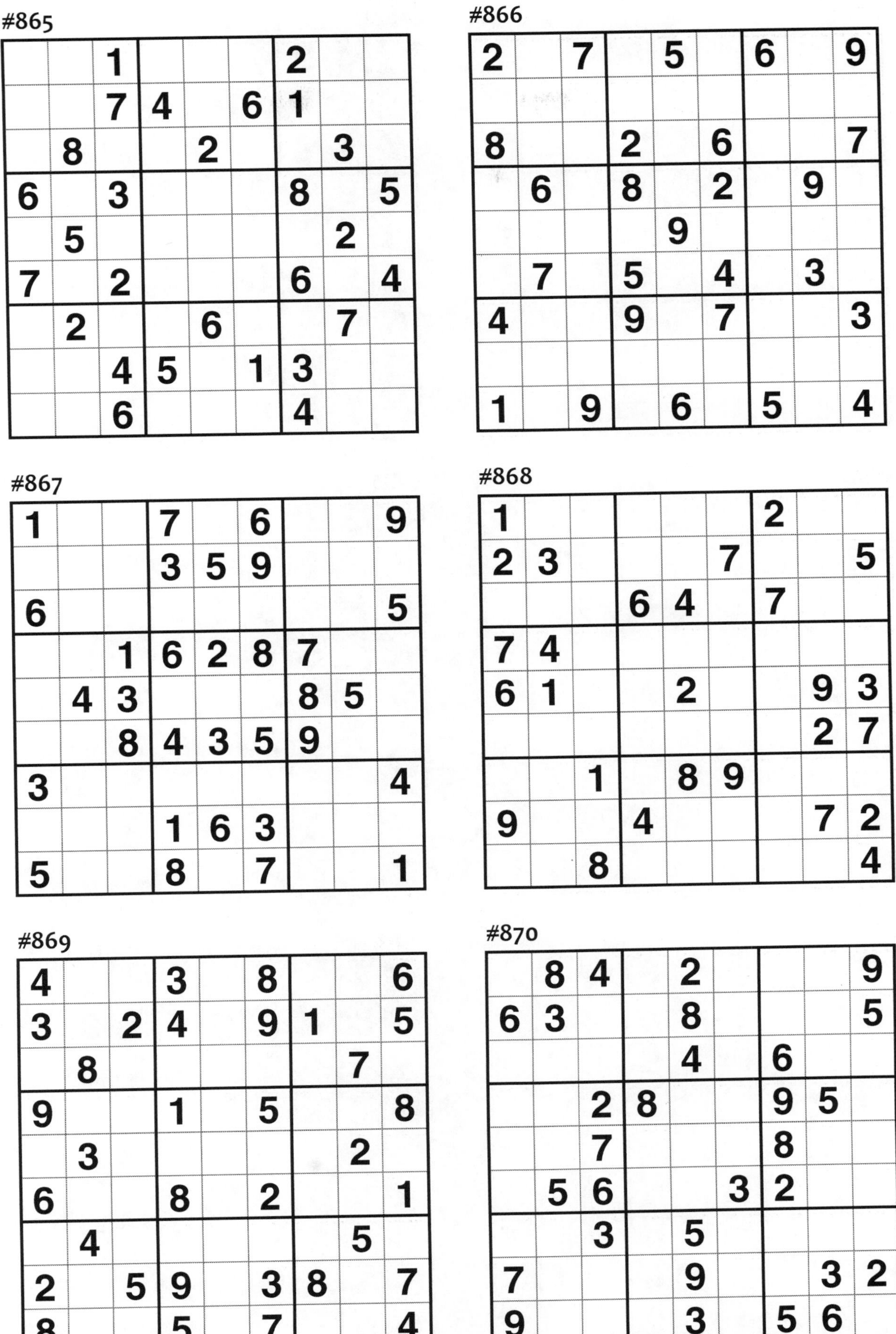

#865

		1				2		
		7	4		6	1		
	8			2			3	
6		3				8		5
	5						2	
7		2				6		4
	2			6			7	
		4	5		1	3		
		6				4		

#866

2		7		5		6		9
8			2		6			7
	6		8		2		9	
				9				
	7		5		4		3	
4			9		7			3
1		9		6		5		4

#867

1			7		6			9
			3	5	9			
6								5
		1	6	2	8	7		
	4	3				8	5	
		8	4	3	5	9		
3								4
			1	6	3			
5			8		7			1

#868

1						2		
2	3				7			5
			6	4		7		
7	4							
6	1			2			9	3
							2	7
		1		8	9			
9			4				7	2
		8						4

#869

4			3		8			6
3		2	4		9	1		5
	8						7	
9			1		5			8
	3						2	
6			8		2			1
	4						5	
2		5	9		3	8		7
8			5		7			4

#870

	8	4		2				9
6	3			8				5
				4		6		
		2	8			9	5	
		7				8		
	5	6			3	2		
		3		5				
7				9			3	2
9				3		5	6	

#871

			1	2	8			
6		8				4		2
	1						5	
4			5		6			7
2	9						3	6
8			2		9			5
	4						8	
7		6				9		4
			8	7	4			

#872

	4	3	7		1	9	5	
7	1	8				2	4	3
	9		3		5		2	
3								4
	2		8		4		9	
5	3	2				7	6	8
	7	4	6		8	5	3	

#873

5	7							9
6			5				8	
4	8			2	6			
			9	1				
	3	2				7	5	
				5	3			
			6	4			3	5
	5				2			7
2							6	8

#874

	2		3					
6		3				1		
	8	9	5	1				
		5	6		4		9	
		2		9		4		
	7		2		8	6		
				3	7	5	6	
		6				9		8
					5		3	

#875

		8	5		3	4		
5	9		1		8		6	7
	4		6		9		2	
		3				9		
	2						5	
		9				1		
	3		7		6		4	
2	7		3		5		1	6
		6	4		2	7		

#876

	4						8	9
	5				9		3	4
			3		1	2		
6			1	3		8		
			8		7			
		8		6	2			1
		2	5		3			
5	1		9				4	
8	9						2	

#877

		4	5				2	9
							3	
	8				4		6	
7			9			3		
8		2		6		7		5
		3			5			8
	1		2				8	
	4							
6	2				8	4		

#878

1	7			5			8	9
		4				3		
		9	1		6	2		
			6	7	3			
	3						1	
			8	2	1			
		2	4		7	1		
		1				9		
9	6			1			7	3

#879

8			4					9
7			2				1	
5		9	7					3
	1		8		4		6	
	4		5		1		7	
2					7	5		4
	8				3			7
1					5			2

#880

7				3				9
		2		6		1		
			4		9			
2		6				8		3
	8	7		2		5	1	
4		1				6		2
			2		3			
		3		7		9		
8				1				5

#881

					2	3		
3		8		6	4		2	
					3	5	6	
6						9	3	
	2	4				8	1	
	3	7						5
	8	5	3					
	9		8	2		4		6
		2	9					

#882

1				6				8
	5		1		7		3	
7		9				5		1
		2	3		5	1		
		5	8		2	9		
2		1				6		3
	6		4		1		2	
5				2				7

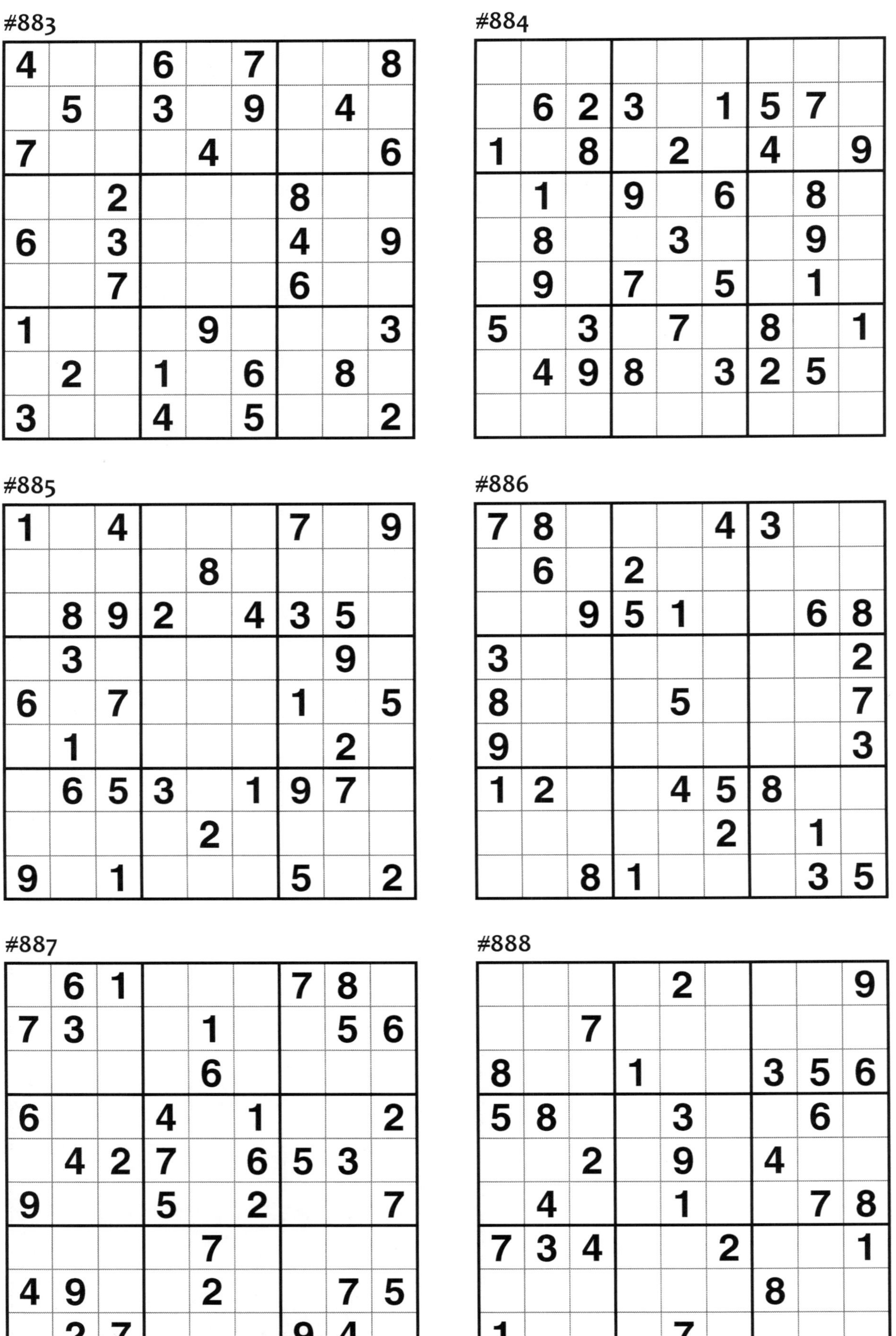

#883

4			6		7			8
	5		3		9		4	
7				4				6
		2				8		
6		3				4		9
		7				6		
1				9				3
	2		1		6		8	
3			4		5			2

#884

	6	2	3		1	5	7	
1		8		2		4		9
	1		9		6		8	
	8			3			9	
	9		7		5		1	
5		3		7		8		1
	4	9	8		3	2	5	

#885

1		4				7		9
				8				
	8	9	2		4	3	5	
	3						9	
6		7				1		5
	1						2	
	6	5	3		1	9	7	
				2				
9		1				5		2

#886

7	8				4	3		
	6		2					
		9	5	1			6	8
3								2
8				5				7
9								3
1	2			4	5	8		
					2		1	
		8	1				3	5

#887

	6	1				7	8	
7	3			1			5	6
				6				
6			4		1			2
	4	2	7		6	5	3	
9			5		2			7
				7				
4	9			2			7	5
	2	7				9	4	

#888

				2				9
		7						
8			1			3	5	6
5	8			3			6	
		2		9		4		
	4			1			7	8
7	3	4			2			1
						8		
1				7				

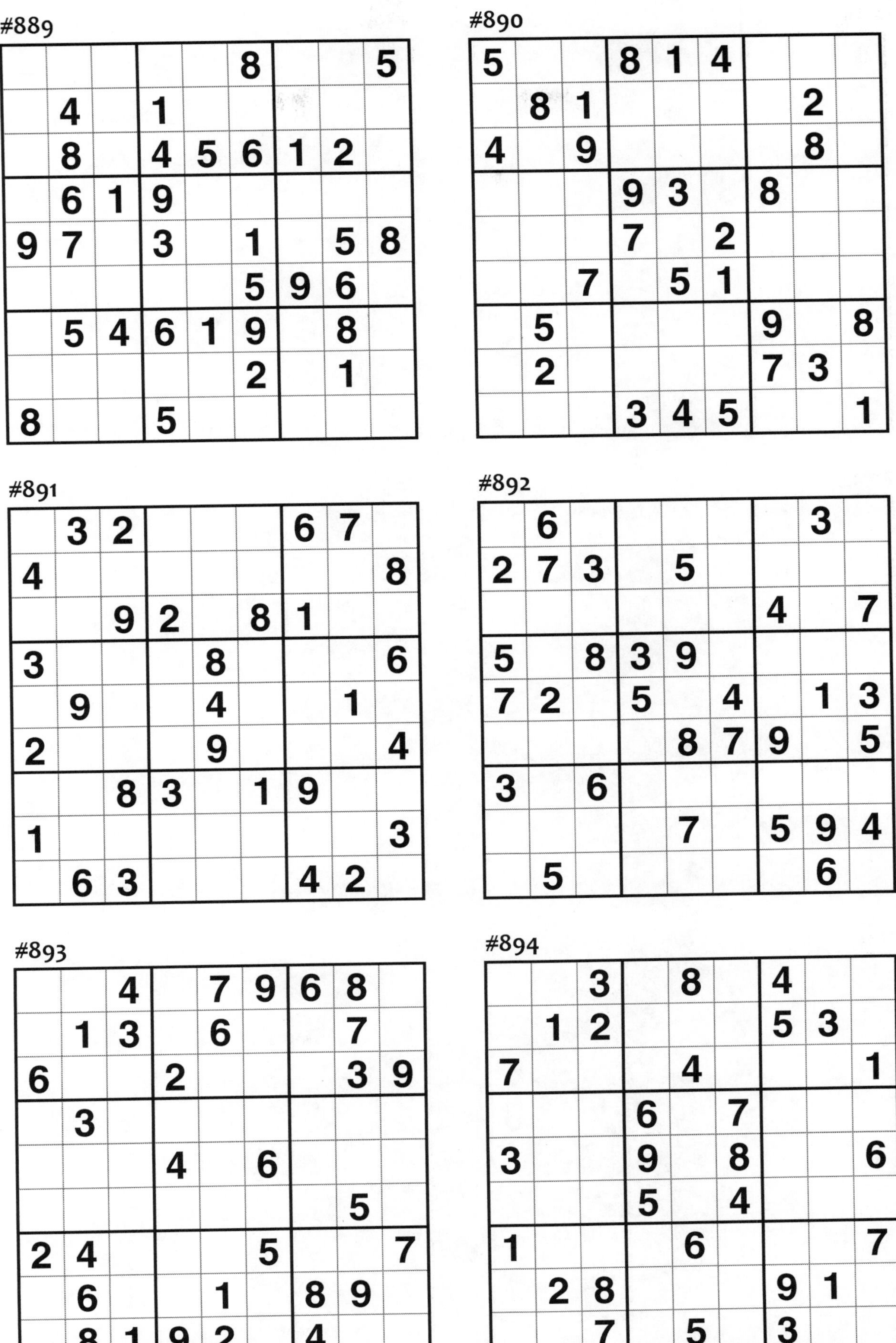

#889

					8			5
	4		1					
	8		4	5	6	1	2	
	6	1	9					
9	7		3		1		5	8
					5	9	6	
	5	4	6	1	9		8	
					2		1	
8			5					

#890

5			8	1	4			
	8	1					2	
4		9					8	
			9	3		8		
			7		2			
		7		5	1			
	5					9		8
	2					7	3	
			3	4	5			1

#891

	3	2				6	7	
4								8
		9	2		8	1		
3				8				6
	9			4			1	
2				9				4
		8	3		1	9		
1								3
	6	3				4	2	

#892

	6						3	
2	7	3		5				
						4		7
5		8	3	9				
7	2		5		4		1	3
				8	7	9		5
3		6						
				7		5	9	4
	5						6	

#893

		4		7	9	6	8	
	1	3		6			7	
6			2				3	9
	3							
			4		6			
							5	
2	4				5			7
	6			1		8	9	
	8	1	9	2		4		

#894

		3		8		4		
	1	2				5	3	
7				4				1
			6		7			
3			9		8			6
			5		4			
1				6				7
	2	8				9	1	
		7		5		3		

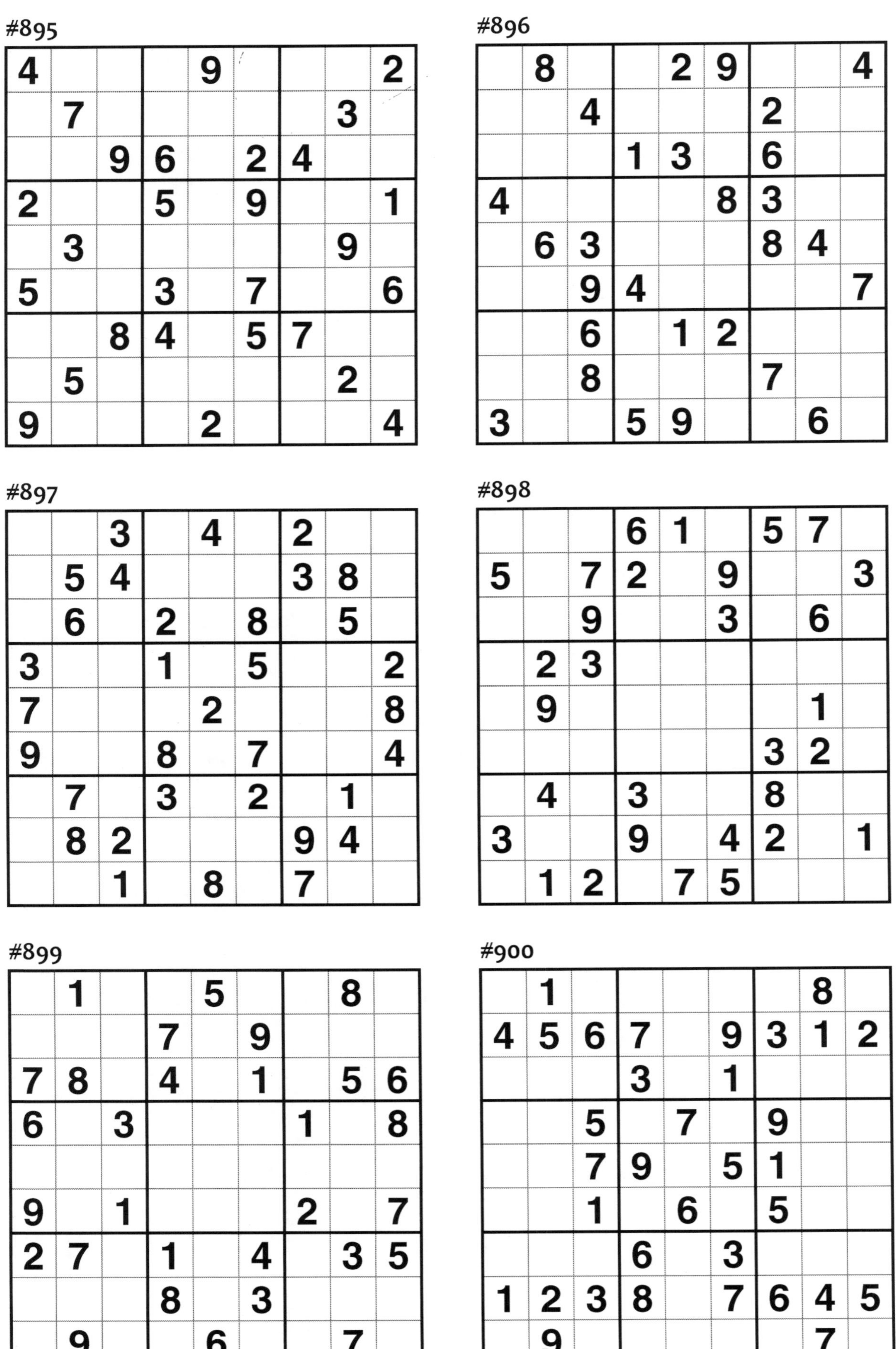

#895

4				9				2
	7						3	
		9	6		2	4		
2			5		9			1
	3						9	
5			3		7			6
		8	4		5	7		
	5						2	
9				2				4

#896

	8			2	9			4
		4				2		
			1	3		6		
4					8	3		
	6	3				8	4	
		9	4					7
		6		1	2			
		8				7		
3			5	9			6	

#897

		3		4		2		
	5	4				3	8	
	6		2		8		5	
3			1		5			2
7				2				8
9			8		7			4
	7		3		2		1	
	8	2				9	4	
		1		8		7		

#898

			6	1		5	7	
5		7	2		9			3
		9			3		6	
	2	3						
	9						1	
						3	2	
	4		3			8		
3			9		4	2		1
	1	2		7	5			

#899

	1			5			8	
			7		9			
7	8		4		1		5	6
6		3				1		8
9		1				2		7
2	7		1		4		3	5
			8		3			
	9			6			7	

#900

	1						8	
4	5	6	7		9	3	1	2
			3		1			
		5		7		9		
		7	9		5	1		
		1		6		5		
			6		3			
1	2	3	8		7	6	4	5
	9						7	

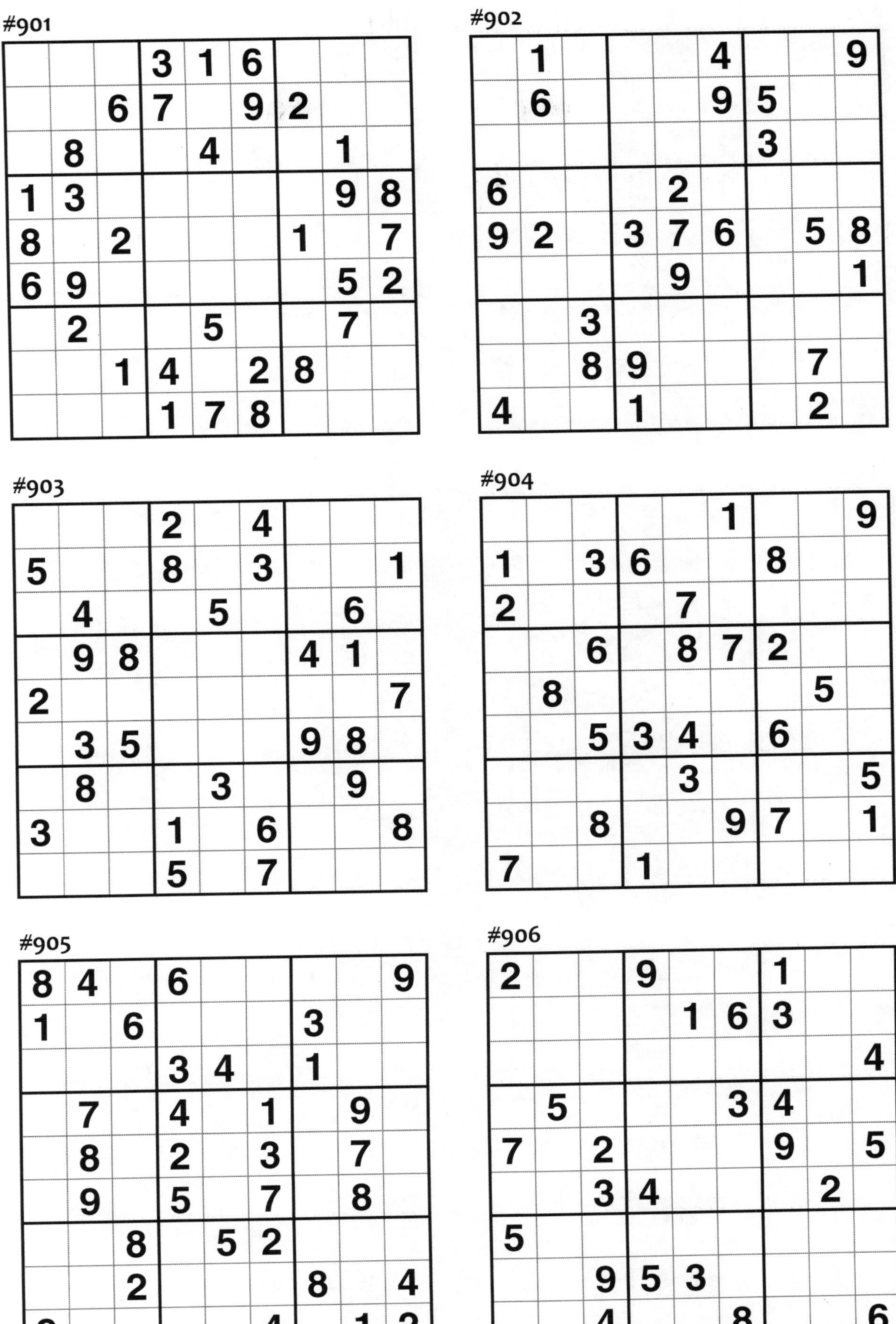

#901

			3	1	6			
		6	7		9	2		
	8			4			1	
1	3						9	8
8		2				1		7
6	9						5	2
	2			5			7	
		1	4		2	8		
			1	7	8			

#902

	1				4			9
	6				9	5		
						3		
6				2				
9	2		3	7	6		5	8
				9				1
		3						
		8	9				7	
4			1				2	

#903

			2		4			
5			8		3			1
	4			5			6	
	9	8				4	1	
2								7
	3	5				9	8	
	8			3			9	
3			1		6			8
			5		7			

#904

					1			9
1		3	6			8		
2				7				
		6		8	7	2		
	8						5	
		5	3	4		6		
				3				5
		8			9	7		1
7			1					

#905

8	4		6					9
1		6				3		
			3	4		1		
	7		4		1		9	
	8		2		3		7	
	9		5		7		8	
		8		5	2			
		2				8		4
9					4		1	2

#906

2			9			1		
				1	6	3		
								4
	5				3	4		
7		2				9		5
		3	4				2	
5								
		9	5	3				
		4			8			6

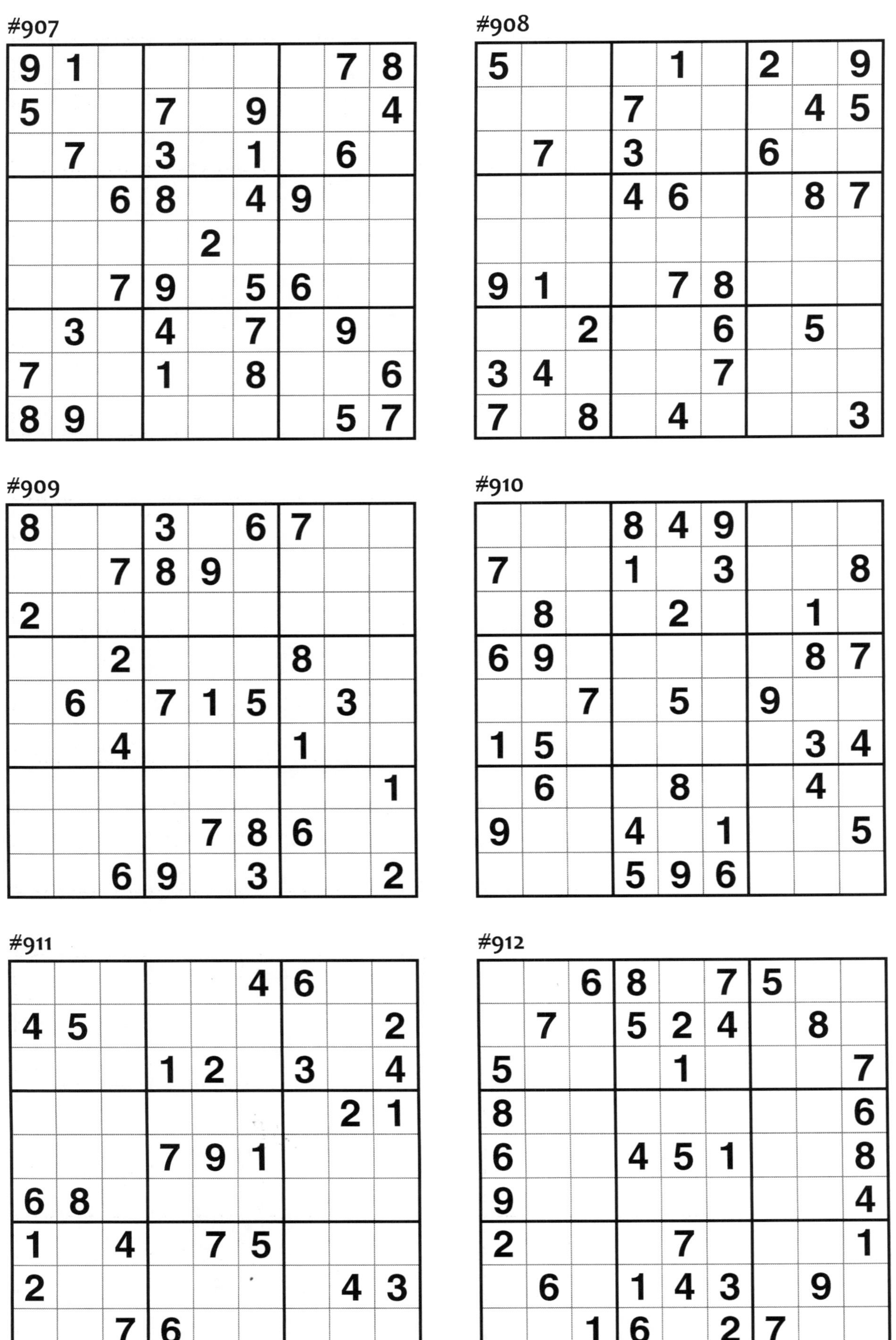

#907

9	1						7	8
5			7		9			4
	7		3		1		6	
		6	8		4	9		
				2				
		7	9		5	6		
	3		4		7		9	
7			1		8			6
8	9						5	7

#908

5				1		2		9
			7				4	5
	7		3			6		
			4	6			8	7
9	1			7	8			
		2			6		5	
3	4				7			
7		8		4				3

#909

8			3		6	7		
		7	8	9				
2								
		2				8		
	6		7	1	5		3	
		4				1		
								1
				7	8	6		
		6	9		3			2

#910

			8	4	9			
7			1		3			8
	8			2			1	
6	9						8	7
		7		5		9		
1	5						3	4
	6			8			4	
9			4		1			5
			5	9	6			

#911

					4	6		
4	5							2
			1	2		3		4
							2	1
			7	9	1			
6	8							
1		4		7	5			
2							4	3
		7	6					

#912

		6	8		7	5		
	7		5	2	4		8	
5				1				7
8								6
6			4	5	1			8
9								4
2				7				1
	6		1	4	3		9	
		1	6		2	7		

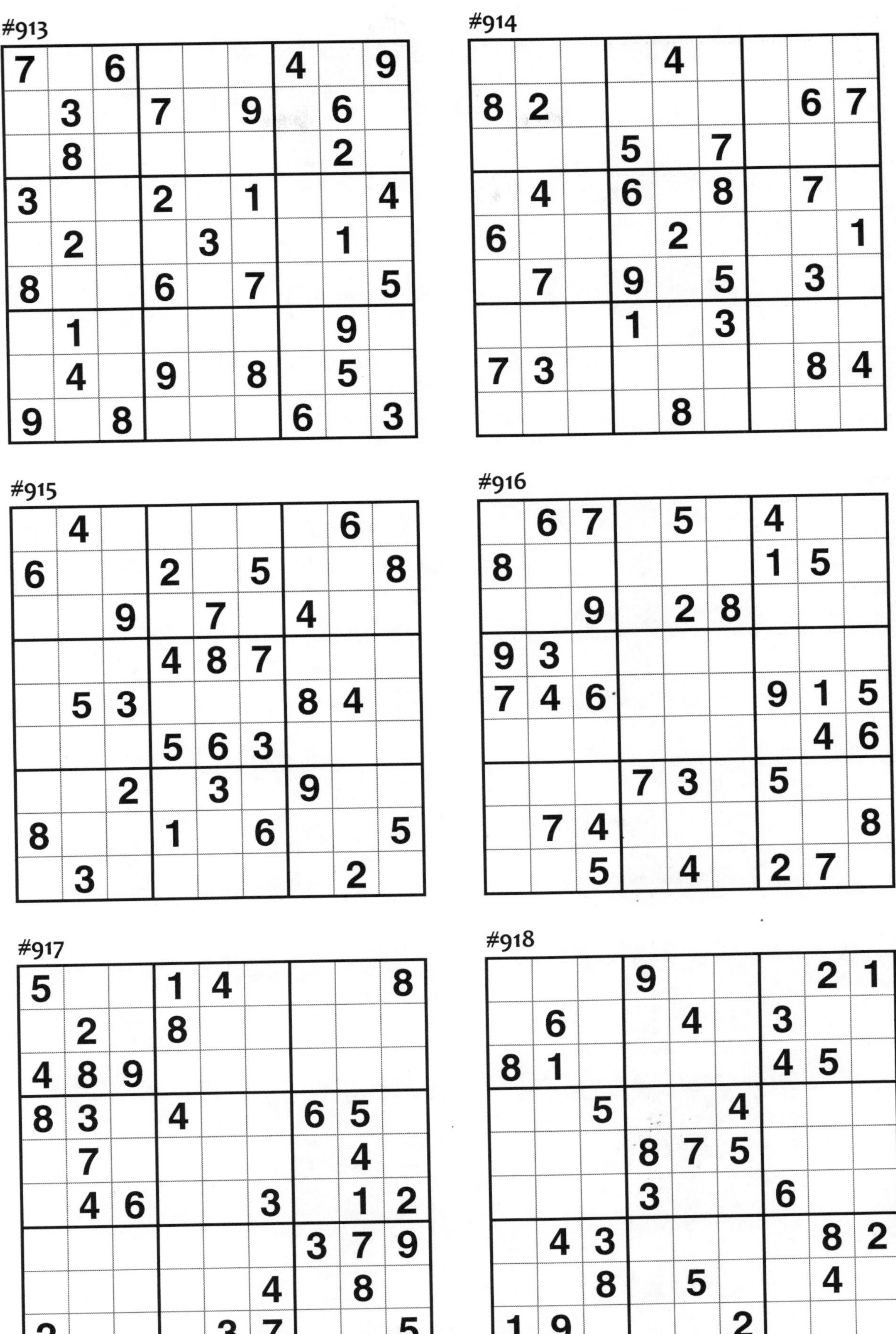

#913

7		6				4		9
	3		7		9		6	
	8						2	
3			2		1			4
	2			3			1	
8			6		7			5
	1						9	
	4		9		8		5	
9		8				6		3

#914

				4				
8	2						6	7
			5		7			
	4		6		8		7	
6				2				1
	7		9		5		3	
			1		3			
7	3						8	4
				8				

#915

	4						6	
6			2		5			8
		9		7		4		
			4	8	7			
	5	3				8	4	
			5	6	3			
		2		3		9		
8			1		6			5
	3						2	

#916

	6	7		5		4		
8						1	5	
		9		2	8			
9	3							
7	4	6				9	1	5
							4	6
			7	3		5		
	7	4						8
		5		4		2	7	

#917

5			1	4				8
	2		8					
4	8	9						
8	3		4			6	5	
	7						4	
	4	6			3		1	2
						3	7	9
					4		8	
2				3	7			5

#918

			9				2	1
	6			4		3		
8	1					4	5	
		5			4			
			8	7	5			
			3			6		
	4	3					8	2
		8		5			4	
1	9				2			

#919

4				2				7
	3	8		9		4	5	
			4		7			
	7		1		9		8	
		2		3		9		
	9		2		8		3	
			3		6			
	5	3		4		8	1	
2				8				3

#920

		6	3				7	
	5			8				
		9		4			5	
		1			7		9	
7	4		8		2		1	3
	6		4			5		
	2			6		3		
				2			4	
	1				3	9		

#921

			6				1	
	4				1			
3	5				9	4		
1		9			7			
		6		8		2		
			9			8		7
		7	2				4	6
			7				2	
	9				3			

#922

6	5	2		4		8	9	1
7		1				3		2
				5				
		6	5		7	9		
8								5
		5	4		8	1		
				7				
4		8				7		6
5	1	7		9		2	3	4

#923

			3		7			
			2	1	9			
1	6						2	3
2		1				6		7
	3	6	8		1	2	5	
5		7				4		1
9	2						6	4
			4	8	6			
			1		2			

#924

1	2						6	8
		5				1		
	7	8		2		9	3	
			4		5			
3		4				5		1
			3		2			
	3	1		7		8	4	
		6				2		
4	8						1	9

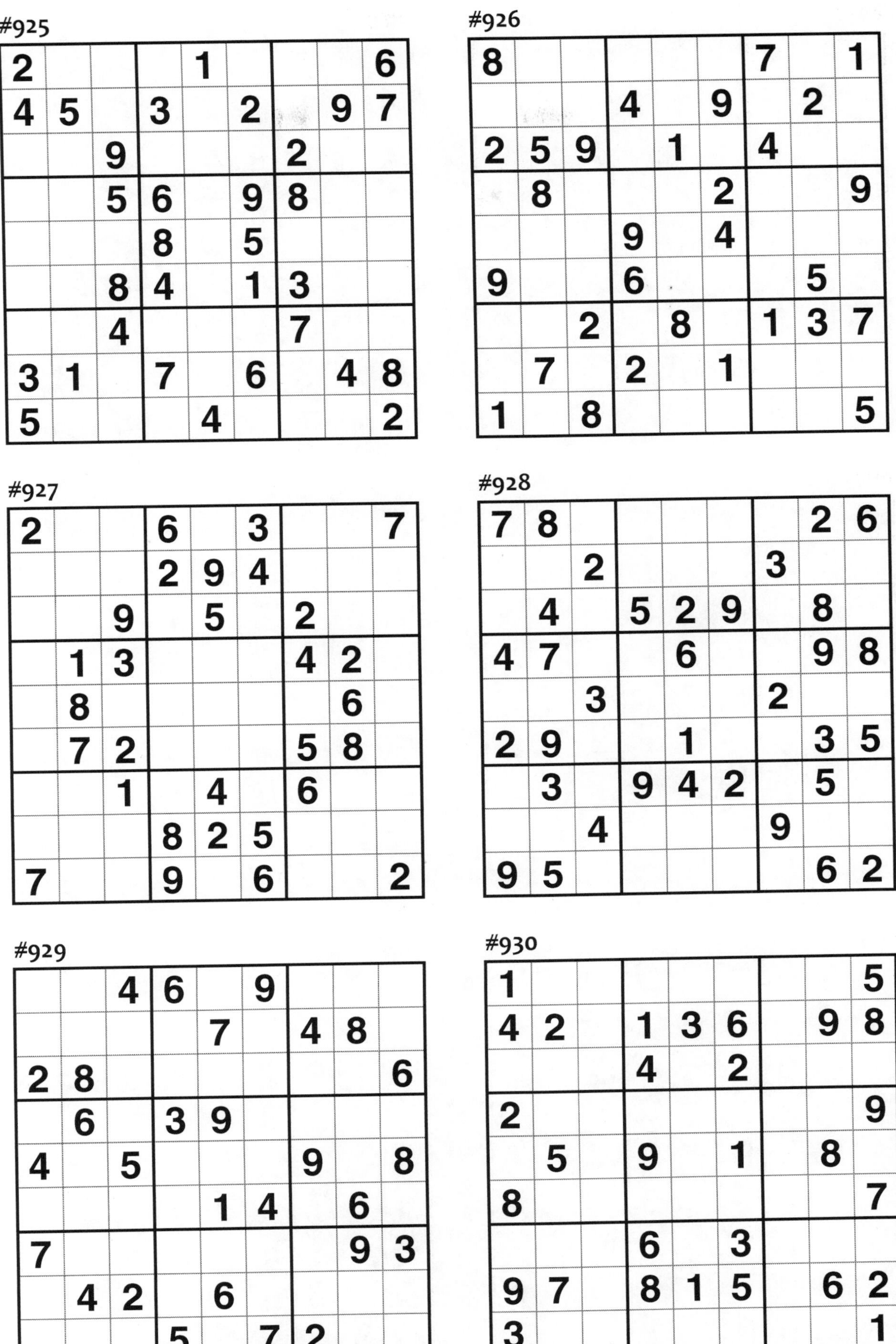

#925

2				1				6
4	5		3		2		9	7
		9				2		
		5	6		9	8		
			8		5			
		8	4		1	3		
		4				7		
3	1		7		6		4	8
5				4				2

#926

8						7		1
			4		9		2	
2	5	9		1		4		
	8				2			9
			9		4			
9			6				5	
		2		8		1	3	7
	7		2		1			
1		8						5

#927

2			6		3			7
			2	9	4			
		9		5		2		
	1	3				4	2	
	8						6	
	7	2				5	8	
		1		4		6		
			8	2	5			
7			9		6			2

#928

7	8						2	6
		2				3		
	4		5	2	9		8	
4	7			6			9	8
		3				2		
2	9			1			3	5
	3		9	4	2		5	
		4				9		
9	5						6	2

#929

		4	6		9			
				7		4	8	
2	8							6
	6		3	9				
4		5				9		8
				1	4		6	
7							9	3
	4	2		6				
			5		7	2		

#930

1								5
4	2		1	3	6		9	8
			4		2			
2								9
	5		9		1		8	
8								7
			6		3			
9	7		8	1	5		6	2
3								1

#931

		7		3		6		
	6		7		9		4	
4		9		6		2		7
			8	4	2			
3		1				4		8
			1	9	3			
5		6		1		8		2
	4		9		8		6	
		8		2		7		

#932

8		7			1	5		
6		5			9	3		8
2				6				
		2	6			7		
				5				
		6			4	8		
				3				7
5		3	8			1		2
		1	7			6		3

#933

5				3				9
	1						4	
	3		4		5		7	
7				8				1
		3		7		5		
8				9				6
	2		8		7		1	
	4						6	
9				4				7

#934

5	1				4		8	
				8			2	
	8		2		1			
1			3			8		2
	6			1			5	
2		7			8			3
			8		3		6	
	3			9				
	7		1				3	4

#935

	5	6	7		4	1	8	
4								6
		9				3		
			3		7			
3	6		9		8		2	4
			4		5			
		2				9		
7								5
	9	5	6		1	7	3	

#936

				3			6	
	2					4		
		9	2		8	3		7
	5		3	4		1	9	
				5				
	1	7		9	2		3	
2		1	9		3	6		
		8					7	
	9			1				

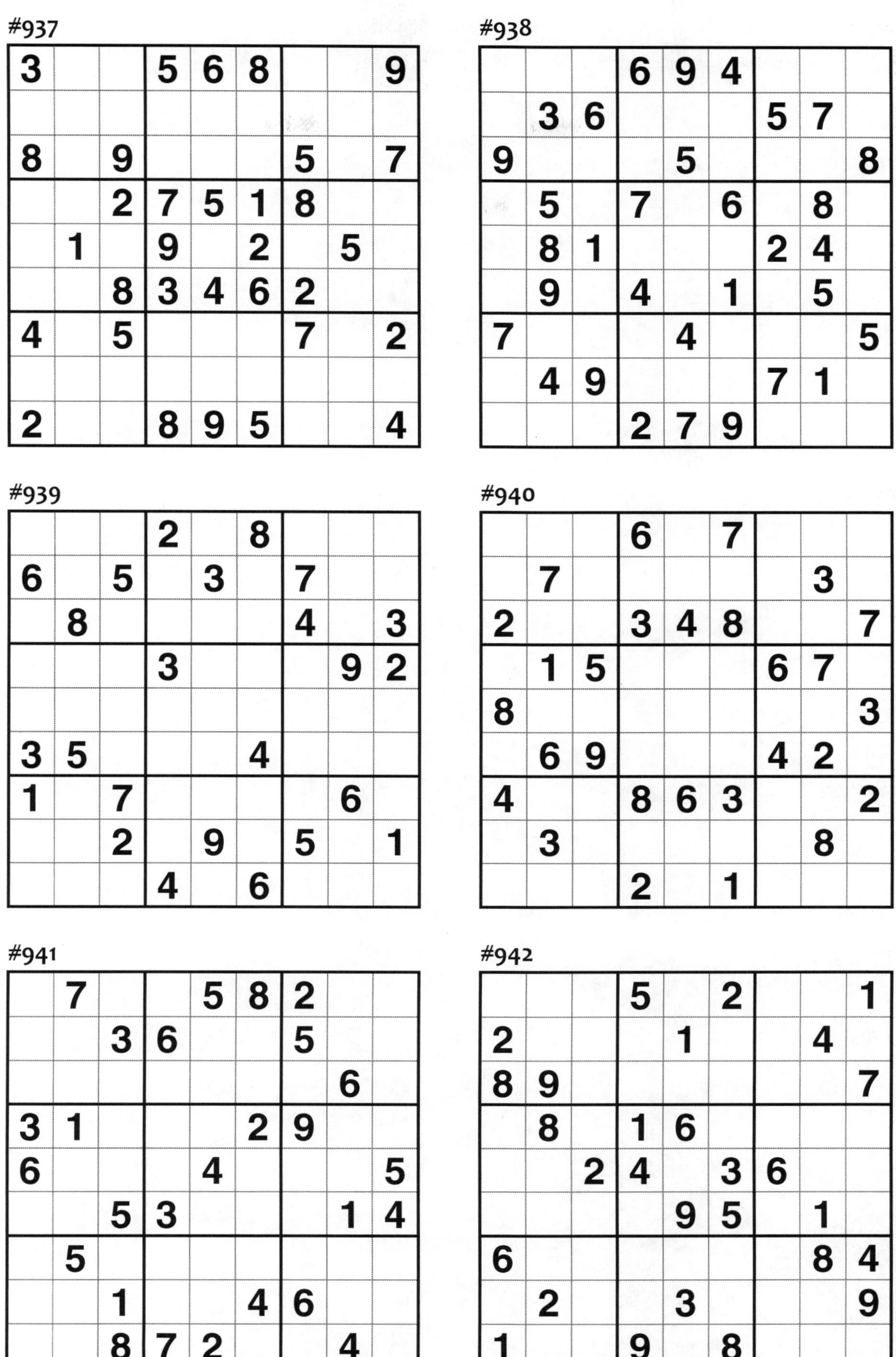

#937

3			5	6	8			9
8		9				5		7
		2	7	5	1	8		
	1		9		2		5	
		8	3	4	6	2		
4		5				7		2
2			8	9	5			4

#938

			6	9	4			
	3	6				5	7	
9				5				8
	5		7		6		8	
	8	1				2	4	
	9		4		1		5	
7				4				5
	4	9				7	1	
			2	7	9			

#939

			2		8			
6		5		3		7		
	8					4		3
			3				9	2
3	5				4			
1		7					6	
		2		9		5		1
			4		6			

#940

			6		7			
	7						3	
2			3	4	8			7
	1	5				6	7	
8								3
	6	9				4	2	
4			8	6	3			2
	3						8	
			2		1			

#941

	7			5	8	2		
		3	6			5		
							6	
3	1				2	9		
6				4				5
		5	3				1	4
	5							
		1			4	6		
		8	7	2			4	

#942

			5		2			1
2				1			4	
8	9							7
	8		1	6				
		2	4		3	6		
				9	5		1	
6							8	4
	2			3				9
1			9		8			

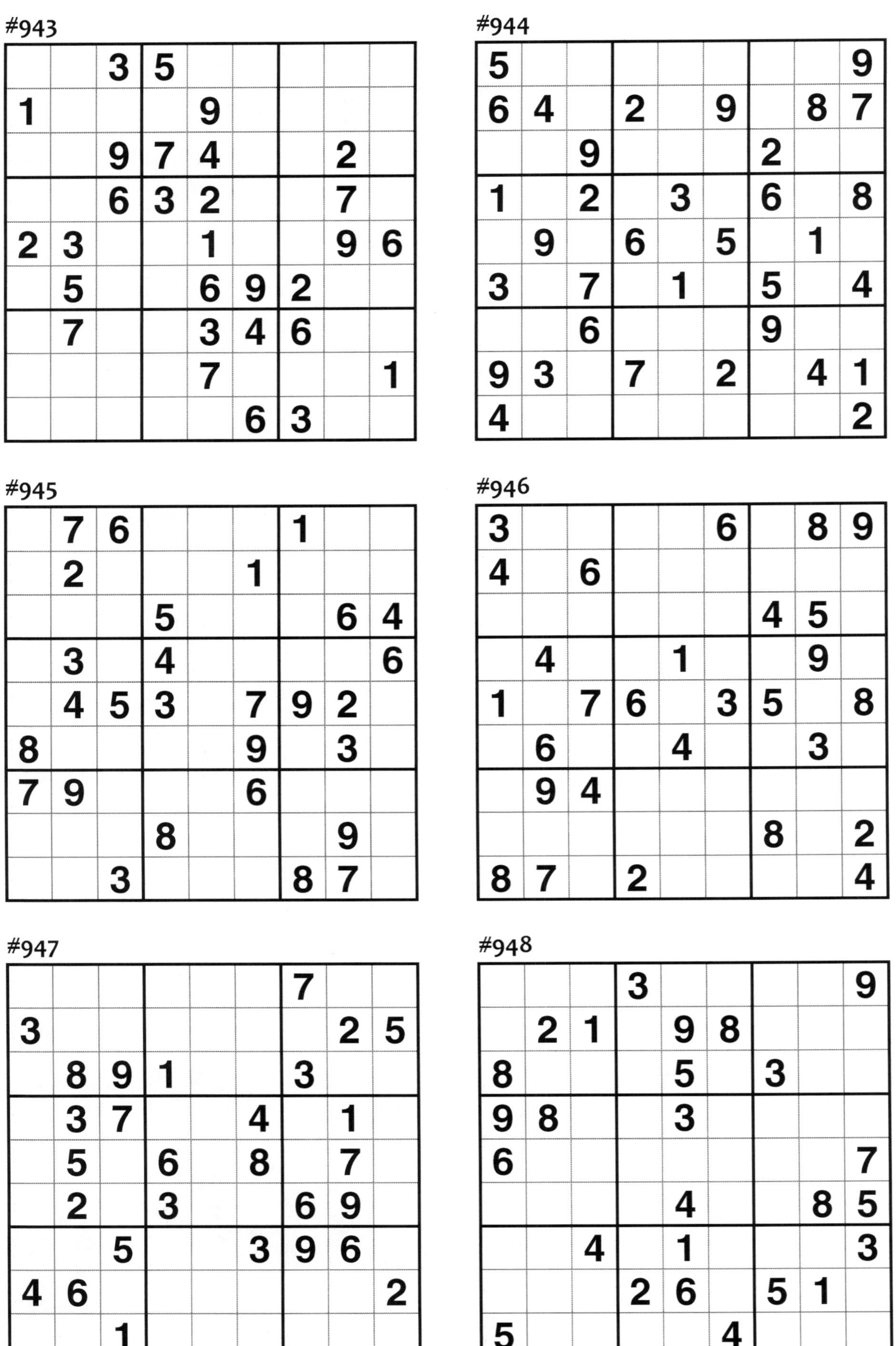

#943

		3	5					
1				9				
		9	7	4			2	
		6	3	2			7	
2	3			1			9	6
	5			6	9	2		
	7			3	4	6		
				7				1
					6	3		

#944

5								9
6	4		2		9		8	7
		9				2		
1		2		3		6		8
	9		6		5		1	
3		7		1		5		4
		6				9		
9	3		7		2		4	1
4								2

#945

	7	6				1		
	2				1			
			5				6	4
	3		4					6
	4	5	3		7	9	2	
8					9		3	
7	9				6			
			8				9	
		3				8	7	

#946

3					6		8	9
4		6						
						4	5	
	4			1			9	
1		7	6		3	5		8
	6			4			3	
	9	4						
						8		2
8	7		2					4

#947

						7		
3							2	5
	8	9	1			3		
	3	7			4		1	
	5		6		8		7	
	2		3			6	9	
		5			3	9	6	
4	6							2
		1						

#948

			3					9
	2	1		9	8			
8				5		3		
9	8			3				
6								7
				4			8	5
		4		1				3
			2	6		5	1	
5					4			

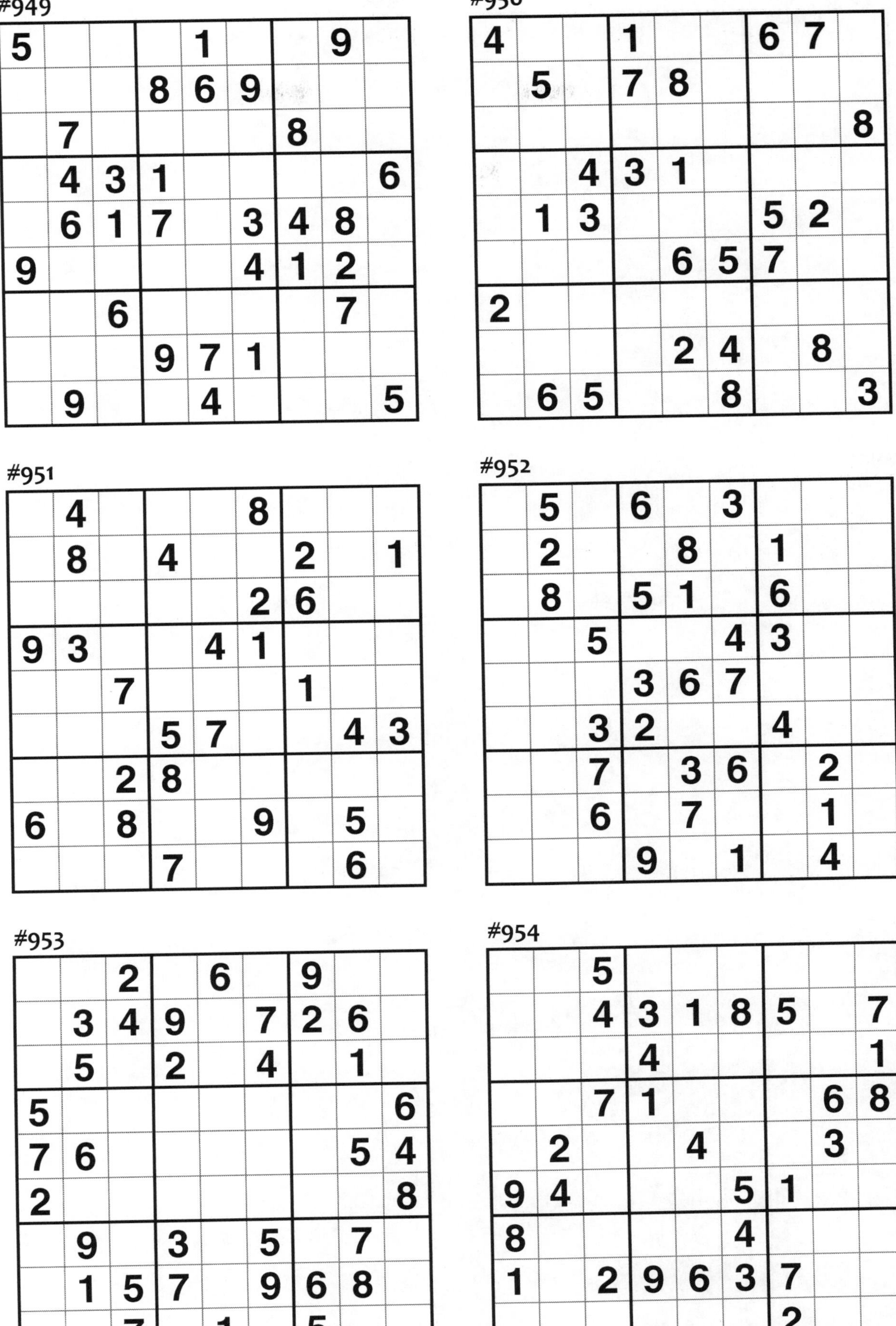

#949

5				1			9	
			8	6	9			
	7					8		
	4	3	1					6
	6	1	7		3	4	8	
9					4	1	2	
		6					7	
			9	7	1			
	9			4				5

#950

4			1			6	7	
	5		7	8				
								8
		4	3	1				
	1	3				5	2	
				6	5	7		
2								
				2	4		8	
	6	5			8			3

#951

	4				8			
	8		4			2		1
					2	6		
9	3			4	1			
		7				1		
			5	7			4	3
		2	8					
6		8			9		5	
			7				6	

#952

	5		6		3			
	2			8		1		
	8		5	1		6		
		5			4	3		
			3	6	7			
		3	2			4		
		7		3	6		2	
		6		7			1	
			9		1		4	

#953

		2		6		9		
	3	4	9		7	2	6	
	5		2		4		1	
5								6
7	6						5	4
2								8
	9		3		5		7	
	1	5	7		9	6	8	
		7		1		5		

#954

		5						
		4	3	1	8	5		7
			4					1
		7	1				6	8
	2			4			3	
9	4				5	1		
8					4			
1		2	9	6	3	7		
						2		

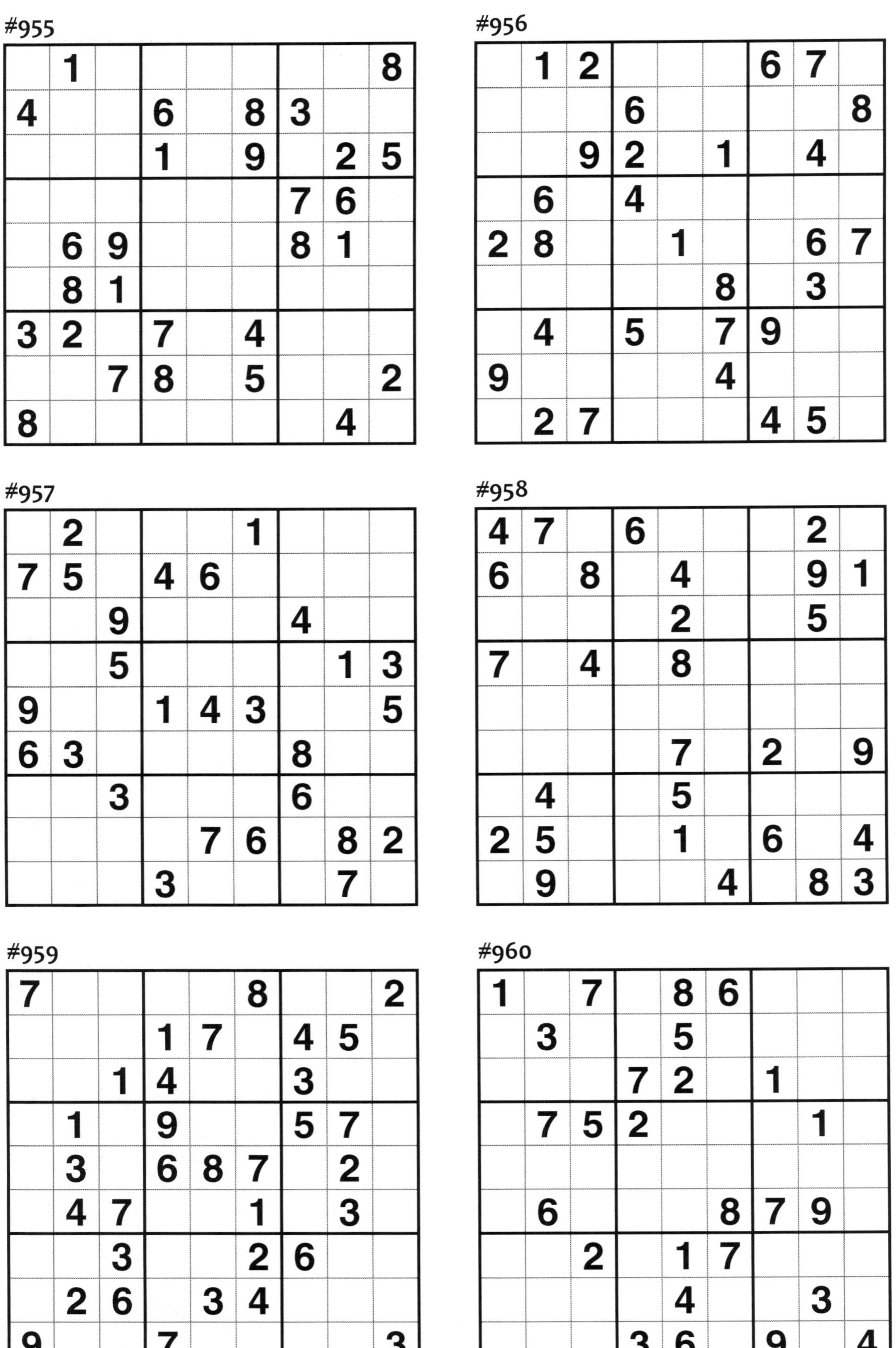

#955

	1							8
4			6		8	3		
			1		9		2	5
						7	6	
	6	9				8	1	
	8	1						
3	2		7		4			
		7	8		5			2
8							4	

#956

	1	2				6	7	
			6					8
		9	2		1		4	
	6		4					
2	8			1			6	7
					8		3	
	4		5		7	9		
9					4			
	2	7				4	5	

#957

	2				1			
7	5		4	6				
		9				4		
		5					1	3
9			1	4	3			5
6	3					8		
		3				6		
				7	6		8	2
			3				7	

#958

4	7		6				2	
6		8		4			9	1
				2			5	
7		4		8				
				7		2		9
	4			5				
2	5			1		6		4
	9				4		8	3

#959

7					8			2
			1	7		4	5	
		1	4			3		
	1		9			5	7	
	3		6	8	7		2	
	4	7			1		3	
		3			2	6		
	2	6		3	4			
9			7					3

#960

1		7		8	6			
	3			5				
			7	2		1		
	7	5	2				1	
	6				8	7	9	
		2		1	7			
				4			3	
			3	6		9		4

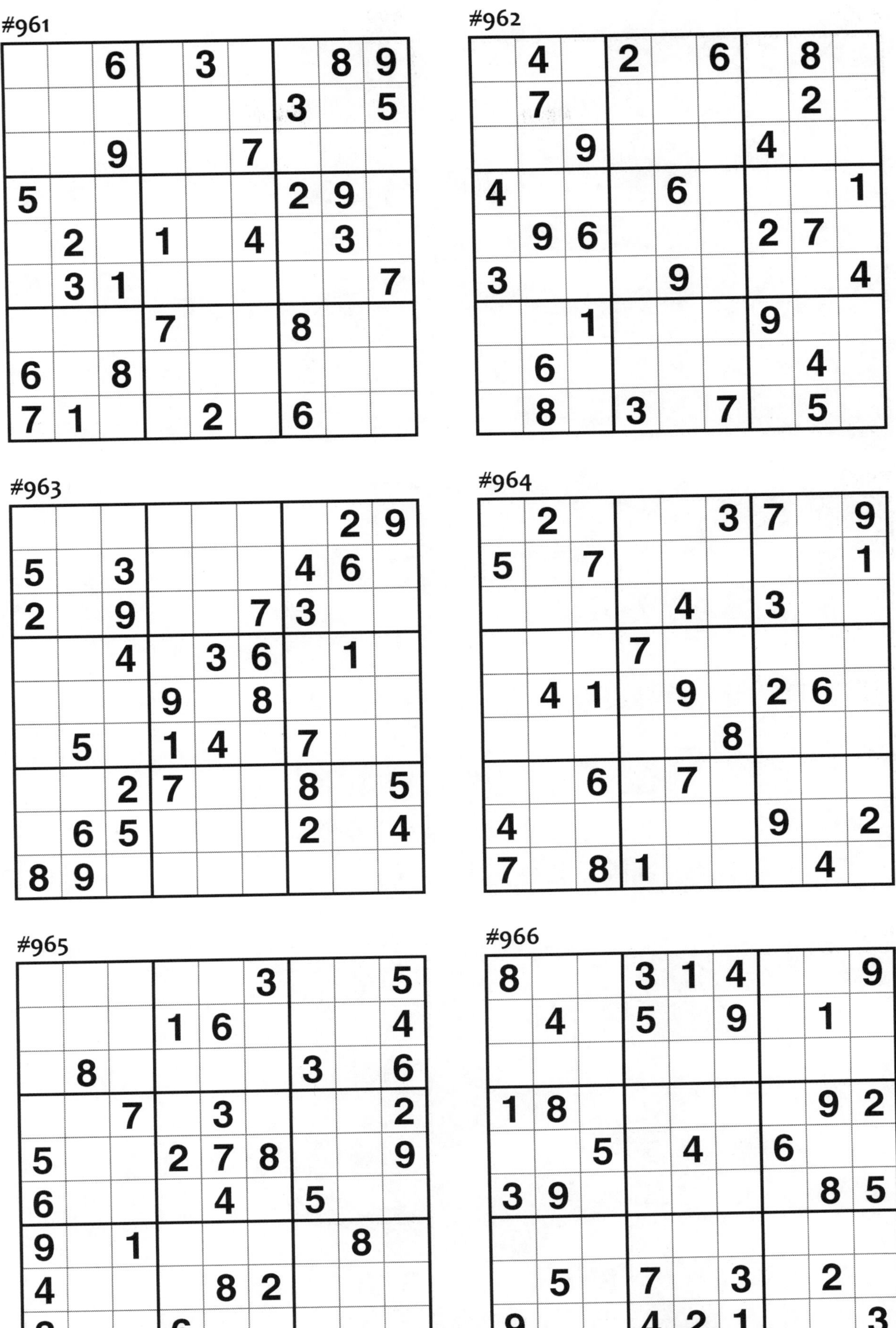

#961

		6		3			8	9
						3		5
		9			7			
5						2	9	
	2		1		4		3	
	3	1						7
			7			8		
6		8						
7	1			2		6		

#962

	4		2		6		8	
	7						2	
		9				4		
4				6				1
	9	6				2	7	
3				9				4
		1				9		
	6						4	
	8		3		7		5	

#963

							2	9
5		3				4	6	
2		9			7	3		
		4		3	6		1	
			9		8			
	5		1	4		7		
		2	7			8		5
	6	5				2		4
8	9							

#964

	2				3	7		9
5		7						1
				4		3		
			7					
	4	1		9		2	6	
					8			
		6		7				
4						9		2
7		8	1				4	

#965

					3			5
			1	6				4
	8					3		6
		7		3				2
5			2	7	8			9
6				4		5		
9		1					8	
4				8	2			
3			6					

#966

8			3	1	4			9
	4		5		9		1	
1	8						9	2
		5		4		6		
3	9						8	5
	5		7		3		2	
9			4	2	1			3

#967

		3						
5			7	8	9			6
				6	1		2	
		4		2	6	3		9
	5						8	
3		8	5	7		1		
	4		1	9				
9			4	3	8			5
						9		

#968

4								9
		2	7	6	9	4		
	8			5			7	
2	6						9	3
				1				
9	3						1	4
	4			7			2	
		5	3	9	4	1		
6								7

#969

	3	6	1		9	2	5	
	5						9	
	8	9	3		7	4	6	
				7				
6			8		4			5
				3				
	9	2	7		3	8	1	
	6						4	
	4	8	2		6	5	3	

#970

7								1
2	6			1			8	3
	1	9				5	4	
8			3		1			9
		5		6		3		
9			7		2			8
	9	2				8	6	
4	7			8			3	5
6								7

#971

8		6		5		3		7
	5	4				6	8	
3								1
	3		7		2		1	
			1		6			
	1		5		8		4	
2								4
	7	3				8	6	
9		5		6		1		3

#972

	2			8			7	
6	7		4		5		3	1
			2		7			
		4	6		2	9		
	6			3			4	
		1	7		8	5		
			8		6			
5	8		3		1		9	4
	1			5			6	

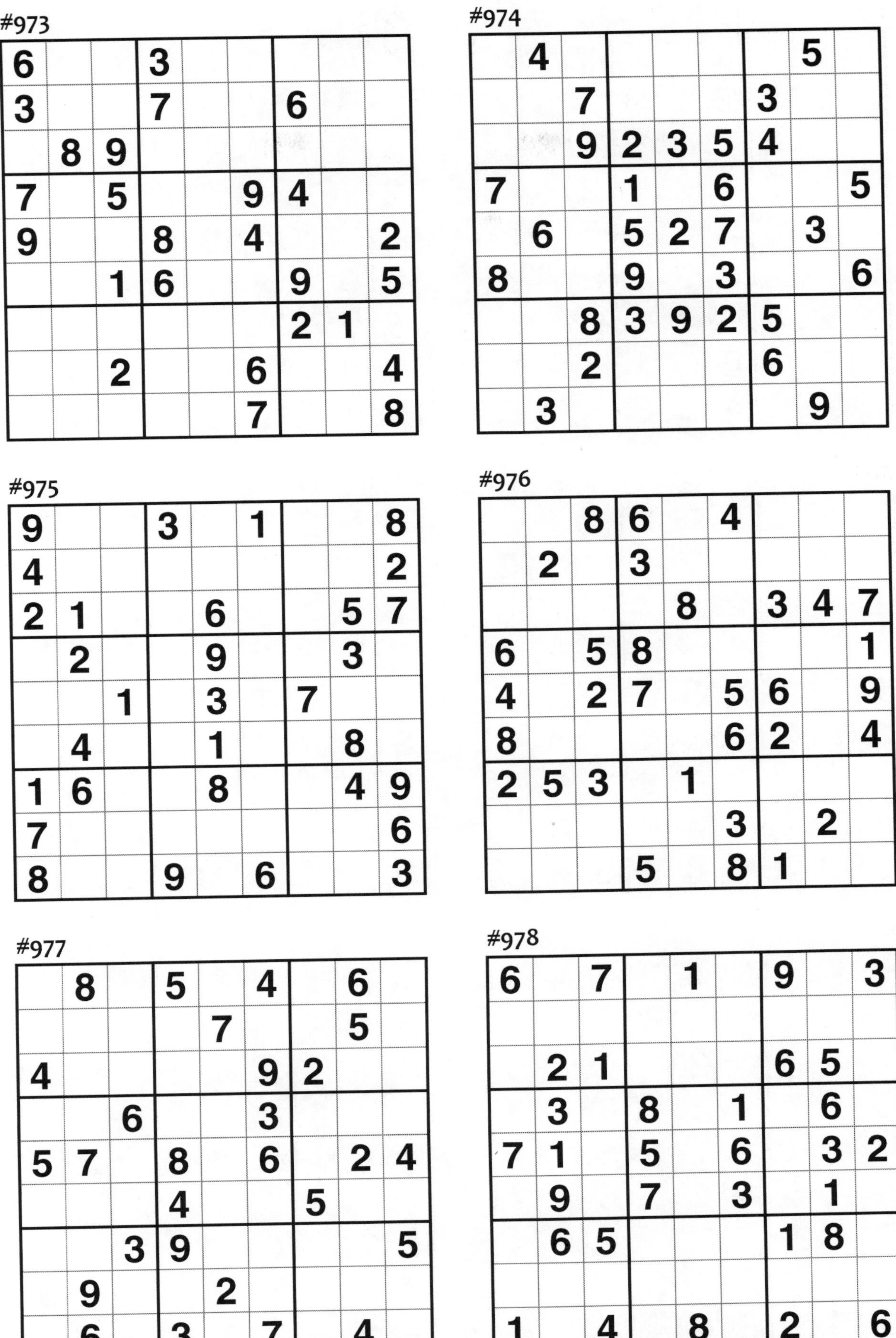

#973

6			3					
3			7			6		
	8	9						
7		5			9	4		
9			8		4			2
		1	6			9		5
						2	1	
		2			6			4
					7			8

#974

	4						5	
		7				3		
		9	2	3	5	4		
7			1		6			5
	6		5	2	7		3	
8			9		3			6
		8	3	9	2	5		
		2				6		
	3						9	

#975

9			3		1			8
4								2
2	1			6			5	7
	2			9			3	
		1		3		7		
	4			1			8	
1	6			8			4	9
7								6
8			9		6			3

#976

		8	6		4			
	2		3					
				8		3	4	7
6		5	8					1
4		2	7		5	6		9
8					6	2		4
2	5	3		1				
					3		2	
			5		8	1		

#977

	8		5		4		6	
				7			5	
4					9	2		
		6			3			
5	7		8		6		2	4
			4			5		
		3	9					5
	9			2				
	6		3		7		4	

#978

6		7		1		9		3
	2	1				6	5	
	3		8		1		6	
7	1		5		6		3	2
	9		7		3		1	
	6	5				1	8	
1		4		8		2		6

#979

			3		4			
	3		2		9		5	
	1	9				4	8	
		7		3		2		
		2				5		
		1		5		8		
	2	4				9	1	
	9		6		1		7	
			4		8			

#980

		6				1		9
	7		2					
				1	5	6		8
2		4				7	9	6
				9				
8	9	5				4		1
5		1	3	8				
					1		8	
9		7				2		

#981

	5	2		1	3			
	6		4	9				2
8			2					
			8			1		4
6		1		5		2		9
2		4			1			
					6			1
1				4	7		8	
			1	3		9	4	

#982

5		2				7		9
			8		1			
	4			5			6	
7	5			3			9	2
			7		4			
8	3			2			4	7
	6			7			5	
			9		3			
9		7				2		4

#983

	5		6	4	7		3	
			1		8			
4				3				6
5		4		1		8		3
		7	4		3	5		
8		3		2		6		7
2				7				4
			3		2			
	8		5	6	4		2	

#984

	3		1	4	6		2	
5				7				3
4			3		2			1
		6				9		
	5						3	
		3				1		
3			6		8			4
7				2				5
	9		7	1	5		8	

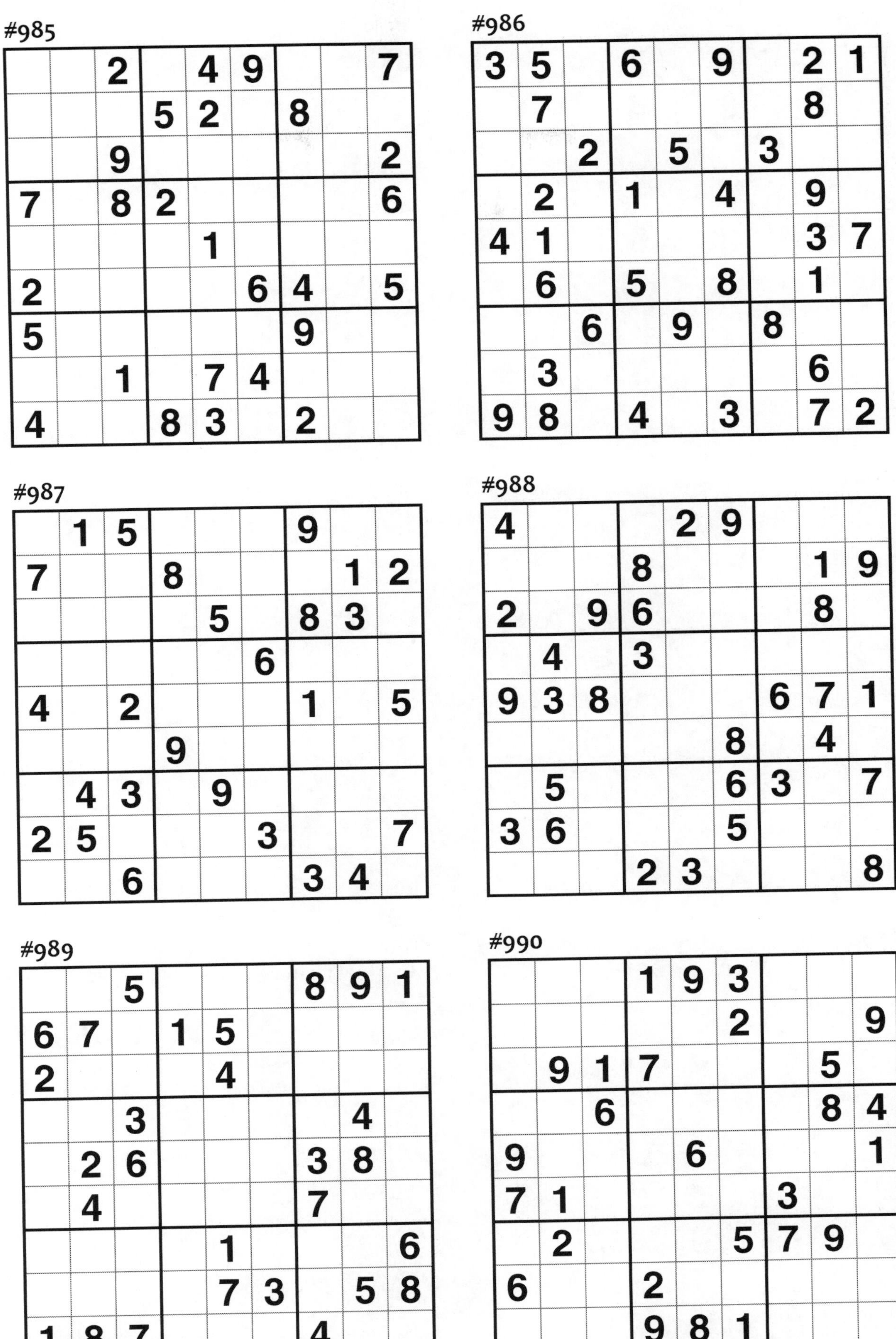

#985

		2		4	9			7
			5	2		8		
		9						2
7		8	2					6
				1				
2					6	4		5
5						9		
		1		7	4			
4			8	3		2		

#986

3	5		6		9		2	1
	7						8	
		2		5		3		
	2		1		4		9	
4	1						3	7
	6		5		8		1	
		6		9		8		
	3						6	
9	8		4		3		7	2

#987

	1	5				9		
7			8				1	2
				5		8	3	
					6			
4		2				1		5
			9					
	4	3		9				
2	5				3			7
		6				3	4	

#988

4				2	9			
			8				1	9
2		9	6				8	
	4		3					
9	3	8				6	7	1
					8		4	
	5				6	3		7
3	6				5			
			2	3				8

#989

		5				8	9	1
6	7		1	5				
2				4				
		3					4	
	2	6				3	8	
	4					7		
				1				6
				7	3		5	8
1	8	7				4		

#990

			1	9	3			
					2			9
	9	1	7				5	
		6					8	4
9				6				1
7	1					3		
	2				5	7	9	
6			2					
			9	8	1			

#991

5		6	3		7	9		8
	8		9		4		3	
		3				5		
2								3
			2		6			
6								5
		5				1		
	2		1		5		7	
1		7	8		3	4		9

#992

9	7		5		6		2	3
		4				1		
	5			1			4	
2			3		1			4
	6						1	
4			2		7			5
	4			9			6	
		5				2		
1	9		6		5		3	7

#993

			4	6	7			
6			5		9			7
	8	9				4	5	
5		3				6		9
	7						2	
2		1				3		8
	2	5				9	8	
4			9		1			2
			2	4	8			

#994

				8			1	
			1		7			8
	3	1				4	6	7
			4	9			7	5
		6				8		
3	7			1	8			
6	9	5				7	4	
7			6		2			
	8			4				

#995

			7	1	4			
	2						4	
9		1		6		8		5
5				3				9
3			6		5			7
4				7				6
7		5		9		3		1
	3						6	
			8	2	3			

#996

	4		3			5		
5			8		6	1	3	
	1	9	5				8	
					8			
	8						2	
			4					
	2				4	8	1	
	3	8	6		5			4
		1			7		6	

#997

	2						7	
3		6	7		9	4		1
		9	4		6	3		
4	6						9	3
		2				5		
9	8						6	7
		7	5		3	9		
5		8	9		4	7		2
	9						4	

#998

6				4				9
	1						4	
			6		8			
5	2		8		4		7	1
9	8						3	4
1	3		7		6		2	5
			3		1			
	6						5	
7				5				3

#999

	4	6				5	7	
5	7			6			8	1
3	9			7			2	6
			8		3			
2								4
			1		7			
1	2			5			9	8
7	6			8			5	3
	5	8				7	4	

#1000

				2				
3	7						5	2
9			4		8			7
	9		5		4		7	
6		4				9		5
	8		3		1		4	
5			9		6			8
8	6						2	4
				8				

#1001

		7		1			9	
3				8				2
			6		7			
	7		8	5			4	1
		3				6		
5	1			2	4		8	
			1		5			
2				3				4
	3			9		5		

#1002

	6				8			
4						1		
				2	1		4	
		8			7			2
	9		8	1	2		7	
1			3			4		
	3		1	7				
		7						9
			9				6	

#1

2	6	1	3	5	9	4	7	8
4	5	7	8	2	1	3	6	9
3	8	9	7	4	6	2	1	5
6	1	5	2	8	4	7	9	3
9	2	3	1	6	7	5	8	4
7	4	8	5	9	3	6	2	1
1	9	4	6	3	2	8	5	7
8	7	6	4	1	5	9	3	2
5	3	2	9	7	8	1	4	6

#2

3	6	5	7	2	8	4	1	9
7	2	8	9	1	4	3	6	5
4	1	9	3	6	5	2	7	8
2	4	3	5	7	1	8	9	6
5	9	6	8	4	3	1	2	7
1	8	7	6	9	2	5	4	3
6	5	4	2	3	7	9	8	1
9	3	2	1	8	6	7	5	4
8	7	1	4	5	9	6	3	2

#3

2	1	5	6	7	3	4	9	8
6	7	3	8	4	9	5	2	1
4	8	9	2	1	5	6	7	3
5	2	4	3	8	7	9	1	6
1	3	8	9	5	6	2	4	7
7	9	6	1	2	4	8	3	5
3	4	1	5	6	2	7	8	9
8	5	2	7	9	1	3	6	4
9	6	7	4	3	8	1	5	2

#4

8	2	5	6	7	9	4	3	1
4	6	3	2	8	1	9	5	7
1	7	9	4	3	5	8	2	6
3	4	2	5	1	7	6	8	9
6	8	1	9	4	3	2	7	5
9	5	7	8	2	6	1	4	3
2	9	6	7	5	4	3	1	8
7	3	4	1	9	8	5	6	2
5	1	8	3	6	2	7	9	4

#5

9	4	7	5	2	6	3	1	8
2	5	3	1	8	9	4	6	7
6	8	1	3	4	7	5	2	9
4	1	5	6	7	8	9	3	2
3	2	9	4	1	5	7	8	6
7	6	8	2	9	3	1	4	5
1	7	4	8	5	2	6	9	3
5	3	2	9	6	1	8	7	4
8	9	6	7	3	4	2	5	1

#6

3	7	8	4	5	2	6	9	1
4	5	2	6	1	9	3	7	8
1	6	9	3	7	8	4	2	5
5	1	6	8	2	3	9	4	7
7	8	3	9	4	5	1	6	2
2	9	4	7	6	1	5	8	3
6	2	5	1	8	4	7	3	9
8	3	7	5	9	6	2	1	4
9	4	1	2	3	7	8	5	6

#7

6	1	7	4	2	3	5	8	9
2	4	3	5	8	9	6	1	7
5	8	9	1	6	7	2	3	4
7	5	6	2	3	1	9	4	8
1	2	8	7	9	4	3	6	5
9	3	4	6	5	8	1	7	2
3	6	2	8	7	5	4	9	1
4	7	5	9	1	6	8	2	3
8	9	1	3	4	2	7	5	6

#8

5	6	1	4	7	2	3	8	9
7	3	2	6	8	9	1	4	5
4	8	9	3	1	5	2	6	7
2	4	5	1	3	7	8	9	6
8	7	3	9	5	6	4	1	2
1	9	6	2	4	8	5	7	3
3	1	7	5	6	4	9	2	8
6	2	4	8	9	3	7	5	1
9	5	8	7	2	1	6	3	4

#9

7	8	3	6	2	4	5	9	1
1	2	4	5	8	9	3	6	7
5	6	9	3	1	7	4	2	8
6	4	5	8	3	1	9	7	2
8	7	2	4	9	5	6	1	3
3	9	1	7	6	2	8	4	5
2	1	6	9	5	3	7	8	4
4	3	8	2	7	6	1	5	9
9	5	7	1	4	8	2	3	6

#10

8	3	4	5	7	9	6	2	1
6	5	2	3	1	4	7	8	9
7	9	1	2	8	6	4	5	3
1	6	3	8	4	2	5	9	7
4	8	5	9	6	7	3	1	2
2	7	9	1	3	5	8	6	4
3	2	6	4	9	8	1	7	5
5	1	7	6	2	3	9	4	8
9	4	8	7	5	1	2	3	6

#11

6	7	4	1	2	3	5	8	9
5	2	1	7	8	9	3	4	6
3	8	9	4	5	6	2	7	1
4	5	6	8	7	2	9	1	3
7	3	2	6	9	1	4	5	8
1	9	8	3	4	5	6	2	7
2	1	3	5	6	7	8	9	4
8	6	5	9	1	4	7	3	2
9	4	7	2	3	8	1	6	5

#12

7	5	1	3	2	4	6	8	9
2	4	6	7	8	9	3	5	1
3	8	9	5	1	6	4	2	7
5	6	4	8	3	7	1	9	2
8	1	3	9	6	2	5	7	4
9	2	7	4	5	1	8	3	6
4	3	2	6	7	5	9	1	8
1	9	5	2	4	8	7	6	3
6	7	8	1	9	3	2	4	5

#13

3	5	7	6	1	8	4	2	9
2	4	6	3	5	9	7	8	1
1	8	9	2	4	7	3	5	6
7	3	5	1	9	2	6	4	8
6	1	4	8	7	3	5	9	2
9	2	8	4	6	5	1	7	3
5	9	3	7	2	6	8	1	4
8	7	1	9	3	4	2	6	5
4	6	2	5	8	1	9	3	7

#14

6	7	2	5	8	9	4	3	1
3	1	4	6	7	2	8	5	9
5	8	9	1	4	3	6	7	2
8	4	6	2	1	5	3	9	7
7	9	5	8	3	6	2	1	4
2	3	1	7	9	4	5	6	8
1	2	8	3	6	7	9	4	5
9	5	3	4	2	1	7	8	6
4	6	7	9	5	8	1	2	3

#15

1	7	2	6	5	3	4	8	9
3	4	5	8	2	9	6	7	1
6	8	9	1	4	7	2	3	5
7	1	3	4	8	5	9	2	6
8	5	4	9	6	2	3	1	7
2	9	6	3	7	1	5	4	8
4	2	7	5	1	6	8	9	3
5	3	1	2	9	8	7	6	4
9	6	8	7	3	4	1	5	2

#16

3	6	1	2	4	5	7	8	9
5	4	2	7	8	9	1	3	6
7	8	9	3	6	1	2	4	5
6	7	3	8	9	4	5	1	2
1	9	4	5	7	2	8	6	3
8	2	5	6	1	3	9	7	4
2	1	6	9	3	8	4	5	7
4	5	7	1	2	6	3	9	8
9	3	8	4	5	7	6	2	1

#17

2	3	5	6	8	9	4	7	1
1	4	6	3	5	7	2	9	8
7	8	9	4	2	1	5	6	3
9	6	4	2	3	8	1	5	7
8	5	2	7	1	6	3	4	9
3	1	7	9	4	5	8	2	6
5	7	8	1	6	2	9	3	4
4	9	1	5	7	3	6	8	2
6	2	3	8	9	4	7	1	5

#18

8	9	5	6	2	4	3	7	1
4	2	1	3	7	9	5	6	8
3	6	7	5	1	8	2	4	9
5	1	6	7	8	3	9	2	4
2	3	8	4	9	6	1	5	7
7	4	9	2	5	1	6	8	3
6	8	2	9	3	7	4	1	5
1	5	3	8	4	2	7	9	6
9	7	4	1	6	5	8	3	2

#19

7	2	3	5	9	8	1	4	6
5	4	6	7	2	1	3	8	9
1	8	9	3	4	6	2	7	5
3	7	8	2	5	9	4	6	1
6	9	4	8	1	7	5	2	3
2	1	5	6	3	4	7	9	8
8	3	1	9	7	2	6	5	4
9	5	7	4	6	3	8	1	2
4	6	2	1	8	5	9	3	7

#20

8	1	7	5	2	9	3	4	6
2	3	4	6	8	7	9	5	1
5	6	9	1	3	4	7	8	2
7	2	6	4	1	8	5	3	9
3	9	8	7	6	5	1	2	4
4	5	1	3	9	2	6	7	8
1	4	3	8	5	6	2	9	7
6	7	2	9	4	3	8	1	5
9	8	5	2	7	1	4	6	3

#21

4	6	7	2	1	5	9	3	8
5	8	9	3	6	7	2	1	4
3	1	2	4	8	9	6	7	5
1	5	3	8	7	6	4	9	2
2	9	4	5	3	1	8	6	7
8	7	6	9	2	4	3	5	1
7	2	5	6	4	3	1	8	9
9	3	8	1	5	2	7	4	6
6	4	1	7	9	8	5	2	3

#22

8	6	9	4	5	7	3	2	1
3	7	4	8	1	2	6	9	5
2	5	1	6	9	3	8	7	4
1	8	6	9	3	5	7	4	2
5	4	3	2	7	8	1	6	9
7	9	2	1	6	4	5	8	3
9	2	5	7	8	1	4	3	6
6	1	7	3	4	9	2	5	8
4	3	8	5	2	6	9	1	7

#23

6	1	7	8	3	4	2	5	9
5	4	2	1	6	9	3	7	8
3	8	9	2	5	7	4	6	1
7	2	6	5	4	8	9	1	3
9	3	1	6	7	2	5	8	4
4	5	8	3	9	1	6	2	7
2	7	3	4	8	6	1	9	5
8	6	4	9	1	5	7	3	2
1	9	5	7	2	3	8	4	6

#24

4	6	7	2	1	8	9	5	3
2	5	3	4	9	7	6	1	8
8	9	1	6	5	3	7	4	2
7	3	5	9	6	2	4	8	1
1	8	6	5	7	4	2	3	9
9	4	2	8	3	1	5	7	6
6	1	4	7	8	9	3	2	5
5	7	8	3	2	6	1	9	4
3	2	9	1	4	5	8	6	7

#25

7	5	6	1	3	2	4	8	9
4	1	2	6	9	8	7	5	3
3	8	9	5	4	7	6	1	2
8	7	4	2	6	9	5	3	1
1	9	3	8	7	5	2	6	4
2	6	5	4	1	3	9	7	8
5	3	1	7	2	4	8	9	6
6	4	7	9	8	1	3	2	5
9	2	8	3	5	6	1	4	7

#26

1	2	6	7	9	8	3	4	5
3	4	5	2	1	6	7	9	8
7	8	9	3	5	4	1	2	6
6	3	7	9	8	2	4	5	1
9	5	2	4	3	1	6	8	7
8	1	4	5	6	7	9	3	2
2	9	3	6	7	5	8	1	4
4	7	1	8	2	3	5	6	9
5	6	8	1	4	9	2	7	3

#27

6	3	2	4	5	7	1	8	9
5	1	4	3	8	9	6	2	7
7	8	9	2	6	1	3	4	5
8	6	3	7	4	2	5	9	1
1	2	5	8	9	3	7	6	4
4	9	7	5	1	6	2	3	8
2	5	8	1	3	4	9	7	6
3	4	6	9	7	5	8	1	2
9	7	1	6	2	8	4	5	3

#28

4	3	5	6	7	8	9	1	2
6	7	8	2	1	9	3	4	5
1	2	9	3	4	5	6	7	8
7	5	1	4	8	3	2	9	6
2	8	4	5	9	6	7	3	1
3	9	6	7	2	1	8	5	4
5	6	2	9	3	4	1	8	7
8	4	3	1	6	7	5	2	9
9	1	7	8	5	2	4	6	3

#29

3	1	4	9	6	2	7	5	8
5	6	7	3	1	8	4	9	2
8	2	9	4	5	7	3	1	6
4	8	2	5	7	6	9	3	1
6	7	3	1	2	9	5	8	4
9	5	1	8	3	4	6	2	7
1	4	6	2	9	3	8	7	5
2	3	8	7	4	5	1	6	9
7	9	5	6	8	1	2	4	3

#30

1	2	6	5	7	8	3	9	4
7	5	3	2	4	9	1	6	8
4	8	9	3	1	6	2	5	7
9	7	1	4	2	3	5	8	6
2	6	4	8	5	1	7	3	9
5	3	8	6	9	7	4	1	2
6	4	2	1	8	5	9	7	3
3	9	5	7	6	2	8	4	1
8	1	7	9	3	4	6	2	5

#31

5	6	8	4	2	1	7	9	3
7	9	3	8	5	6	4	2	1
1	2	4	9	3	7	5	6	8
8	7	6	5	4	2	3	1	9
3	5	9	1	7	8	6	4	2
2	4	1	6	9	3	8	7	5
6	3	2	7	1	5	9	8	4
9	1	7	3	8	4	2	5	6
4	8	5	2	6	9	1	3	7

#32

9	3	1	4	5	2	6	7	8
6	2	4	7	8	9	1	3	5
5	7	8	1	3	6	2	4	9
2	8	5	3	7	1	9	6	4
1	6	9	8	2	4	3	5	7
3	4	7	6	9	5	8	2	1
4	5	3	2	1	8	7	9	6
7	1	6	9	4	3	5	8	2
8	9	2	5	6	7	4	1	3

#33

3	1	6	8	4	9	2	5	7
4	5	7	3	1	2	6	8	9
2	8	9	6	5	7	3	1	4
8	3	2	5	9	1	4	7	6
6	7	5	4	2	3	1	9	8
9	4	1	7	6	8	5	2	3
1	9	3	2	8	6	7	4	5
7	2	4	9	3	5	8	6	1
5	6	8	1	7	4	9	3	2

#34

8	3	5	7	9	1	6	4	2
6	4	2	3	5	8	9	7	1
7	9	1	4	2	6	8	3	5
1	6	7	8	3	4	5	2	9
9	5	8	6	7	2	4	1	3
4	2	3	5	1	9	7	8	6
2	1	6	9	8	7	3	5	4
3	7	4	1	6	5	2	9	8
5	8	9	2	4	3	1	6	7

#35

1	3	2	6	9	7	5	4	8
7	4	5	1	3	8	2	6	9
6	8	9	2	4	5	7	1	3
3	1	7	4	6	9	8	2	5
8	2	4	5	7	1	3	9	6
5	9	6	8	2	3	1	7	4
9	5	3	7	1	6	4	8	2
2	6	1	3	8	4	9	5	7
4	7	8	9	5	2	6	3	1

#36

3	5	4	8	9	1	2	6	7
1	6	7	3	5	2	4	8	9
2	8	9	6	4	7	3	5	1
5	3	1	4	8	9	7	2	6
6	7	8	5	2	3	1	9	4
4	9	2	7	1	6	8	3	5
7	2	3	9	6	4	5	1	8
9	4	5	1	3	8	6	7	2
8	1	6	2	7	5	9	4	3

#37

4	3	5	1	6	7	2	8	9
1	2	6	5	8	9	3	4	7
7	8	9	2	3	4	5	1	6
5	6	3	4	9	8	7	2	1
2	7	1	6	5	3	4	9	8
8	9	4	7	1	2	6	3	5
3	5	2	8	7	1	9	6	4
6	4	8	9	2	5	1	7	3
9	1	7	3	4	6	8	5	2

#38

5	8	3	4	7	9	2	6	1
4	2	6	8	5	1	7	9	3
7	1	9	2	6	3	8	5	4
8	3	7	1	2	5	9	4	6
6	9	5	7	8	4	3	1	2
2	4	1	3	9	6	5	8	7
1	5	2	6	3	8	4	7	9
3	6	8	9	4	7	1	2	5
9	7	4	5	1	2	6	3	8

#39

9	5	2	4	1	3	6	7	8
3	4	1	6	7	8	5	2	9
6	7	8	2	5	9	1	3	4
4	6	3	8	2	5	7	9	1
8	1	5	7	9	6	2	4	3
2	9	7	1	3	4	8	5	6
5	2	9	3	6	1	4	8	7
1	3	4	5	8	7	9	6	2
7	8	6	9	4	2	3	1	5

#40

5	2	3	7	9	8	6	4	1
4	1	6	5	2	3	7	8	9
7	8	9	4	6	1	5	2	3
3	7	5	9	8	2	1	6	4
1	9	2	6	4	5	3	7	8
8	6	4	1	3	7	9	5	2
2	5	7	3	1	4	8	9	6
9	4	1	8	5	6	2	3	7
6	3	8	2	7	9	4	1	5

#41

1	7	6	4	3	2	5	8	9
8	3	4	1	9	5	6	2	7
2	9	5	7	6	8	1	3	4
6	1	3	9	7	4	8	5	2
4	8	2	3	5	1	7	9	6
9	5	7	8	2	6	4	1	3
3	4	8	6	1	9	2	7	5
7	2	1	5	4	3	9	6	8
5	6	9	2	8	7	3	4	1

#42

5	1	2	3	4	6	7	8	9
3	4	6	7	8	9	5	2	1
7	8	9	1	2	5	3	4	6
6	2	3	4	7	1	8	9	5
1	5	4	8	9	3	2	6	7
9	7	8	5	6	2	4	1	3
4	6	1	2	3	7	9	5	8
2	3	5	9	1	8	6	7	4
8	9	7	6	5	4	1	3	2

#43

1	6	5	8	9	7	2	3	4
4	3	2	1	6	5	8	7	9
7	8	9	3	2	4	1	6	5
6	1	4	9	7	2	5	8	3
8	5	3	6	4	1	7	9	2
9	2	7	5	3	8	4	1	6
3	7	1	4	5	6	9	2	8
5	9	8	2	1	3	6	4	7
2	4	6	7	8	9	3	5	1

#44

5	4	7	1	6	2	3	8	9
2	3	6	7	8	9	4	5	1
8	1	9	3	4	5	6	2	7
3	5	4	8	1	6	9	7	2
6	7	8	2	9	4	5	1	3
9	2	1	5	3	7	8	4	6
4	8	2	6	7	3	1	9	5
1	6	5	9	2	8	7	3	4
7	9	3	4	5	1	2	6	8

#45

9	3	4	5	6	1	2	7	8
6	5	1	2	7	8	3	4	9
2	7	8	3	4	9	5	6	1
4	1	5	6	8	2	7	9	3
3	8	2	7	9	4	1	5	6
7	9	6	1	3	5	4	8	2
1	4	7	8	2	6	9	3	5
5	6	3	9	1	7	8	2	4
8	2	9	4	5	3	6	1	7

#46

3	7	6	5	1	2	8	9	4
2	4	5	6	9	8	3	7	1
8	9	1	3	7	4	5	2	6
5	6	8	7	4	1	9	3	2
1	3	7	9	2	5	6	4	8
9	2	4	8	3	6	1	5	7
7	1	3	2	6	9	4	8	5
4	8	2	1	5	3	7	6	9
6	5	9	4	8	7	2	1	3

#47

7	4	2	1	3	5	6	8	9
5	1	3	6	8	9	2	4	7
6	8	9	2	4	7	3	5	1
8	6	4	3	7	1	5	9	2
3	7	5	9	2	4	1	6	8
2	9	1	5	6	8	4	7	3
4	2	6	7	9	3	8	1	5
1	3	7	8	5	6	9	2	4
9	5	8	4	1	2	7	3	6

#48

2	6	4	5	1	3	7	8	9
1	3	5	7	8	9	2	4	6
7	8	9	2	4	6	1	3	5
4	5	3	9	2	7	8	6	1
6	7	2	8	3	1	5	9	4
8	9	1	6	5	4	3	2	7
3	2	6	1	9	5	4	7	8
5	4	7	3	6	8	9	1	2
9	1	8	4	7	2	6	5	3

#49

6	2	1	7	3	4	5	8	9
5	4	7	6	8	9	1	2	3
3	8	9	1	2	5	4	6	7
4	6	5	3	7	2	9	1	8
8	7	2	9	6	1	3	4	5
1	9	3	4	5	8	2	7	6
2	1	6	5	9	7	8	3	4
7	5	4	8	1	3	6	9	2
9	3	8	2	4	6	7	5	1

#50

5	1	7	4	2	3	6	8	9
3	4	6	8	1	9	5	7	2
2	8	9	5	6	7	1	3	4
4	3	1	6	8	5	9	2	7
8	6	5	7	9	2	4	1	3
7	9	2	3	4	1	8	5	6
1	5	4	2	3	6	7	9	8
6	7	3	9	5	8	2	4	1
9	2	8	1	7	4	3	6	5

#51

4	8	2	1	6	9	7	3	5
3	5	6	4	2	7	8	1	9
9	1	7	3	8	5	4	2	6
7	2	1	5	3	6	9	4	8
6	4	9	8	7	2	3	5	1
8	3	5	9	4	1	6	7	2
2	6	4	7	1	8	5	9	3
5	7	8	2	9	3	1	6	4
1	9	3	6	5	4	2	8	7

#52

9	2	3	6	5	4	7	1	8
8	7	6	1	2	3	4	5	9
5	4	1	9	8	7	3	2	6
2	9	7	8	4	5	6	3	1
4	6	5	3	1	9	8	7	2
1	3	8	7	6	2	9	4	5
3	8	2	4	9	1	5	6	7
6	5	4	2	7	8	1	9	3
7	1	9	5	3	6	2	8	4

#53

1	8	2	3	4	5	6	7	9
3	4	5	6	7	9	2	8	1
6	7	9	8	2	1	3	4	5
5	2	8	4	9	3	1	6	7
4	6	1	2	5	7	8	9	3
7	9	3	1	6	8	4	5	2
8	3	7	5	1	4	9	2	6
2	5	4	9	3	6	7	1	8
9	1	6	7	8	2	5	3	4

#54

7	3	5	4	6	9	2	8	1
4	6	2	8	7	1	3	9	5
1	8	9	3	2	5	6	7	4
8	1	3	9	4	2	7	5	6
5	2	4	6	1	7	9	3	8
9	7	6	5	8	3	4	1	2
6	4	7	1	3	8	5	2	9
2	9	1	7	5	6	8	4	3
3	5	8	2	9	4	1	6	7

#55

6	3	5	1	8	9	4	2	7
1	2	7	4	6	3	8	5	9
4	8	9	5	7	2	6	1	3
7	4	6	3	1	8	2	9	5
9	1	2	7	4	5	3	8	6
3	5	8	9	2	6	7	4	1
5	6	1	8	3	4	9	7	2
2	9	4	6	5	7	1	3	8
8	7	3	2	9	1	5	6	4

#56

9	1	7	6	2	8	4	3	5
4	3	5	1	7	9	8	6	2
2	6	8	4	3	5	9	1	7
1	2	9	7	8	6	3	5	4
8	7	4	5	9	3	6	2	1
3	5	6	2	1	4	7	9	8
7	9	1	3	4	2	5	8	6
5	4	3	8	6	1	2	7	9
6	8	2	9	5	7	1	4	3

#57

4	6	5	7	8	2	3	9	1
1	7	2	3	6	9	4	5	8
3	8	9	1	4	5	2	6	7
5	3	4	8	7	6	9	1	2
9	1	6	4	2	3	8	7	5
7	2	8	9	5	1	6	3	4
2	4	3	5	9	7	1	8	6
6	5	1	2	3	8	7	4	9
8	9	7	6	1	4	5	2	3

#58

8	4	7	2	5	3	6	9	1
5	6	1	4	7	9	2	3	8
3	2	9	6	8	1	4	5	7
4	7	5	8	1	2	9	6	3
6	9	3	7	4	5	8	1	2
1	8	2	3	9	6	5	7	4
2	5	4	9	3	7	1	8	6
7	1	6	5	2	8	3	4	9
9	3	8	1	6	4	7	2	5

#59

1	2	6	7	8	9	4	5	3
4	5	3	1	2	6	7	8	9
7	8	9	5	3	4	1	2	6
5	3	2	9	1	8	6	4	7
8	1	7	6	4	5	3	9	2
6	9	4	2	7	3	8	1	5
2	6	1	4	5	7	9	3	8
9	4	8	3	6	2	5	7	1
3	7	5	8	9	1	2	6	4

#60

5	6	7	8	2	1	3	4	9
2	3	1	4	7	9	5	6	8
4	8	9	3	5	6	1	2	7
1	4	5	2	6	7	8	9	3
6	7	8	9	3	4	2	5	1
9	2	3	1	8	5	4	7	6
3	9	4	6	1	2	7	8	5
7	1	2	5	9	8	6	3	4
8	5	6	7	4	3	9	1	2

#61

5	1	2	8	7	9	4	3	6
4	3	6	1	2	5	7	9	8
7	8	9	3	6	4	5	1	2
1	4	3	5	9	2	6	8	7
8	6	5	7	4	3	1	2	9
9	2	7	6	1	8	3	4	5
2	5	1	4	8	6	9	7	3
3	9	4	2	5	7	8	6	1
6	7	8	9	3	1	2	5	4

#62

8	7	5	6	9	1	2	3	4
4	1	2	3	5	7	6	8	9
3	6	9	2	4	8	5	7	1
6	5	1	8	2	3	9	4	7
2	9	3	7	6	4	8	1	5
7	4	8	5	1	9	3	2	6
5	3	4	9	7	2	1	6	8
9	2	7	1	8	6	4	5	3
1	8	6	4	3	5	7	9	2

#63

4	7	8	5	6	3	1	2	9
1	5	3	2	8	9	4	6	7
2	6	9	4	7	1	3	5	8
3	4	1	7	5	6	8	9	2
7	8	5	9	1	2	6	3	4
9	2	6	8	3	4	5	7	1
5	1	2	3	4	7	9	8	6
6	3	7	1	9	8	2	4	5
8	9	4	6	2	5	7	1	3

#64

6	3	5	2	1	9	8	4	7
7	8	4	6	3	5	2	9	1
1	2	9	7	8	4	6	3	5
4	5	6	8	7	2	9	1	3
8	9	1	5	4	3	7	2	6
2	7	3	9	6	1	4	5	8
5	4	8	1	9	6	3	7	2
3	6	2	4	5	7	1	8	9
9	1	7	3	2	8	5	6	4

#65

4	3	5	6	7	8	9	2	1
8	6	7	1	2	9	4	5	3
2	1	9	4	5	3	8	6	7
7	8	3	9	6	2	1	4	5
1	5	6	7	8	4	3	9	2
9	4	2	3	1	5	7	8	6
3	2	1	8	4	6	5	7	9
5	9	8	2	3	7	6	1	4
6	7	4	5	9	1	2	3	8

#66

7	8	2	3	6	1	5	9	4
5	1	3	8	9	4	7	2	6
4	6	9	2	7	5	3	1	8
9	7	6	4	8	2	1	5	3
3	2	4	5	1	7	8	6	9
1	5	8	9	3	6	4	7	2
8	9	7	1	2	3	6	4	5
2	4	1	6	5	8	9	3	7
6	3	5	7	4	9	2	8	1

#67

3	2	4	5	6	7	8	9	1
1	5	6	2	8	9	3	4	7
7	8	9	3	1	4	5	2	6
5	4	1	7	2	6	9	3	8
2	9	3	8	5	1	6	7	4
6	7	8	4	9	3	1	5	2
4	1	5	6	3	2	7	8	9
8	6	2	9	7	5	4	1	3
9	3	7	1	4	8	2	6	5

#68

2	7	5	6	8	3	4	9	1
1	3	4	5	2	9	6	7	8
6	8	9	4	1	7	2	3	5
5	4	7	2	3	6	8	1	9
3	9	2	1	7	8	5	4	6
8	1	6	9	4	5	3	2	7
4	5	3	7	6	1	9	8	2
7	6	8	3	9	2	1	5	4
9	2	1	8	5	4	7	6	3

#69

8	3	1	5	6	9	7	4	2
7	2	4	1	8	3	6	5	9
5	6	9	4	2	7	3	8	1
4	7	8	3	9	5	1	2	6
1	5	2	6	7	8	9	3	4
6	9	3	2	1	4	5	7	8
3	1	6	7	4	2	8	9	5
2	8	7	9	5	6	4	1	3
9	4	5	8	3	1	2	6	7

#70

8	3	6	4	5	7	2	9	1
1	5	4	2	8	9	6	3	7
2	7	9	3	1	6	4	5	8
3	6	1	8	7	4	9	2	5
4	8	5	9	2	1	7	6	3
7	9	2	5	6	3	1	8	4
5	1	7	6	3	2	8	4	9
6	4	3	1	9	8	5	7	2
9	2	8	7	4	5	3	1	6

#71

1	4	6	7	9	5	2	3	8
3	5	7	1	8	2	4	9	6
2	8	9	4	6	3	1	5	7
6	9	1	5	2	7	3	8	4
7	2	5	3	4	8	6	1	9
8	3	4	9	1	6	5	7	2
9	1	8	6	5	4	7	2	3
4	7	2	8	3	1	9	6	5
5	6	3	2	7	9	8	4	1

#72

3	6	1	5	8	7	9	4	2
2	4	7	3	6	9	5	1	8
5	8	9	2	1	4	3	7	6
6	2	3	1	9	8	4	5	7
4	1	8	7	5	6	2	3	9
7	9	5	4	3	2	6	8	1
1	7	6	9	4	5	8	2	3
8	5	2	6	7	3	1	9	4
9	3	4	8	2	1	7	6	5

#73

6	1	3	7	8	9	5	4	2
4	7	2	6	3	5	9	8	1
5	8	9	1	4	2	6	3	7
8	5	1	9	6	4	7	2	3
2	6	4	3	5	7	1	9	8
9	3	7	2	1	8	4	5	6
1	2	6	5	9	3	8	7	4
3	4	5	8	7	6	2	1	9
7	9	8	4	2	1	3	6	5

#74

5	8	3	4	6	1	7	2	9
4	6	7	2	8	9	3	5	1
1	2	9	3	5	7	4	6	8
6	5	2	8	7	4	1	9	3
8	7	1	6	9	3	2	4	5
9	3	4	5	1	2	8	7	6
3	4	6	9	2	8	5	1	7
2	1	5	7	3	6	9	8	4
7	9	8	1	4	5	6	3	2

#75

3	2	4	5	1	6	7	8	9
5	6	7	4	8	9	3	2	1
8	1	9	2	3	7	4	5	6
2	8	5	6	4	3	1	9	7
6	4	1	7	9	5	2	3	8
9	7	3	1	2	8	6	4	5
4	5	2	8	7	1	9	6	3
7	3	6	9	5	2	8	1	4
1	9	8	3	6	4	5	7	2

#76

7	4	2	3	6	8	1	9	5
1	3	5	4	7	9	6	8	2
6	8	9	2	1	5	4	3	7
5	2	3	7	9	1	8	4	6
8	6	7	5	4	3	2	1	9
4	9	1	8	2	6	7	5	3
2	7	8	9	3	4	5	6	1
3	1	4	6	5	7	9	2	8
9	5	6	1	8	2	3	7	4

#77

6	7	1	2	9	4	3	5	8
3	5	8	6	7	1	4	2	9
2	4	9	5	3	8	6	7	1
5	1	4	7	8	2	9	3	6
8	2	6	3	4	9	7	1	5
9	3	7	1	6	5	2	8	4
7	6	5	4	1	3	8	9	2
4	8	2	9	5	7	1	6	3
1	9	3	8	2	6	5	4	7

#78

3	6	1	2	8	7	5	4	9
5	4	2	3	9	1	7	8	6
7	8	9	5	4	6	1	3	2
6	1	3	9	2	5	4	7	8
8	2	4	7	6	3	9	1	5
9	7	5	4	1	8	6	2	3
1	3	7	6	5	2	8	9	4
4	5	8	1	3	9	2	6	7
2	9	6	8	7	4	3	5	1

#79

4	3	5	6	7	8	2	9	1
6	7	1	2	5	9	3	4	8
2	8	9	3	4	1	5	6	7
5	2	4	8	1	3	9	7	6
7	6	3	9	2	4	8	1	5
9	1	8	5	6	7	4	2	3
1	5	6	4	3	2	7	8	9
3	9	2	7	8	6	1	5	4
8	4	7	1	9	5	6	3	2

#80

1	6	4	2	3	8	5	7	9
5	7	3	1	9	4	2	6	8
8	2	9	6	7	5	1	4	3
4	1	5	8	6	2	3	9	7
6	3	2	9	5	7	8	1	4
7	9	8	3	4	1	6	5	2
9	4	1	5	2	3	7	8	6
3	8	7	4	1	6	9	2	5
2	5	6	7	8	9	4	3	1

#81

6	7	2	8	3	4	1	5	9
4	1	3	5	7	9	2	6	8
5	8	9	6	1	2	3	4	7
7	6	1	2	8	5	9	3	4
8	2	4	9	6	3	7	1	5
3	9	5	7	4	1	6	8	2
9	5	6	3	2	8	4	7	1
2	4	7	1	5	6	8	9	3
1	3	8	4	9	7	5	2	6

#82

3	2	4	1	5	6	7	8	9
6	5	7	4	8	9	1	2	3
8	9	1	2	3	7	4	5	6
1	4	5	9	6	2	8	3	7
2	3	8	7	4	5	9	6	1
7	6	9	3	1	8	2	4	5
4	7	3	5	2	1	6	9	8
5	1	6	8	9	4	3	7	2
9	8	2	6	7	3	5	1	4

#83

5	7	6	2	9	8	3	4	1
3	4	1	5	7	6	9	2	8
8	2	9	4	1	3	7	5	6
1	3	5	6	4	9	8	7	2
2	6	7	8	3	5	4	1	9
4	9	8	7	2	1	6	3	5
6	8	2	3	5	4	1	9	7
7	1	4	9	6	2	5	8	3
9	5	3	1	8	7	2	6	4

#84

5	2	3	1	8	9	7	4	6
4	6	1	2	5	7	3	9	8
8	9	7	3	4	6	5	2	1
7	5	2	4	1	8	6	3	9
1	3	9	6	7	5	2	8	4
6	4	8	9	2	3	1	7	5
3	1	6	7	9	4	8	5	2
9	7	5	8	6	2	4	1	3
2	8	4	5	3	1	9	6	7

#85

9	2	5	3	1	4	6	7	8
3	6	4	7	8	9	1	5	2
7	1	8	2	5	6	3	4	9
4	3	1	8	2	5	7	9	6
6	8	7	9	4	3	2	1	5
2	5	9	1	6	7	4	8	3
5	7	2	4	3	8	9	6	1
1	4	6	5	9	2	8	3	7
8	9	3	6	7	1	5	2	4

#86

2	5	6	4	1	3	7	8	9
7	3	4	6	8	9	1	2	5
8	9	1	2	5	7	3	4	6
3	4	5	1	7	2	9	6	8
1	7	8	5	9	6	4	3	2
6	2	9	3	4	8	5	1	7
4	6	2	9	3	5	8	7	1
5	1	7	8	2	4	6	9	3
9	8	3	7	6	1	2	5	4

#87

6	4	7	3	2	5	9	8	1
8	3	9	4	7	1	5	6	2
5	1	2	9	6	8	4	7	3
1	2	6	8	9	3	7	5	4
7	9	4	6	5	2	3	1	8
3	5	8	1	4	7	6	2	9
4	7	5	2	8	9	1	3	6
2	6	3	5	1	4	8	9	7
9	8	1	7	3	6	2	4	5

#88

2	4	5	8	9	3	1	6	7
3	6	7	2	4	1	5	9	8
8	9	1	5	6	7	3	2	4
9	2	6	1	5	4	7	8	3
5	7	4	9	3	8	6	1	2
1	3	8	7	2	6	4	5	9
4	8	2	3	1	5	9	7	6
6	5	9	4	7	2	8	3	1
7	1	3	6	8	9	2	4	5

#89

9	7	4	5	6	8	2	1	3
6	3	2	4	7	1	5	8	9
5	8	1	2	3	9	4	6	7
2	4	6	8	5	3	9	7	1
7	5	3	1	9	4	6	2	8
1	9	8	6	2	7	3	4	5
3	6	5	7	1	2	8	9	4
4	2	7	9	8	5	1	3	6
8	1	9	3	4	6	7	5	2

#90

5	2	4	6	3	1	7	8	9
1	6	3	7	8	9	2	4	5
7	8	9	2	4	5	3	1	6
2	3	5	4	1	6	8	9	7
4	7	6	9	2	8	5	3	1
9	1	8	3	5	7	4	6	2
3	4	7	1	6	2	9	5	8
6	5	2	8	9	3	1	7	4
8	9	1	5	7	4	6	2	3

#91

7	1	2	4	9	6	8	3	5
5	3	4	8	7	1	2	6	9
8	6	9	3	5	2	7	1	4
2	4	1	7	6	5	9	8	3
9	7	5	1	8	3	4	2	6
6	8	3	9	2	4	5	7	1
1	5	7	6	4	8	3	9	2
3	2	8	5	1	9	6	4	7
4	9	6	2	3	7	1	5	8

#92

8	6	7	5	9	1	2	3	4
2	3	1	6	7	4	5	9	8
4	5	9	3	8	2	6	7	1
3	8	6	7	4	5	1	2	9
1	7	4	9	2	3	8	6	5
5	9	2	1	6	8	3	4	7
7	1	3	2	5	9	4	8	6
9	4	5	8	3	6	7	1	2
6	2	8	4	1	7	9	5	3

#93

4	5	3	8	2	9	6	7	1
6	7	1	5	4	3	8	9	2
2	8	9	7	1	6	4	3	5
5	4	7	1	8	2	9	6	3
3	9	2	4	6	5	7	1	8
8	1	6	9	3	7	2	5	4
9	3	4	6	5	8	1	2	7
1	6	5	2	7	4	3	8	9
7	2	8	3	9	1	5	4	6

#94

2	7	4	3	1	5	6	8	9
1	5	3	6	8	9	4	2	7
6	8	9	2	4	7	3	5	1
5	6	1	4	7	2	8	9	3
8	3	2	5	9	1	7	4	6
9	4	7	8	3	6	2	1	5
3	1	5	7	2	4	9	6	8
4	9	8	1	6	3	5	7	2
7	2	6	9	5	8	1	3	4

#95

5	3	4	8	7	2	1	6	9
6	7	8	3	1	9	5	4	2
2	9	1	5	4	6	7	3	8
9	5	6	4	3	8	2	7	1
4	8	7	2	5	1	3	9	6
1	2	3	6	9	7	8	5	4
3	4	2	9	8	5	6	1	7
7	6	5	1	2	4	9	8	3
8	1	9	7	6	3	4	2	5

#96

2	3	6	5	7	8	4	1	9
4	5	7	6	1	9	8	2	3
8	9	1	2	3	4	6	5	7
6	8	3	7	2	5	1	9	4
5	1	4	9	8	6	3	7	2
9	7	2	3	4	1	5	8	6
3	6	9	8	5	7	2	4	1
1	2	8	4	9	3	7	6	5
7	4	5	1	6	2	9	3	8

#97

2	6	3	4	1	5	7	8	9
7	4	1	6	8	9	2	3	5
5	8	9	2	3	7	1	4	6
3	5	4	7	2	6	9	1	8
8	9	7	1	4	3	5	6	2
1	2	6	9	5	8	3	7	4
4	3	2	5	6	1	8	9	7
6	7	8	3	9	2	4	5	1
9	1	5	8	7	4	6	2	3

#98

2	3	9	4	6	7	5	1	8
4	5	1	8	3	9	6	7	2
6	7	8	5	1	2	9	3	4
3	4	2	1	8	6	7	9	5
7	1	6	2	9	5	8	4	3
9	8	5	7	4	3	2	6	1
8	6	3	9	2	4	1	5	7
1	9	7	3	5	8	4	2	6
5	2	4	6	7	1	3	8	9

#99

1	7	5	4	6	2	8	9	3
4	6	9	7	3	8	1	5	2
2	3	8	9	5	1	7	4	6
3	4	6	1	2	7	5	8	9
5	8	1	6	9	3	2	7	4
7	9	2	5	8	4	6	3	1
8	5	4	2	1	9	3	6	7
6	2	7	3	4	5	9	1	8
9	1	3	8	7	6	4	2	5

#100

8	6	4	1	2	3	5	7	9
2	1	3	5	7	9	8	6	4
5	7	9	6	8	4	3	1	2
7	2	8	3	9	5	1	4	6
4	3	6	8	1	2	7	9	5
1	9	5	4	6	7	2	3	8
9	8	2	7	3	6	4	5	1
6	4	7	2	5	1	9	8	3
3	5	1	9	4	8	6	2	7

#101

3	2	6	8	9	5	4	7	1
7	4	8	3	2	1	6	9	5
5	9	1	6	7	4	3	2	8
4	3	9	7	6	8	5	1	2
6	7	2	1	5	3	8	4	9
8	1	5	2	4	9	7	3	6
1	5	3	4	8	2	9	6	7
2	8	7	9	3	6	1	5	4
9	6	4	5	1	7	2	8	3

#102

6	3	5	4	7	2	9	1	8
4	7	2	1	8	9	6	3	5
8	1	9	3	6	5	4	7	2
3	2	6	5	1	4	8	9	7
5	8	7	6	9	3	1	2	4
9	4	1	7	2	8	5	6	3
2	5	3	9	4	6	7	8	1
1	9	4	8	3	7	2	5	6
7	6	8	2	5	1	3	4	9

#103

6	5	2	7	4	9	1	8	3
3	4	7	2	8	1	6	5	9
1	8	9	6	5	3	4	7	2
5	1	4	3	2	8	9	6	7
2	6	8	9	1	7	5	3	4
9	7	3	4	6	5	2	1	8
8	2	6	1	7	4	3	9	5
7	3	1	5	9	2	8	4	6
4	9	5	8	3	6	7	2	1

#104

8	6	3	9	5	7	4	2	1
4	9	5	3	2	1	8	6	7
1	2	7	8	4	6	3	9	5
2	3	8	7	1	5	9	4	6
5	7	6	4	9	8	2	1	3
9	1	4	6	3	2	7	5	8
7	8	2	5	6	9	1	3	4
6	4	9	1	7	3	5	8	2
3	5	1	2	8	4	6	7	9

#105

3	7	5	8	2	1	6	9	4
4	6	2	3	9	7	8	1	5
1	8	9	4	6	5	3	7	2
2	4	7	5	3	8	9	6	1
6	3	1	7	4	9	2	5	8
5	9	8	2	1	6	4	3	7
7	2	3	6	5	4	1	8	9
8	1	4	9	7	3	5	2	6
9	5	6	1	8	2	7	4	3

#106

1	2	3	4	5	6	7	8	9
5	4	6	7	8	9	1	2	3
7	8	9	1	2	3	4	5	6
3	5	4	2	7	8	6	9	1
9	7	2	6	1	4	5	3	8
6	1	8	3	9	5	2	4	7
2	3	1	8	4	7	9	6	5
4	6	5	9	3	1	8	7	2
8	9	7	5	6	2	3	1	4

#107

5	7	2	6	9	1	3	4	8
4	3	6	7	2	8	9	1	5
8	9	1	5	3	4	7	6	2
2	1	9	4	8	6	5	7	3
7	4	8	3	1	5	6	2	9
3	6	5	2	7	9	4	8	1
6	2	7	8	5	3	1	9	4
9	8	3	1	4	7	2	5	6
1	5	4	9	6	2	8	3	7

#108

8	1	3	4	5	6	7	2	9
7	4	2	1	3	9	8	5	6
5	6	9	2	8	7	1	3	4
6	7	8	9	2	5	4	1	3
3	9	1	8	7	4	2	6	5
2	5	4	6	1	3	9	7	8
4	8	7	5	6	1	3	9	2
1	2	5	3	9	8	6	4	7
9	3	6	7	4	2	5	8	1

#109

7	1	4	5	3	8	2	6	9
2	5	3	6	9	1	7	4	8
6	8	9	7	4	2	1	5	3
1	4	6	2	8	3	9	7	5
8	9	7	4	1	5	3	2	6
3	2	5	9	7	6	8	1	4
9	7	8	1	6	4	5	3	2
5	6	1	3	2	9	4	8	7
4	3	2	8	5	7	6	9	1

#110

7	2	1	6	5	3	4	8	9
3	4	5	7	8	9	1	6	2
6	8	9	2	4	1	3	5	7
5	6	3	1	9	2	7	4	8
2	7	8	4	3	5	6	9	1
9	1	4	8	6	7	5	2	3
1	3	6	9	2	4	8	7	5
4	5	2	3	7	8	9	1	6
8	9	7	5	1	6	2	3	4

#111

6	3	7	4	5	9	2	1	8
2	1	4	7	3	8	6	5	9
5	8	9	2	1	6	3	7	4
3	4	6	8	7	5	9	2	1
8	9	1	3	6	2	7	4	5
7	2	5	9	4	1	8	6	3
4	5	8	6	2	3	1	9	7
9	7	2	1	8	4	5	3	6
1	6	3	5	9	7	4	8	2

#112

3	4	5	8	1	6	2	9	7
7	6	8	2	3	9	5	4	1
2	1	9	4	5	7	8	6	3
4	8	3	1	7	2	6	5	9
5	2	7	9	6	4	3	1	8
6	9	1	5	8	3	4	7	2
9	7	2	6	4	8	1	3	5
8	5	6	3	9	1	7	2	4
1	3	4	7	2	5	9	8	6

#113

2	6	5	7	9	3	8	4	1
4	1	3	5	6	8	9	7	2
8	7	9	2	4	1	5	6	3
5	9	2	6	3	4	1	8	7
1	4	6	9	8	7	3	2	5
7	3	8	1	2	5	4	9	6
6	2	1	8	5	9	7	3	4
3	8	7	4	1	2	6	5	9
9	5	4	3	7	6	2	1	8

#114

8	6	3	4	2	5	1	7	9
7	4	5	8	1	9	6	2	3
9	2	1	3	6	7	4	5	8
5	1	7	6	3	2	8	9	4
2	3	8	7	9	4	5	1	6
4	9	6	5	8	1	2	3	7
3	5	2	9	4	6	7	8	1
1	8	4	2	7	3	9	6	5
6	7	9	1	5	8	3	4	2

#115

9	4	6	5	7	1	3	2	8
5	3	7	8	2	9	4	6	1
1	2	8	3	4	6	5	7	9
2	7	3	6	8	4	9	1	5
4	8	1	9	5	2	7	3	6
6	5	9	1	3	7	8	4	2
3	6	2	4	9	5	1	8	7
7	9	4	2	1	8	6	5	3
8	1	5	7	6	3	2	9	4

#116

5	7	3	6	8	2	1	4	9
1	4	6	7	3	9	5	8	2
8	2	9	5	1	4	7	3	6
3	5	4	1	9	6	2	7	8
6	8	7	4	2	3	9	1	5
9	1	2	8	7	5	4	6	3
7	3	8	2	5	1	6	9	4
4	9	5	3	6	7	8	2	1
2	6	1	9	4	8	3	5	7

#117

6	3	5	2	1	4	7	8	9
2	7	4	6	8	9	3	5	1
1	8	9	3	5	7	4	2	6
7	5	2	8	3	6	9	1	4
3	6	1	9	4	2	5	7	8
4	9	8	1	7	5	2	6	3
5	2	3	4	6	1	8	9	7
8	1	7	5	9	3	6	4	2
9	4	6	7	2	8	1	3	5

#118

7	4	1	5	6	2	3	9	8
3	8	2	4	1	9	7	5	6
5	6	9	7	3	8	4	1	2
6	3	7	1	4	5	8	2	9
1	9	4	2	8	7	5	6	3
8	2	5	3	9	6	1	7	4
4	7	6	8	2	1	9	3	5
2	5	8	9	7	3	6	4	1
9	1	3	6	5	4	2	8	7

#119

4	2	3	5	6	7	8	9	1
1	5	6	4	8	9	2	3	7
7	8	9	2	1	3	4	5	6
5	1	4	8	2	6	3	7	9
6	3	7	9	4	1	5	2	8
8	9	2	3	7	5	6	1	4
2	6	5	7	9	4	1	8	3
3	7	1	6	5	8	9	4	2
9	4	8	1	3	2	7	6	5

#120

6	1	5	2	3	4	7	8	9
3	4	7	6	8	9	5	1	2
2	8	9	5	1	7	3	4	6
1	3	6	9	5	2	4	7	8
7	5	2	8	4	3	6	9	1
8	9	4	7	6	1	2	3	5
4	2	8	3	9	5	1	6	7
5	6	1	4	7	8	9	2	3
9	7	3	1	2	6	8	5	4

#121

3	1	4	9	7	8	2	5	6
5	2	6	3	1	4	7	8	9
9	7	8	5	6	2	3	1	4
2	4	9	6	3	1	8	7	5
7	6	1	8	9	5	4	3	2
8	3	5	4	2	7	9	6	1
4	5	3	1	8	9	6	2	7
1	8	2	7	4	6	5	9	3
6	9	7	2	5	3	1	4	8

#122

3	5	6	7	8	2	9	1	4
9	1	4	3	5	6	2	7	8
2	7	8	4	1	9	5	3	6
4	8	3	6	2	1	7	5	9
6	2	5	8	9	7	1	4	3
7	9	1	5	3	4	6	8	2
5	3	7	9	6	8	4	2	1
1	4	9	2	7	3	8	6	5
8	6	2	1	4	5	3	9	7

#123

1	4	3	7	8	5	2	6	9
2	5	6	4	9	1	3	7	8
7	8	9	6	3	2	1	4	5
3	1	2	5	6	8	4	9	7
9	7	5	1	2	4	6	8	3
8	6	4	9	7	3	5	2	1
4	3	7	2	1	9	8	5	6
5	9	1	8	4	6	7	3	2
6	2	8	3	5	7	9	1	4

#124

2	6	3	8	9	1	5	4	7
1	4	7	5	2	6	9	3	8
5	8	9	3	4	7	6	2	1
9	5	6	1	7	4	2	8	3
3	2	1	6	5	8	7	9	4
8	7	4	9	3	2	1	5	6
7	3	8	2	6	5	4	1	9
4	9	5	7	1	3	8	6	2
6	1	2	4	8	9	3	7	5

#125

8	4	2	7	9	3	6	5	1
5	6	7	4	2	1	3	8	9
3	9	1	6	5	8	4	2	7
6	3	8	5	4	7	9	1	2
2	5	4	1	3	9	8	7	6
7	1	9	8	6	2	5	3	4
4	2	3	9	1	5	7	6	8
9	7	5	2	8	6	1	4	3
1	8	6	3	7	4	2	9	5

#126

8	5	6	7	3	4	1	9	2
7	9	2	8	6	1	5	4	3
3	1	4	5	9	2	8	6	7
5	2	8	3	1	6	9	7	4
9	4	7	2	5	8	3	1	6
1	6	3	4	7	9	2	8	5
4	3	9	6	8	5	7	2	1
6	8	5	1	2	7	4	3	9
2	7	1	9	4	3	6	5	8

#127

6	8	2	1	3	4	5	7	9
7	3	4	5	8	9	6	1	2
5	1	9	6	2	7	3	4	8
3	7	5	2	1	6	9	8	4
8	4	1	7	9	3	2	5	6
2	9	6	4	5	8	7	3	1
4	2	7	3	6	1	8	9	5
9	5	3	8	4	2	1	6	7
1	6	8	9	7	5	4	2	3

#128

7	8	4	1	9	2	6	5	3
5	3	2	7	8	6	4	1	9
6	1	9	4	5	3	7	2	8
4	6	5	8	2	9	1	3	7
3	9	1	5	6	7	2	8	4
2	7	8	3	4	1	5	9	6
8	2	7	6	3	5	9	4	1
9	4	6	2	1	8	3	7	5
1	5	3	9	7	4	8	6	2

#129

3	4	9	7	8	2	5	6	1
5	6	7	3	1	9	4	2	8
1	2	8	4	5	6	9	3	7
6	7	2	8	3	4	1	9	5
4	8	5	2	9	1	6	7	3
9	3	1	5	6	7	8	4	2
2	5	3	9	4	8	7	1	6
8	9	6	1	7	3	2	5	4
7	1	4	6	2	5	3	8	9

#130

8	1	2	4	5	6	3	7	9
3	4	5	7	8	9	6	2	1
6	7	9	3	2	1	4	5	8
1	5	3	8	4	7	9	6	2
2	9	7	5	6	3	1	8	4
4	6	8	1	9	2	5	3	7
5	3	1	2	7	4	8	9	6
7	8	6	9	1	5	2	4	3
9	2	4	6	3	8	7	1	5

#131

1	6	7	8	5	4	2	3	9
4	5	2	3	9	1	6	7	8
3	8	9	2	6	7	4	5	1
5	2	1	4	3	8	7	9	6
8	7	6	9	1	5	3	4	2
9	3	4	7	2	6	8	1	5
2	1	5	6	4	3	9	8	7
6	4	8	1	7	9	5	2	3
7	9	3	5	8	2	1	6	4

#132

5	4	7	3	6	2	1	8	9
6	3	2	1	8	9	4	5	7
8	9	1	4	5	7	2	3	6
1	2	6	8	3	5	9	7	4
3	5	4	7	9	1	6	2	8
9	7	8	2	4	6	3	1	5
4	1	5	6	7	3	8	9	2
2	6	9	5	1	8	7	4	3
7	8	3	9	2	4	5	6	1

#133

1	6	2	5	3	4	8	9	7
3	5	4	8	7	9	1	6	2
7	8	9	1	2	6	3	4	5
8	2	5	6	9	3	4	7	1
4	3	1	7	5	8	6	2	9
9	7	6	4	1	2	5	3	8
2	1	7	3	6	5	9	8	4
5	4	3	9	8	7	2	1	6
6	9	8	2	4	1	7	5	3

#134

2	4	5	8	7	9	3	1	6
3	1	6	2	4	5	7	8	9
7	8	9	1	6	3	4	2	5
4	7	1	5	2	6	9	3	8
5	9	8	4	3	1	2	6	7
6	2	3	9	8	7	5	4	1
9	5	2	3	1	8	6	7	4
8	6	4	7	5	2	1	9	3
1	3	7	6	9	4	8	5	2

#135

4	2	3	8	9	1	5	6	7
5	6	7	4	2	3	8	9	1
8	1	9	6	7	5	2	3	4
7	5	1	9	3	2	4	8	6
6	3	4	7	1	8	9	2	5
9	8	2	5	4	6	7	1	3
2	4	6	1	8	7	3	5	9
3	9	5	2	6	4	1	7	8
1	7	8	3	5	9	6	4	2

#136

5	3	4	6	7	8	9	1	2
6	1	7	2	5	9	3	4	8
2	8	9	1	3	4	5	6	7
3	7	5	4	8	1	2	9	6
1	2	8	9	6	5	4	7	3
9	4	6	3	2	7	1	8	5
4	5	2	7	1	6	8	3	9
7	9	3	8	4	2	6	5	1
8	6	1	5	9	3	7	2	4

#137

3	4	1	6	5	2	7	8	9
6	2	5	7	8	9	3	1	4
7	8	9	1	3	4	2	5	6
4	1	3	5	7	6	8	9	2
5	9	6	8	2	1	4	3	7
2	7	8	9	4	3	1	6	5
8	3	4	2	6	5	9	7	1
1	5	2	3	9	7	6	4	8
9	6	7	4	1	8	5	2	3

#138

8	5	4	6	3	9	7	1	2
2	6	7	8	4	1	5	9	3
3	1	9	5	7	2	8	4	6
4	8	6	9	5	3	2	7	1
9	7	3	1	2	8	6	5	4
1	2	5	7	6	4	3	8	9
6	9	1	2	8	5	4	3	7
5	3	2	4	9	7	1	6	8
7	4	8	3	1	6	9	2	5

#139

7	3	8	1	2	4	5	6	9
4	5	2	6	8	9	3	7	1
1	6	9	3	5	7	2	4	8
2	1	4	8	7	3	9	5	6
6	7	3	4	9	5	8	1	2
9	8	5	2	6	1	4	3	7
3	2	6	7	4	8	1	9	5
5	4	7	9	1	2	6	8	3
8	9	1	5	3	6	7	2	4

#140

6	8	7	1	4	3	2	5	9
4	1	2	5	8	9	3	6	7
3	5	9	2	6	7	4	1	8
5	4	6	8	2	1	7	9	3
7	2	1	3	9	5	8	4	6
8	9	3	4	7	6	1	2	5
1	6	5	7	3	2	9	8	4
2	3	4	9	5	8	6	7	1
9	7	8	6	1	4	5	3	2

#141

4	2	5	3	8	1	9	6	7
9	6	7	4	2	5	1	8	3
1	3	8	9	6	7	2	5	4
3	4	9	2	5	6	7	1	8
5	8	1	7	9	4	3	2	6
6	7	2	8	1	3	4	9	5
8	1	4	6	7	9	5	3	2
2	9	3	5	4	8	6	7	1
7	5	6	1	3	2	8	4	9

#142

3	2	5	8	6	9	7	1	4
7	1	4	3	2	5	6	8	9
6	8	9	1	4	7	3	2	5
9	7	3	4	1	2	5	6	8
2	4	8	5	7	6	9	3	1
1	5	6	9	8	3	4	7	2
8	9	7	6	5	1	2	4	3
5	6	1	2	3	4	8	9	7
4	3	2	7	9	8	1	5	6

#143

6	3	4	1	2	5	7	8	9
5	7	2	6	8	9	3	4	1
8	1	9	3	4	7	2	5	6
3	4	1	9	5	2	8	6	7
7	6	5	4	1	8	9	2	3
2	9	8	7	3	6	4	1	5
1	2	6	8	7	3	5	9	4
4	5	3	2	9	1	6	7	8
9	8	7	5	6	4	1	3	2

#144

8	3	5	6	2	1	4	7	9
4	1	6	7	8	9	3	5	2
2	7	9	3	4	5	1	6	8
5	4	2	8	7	3	6	9	1
1	6	3	5	9	2	7	8	4
9	8	7	1	6	4	5	2	3
3	2	8	4	5	6	9	1	7
6	9	4	2	1	7	8	3	5
7	5	1	9	3	8	2	4	6

#145

1	6	3	5	4	7	2	9	8
5	4	7	8	9	2	1	6	3
2	8	9	1	6	3	5	4	7
3	2	8	4	5	1	9	7	6
9	1	6	7	2	8	3	5	4
7	5	4	6	3	9	8	2	1
6	7	1	2	8	5	4	3	9
4	3	2	9	1	6	7	8	5
8	9	5	3	7	4	6	1	2

#146

6	7	4	5	1	9	3	8	2
3	5	1	4	2	8	6	7	9
2	8	9	3	6	7	4	5	1
8	6	3	7	5	2	1	9	4
4	9	7	8	3	1	2	6	5
5	1	2	9	4	6	7	3	8
7	3	5	1	8	4	9	2	6
9	4	6	2	7	5	8	1	3
1	2	8	6	9	3	5	4	7

#147

1	7	5	4	3	8	2	9	6
6	3	4	2	1	9	7	5	8
8	2	9	6	5	7	1	3	4
7	6	3	8	9	2	4	1	5
4	1	2	5	6	3	8	7	9
5	9	8	1	7	4	3	6	2
2	5	1	7	8	6	9	4	3
3	4	6	9	2	1	5	8	7
9	8	7	3	4	5	6	2	1

#148

2	6	1	4	5	3	8	7	9
3	4	5	7	8	9	2	1	6
7	8	9	2	6	1	3	4	5
4	7	3	6	1	5	9	2	8
5	9	2	8	3	4	1	6	7
8	1	6	9	2	7	4	5	3
1	5	8	3	7	2	6	9	4
9	3	7	1	4	6	5	8	2
6	2	4	5	9	8	7	3	1

#149

6	2	7	1	3	4	5	8	9
8	3	4	5	7	9	2	1	6
5	9	1	2	6	8	3	4	7
4	5	3	6	8	7	1	9	2
2	1	8	3	9	5	7	6	4
7	6	9	4	2	1	8	3	5
3	4	5	9	1	2	6	7	8
1	7	2	8	4	6	9	5	3
9	8	6	7	5	3	4	2	1

#150

8	9	3	4	1	7	2	5	6
2	7	4	3	6	5	9	8	1
5	1	6	8	2	9	3	7	4
3	5	7	1	4	2	8	6	9
1	2	8	9	7	6	5	4	3
4	6	9	5	8	3	1	2	7
7	8	1	2	9	4	6	3	5
9	4	5	6	3	8	7	1	2
6	3	2	7	5	1	4	9	8

#151

4	7	2	8	3	9	6	1	5
1	5	3	4	7	6	8	2	9
6	8	9	1	2	5	7	4	3
5	1	7	3	9	2	4	6	8
2	4	6	5	1	8	3	9	7
3	9	8	6	4	7	1	5	2
7	3	5	2	6	1	9	8	4
9	2	1	7	8	4	5	3	6
8	6	4	9	5	3	2	7	1

#152

3	5	4	6	7	8	2	9	1
6	1	2	3	4	9	5	7	8
7	8	9	5	1	2	3	4	6
2	4	6	7	8	5	9	1	3
1	3	5	2	9	4	6	8	7
9	7	8	1	3	6	4	2	5
4	6	3	8	2	7	1	5	9
5	2	7	9	6	1	8	3	4
8	9	1	4	5	3	7	6	2

#153

2	6	4	3	8	9	5	7	1
3	5	7	6	1	4	2	8	9
8	9	1	5	7	2	6	4	3
6	3	8	9	4	5	1	2	7
1	4	9	7	2	8	3	6	5
7	2	5	1	6	3	4	9	8
5	7	3	2	9	6	8	1	4
4	1	2	8	3	7	9	5	6
9	8	6	4	5	1	7	3	2

#154

6	7	8	5	2	4	1	3	9
1	5	3	7	8	9	6	2	4
2	4	9	1	6	3	8	5	7
7	1	6	3	4	8	5	9	2
9	3	5	2	1	7	4	6	8
8	2	4	6	9	5	7	1	3
5	8	2	9	7	1	3	4	6
4	6	1	8	3	2	9	7	5
3	9	7	4	5	6	2	8	1

#155

8	2	5	6	9	4	3	1	7
6	3	7	8	5	1	4	2	9
4	9	1	3	7	2	8	6	5
7	8	6	9	3	5	2	4	1
2	5	3	1	4	8	7	9	6
1	4	9	7	2	6	5	3	8
3	6	8	4	1	7	9	5	2
5	7	4	2	6	9	1	8	3
9	1	2	5	8	3	6	7	4

#156

3	5	6	8	2	9	4	7	1
4	7	1	3	6	5	9	8	2
2	9	8	7	4	1	3	5	6
8	6	4	5	3	2	1	9	7
5	1	7	9	8	6	2	4	3
9	2	3	4	1	7	8	6	5
1	4	2	6	5	8	7	3	9
6	8	9	1	7	3	5	2	4
7	3	5	2	9	4	6	1	8

#157

3	4	6	5	1	2	7	8	9
2	5	7	6	8	9	3	1	4
8	9	1	3	4	7	5	2	6
6	1	9	7	3	4	2	5	8
4	7	3	8	2	5	6	9	1
5	2	8	9	6	1	4	3	7
7	6	2	1	5	8	9	4	3
1	3	4	2	9	6	8	7	5
9	8	5	4	7	3	1	6	2

#158

6	4	2	1	9	8	7	5	3
7	5	3	6	4	2	8	9	1
1	8	9	5	3	7	6	4	2
8	7	6	2	1	4	5	3	9
5	9	1	8	7	3	2	6	4
2	3	4	9	6	5	1	7	8
4	6	8	7	2	9	3	1	5
3	2	7	4	5	1	9	8	6
9	1	5	3	8	6	4	2	7

#159

6	7	1	4	8	5	3	2	9
3	4	5	9	7	2	6	1	8
2	8	9	1	3	6	7	4	5
4	2	8	3	1	9	5	6	7
9	5	7	2	6	4	8	3	1
1	6	3	7	5	8	2	9	4
7	3	6	8	9	1	4	5	2
5	9	4	6	2	7	1	8	3
8	1	2	5	4	3	9	7	6

#160

8	7	2	3	1	4	5	6	9
3	5	4	6	8	9	2	1	7
1	6	9	2	5	7	3	4	8
6	2	3	7	4	5	8	9	1
9	4	8	1	3	2	6	7	5
5	1	7	8	9	6	4	2	3
2	9	1	5	6	3	7	8	4
4	3	6	9	7	8	1	5	2
7	8	5	4	2	1	9	3	6

#161

2	7	6	4	5	8	3	1	9
5	3	4	7	1	9	2	6	8
1	8	9	3	2	6	4	5	7
3	5	1	6	7	4	8	9	2
8	6	2	9	3	5	7	4	1
4	9	7	1	8	2	5	3	6
6	1	8	2	4	3	9	7	5
7	2	3	5	9	1	6	8	4
9	4	5	8	6	7	1	2	3

#162

8	5	2	6	1	3	4	7	9
6	7	1	4	8	9	2	3	5
3	4	9	5	2	7	6	1	8
7	6	4	2	3	5	8	9	1
2	8	3	9	7	1	5	4	6
9	1	5	8	4	6	3	2	7
4	9	6	1	5	2	7	8	3
5	2	7	3	9	8	1	6	4
1	3	8	7	6	4	9	5	2

#163

3	4	7	2	5	6	8	9	1
5	2	6	8	9	1	3	4	7
8	1	9	3	4	7	2	5	6
2	6	4	7	8	5	9	1	3
7	3	1	9	2	4	5	6	8
9	5	8	6	1	3	4	7	2
4	7	2	1	3	9	6	8	5
1	8	5	4	6	2	7	3	9
6	9	3	5	7	8	1	2	4

#164

9	1	2	6	3	4	7	5	8
6	3	4	5	8	7	9	1	2
5	7	8	1	2	9	6	3	4
3	2	9	4	7	5	8	6	1
7	6	1	3	9	8	2	4	5
4	8	5	2	6	1	3	9	7
8	4	6	9	5	2	1	7	3
2	5	3	7	1	6	4	8	9
1	9	7	8	4	3	5	2	6

#165

8	6	2	9	4	1	5	3	7
5	3	4	6	2	7	9	1	8
1	7	9	3	8	5	4	6	2
3	5	6	1	7	2	8	4	9
9	8	1	4	5	6	2	7	3
4	2	7	8	9	3	1	5	6
6	9	8	5	3	4	7	2	1
2	1	5	7	6	8	3	9	4
7	4	3	2	1	9	6	8	5

#166

1	4	2	3	6	7	9	5	8
3	5	6	1	9	8	4	7	2
8	7	9	4	2	5	3	1	6
4	1	8	7	3	6	5	2	9
2	3	5	9	8	1	6	4	7
6	9	7	5	4	2	8	3	1
7	6	1	8	5	3	2	9	4
5	2	4	6	1	9	7	8	3
9	8	3	2	7	4	1	6	5

#167

3	7	5	4	8	1	2	6	9
1	2	4	6	9	5	3	7	8
6	8	9	3	7	2	1	4	5
4	9	6	7	3	8	5	1	2
7	5	8	2	1	4	6	9	3
2	3	1	5	6	9	7	8	4
8	4	3	1	2	6	9	5	7
5	1	7	9	4	3	8	2	6
9	6	2	8	5	7	4	3	1

#168

5	2	3	1	7	9	4	6	8
4	6	7	5	2	8	1	3	9
8	1	9	4	3	6	5	2	7
2	5	6	7	8	3	9	1	4
9	4	8	2	1	5	3	7	6
3	7	1	6	9	4	2	8	5
6	3	5	8	4	1	7	9	2
1	8	2	9	5	7	6	4	3
7	9	4	3	6	2	8	5	1

#169

3	7	6	2	1	4	5	8	9
1	4	5	7	8	9	6	2	3
2	8	9	3	5	6	4	7	1
4	5	3	1	2	7	8	9	6
8	6	7	9	4	3	2	1	5
9	2	1	8	6	5	3	4	7
5	3	2	4	7	1	9	6	8
6	1	4	5	9	8	7	3	2
7	9	8	6	3	2	1	5	4

#170

4	6	5	1	7	2	3	8	9
3	7	2	6	8	9	4	5	1
8	1	9	3	4	5	2	6	7
6	5	3	7	2	1	8	9	4
2	4	1	8	9	6	7	3	5
9	8	7	4	5	3	1	2	6
5	3	4	2	6	7	9	1	8
1	9	8	5	3	4	6	7	2
7	2	6	9	1	8	5	4	3

#171

2	7	3	8	9	4	6	5	1
5	4	8	6	3	1	9	2	7
9	1	6	2	7	5	3	4	8
6	2	9	5	1	8	4	7	3
7	3	5	4	6	9	8	1	2
4	8	1	3	2	7	5	6	9
3	9	2	1	4	6	7	8	5
8	6	7	9	5	2	1	3	4
1	5	4	7	8	3	2	9	6

#172

2	8	6	1	3	4	5	7	9
3	5	1	7	8	9	2	4	6
4	7	9	2	5	6	3	1	8
5	9	4	6	1	3	7	8	2
6	2	7	8	4	5	9	3	1
1	3	8	9	2	7	4	6	5
7	1	3	5	6	2	8	9	4
8	4	2	3	9	1	6	5	7
9	6	5	4	7	8	1	2	3

#173

1	6	3	2	4	5	7	8	9
4	2	5	7	8	9	1	3	6
7	8	9	3	1	6	4	2	5
5	7	1	8	6	2	9	4	3
8	3	6	9	5	4	2	1	7
9	4	2	1	3	7	5	6	8
2	5	4	6	7	3	8	9	1
3	1	7	4	9	8	6	5	2
6	9	8	5	2	1	3	7	4

#174

5	4	7	8	1	3	6	9	2
6	8	1	2	9	5	4	7	3
2	3	9	4	7	6	5	8	1
4	5	6	9	8	2	1	3	7
8	7	2	3	4	1	9	5	6
9	1	3	5	6	7	2	4	8
7	2	8	6	5	4	3	1	9
1	6	4	7	3	9	8	2	5
3	9	5	1	2	8	7	6	4

#175

1	7	6	8	4	9	3	5	2
5	2	3	7	6	1	8	4	9
4	8	9	2	3	5	1	7	6
3	1	4	6	2	8	7	9	5
2	6	8	9	5	7	4	3	1
9	5	7	4	1	3	6	2	8
7	3	2	5	8	6	9	1	4
6	9	5	1	7	4	2	8	3
8	4	1	3	9	2	5	6	7

#176

2	1	3	4	6	7	5	8	9
4	6	5	3	8	9	2	1	7
7	8	9	2	1	5	3	4	6
5	7	2	1	4	3	6	9	8
1	9	6	8	5	2	7	3	4
8	3	4	9	7	6	1	5	2
6	2	1	5	9	8	4	7	3
3	5	8	7	2	4	9	6	1
9	4	7	6	3	1	8	2	5

#177

1	4	5	6	3	8	7	2	9
6	7	3	2	1	9	4	5	8
8	2	9	7	5	4	1	6	3
9	8	4	5	6	2	3	1	7
7	5	1	8	4	3	6	9	2
2	3	6	9	7	1	8	4	5
5	1	2	4	8	7	9	3	6
4	6	7	3	9	5	2	8	1
3	9	8	1	2	6	5	7	4

#178

6	4	7	3	8	5	1	9	2
5	2	8	1	6	9	3	4	7
3	1	9	4	7	2	6	5	8
7	3	4	6	1	8	5	2	9
2	9	6	5	3	4	8	7	1
1	8	5	9	2	7	4	3	6
4	7	2	8	5	6	9	1	3
9	6	1	7	4	3	2	8	5
8	5	3	2	9	1	7	6	4

#179

9	4	3	6	5	7	2	8	1
6	5	2	8	9	1	3	4	7
1	7	8	2	3	4	5	6	9
4	8	5	7	1	9	6	2	3
3	6	7	4	2	8	9	1	5
2	1	9	3	6	5	4	7	8
5	9	4	1	7	2	8	3	6
7	2	6	5	8	3	1	9	4
8	3	1	9	4	6	7	5	2

#180

9	3	7	6	4	5	8	2	1
5	4	6	2	1	8	3	7	9
8	1	2	3	7	9	4	5	6
2	5	8	7	3	6	9	1	4
4	6	1	8	9	2	5	3	7
3	7	9	1	5	4	2	6	8
6	8	3	9	2	1	7	4	5
7	9	4	5	6	3	1	8	2
1	2	5	4	8	7	6	9	3

#181

4	6	7	2	5	3	8	1	9
3	2	5	8	1	9	4	6	7
1	8	9	4	6	7	2	3	5
2	3	4	6	7	8	9	5	1
7	5	6	9	2	1	3	4	8
8	9	1	3	4	5	6	7	2
5	4	3	7	8	2	1	9	6
6	7	2	1	9	4	5	8	3
9	1	8	5	3	6	7	2	4

#182

1	2	5	6	3	4	7	8	9
6	3	4	7	8	9	5	1	2
7	8	9	2	5	1	3	4	6
2	5	1	3	4	7	6	9	8
8	7	6	5	9	2	1	3	4
4	9	3	8	1	6	2	5	7
3	4	2	9	6	5	8	7	1
5	1	7	4	2	8	9	6	3
9	6	8	1	7	3	4	2	5

#183

8	1	5	4	6	2	3	7	9
2	4	6	3	7	9	5	1	8
3	7	9	1	5	8	4	2	6
4	6	3	7	1	5	9	8	2
9	8	7	6	2	3	1	4	5
1	5	2	9	8	4	6	3	7
5	3	8	2	4	6	7	9	1
6	9	1	8	3	7	2	5	4
7	2	4	5	9	1	8	6	3

#184

8	7	5	3	1	6	2	4	9
2	3	1	8	4	9	6	5	7
4	6	9	5	7	2	8	3	1
5	8	3	1	6	7	9	2	4
7	9	4	2	5	3	1	6	8
1	2	6	9	8	4	5	7	3
3	5	8	7	2	1	4	9	6
6	1	7	4	9	5	3	8	2
9	4	2	6	3	8	7	1	5

#185

4	6	3	1	2	5	7	8	9
7	2	5	6	8	9	3	4	1
8	1	9	3	4	7	2	5	6
5	7	4	2	1	8	9	6	3
1	3	6	7	9	4	5	2	8
9	8	2	5	6	3	1	7	4
3	4	7	8	5	1	6	9	2
2	5	8	9	3	6	4	1	7
6	9	1	4	7	2	8	3	5

#186

8	1	3	6	7	4	5	9	2
5	6	2	8	9	1	3	4	7
4	7	9	3	2	5	8	1	6
7	8	6	1	3	2	9	5	4
3	9	4	7	5	6	1	2	8
2	5	1	4	8	9	7	6	3
9	3	5	2	6	8	4	7	1
6	4	7	9	1	3	2	8	5
1	2	8	5	4	7	6	3	9

#187

1	2	3	4	5	6	7	8	9
4	5	6	7	8	9	3	1	2
7	8	9	2	3	1	4	5	6
3	4	1	8	7	2	9	6	5
5	6	2	1	9	3	8	4	7
9	7	8	5	6	4	1	2	3
6	9	4	3	1	5	2	7	8
2	3	7	6	4	8	5	9	1
8	1	5	9	2	7	6	3	4

#188

8	4	1	7	2	3	9	6	5
7	2	3	5	6	9	1	4	8
5	6	9	8	4	1	7	2	3
3	7	4	2	9	5	8	1	6
6	9	8	1	7	4	3	5	2
2	1	5	3	8	6	4	7	9
9	3	2	4	5	7	6	8	1
4	5	6	9	1	8	2	3	7
1	8	7	6	3	2	5	9	4

#189

4	5	2	8	9	1	6	3	7
6	3	7	4	5	2	8	9	1
8	9	1	3	7	6	4	5	2
2	7	5	1	6	3	9	4	8
3	4	8	9	2	7	1	6	5
1	6	9	5	4	8	2	7	3
7	8	4	2	3	9	5	1	6
5	2	6	7	1	4	3	8	9
9	1	3	6	8	5	7	2	4

#190

6	7	8	3	4	5	2	1	9
2	1	3	6	7	9	4	5	8
4	5	9	8	2	1	3	6	7
3	2	5	1	8	4	9	7	6
8	9	4	2	6	7	5	3	1
1	6	7	5	9	3	8	2	4
5	4	2	7	1	8	6	9	3
7	8	6	9	3	2	1	4	5
9	3	1	4	5	6	7	8	2

#191

6	7	3	2	5	1	8	4	9
2	5	1	4	8	9	7	3	6
4	8	9	7	6	3	2	1	5
7	3	2	9	1	8	5	6	4
5	4	6	3	7	2	9	8	1
9	1	8	6	4	5	3	2	7
3	6	4	5	2	7	1	9	8
8	9	7	1	3	6	4	5	2
1	2	5	8	9	4	6	7	3

#192

9	6	4	7	5	1	2	3	8
2	3	5	4	6	8	7	1	9
7	1	8	2	3	9	4	5	6
5	4	6	1	7	2	8	9	3
3	7	9	6	8	5	1	2	4
8	2	1	9	4	3	5	6	7
4	8	2	5	9	6	3	7	1
1	9	3	8	2	7	6	4	5
6	5	7	3	1	4	9	8	2

#193

8	9	7	4	1	2	3	5	6
5	4	6	3	7	8	1	2	9
2	3	1	5	6	9	4	7	8
3	6	2	7	4	1	9	8	5
9	5	4	8	2	3	6	1	7
7	1	8	6	9	5	2	3	4
4	7	3	2	5	6	8	9	1
1	2	5	9	8	4	7	6	3
6	8	9	1	3	7	5	4	2

#194

4	7	1	6	2	3	5	8	9
5	6	2	7	8	9	4	3	1
3	8	9	4	5	1	2	6	7
6	1	3	5	4	7	8	9	2
7	4	5	8	9	2	3	1	6
2	9	8	1	3	6	7	4	5
1	3	4	2	6	5	9	7	8
8	2	6	9	7	4	1	5	3
9	5	7	3	1	8	6	2	4

#195

4	3	5	6	7	8	9	2	1
6	7	8	1	2	9	3	4	5
9	2	1	3	4	5	6	7	8
7	6	4	5	3	1	8	9	2
5	8	3	9	6	2	4	1	7
1	9	2	4	8	7	5	3	6
3	5	6	2	1	4	7	8	9
2	4	7	8	9	6	1	5	3
8	1	9	7	5	3	2	6	4

#196

8	6	1	7	2	3	4	5	9
4	2	5	6	8	9	3	1	7
3	7	9	1	4	5	6	2	8
6	4	2	8	5	1	7	9	3
1	8	3	4	9	7	2	6	5
5	9	7	2	3	6	8	4	1
2	3	8	5	1	4	9	7	6
7	1	4	9	6	8	5	3	2
9	5	6	3	7	2	1	8	4

#197

1	5	6	2	7	4	3	8	9
4	2	7	3	8	9	5	6	1
3	8	9	5	1	6	4	2	7
5	6	3	8	4	7	9	1	2
8	1	4	6	9	2	7	3	5
7	9	2	1	3	5	6	4	8
6	3	5	9	2	8	1	7	4
2	4	1	7	5	3	8	9	6
9	7	8	4	6	1	2	5	3

#198

8	7	3	4	1	9	5	6	2
2	5	4	8	6	7	9	1	3
6	1	9	3	2	5	7	8	4
3	6	7	5	4	1	8	2	9
1	2	5	9	7	8	3	4	6
4	9	8	2	3	6	1	7	5
5	8	6	7	9	2	4	3	1
7	3	2	1	5	4	6	9	8
9	4	1	6	8	3	2	5	7

#199

7	6	8	2	4	1	5	9	3
5	2	3	6	9	7	4	1	8
4	9	1	8	3	5	7	6	2
3	1	7	5	2	4	6	8	9
6	8	2	1	7	9	3	4	5
9	4	5	3	8	6	2	7	1
8	3	4	7	1	2	9	5	6
2	5	9	4	6	8	1	3	7
1	7	6	9	5	3	8	2	4

#200

9	7	8	5	3	4	6	1	2
5	4	2	6	1	9	3	7	8
3	1	6	7	2	8	4	5	9
6	2	7	3	8	1	9	4	5
1	8	3	4	9	5	7	2	6
4	5	9	2	6	7	8	3	1
2	6	1	8	4	3	5	9	7
7	9	4	1	5	6	2	8	3
8	3	5	9	7	2	1	6	4

#201

8	5	6	9	1	2	4	3	7
4	3	1	8	6	7	5	2	9
2	7	9	3	5	4	8	6	1
1	8	5	2	7	3	9	4	6
6	9	3	5	4	1	7	8	2
7	4	2	6	8	9	1	5	3
9	6	7	4	2	8	3	1	5
3	2	4	1	9	5	6	7	8
5	1	8	7	3	6	2	9	4

#202

6	3	1	4	5	2	7	9	8
4	5	2	8	7	9	3	6	1
7	8	9	6	3	1	4	2	5
5	1	4	3	2	7	9	8	6
8	6	3	9	4	5	2	1	7
9	2	7	1	6	8	5	4	3
3	9	6	5	8	4	1	7	2
1	7	5	2	9	6	8	3	4
2	4	8	7	1	3	6	5	9

#203

9	2	7	1	3	4	5	6	8
4	3	5	6	8	9	7	1	2
1	6	8	2	5	7	3	4	9
2	1	3	4	9	5	8	7	6
5	8	4	7	6	1	9	2	3
7	9	6	3	2	8	1	5	4
3	5	1	8	4	2	6	9	7
6	4	9	5	7	3	2	8	1
8	7	2	9	1	6	4	3	5

#204

4	7	1	8	2	6	3	5	9
5	3	6	1	7	9	4	2	8
2	8	9	5	3	4	7	6	1
6	4	2	3	8	7	9	1	5
8	5	7	9	4	1	2	3	6
1	9	3	2	6	5	8	4	7
7	1	5	4	9	2	6	8	3
3	6	4	7	1	8	5	9	2
9	2	8	6	5	3	1	7	4

#205

6	3	7	4	5	1	8	2	9
5	2	4	7	8	9	1	3	6
1	8	9	2	3	6	4	5	7
7	1	5	8	2	3	6	9	4
9	4	3	6	7	5	2	1	8
2	6	8	1	9	4	3	7	5
3	7	6	5	4	2	9	8	1
4	5	2	9	1	8	7	6	3
8	9	1	3	6	7	5	4	2

#206

7	8	6	1	3	5	9	4	2
9	5	1	6	4	2	8	7	3
2	3	4	7	8	9	5	1	6
4	6	7	8	9	1	2	3	5
3	1	8	2	5	4	6	9	7
5	2	9	3	7	6	4	8	1
8	4	3	5	6	7	1	2	9
1	7	5	9	2	8	3	6	4
6	9	2	4	1	3	7	5	8

#207

5	4	6	2	7	1	9	3	8
9	2	3	5	6	8	4	7	1
7	8	1	4	3	9	6	5	2
2	5	9	3	1	6	8	4	7
3	7	4	8	9	5	2	1	6
1	6	8	7	4	2	5	9	3
6	3	5	9	8	7	1	2	4
4	1	2	6	5	3	7	8	9
8	9	7	1	2	4	3	6	5

#208

2	3	4	5	1	6	8	9	7
8	5	1	7	9	4	3	6	2
6	7	9	2	3	8	4	5	1
5	8	3	6	7	1	9	2	4
4	9	2	3	8	5	1	7	6
1	6	7	4	2	9	5	8	3
7	4	6	8	5	3	2	1	9
9	2	8	1	4	7	6	3	5
3	1	5	9	6	2	7	4	8

#209

1	6	3	4	8	9	7	5	2
5	2	7	1	6	3	8	4	9
4	8	9	5	2	7	3	1	6
7	4	6	2	1	5	9	3	8
2	3	8	9	7	4	5	6	1
9	5	1	6	3	8	2	7	4
6	9	2	7	5	1	4	8	3
3	7	4	8	9	6	1	2	5
8	1	5	3	4	2	6	9	7

#210

4	6	1	5	2	7	3	8	9
8	5	3	4	6	9	1	2	7
7	2	9	8	3	1	4	5	6
1	7	8	3	4	2	6	9	5
9	3	2	1	5	6	7	4	8
6	4	5	7	9	8	2	1	3
3	8	6	2	1	5	9	7	4
5	1	4	9	7	3	8	6	2
2	9	7	6	8	4	5	3	1

#211

5	3	6	2	4	7	8	9	1
1	7	4	6	8	9	5	3	2
2	8	9	1	3	5	4	6	7
6	1	5	8	2	3	7	4	9
8	4	3	7	9	1	2	5	6
9	2	7	5	6	4	1	8	3
3	9	1	4	5	2	6	7	8
4	6	2	3	7	8	9	1	5
7	5	8	9	1	6	3	2	4

#212

9	1	7	2	3	4	5	6	8
6	3	4	1	5	8	7	9	2
2	5	8	6	7	9	1	3	4
1	7	5	8	6	2	9	4	3
3	9	2	7	4	5	8	1	6
4	8	6	9	1	3	2	5	7
5	4	1	3	2	7	6	8	9
7	6	9	4	8	1	3	2	5
8	2	3	5	9	6	4	7	1

#213

6	9	4	3	1	7	2	5	8
2	3	5	4	6	8	1	9	7
1	7	8	2	5	9	6	4	3
3	6	7	1	4	2	9	8	5
4	5	1	8	9	6	7	3	2
9	8	2	5	7	3	4	6	1
7	2	6	9	3	5	8	1	4
5	4	9	7	8	1	3	2	6
8	1	3	6	2	4	5	7	9

#214

8	4	5	3	7	1	6	2	9
3	6	7	8	9	2	4	5	1
2	1	9	4	5	6	3	7	8
6	7	8	2	4	5	1	9	3
5	2	4	1	3	9	8	6	7
9	3	1	6	8	7	5	4	2
4	9	2	5	1	3	7	8	6
7	8	3	9	6	4	2	1	5
1	5	6	7	2	8	9	3	4

#215

6	3	4	2	8	5	1	7	9
7	5	2	1	6	9	3	4	8
8	1	9	7	4	3	6	2	5
4	7	5	3	2	1	8	9	6
2	8	6	9	5	4	7	3	1
1	9	3	6	7	8	4	5	2
3	6	8	5	9	7	2	1	4
9	2	1	4	3	6	5	8	7
5	4	7	8	1	2	9	6	3

#216

8	5	3	2	4	1	6	9	7
4	2	1	6	9	7	8	5	3
7	6	9	5	3	8	2	4	1
6	7	4	8	5	3	1	2	9
9	8	5	1	7	2	3	6	4
1	3	2	4	6	9	7	8	5
3	9	6	7	8	5	4	1	2
2	4	7	9	1	6	5	3	8
5	1	8	3	2	4	9	7	6

#217

6	5	2	3	1	8	9	7	4
7	4	3	6	5	9	2	1	8
9	8	1	2	7	4	6	5	3
4	9	5	8	3	1	7	6	2
1	6	7	4	9	2	3	8	5
2	3	8	5	6	7	4	9	1
5	2	6	9	8	3	1	4	7
8	1	4	7	2	6	5	3	9
3	7	9	1	4	5	8	2	6

#218

7	5	1	3	8	9	2	4	6
2	3	6	4	7	5	1	8	9
4	8	9	1	6	2	7	3	5
5	4	2	6	9	3	8	7	1
6	7	3	8	4	1	5	9	2
1	9	8	5	2	7	4	6	3
3	2	7	9	5	4	6	1	8
8	1	4	2	3	6	9	5	7
9	6	5	7	1	8	3	2	4

#219

8	7	4	5	2	3	1	6	9
6	3	2	8	9	1	4	5	7
5	1	9	4	6	7	2	3	8
7	4	5	6	1	8	3	9	2
1	8	3	2	5	9	7	4	6
2	9	6	3	7	4	5	8	1
3	2	1	9	4	6	8	7	5
4	6	7	1	8	5	9	2	3
9	5	8	7	3	2	6	1	4

#220

1	2	5	3	4	6	7	8	9
6	7	3	5	8	9	4	1	2
4	8	9	7	1	2	3	5	6
3	4	8	1	2	5	9	6	7
5	1	7	6	9	3	8	2	4
2	9	6	4	7	8	1	3	5
7	3	2	9	6	1	5	4	8
8	5	4	2	3	7	6	9	1
9	6	1	8	5	4	2	7	3

#221

2	3	1	4	6	7	8	5	9
4	5	6	8	1	9	2	3	7
7	8	9	3	5	2	1	6	4
8	2	4	6	9	3	7	1	5
6	7	3	5	2	1	4	9	8
9	1	5	7	4	8	3	2	6
3	4	2	9	8	5	6	7	1
5	6	7	1	3	4	9	8	2
1	9	8	2	7	6	5	4	3

#222

5	2	7	6	4	1	3	8	9
4	6	3	8	2	9	5	7	1
1	8	9	3	5	7	2	4	6
6	4	2	5	7	3	9	1	8
3	7	5	1	9	8	6	2	4
9	1	8	2	6	4	7	3	5
2	3	6	4	8	5	1	9	7
7	5	4	9	1	2	8	6	3
8	9	1	7	3	6	4	5	2

#223

1	8	5	2	6	3	4	7	9
4	2	3	7	8	9	5	6	1
6	7	9	4	5	1	2	3	8
2	6	4	1	3	7	8	9	5
3	5	7	8	9	2	1	4	6
9	1	8	5	4	6	3	2	7
5	3	1	6	7	4	9	8	2
7	4	2	9	1	8	6	5	3
8	9	6	3	2	5	7	1	4

#224

7	3	4	1	9	6	5	8	2
5	8	9	7	3	2	1	6	4
1	6	2	4	5	8	7	3	9
3	5	6	8	4	9	2	7	1
9	1	7	2	6	3	8	4	5
4	2	8	5	7	1	3	9	6
2	7	3	6	1	4	9	5	8
8	4	5	9	2	7	6	1	3
6	9	1	3	8	5	4	2	7

#225

6	4	3	1	2	5	7	8	9
7	5	8	4	3	9	2	1	6
9	1	2	6	7	8	3	4	5
2	3	7	5	1	4	9	6	8
4	6	9	2	8	3	5	7	1
5	8	1	9	6	7	4	2	3
3	2	6	7	5	1	8	9	4
8	7	4	3	9	6	1	5	2
1	9	5	8	4	2	6	3	7

#226

4	3	5	6	7	8	1	2	9
1	2	6	3	4	9	5	7	8
7	8	9	5	2	1	3	4	6
6	1	7	8	3	4	9	5	2
8	4	3	9	5	2	6	1	7
9	5	2	1	6	7	4	8	3
2	6	8	4	1	3	7	9	5
3	7	1	2	9	5	8	6	4
5	9	4	7	8	6	2	3	1

#227

2	7	4	6	9	8	1	3	5
5	3	6	7	2	1	4	8	9
1	8	9	4	5	3	2	6	7
6	4	1	2	3	9	7	5	8
3	5	2	8	1	7	6	9	4
8	9	7	5	4	6	3	1	2
9	6	5	1	7	2	8	4	3
7	1	3	9	8	4	5	2	6
4	2	8	3	6	5	9	7	1

#228

5	7	1	8	6	9	2	3	4
2	3	4	5	7	1	8	6	9
6	8	9	2	3	4	5	7	1
4	2	5	7	1	8	3	9	6
1	6	3	9	4	5	7	2	8
7	9	8	6	2	3	4	1	5
3	1	7	4	5	6	9	8	2
8	4	2	1	9	7	6	5	3
9	5	6	3	8	2	1	4	7

#229

6	3	7	5	2	9	4	8	1
4	5	2	3	8	1	7	9	6
1	8	9	6	7	4	3	5	2
3	1	6	9	5	2	8	7	4
5	7	4	8	3	6	2	1	9
2	9	8	4	1	7	6	3	5
9	2	1	7	6	3	5	4	8
8	4	3	2	9	5	1	6	7
7	6	5	1	4	8	9	2	3

#230

7	2	3	9	1	8	4	5	6
1	4	5	6	3	7	2	9	8
8	9	6	2	4	5	3	7	1
2	3	1	4	5	9	6	8	7
4	8	9	7	6	2	1	3	5
6	5	7	3	8	1	9	2	4
9	1	2	5	7	6	8	4	3
5	6	4	8	2	3	7	1	9
3	7	8	1	9	4	5	6	2

#231

5	6	3	8	1	2	4	9	7
7	8	1	4	3	9	5	6	2
4	2	9	5	6	7	3	8	1
1	4	5	2	9	6	8	7	3
8	3	6	7	4	1	2	5	9
9	7	2	3	5	8	1	4	6
6	1	4	9	8	3	7	2	5
3	5	7	6	2	4	9	1	8
2	9	8	1	7	5	6	3	4

#232

2	4	6	5	7	3	8	1	9
5	3	7	1	8	9	4	2	6
8	9	1	2	4	6	3	5	7
3	6	2	8	5	7	1	9	4
4	5	8	3	9	1	6	7	2
7	1	9	4	6	2	5	3	8
1	7	3	6	2	8	9	4	5
6	2	4	9	3	5	7	8	1
9	8	5	7	1	4	2	6	3

#233

6	8	4	2	1	3	5	7	9
5	1	2	7	8	9	3	4	6
3	7	9	4	5	6	8	2	1
4	3	6	8	2	7	9	1	5
8	2	1	5	9	4	6	3	7
9	5	7	3	6	1	2	8	4
1	4	5	6	3	2	7	9	8
2	9	8	1	7	5	4	6	3
7	6	3	9	4	8	1	5	2

#234

8	4	7	3	2	1	5	6	9
6	2	5	4	7	9	1	3	8
1	3	9	5	6	8	2	4	7
2	6	3	8	1	4	9	7	5
5	8	1	7	9	3	6	2	4
7	9	4	2	5	6	8	1	3
3	5	6	9	4	2	7	8	1
4	7	2	1	8	5	3	9	6
9	1	8	6	3	7	4	5	2

#235

7	8	5	6	2	3	1	4	9
3	4	6	8	1	9	2	5	7
2	9	1	4	5	7	3	6	8
4	5	3	9	6	8	7	1	2
9	1	2	7	3	5	6	8	4
6	7	8	1	4	2	9	3	5
5	3	7	2	8	6	4	9	1
1	6	9	5	7	4	8	2	3
8	2	4	3	9	1	5	7	6

#236

4	3	9	5	7	2	1	6	8
5	1	6	3	8	9	2	4	7
7	2	8	4	1	6	3	9	5
9	4	2	1	5	7	8	3	6
8	7	3	6	9	4	5	1	2
1	6	5	2	3	8	9	7	4
6	8	4	9	2	3	7	5	1
2	9	1	7	4	5	6	8	3
3	5	7	8	6	1	4	2	9

#237

6	4	1	7	2	3	8	5	9
7	2	5	1	8	9	3	4	6
3	8	9	5	4	6	7	2	1
2	1	6	9	7	8	5	3	4
4	7	3	6	5	2	9	1	8
5	9	8	3	1	4	2	6	7
9	5	2	8	6	1	4	7	3
1	3	4	2	9	7	6	8	5
8	6	7	4	3	5	1	9	2

#238

8	7	1	4	3	2	5	6	9
5	4	2	6	8	9	1	3	7
3	6	9	5	7	1	2	4	8
4	1	5	7	2	6	8	9	3
7	8	6	9	5	3	4	1	2
2	9	3	8	1	4	6	7	5
6	3	7	2	4	5	9	8	1
1	2	4	3	9	8	7	5	6
9	5	8	1	6	7	3	2	4

#239

6	2	5	9	1	3	4	7	8
4	7	3	2	8	5	6	1	9
8	1	9	6	7	4	5	3	2
3	4	2	7	6	1	8	9	5
9	5	8	3	4	2	1	6	7
1	6	7	8	5	9	2	4	3
2	9	4	5	3	6	7	8	1
7	3	1	4	2	8	9	5	6
5	8	6	1	9	7	3	2	4

#240

4	6	1	8	2	7	5	3	9
5	7	8	6	9	3	4	1	2
3	2	9	4	1	5	6	7	8
6	4	2	1	8	9	7	5	3
8	5	7	3	4	6	2	9	1
1	9	3	7	5	2	8	4	6
7	1	6	2	3	4	9	8	5
9	8	4	5	6	1	3	2	7
2	3	5	9	7	8	1	6	4

#241

4	7	6	8	5	3	9	2	1
8	5	9	7	1	2	4	6	3
3	1	2	9	4	6	8	7	5
6	4	8	2	3	7	5	1	9
5	2	7	1	8	9	3	4	6
9	3	1	4	6	5	2	8	7
7	6	4	5	9	8	1	3	2
2	8	5	3	7	1	6	9	4
1	9	3	6	2	4	7	5	8

#242

1	6	2	7	4	9	5	3	8
3	4	5	1	2	8	6	7	9
7	8	9	6	3	5	1	2	4
5	1	8	9	6	7	2	4	3
6	2	7	4	5	3	8	9	1
9	3	4	8	1	2	7	5	6
4	9	1	5	7	6	3	8	2
8	5	3	2	9	1	4	6	7
2	7	6	3	8	4	9	1	5

#243

5	6	7	3	8	9	1	2	4
1	2	4	5	6	7	9	8	3
3	8	9	2	4	1	5	6	7
2	1	5	6	9	3	7	4	8
8	4	6	7	1	5	3	9	2
7	9	3	8	2	4	6	1	5
6	5	1	4	3	2	8	7	9
4	7	8	9	5	6	2	3	1
9	3	2	1	7	8	4	5	6

#244

9	1	5	6	2	3	4	7	8
4	6	2	7	8	9	1	3	5
3	7	8	1	4	5	2	6	9
1	5	6	8	3	4	7	9	2
2	9	4	5	7	6	3	8	1
7	8	3	2	9	1	5	4	6
5	3	7	9	1	8	6	2	4
6	2	9	4	5	7	8	1	3
8	4	1	3	6	2	9	5	7

#245

4	7	5	6	2	1	8	3	9
9	6	8	3	4	7	5	1	2
3	1	2	8	5	9	4	7	6
8	9	3	7	6	4	2	5	1
6	4	1	5	9	2	7	8	3
2	5	7	1	8	3	6	9	4
1	8	4	9	7	6	3	2	5
7	2	9	4	3	5	1	6	8
5	3	6	2	1	8	9	4	7

#246

3	4	6	5	7	2	9	8	1
5	2	7	8	9	1	3	4	6
8	9	1	3	4	6	5	2	7
4	7	2	6	5	8	1	3	9
6	1	3	4	2	9	7	5	8
9	8	5	7	1	3	4	6	2
7	3	9	2	6	4	8	1	5
1	6	8	9	3	5	2	7	4
2	5	4	1	8	7	6	9	3

#247

2	4	5	6	1	7	3	8	9
1	3	6	5	8	9	2	4	7
7	8	9	2	3	4	1	5	6
6	5	1	3	4	2	7	9	8
8	2	3	7	9	5	4	6	1
9	7	4	1	6	8	5	2	3
3	6	2	8	5	1	9	7	4
4	1	7	9	2	6	8	3	5
5	9	8	4	7	3	6	1	2

#248

8	4	2	5	3	6	7	1	9
5	6	7	8	9	1	2	3	4
1	3	9	4	2	7	5	6	8
2	5	4	6	7	3	8	9	1
3	1	8	9	5	2	4	7	6
7	9	6	1	4	8	3	2	5
4	2	1	3	6	5	9	8	7
6	7	5	2	8	9	1	4	3
9	8	3	7	1	4	6	5	2

#249

1	4	2	5	7	6	9	3	8
3	5	6	2	9	8	1	4	7
7	8	9	3	1	4	2	5	6
5	3	1	6	4	9	7	8	2
2	6	7	8	3	5	4	1	9
8	9	4	1	2	7	5	6	3
4	2	3	9	6	1	8	7	5
6	7	5	4	8	2	3	9	1
9	1	8	7	5	3	6	2	4

#250

7	4	5	8	6	1	2	9	3
2	3	6	4	5	9	8	1	7
9	8	1	7	2	3	4	5	6
1	2	3	5	4	8	7	6	9
5	7	4	2	9	6	1	3	8
6	9	8	1	3	7	5	4	2
4	1	9	3	7	2	6	8	5
3	5	2	6	8	4	9	7	1
8	6	7	9	1	5	3	2	4

#251

4	7	2	1	3	5	6	8	9
3	5	6	7	8	9	2	1	4
8	9	1	2	4	6	3	5	7
2	3	8	4	6	1	9	7	5
6	1	5	9	7	3	4	2	8
9	4	7	5	2	8	1	3	6
5	6	4	8	1	2	7	9	3
1	8	3	6	9	7	5	4	2
7	2	9	3	5	4	8	6	1

#252

6	7	3	2	9	1	4	5	8
4	2	5	3	6	8	9	7	1
8	1	9	4	5	7	3	2	6
9	3	2	6	7	4	1	8	5
1	4	6	8	2	5	7	3	9
5	8	7	9	1	3	6	4	2
7	5	8	1	3	9	2	6	4
2	9	4	7	8	6	5	1	3
3	6	1	5	4	2	8	9	7

#253

2	3	6	7	9	1	5	4	8
4	7	1	8	3	5	6	9	2
5	8	9	4	2	6	3	7	1
7	1	5	6	8	9	2	3	4
9	2	3	1	5	4	8	6	7
8	6	4	2	7	3	1	5	9
3	9	2	5	1	7	4	8	6
6	5	8	9	4	2	7	1	3
1	4	7	3	6	8	9	2	5

#254

1	3	7	5	2	8	4	6	9
4	5	2	6	9	7	1	3	8
6	8	9	3	4	1	7	5	2
8	7	1	2	3	5	9	4	6
9	2	4	1	7	6	3	8	5
3	6	5	9	8	4	2	7	1
5	9	6	7	1	3	8	2	4
7	1	8	4	5	2	6	9	3
2	4	3	8	6	9	5	1	7

#255

3	2	4	7	6	1	5	8	9
5	6	7	8	2	9	3	4	1
1	9	8	3	4	5	2	6	7
7	1	2	4	5	6	9	3	8
8	4	6	2	9	3	7	1	5
9	5	3	1	7	8	6	2	4
2	3	5	9	1	4	8	7	6
4	8	9	6	3	7	1	5	2
6	7	1	5	8	2	4	9	3

#256

4	7	5	6	8	1	3	2	9
3	6	2	4	5	9	7	8	1
8	1	9	7	2	3	5	6	4
7	3	8	1	6	5	9	4	2
2	4	6	9	3	8	1	7	5
5	9	1	2	4	7	6	3	8
6	5	4	3	9	2	8	1	7
1	8	3	5	7	4	2	9	6
9	2	7	8	1	6	4	5	3

#257

8	7	3	6	4	2	5	9	1
2	5	4	1	8	9	6	3	7
1	6	9	3	5	7	4	2	8
3	8	5	4	7	1	2	6	9
4	9	2	8	6	5	7	1	3
6	1	7	9	2	3	8	5	4
5	3	8	2	1	4	9	7	6
7	4	1	5	9	6	3	8	2
9	2	6	7	3	8	1	4	5

#258

7	5	4	6	2	1	3	8	9
6	1	8	3	7	9	2	4	5
2	3	9	4	5	8	6	7	1
5	7	3	8	9	2	1	6	4
9	4	2	1	6	5	7	3	8
1	8	6	7	3	4	5	9	2
3	2	1	9	4	6	8	5	7
4	6	5	2	8	7	9	1	3
8	9	7	5	1	3	4	2	6

#259

3	8	6	5	1	4	2	7	9
1	2	4	7	8	9	5	3	6
5	7	9	2	3	6	4	1	8
2	3	5	8	4	1	9	6	7
6	9	7	3	5	2	8	4	1
8	4	1	6	9	7	3	2	5
4	1	8	9	6	3	7	5	2
7	5	3	1	2	8	6	9	4
9	6	2	4	7	5	1	8	3

#260

2	4	3	5	6	7	8	1	9
5	6	7	1	8	9	2	3	4
1	8	9	2	3	4	5	6	7
4	3	5	6	2	1	9	7	8
6	9	2	8	7	3	1	4	5
7	1	8	4	9	5	3	2	6
3	2	4	7	5	8	6	9	1
8	7	6	9	1	2	4	5	3
9	5	1	3	4	6	7	8	2

#261

7	2	6	3	1	4	5	8	9
8	3	1	5	7	9	2	4	6
4	5	9	6	2	8	1	3	7
2	7	5	8	4	3	9	6	1
6	1	3	9	5	7	4	2	8
9	8	4	1	6	2	3	7	5
1	4	7	2	8	5	6	9	3
3	6	2	7	9	1	8	5	4
5	9	8	4	3	6	7	1	2

#262

1	7	6	8	4	5	3	2	9
3	4	2	1	6	9	5	7	8
5	8	9	3	2	7	4	1	6
4	1	3	6	7	2	9	8	5
9	6	5	4	8	1	7	3	2
7	2	8	5	9	3	1	6	4
2	9	4	7	3	6	8	5	1
6	3	1	9	5	8	2	4	7
8	5	7	2	1	4	6	9	3

#263

1	6	5	7	4	2	3	8	9
7	4	2	3	8	9	5	1	6
3	8	9	5	6	1	4	2	7
4	5	1	2	7	6	8	9	3
6	2	3	8	9	5	7	4	1
8	9	7	1	3	4	2	6	5
5	1	4	9	2	7	6	3	8
2	7	8	6	1	3	9	5	4
9	3	6	4	5	8	1	7	2

#264

1	7	3	2	4	5	6	8	9
4	2	5	6	8	9	3	1	7
6	8	9	3	7	1	2	4	5
5	6	7	8	3	4	9	2	1
8	1	2	9	5	6	7	3	4
3	9	4	7	1	2	5	6	8
2	4	8	5	6	7	1	9	3
7	3	6	1	9	8	4	5	2
9	5	1	4	2	3	8	7	6

#265

1	6	7	5	8	3	4	2	9
5	2	4	1	7	9	6	3	8
3	8	9	6	2	4	7	5	1
7	9	6	4	3	1	2	8	5
8	1	3	7	5	2	9	4	6
4	5	2	9	6	8	1	7	3
6	7	8	2	1	5	3	9	4
2	4	5	3	9	6	8	1	7
9	3	1	8	4	7	5	6	2

#266

4	2	6	5	3	7	8	1	9
3	1	5	6	8	9	2	4	7
7	8	9	2	1	4	3	5	6
5	4	2	9	6	3	7	8	1
6	3	7	8	5	1	9	2	4
1	9	8	4	7	2	5	6	3
2	7	3	1	4	5	6	9	8
8	5	4	3	9	6	1	7	2
9	6	1	7	2	8	4	3	5

#267

5	3	6	2	4	7	8	9	1
7	4	1	6	8	9	3	5	2
2	8	9	3	5	1	4	6	7
4	6	5	7	1	3	9	2	8
8	7	3	9	2	5	1	4	6
9	1	2	4	6	8	5	7	3
3	5	4	1	7	2	6	8	9
6	9	7	8	3	4	2	1	5
1	2	8	5	9	6	7	3	4

#268

6	2	7	3	1	4	5	8	9
3	5	4	7	8	9	6	2	1
8	9	1	2	5	6	3	4	7
1	3	5	8	7	2	9	6	4
7	6	9	5	4	1	8	3	2
2	4	8	9	6	3	1	7	5
4	7	3	1	9	8	2	5	6
5	1	2	6	3	7	4	9	8
9	8	6	4	2	5	7	1	3

#269

4	7	5	9	8	1	6	2	3
8	2	3	7	5	6	9	1	4
6	1	9	2	3	4	7	5	8
3	6	7	4	1	2	5	8	9
9	4	8	5	6	7	2	3	1
1	5	2	8	9	3	4	6	7
7	8	6	3	4	5	1	9	2
5	9	4	1	2	8	3	7	6
2	3	1	6	7	9	8	4	5

#270

2	5	6	1	8	4	3	7	9
3	7	1	6	2	9	4	5	8
4	8	9	7	5	3	6	1	2
7	3	8	9	1	5	2	6	4
1	2	4	8	3	6	7	9	5
6	9	5	2	4	7	8	3	1
5	1	2	3	6	8	9	4	7
9	4	3	5	7	2	1	8	6
8	6	7	4	9	1	5	2	3

#271

1	7	2	6	3	4	8	5	9
8	5	3	7	2	9	1	4	6
4	6	9	5	1	8	7	3	2
3	1	8	4	9	2	5	6	7
5	4	7	1	8	6	9	2	3
9	2	6	3	7	5	4	8	1
6	3	1	8	5	7	2	9	4
7	9	5	2	4	3	6	1	8
2	8	4	9	6	1	3	7	5

#272

5	6	7	1	3	4	8	2	9
8	3	1	2	7	9	4	5	6
2	4	9	5	6	8	3	7	1
3	1	2	7	8	5	9	6	4
7	9	5	4	1	6	2	3	8
4	8	6	9	2	3	5	1	7
6	2	4	3	9	1	7	8	5
9	7	8	6	5	2	1	4	3
1	5	3	8	4	7	6	9	2

#273

9	6	3	4	5	7	2	1	8
5	2	4	8	1	9	3	6	7
7	1	8	2	3	6	4	5	9
2	7	5	9	6	4	1	8	3
1	3	6	5	8	2	7	9	4
8	4	9	3	7	1	5	2	6
3	8	7	1	9	5	6	4	2
4	9	1	6	2	3	8	7	5
6	5	2	7	4	8	9	3	1

#274

1	5	2	3	4	6	7	8	9
3	4	6	7	8	9	5	2	1
7	8	9	2	5	1	3	4	6
2	6	3	5	1	7	4	9	8
8	7	5	9	2	4	6	1	3
9	1	4	6	3	8	2	5	7
4	2	1	8	6	3	9	7	5
5	3	7	1	9	2	8	6	4
6	9	8	4	7	5	1	3	2

#275

6	2	1	7	5	3	4	8	9
5	3	4	8	9	1	6	7	2
7	8	9	4	2	6	3	5	1
8	1	5	6	4	2	7	9	3
2	7	3	9	8	5	1	4	6
4	9	6	3	1	7	5	2	8
3	4	7	2	6	8	9	1	5
9	5	2	1	3	4	8	6	7
1	6	8	5	7	9	2	3	4

#276

6	8	5	7	9	4	3	1	2
1	2	3	5	6	8	4	7	9
4	7	9	2	1	3	5	6	8
3	1	6	4	7	2	8	9	5
8	4	7	1	5	9	6	2	3
5	9	2	3	8	6	1	4	7
2	5	1	6	3	7	9	8	4
7	3	8	9	4	1	2	5	6
9	6	4	8	2	5	7	3	1

#277

4	8	7	5	6	1	2	3	9
1	2	3	4	7	9	5	6	8
5	6	9	3	2	8	1	4	7
2	5	1	6	8	4	7	9	3
8	3	4	7	9	5	6	1	2
9	7	6	2	1	3	4	8	5
3	1	2	8	4	7	9	5	6
6	4	5	9	3	2	8	7	1
7	9	8	1	5	6	3	2	4

#278

4	1	6	3	5	2	7	8	9
5	3	7	1	8	9	4	2	6
2	8	9	4	6	7	1	3	5
6	2	1	5	7	4	3	9	8
9	5	3	6	1	8	2	4	7
7	4	8	2	9	3	5	6	1
3	7	5	8	2	6	9	1	4
8	9	2	7	4	1	6	5	3
1	6	4	9	3	5	8	7	2

#279

1	9	2	5	7	8	6	3	4
6	3	4	9	1	2	5	8	7
5	7	8	3	4	6	9	1	2
8	2	1	4	3	5	7	9	6
4	6	3	2	9	7	8	5	1
7	5	9	6	8	1	2	4	3
3	1	5	7	2	9	4	6	8
9	4	7	8	6	3	1	2	5
2	8	6	1	5	4	3	7	9

#280

4	5	6	3	1	2	8	7	9
2	7	3	8	9	4	5	6	1
8	9	1	5	6	7	3	4	2
1	3	2	7	5	6	4	9	8
6	8	5	4	2	9	7	1	3
7	4	9	1	3	8	2	5	6
9	6	4	2	7	3	1	8	5
5	2	7	6	8	1	9	3	4
3	1	8	9	4	5	6	2	7

#281

6	4	5	2	9	7	1	8	3
7	2	3	4	1	8	6	5	9
8	9	1	3	5	6	7	4	2
9	6	4	8	3	1	2	7	5
1	3	2	5	7	4	9	6	8
5	7	8	9	6	2	4	3	1
4	5	9	7	2	3	8	1	6
2	1	7	6	8	5	3	9	4
3	8	6	1	4	9	5	2	7

#282

8	3	1	2	4	5	6	7	9
6	4	5	3	7	9	8	1	2
2	7	9	6	1	8	3	4	5
7	1	2	8	6	4	5	9	3
5	8	6	9	3	1	4	2	7
3	9	4	5	2	7	1	6	8
4	2	7	1	5	3	9	8	6
9	6	3	4	8	2	7	5	1
1	5	8	7	9	6	2	3	4

#283

5	4	6	2	7	3	1	8	9
7	3	9	8	1	6	4	5	2
2	1	8	4	5	9	7	6	3
1	9	2	6	3	8	5	7	4
3	8	5	9	4	7	2	1	6
4	6	7	5	2	1	3	9	8
6	5	3	1	9	2	8	4	7
8	2	4	7	6	5	9	3	1
9	7	1	3	8	4	6	2	5

#284

3	4	6	7	8	9	2	5	1
2	5	7	1	3	4	8	6	9
1	8	9	6	5	2	3	4	7
5	2	1	9	7	6	4	3	8
6	7	3	4	1	8	9	2	5
8	9	4	5	2	3	1	7	6
9	1	5	3	4	7	6	8	2
7	3	2	8	6	1	5	9	4
4	6	8	2	9	5	7	1	3

#285

1	5	6	8	9	7	2	3	4
2	3	4	1	5	6	9	7	8
7	8	9	2	3	4	1	5	6
6	2	1	9	7	8	3	4	5
5	4	7	3	6	1	8	9	2
8	9	3	5	4	2	6	1	7
4	1	5	6	8	3	7	2	9
9	6	2	7	1	5	4	8	3
3	7	8	4	2	9	5	6	1

#286

3	9	6	2	1	8	4	5	7
2	4	1	5	7	6	9	3	8
5	7	8	9	3	4	1	6	2
6	2	9	8	4	5	3	7	1
8	3	4	1	9	7	6	2	5
1	5	7	6	2	3	8	9	4
4	6	5	7	8	9	2	1	3
9	1	3	4	5	2	7	8	6
7	8	2	3	6	1	5	4	9

#287

5	1	2	3	4	6	7	8	9
3	6	4	7	8	9	2	1	5
7	8	9	5	2	1	3	4	6
4	2	6	1	7	5	8	9	3
1	9	3	8	6	2	4	5	7
8	5	7	4	9	3	6	2	1
6	4	1	2	5	7	9	3	8
2	7	5	9	3	8	1	6	4
9	3	8	6	1	4	5	7	2

#288

3	8	2	4	1	5	6	7	9
5	4	6	7	8	9	1	2	3
1	7	9	3	2	6	4	5	8
4	2	3	8	5	1	7	9	6
6	9	1	2	7	3	5	8	4
7	5	8	6	9	4	2	3	1
2	6	4	9	3	7	8	1	5
8	3	5	1	4	2	9	6	7
9	1	7	5	6	8	3	4	2

#289

2	7	4	6	1	3	5	8	9
5	1	3	7	8	9	2	4	6
6	8	9	4	2	5	1	3	7
1	5	2	3	6	7	8	9	4
8	4	6	9	5	2	3	7	1
3	9	7	1	4	8	6	2	5
4	2	8	5	7	6	9	1	3
7	3	5	2	9	1	4	6	8
9	6	1	8	3	4	7	5	2

#290

8	3	6	1	9	2	5	7	4
4	5	7	3	6	8	2	9	1
2	1	9	4	5	7	8	3	6
7	8	3	5	1	9	6	4	2
1	2	4	6	8	3	7	5	9
6	9	5	7	2	4	1	8	3
3	4	2	8	7	6	9	1	5
5	6	8	9	3	1	4	2	7
9	7	1	2	4	5	3	6	8

#291

3	4	1	6	5	7	2	8	9
5	2	6	3	8	9	4	1	7
7	8	9	1	2	4	3	5	6
2	1	3	7	9	5	8	6	4
6	5	8	4	1	3	9	7	2
4	9	7	2	6	8	5	3	1
1	6	4	5	3	2	7	9	8
8	3	2	9	7	6	1	4	5
9	7	5	8	4	1	6	2	3

#292

4	7	5	6	1	2	3	8	9
2	6	8	3	7	9	4	1	5
3	1	9	4	5	8	2	6	7
5	3	6	8	2	4	9	7	1
7	8	1	9	3	5	6	2	4
9	2	4	7	6	1	5	3	8
6	4	7	5	8	3	1	9	2
1	5	3	2	9	7	8	4	6
8	9	2	1	4	6	7	5	3

#293

1	5	2	6	3	8	7	9	4
4	3	6	7	1	9	8	5	2
7	8	9	2	4	5	1	3	6
6	4	7	3	8	2	9	1	5
8	9	5	1	7	4	6	2	3
2	1	3	5	9	6	4	7	8
5	6	4	9	2	7	3	8	1
3	7	8	4	5	1	2	6	9
9	2	1	8	6	3	5	4	7

#294

9	7	8	4	5	6	1	2	3
3	2	4	1	7	8	5	6	9
5	1	6	2	3	9	4	7	8
1	6	5	7	8	4	9	3	2
7	4	9	3	2	5	6	8	1
2	8	3	6	9	1	7	4	5
4	5	2	9	6	3	8	1	7
6	9	7	8	1	2	3	5	4
8	3	1	5	4	7	2	9	6

#295

7	3	4	1	2	5	9	6	8
5	6	8	7	3	9	4	2	1
9	1	2	6	4	8	7	3	5
2	9	3	8	1	4	5	7	6
8	7	6	5	9	3	2	1	4
4	5	1	2	7	6	8	9	3
3	4	7	9	5	1	6	8	2
6	2	5	3	8	7	1	4	9
1	8	9	4	6	2	3	5	7

#296

6	7	4	1	3	5	2	8	9
8	5	2	4	6	9	1	3	7
1	3	9	2	7	8	4	5	6
5	8	3	6	9	1	7	4	2
7	2	6	5	4	3	9	1	8
9	4	1	7	8	2	3	6	5
3	9	5	8	1	7	6	2	4
2	6	7	3	5	4	8	9	1
4	1	8	9	2	6	5	7	3

#297

4	5	7	6	8	2	3	1	9
6	8	9	1	3	7	4	2	5
3	1	2	4	5	9	6	7	8
5	2	4	8	9	3	1	6	7
7	9	3	5	6	1	8	4	2
1	6	8	2	7	4	5	9	3
2	3	6	7	4	8	9	5	1
8	4	1	9	2	5	7	3	6
9	7	5	3	1	6	2	8	4

#298

3	7	8	4	6	9	1	2	5
4	5	1	2	8	7	3	6	9
2	6	9	3	5	1	7	8	4
5	8	7	9	4	2	6	3	1
1	4	2	6	7	3	5	9	8
6	9	3	5	1	8	4	7	2
9	1	4	7	2	6	8	5	3
7	3	5	8	9	4	2	1	6
8	2	6	1	3	5	9	4	7

#299

2	6	1	5	3	4	7	8	9
4	5	3	7	8	9	1	2	6
7	8	9	6	1	2	3	4	5
1	2	5	3	6	7	8	9	4
3	9	6	8	4	5	2	1	7
8	4	7	9	2	1	5	6	3
5	1	4	2	7	6	9	3	8
6	7	8	1	9	3	4	5	2
9	3	2	4	5	8	6	7	1

#300

7	1	5	4	6	3	2	8	9
3	4	6	8	2	9	1	5	7
2	8	9	5	7	1	3	4	6
5	6	3	2	1	4	7	9	8
8	2	4	9	3	7	5	6	1
9	7	1	6	5	8	4	2	3
4	3	2	7	8	6	9	1	5
6	5	7	1	9	2	8	3	4
1	9	8	3	4	5	6	7	2

#301

8	6	1	2	4	5	3	7	9
4	2	3	7	8	9	5	1	6
5	7	9	3	6	1	4	2	8
1	3	5	8	2	6	7	9	4
6	4	2	9	7	3	1	8	5
9	8	7	5	1	4	2	6	3
2	5	6	4	9	7	8	3	1
3	9	8	1	5	2	6	4	7
7	1	4	6	3	8	9	5	2

#302

6	4	2	5	1	3	7	8	9
5	1	7	6	8	9	4	2	3
3	8	9	2	4	7	1	5	6
2	3	4	1	5	8	6	9	7
9	5	8	7	6	4	2	3	1
7	6	1	3	9	2	5	4	8
1	7	3	8	2	5	9	6	4
4	2	6	9	3	1	8	7	5
8	9	5	4	7	6	3	1	2

#303

4	7	1	5	6	8	3	9	2
2	5	3	7	4	9	1	6	8
6	8	9	2	3	1	4	7	5
1	6	8	4	9	5	2	3	7
3	4	7	1	2	6	5	8	9
9	2	5	8	7	3	6	4	1
7	3	4	9	1	2	8	5	6
5	9	2	6	8	4	7	1	3
8	1	6	3	5	7	9	2	4

#304

6	5	4	1	3	2	7	9	8
7	1	3	6	8	9	5	2	4
2	8	9	5	4	7	6	1	3
1	2	6	7	5	4	8	3	9
8	3	5	9	1	6	4	7	2
9	4	7	3	2	8	1	6	5
4	6	8	2	9	1	3	5	7
3	7	2	4	6	5	9	8	1
5	9	1	8	7	3	2	4	6

#305

9	7	4	6	8	2	3	5	1
6	3	5	4	1	7	9	8	2
1	2	8	9	3	5	7	4	6
2	6	7	5	4	3	1	9	8
4	8	3	7	9	1	2	6	5
5	9	1	2	6	8	4	7	3
8	5	9	1	2	4	6	3	7
3	1	6	8	7	9	5	2	4
7	4	2	3	5	6	8	1	9

#306

8	2	7	6	1	4	3	5	9
1	4	3	5	8	9	6	2	7
5	6	9	2	3	7	4	1	8
2	7	4	8	5	3	9	6	1
3	9	1	7	6	2	5	8	4
6	5	8	4	9	1	2	7	3
4	1	5	3	2	8	7	9	6
7	8	2	9	4	6	1	3	5
9	3	6	1	7	5	8	4	2

#307

8	2	3	5	4	6	7	9	1
4	5	6	7	1	9	3	2	8
7	1	9	2	3	8	4	5	6
5	8	7	9	2	1	6	3	4
1	3	2	6	5	4	8	7	9
9	6	4	3	8	7	2	1	5
2	4	5	1	6	3	9	8	7
3	7	8	4	9	5	1	6	2
6	9	1	8	7	2	5	4	3

#308

1	2	7	5	4	6	3	9	8
3	5	4	2	8	9	1	6	7
6	8	9	7	3	1	5	2	4
2	7	5	4	6	8	9	1	3
4	3	6	9	1	2	7	8	5
9	1	8	3	7	5	6	4	2
7	4	2	1	9	3	8	5	6
5	6	1	8	2	7	4	3	9
8	9	3	6	5	4	2	7	1

#309

8	3	7	4	2	1	6	9	5
4	5	6	7	9	3	1	2	8
9	2	1	5	8	6	7	4	3
3	7	8	9	1	4	2	5	6
6	1	4	2	3	5	8	7	9
5	9	2	8	6	7	3	1	4
2	8	5	3	7	9	4	6	1
1	4	3	6	5	2	9	8	7
7	6	9	1	4	8	5	3	2

#310

8	2	3	5	1	4	6	7	9
6	4	1	7	8	9	3	5	2
5	7	9	3	2	6	4	8	1
1	3	2	8	4	5	9	6	7
4	6	5	9	7	2	8	1	3
7	9	8	1	6	3	2	4	5
3	1	4	2	5	8	7	9	6
2	5	6	4	9	7	1	3	8
9	8	7	6	3	1	5	2	4

#311

3	7	5	8	9	6	2	1	4
4	2	6	3	1	7	8	9	5
8	9	1	4	5	2	7	3	6
7	6	3	5	2	4	1	8	9
2	1	8	6	7	9	5	4	3
5	4	9	1	3	8	6	7	2
6	3	7	2	4	1	9	5	8
1	8	4	9	6	5	3	2	7
9	5	2	7	8	3	4	6	1

#312

6	1	7	2	3	5	8	9	4
5	2	3	9	8	4	6	1	7
4	8	9	6	1	7	5	2	3
7	4	1	8	2	9	3	6	5
2	3	8	1	5	6	4	7	9
9	5	6	4	7	3	1	8	2
1	6	4	5	9	2	7	3	8
3	9	5	7	6	8	2	4	1
8	7	2	3	4	1	9	5	6

#313

3	7	6	2	4	5	8	1	9
8	4	2	7	1	9	3	5	6
1	5	9	3	6	8	4	2	7
6	1	7	4	8	2	5	9	3
4	8	3	5	9	1	7	6	2
2	9	5	6	3	7	1	4	8
5	3	8	9	2	4	6	7	1
7	2	1	8	5	6	9	3	4
9	6	4	1	7	3	2	8	5

#314

5	2	6	1	3	4	7	8	9
7	3	4	6	8	9	1	2	5
8	9	1	2	5	7	3	4	6
6	4	8	9	1	2	5	3	7
9	5	2	7	6	3	4	1	8
1	7	3	5	4	8	6	9	2
2	8	5	3	7	1	9	6	4
3	6	9	4	2	5	8	7	1
4	1	7	8	9	6	2	5	3

#315

8	1	2	4	6	9	3	5	7
3	5	4	7	8	1	2	6	9
6	7	9	2	5	3	8	4	1
2	4	1	5	9	8	7	3	6
5	8	6	1	3	7	4	9	2
9	3	7	6	4	2	1	8	5
7	6	3	9	1	4	5	2	8
1	9	8	3	2	5	6	7	4
4	2	5	8	7	6	9	1	3

#316

3	7	4	5	6	8	9	1	2
5	6	8	2	9	1	3	4	7
9	1	2	3	4	7	5	6	8
4	2	1	8	5	3	6	7	9
6	9	5	7	2	4	1	8	3
7	8	3	6	1	9	2	5	4
8	4	6	1	3	2	7	9	5
2	5	7	9	8	6	4	3	1
1	3	9	4	7	5	8	2	6

#317

2	6	7	1	4	9	8	3	5
8	1	3	7	5	6	4	9	2
4	5	9	8	3	2	6	7	1
1	2	4	5	7	8	3	6	9
7	3	6	9	2	4	5	1	8
5	9	8	6	1	3	2	4	7
6	4	1	2	8	7	9	5	3
3	7	2	4	9	5	1	8	6
9	8	5	3	6	1	7	2	4

#318

2	7	1	3	4	5	6	8	9
4	5	3	6	8	9	7	2	1
6	8	9	1	2	7	3	4	5
1	2	6	9	5	3	4	7	8
7	3	5	4	6	8	1	9	2
9	4	8	2	7	1	5	6	3
3	6	4	5	9	2	8	1	7
5	9	7	8	1	4	2	3	6
8	1	2	7	3	6	9	5	4

#319

4	7	1	8	2	9	3	5	6
5	3	6	4	7	1	8	9	2
8	2	9	5	3	6	1	7	4
1	5	4	3	9	7	6	2	8
7	8	2	6	1	4	5	3	9
9	6	3	2	5	8	4	1	7
6	9	7	1	8	5	2	4	3
3	1	8	7	4	2	9	6	5
2	4	5	9	6	3	7	8	1

#320

3	1	2	4	5	6	7	8	9
4	5	6	7	8	9	1	2	3
7	8	9	1	2	3	4	5	6
6	2	1	5	4	7	3	9	8
5	4	7	3	9	8	2	6	1
8	9	3	2	6	1	5	7	4
1	6	5	8	3	2	9	4	7
2	3	8	9	7	4	6	1	5
9	7	4	6	1	5	8	3	2

#321

5	1	6	2	9	4	3	8	7
3	2	7	5	8	1	6	4	9
8	4	9	6	3	7	5	1	2
4	5	1	7	6	8	2	9	3
9	3	2	1	4	5	7	6	8
6	7	8	3	2	9	4	5	1
2	8	4	9	5	3	1	7	6
7	6	5	8	1	2	9	3	4
1	9	3	4	7	6	8	2	5

#322

8	7	5	9	1	6	2	3	4
2	3	4	8	7	5	1	9	6
9	6	1	2	3	4	8	7	5
5	2	6	7	9	8	3	4	1
3	4	8	5	6	1	7	2	9
1	9	7	3	4	2	5	6	8
7	5	2	6	8	9	4	1	3
6	1	3	4	5	7	9	8	2
4	8	9	1	2	3	6	5	7

#323

9	2	6	5	1	7	8	3	4
3	1	4	9	6	8	2	7	5
8	5	7	2	4	3	9	6	1
2	8	1	6	5	4	3	9	7
7	9	3	1	8	2	4	5	6
6	4	5	7	3	9	1	8	2
5	6	9	8	2	1	7	4	3
1	3	8	4	7	6	5	2	9
4	7	2	3	9	5	6	1	8

#324

6	4	7	1	2	3	5	8	9
5	8	3	4	6	9	7	2	1
9	2	1	5	7	8	3	4	6
2	6	5	9	3	1	4	7	8
8	1	4	7	5	6	9	3	2
3	7	9	2	8	4	6	1	5
4	3	6	8	1	5	2	9	7
1	5	2	3	9	7	8	6	4
7	9	8	6	4	2	1	5	3

#325

7	5	6	2	3	9	8	4	1
9	2	1	8	4	7	5	6	3
8	3	4	5	6	1	7	9	2
5	8	7	4	2	3	9	1	6
3	1	9	7	8	6	2	5	4
6	4	2	1	9	5	3	8	7
4	7	3	6	5	8	1	2	9
1	6	8	9	7	2	4	3	5
2	9	5	3	1	4	6	7	8

#326

7	5	8	3	6	4	1	9	2
2	3	4	9	1	8	7	5	6
6	9	1	7	5	2	8	3	4
5	8	7	6	4	1	9	2	3
9	2	3	5	8	7	4	6	1
4	1	6	2	9	3	5	7	8
3	4	2	8	7	9	6	1	5
8	7	5	1	2	6	3	4	9
1	6	9	4	3	5	2	8	7

#327

6	4	7	1	5	2	3	8	9
5	8	9	4	3	6	2	7	1
1	2	3	7	8	9	4	5	6
7	1	4	8	2	3	9	6	5
8	3	6	5	9	4	1	2	7
9	5	2	6	7	1	8	3	4
2	6	1	3	4	5	7	9	8
3	7	5	9	1	8	6	4	2
4	9	8	2	6	7	5	1	3

#328

2	7	4	8	3	9	5	6	1
3	5	6	7	2	1	4	8	9
8	9	1	4	5	6	7	2	3
1	3	2	5	7	8	9	4	6
7	6	8	9	1	4	2	3	5
5	4	9	3	6	2	8	1	7
6	8	7	1	4	5	3	9	2
4	1	3	2	9	7	6	5	8
9	2	5	6	8	3	1	7	4

#329

3	4	7	5	6	8	1	2	9
1	5	6	2	7	9	3	4	8
2	8	9	3	1	4	5	6	7
4	6	3	7	2	5	8	9	1
7	2	1	9	8	3	6	5	4
5	9	8	1	4	6	7	3	2
6	7	2	4	3	1	9	8	5
8	1	5	6	9	2	4	7	3
9	3	4	8	5	7	2	1	6

#330

5	3	4	1	8	2	7	6	9
6	2	7	3	4	9	5	1	8
8	9	1	7	6	5	4	2	3
9	4	2	8	5	6	1	3	7
7	6	3	9	2	1	8	5	4
1	8	5	4	7	3	6	9	2
3	7	6	2	1	4	9	8	5
4	1	9	5	3	8	2	7	6
2	5	8	6	9	7	3	4	1

#331

6	5	4	3	1	7	8	2	9
8	7	2	6	4	9	5	3	1
1	3	9	5	8	2	7	6	4
3	4	7	2	6	1	9	8	5
2	9	8	4	7	5	6	1	3
5	1	6	9	3	8	2	4	7
4	6	5	7	2	3	1	9	8
9	8	3	1	5	6	4	7	2
7	2	1	8	9	4	3	5	6

#332

2	4	1	3	5	6	7	8	9
5	6	3	7	8	9	4	1	2
7	8	9	1	2	4	3	5	6
4	1	2	5	6	3	8	9	7
6	7	5	4	9	8	2	3	1
3	9	8	2	7	1	5	6	4
1	2	4	6	3	5	9	7	8
8	3	6	9	4	7	1	2	5
9	5	7	8	1	2	6	4	3

#333

1	4	2	3	8	6	9	7	5
6	5	3	2	9	7	1	4	8
7	8	9	1	5	4	6	2	3
8	6	1	4	2	5	3	9	7
3	7	4	8	6	9	5	1	2
2	9	5	7	3	1	8	6	4
4	1	8	6	7	3	2	5	9
5	2	6	9	4	8	7	3	1
9	3	7	5	1	2	4	8	6

#334

7	1	4	6	5	8	2	3	9
2	3	5	4	7	9	6	8	1
6	8	9	1	2	3	4	5	7
3	6	2	5	8	7	9	1	4
8	4	7	3	9	1	5	2	6
5	9	1	2	4	6	3	7	8
4	5	6	7	1	2	8	9	3
1	2	8	9	3	4	7	6	5
9	7	3	8	6	5	1	4	2

#335

9	8	5	4	3	6	7	1	2
6	4	2	1	7	9	5	3	8
1	3	7	2	5	8	4	6	9
2	5	4	6	9	3	8	7	1
3	1	8	7	4	2	6	9	5
7	6	9	5	8	1	2	4	3
4	7	3	8	1	5	9	2	6
5	2	1	9	6	4	3	8	7
8	9	6	3	2	7	1	5	4

#336

1	5	3	6	7	4	2	8	9
6	2	7	3	8	9	4	1	5
4	8	9	5	1	2	3	6	7
7	4	6	9	3	8	5	2	1
3	1	2	7	4	5	6	9	8
5	9	8	2	6	1	7	4	3
8	6	1	4	5	3	9	7	2
2	3	4	8	9	7	1	5	6
9	7	5	1	2	6	8	3	4

#337

2	8	5	3	4	6	1	7	9
3	4	6	7	1	9	2	5	8
7	1	9	2	5	8	3	4	6
4	6	1	5	7	2	9	8	3
5	7	2	8	9	3	6	1	4
8	9	3	4	6	1	5	2	7
6	3	4	1	8	5	7	9	2
9	5	7	6	2	4	8	3	1
1	2	8	9	3	7	4	6	5

#338

7	2	6	1	3	5	9	8	4
5	1	3	8	4	9	2	6	7
4	8	9	7	2	6	5	1	3
1	3	7	2	6	4	8	5	9
8	9	2	3	5	7	6	4	1
6	5	4	9	1	8	7	3	2
2	7	1	5	8	3	4	9	6
9	6	5	4	7	1	3	2	8
3	4	8	6	9	2	1	7	5

#339

9	4	6	1	3	5	2	7	8
2	1	3	7	8	9	4	5	6
5	7	8	2	4	6	3	9	1
6	5	1	4	2	7	8	3	9
4	3	9	8	5	1	6	2	7
7	8	2	6	9	3	5	1	4
3	6	7	5	1	4	9	8	2
1	2	5	9	6	8	7	4	3
8	9	4	3	7	2	1	6	5

#340

6	7	4	8	5	1	3	2	9
2	1	5	3	7	9	4	6	8
3	8	9	2	4	6	1	5	7
7	4	2	6	1	3	9	8	5
9	3	8	7	2	5	6	1	4
5	6	1	9	8	4	2	7	3
1	5	6	4	9	7	8	3	2
4	2	3	5	6	8	7	9	1
8	9	7	1	3	2	5	4	6

#341

1	4	5	2	9	3	6	8	7
6	7	8	1	4	5	9	3	2
2	3	9	7	8	6	1	4	5
7	5	1	4	6	9	3	2	8
8	2	4	5	3	1	7	9	6
3	9	6	8	7	2	5	1	4
4	1	3	6	2	7	8	5	9
5	8	7	9	1	4	2	6	3
9	6	2	3	5	8	4	7	1

#342

6	3	4	5	7	2	8	1	9
1	5	2	6	8	9	3	4	7
7	8	9	3	1	4	2	5	6
4	6	7	1	2	8	5	9	3
5	9	8	4	3	6	1	7	2
3	2	1	7	9	5	4	6	8
8	7	5	2	6	1	9	3	4
2	1	3	9	4	7	6	8	5
9	4	6	8	5	3	7	2	1

#343

4	7	1	2	8	9	6	5	3
3	5	6	4	1	7	2	8	9
2	8	9	5	6	3	4	7	1
7	4	5	1	9	8	3	6	2
1	6	2	7	3	4	5	9	8
9	3	8	6	2	5	1	4	7
5	9	4	3	7	2	8	1	6
8	1	3	9	4	6	7	2	5
6	2	7	8	5	1	9	3	4

#344

5	6	7	1	2	3	4	8	9
8	1	2	4	7	9	5	3	6
3	4	9	5	6	8	2	7	1
1	8	3	9	4	5	7	6	2
6	7	4	3	8	2	9	1	5
9	2	5	6	1	7	3	4	8
4	3	8	2	9	6	1	5	7
2	5	6	7	3	1	8	9	4
7	9	1	8	5	4	6	2	3

#345

9	6	7	5	1	2	3	4	8
2	1	4	3	8	9	5	6	7
3	5	8	4	6	7	1	2	9
4	2	5	7	3	6	8	9	1
6	7	9	8	5	1	2	3	4
8	3	1	2	9	4	7	5	6
1	8	2	6	4	3	9	7	5
5	4	3	9	7	8	6	1	2
7	9	6	1	2	5	4	8	3

#346

2	7	3	8	5	6	1	4	9
1	4	5	7	2	9	6	8	3
6	8	9	4	3	1	2	7	5
3	1	2	5	4	8	7	9	6
4	6	7	9	1	2	3	5	8
9	5	8	6	7	3	4	1	2
5	3	1	2	8	7	9	6	4
7	9	4	3	6	5	8	2	1
8	2	6	1	9	4	5	3	7

#347

4	5	1	8	7	9	2	6	3
3	2	6	4	5	1	7	8	9
7	8	9	2	6	3	4	5	1
6	4	3	1	2	5	9	7	8
2	1	8	9	3	7	6	4	5
9	7	5	6	4	8	3	1	2
5	6	2	3	8	4	1	9	7
1	3	7	5	9	6	8	2	4
8	9	4	7	1	2	5	3	6

#348

2	4	5	1	7	9	3	8	6
6	9	1	3	8	5	2	4	7
3	7	8	2	4	6	1	9	5
5	2	9	4	6	1	7	3	8
7	3	4	8	9	2	5	6	1
1	8	6	5	3	7	4	2	9
8	1	2	9	5	3	6	7	4
9	5	7	6	2	4	8	1	3
4	6	3	7	1	8	9	5	2

#349

5	7	6	1	3	2	4	9	8
2	1	3	8	4	9	5	7	6
4	8	9	5	6	7	2	1	3
7	4	2	6	9	1	3	8	5
9	3	5	7	2	8	6	4	1
8	6	1	4	5	3	7	2	9
6	9	8	2	7	5	1	3	4
3	2	4	9	1	6	8	5	7
1	5	7	3	8	4	9	6	2

#350

9	2	3	4	5	1	6	7	8
1	4	5	6	7	8	2	3	9
6	7	8	2	3	9	4	1	5
3	5	1	7	9	2	8	4	6
2	6	4	1	8	3	9	5	7
7	8	9	5	4	6	1	2	3
4	9	7	8	1	5	3	6	2
5	3	2	9	6	4	7	8	1
8	1	6	3	2	7	5	9	4

#351

5	4	3	2	8	6	1	7	9
1	6	2	7	9	3	5	8	4
7	8	9	5	4	1	2	6	3
3	5	6	4	1	7	9	2	8
2	9	4	8	6	5	3	1	7
8	7	1	3	2	9	4	5	6
4	1	5	6	3	8	7	9	2
6	2	7	9	5	4	8	3	1
9	3	8	1	7	2	6	4	5

#352

3	5	4	8	2	9	1	6	7
2	1	7	3	5	6	9	4	8
6	8	9	4	1	7	3	5	2
4	2	6	7	3	1	5	8	9
8	9	3	2	6	5	4	7	1
5	7	1	9	4	8	6	2	3
1	3	8	6	7	4	2	9	5
7	6	5	1	9	2	8	3	4
9	4	2	5	8	3	7	1	6

#353

8	6	4	5	7	2	1	3	9
1	2	5	4	9	3	8	6	7
3	7	9	8	1	6	5	2	4
2	8	6	3	4	5	7	9	1
5	9	1	7	2	8	6	4	3
4	3	7	1	6	9	2	8	5
7	4	3	2	8	1	9	5	6
6	1	2	9	5	4	3	7	8
9	5	8	6	3	7	4	1	2

#354

5	3	6	8	9	4	1	7	2
1	7	2	5	6	3	8	4	9
4	8	9	7	2	1	5	3	6
7	1	3	6	8	2	4	9	5
2	5	4	3	1	9	7	6	8
9	6	8	4	5	7	3	2	1
3	9	5	1	7	6	2	8	4
6	4	1	2	3	8	9	5	7
8	2	7	9	4	5	6	1	3

#355

3	6	7	8	1	9	4	2	5
4	5	8	2	3	6	7	9	1
9	2	1	7	4	5	6	8	3
2	7	3	4	5	8	1	6	9
5	1	6	9	2	7	3	4	8
8	9	4	3	6	1	2	5	7
6	3	5	1	9	2	8	7	4
1	8	2	5	7	4	9	3	6
7	4	9	6	8	3	5	1	2

#356

6	3	4	7	9	8	2	1	5
5	8	7	4	1	2	6	3	9
9	2	1	6	5	3	4	8	7
2	6	8	9	4	5	3	7	1
1	4	5	3	8	7	9	2	6
7	9	3	2	6	1	5	4	8
3	7	9	8	2	6	1	5	4
8	1	6	5	3	4	7	9	2
4	5	2	1	7	9	8	6	3

#357

3	2	6	4	1	5	7	8	9
4	5	7	3	8	9	6	1	2
8	9	1	6	2	7	3	4	5
2	4	3	7	6	1	5	9	8
7	6	5	9	4	8	2	3	1
9	1	8	2	5	3	4	6	7
1	3	9	5	7	4	8	2	6
5	8	2	1	3	6	9	7	4
6	7	4	8	9	2	1	5	3

#358

4	1	6	9	2	7	5	3	8
5	3	2	4	6	8	1	7	9
7	8	9	1	3	5	4	6	2
8	5	1	3	7	6	2	9	4
9	4	7	2	5	1	6	8	3
6	2	3	8	4	9	7	5	1
2	7	4	5	8	3	9	1	6
1	6	8	7	9	4	3	2	5
3	9	5	6	1	2	8	4	7

#359

9	8	6	7	4	2	3	1	5
1	3	4	5	6	8	2	7	9
5	2	7	1	3	9	4	6	8
3	1	2	4	8	6	9	5	7
6	7	5	9	1	3	8	2	4
4	9	8	2	5	7	6	3	1
2	4	3	8	7	1	5	9	6
7	5	9	6	2	4	1	8	3
8	6	1	3	9	5	7	4	2

#360

4	6	2	5	7	3	8	9	1
3	1	5	6	8	9	2	4	7
7	8	9	2	4	1	3	5	6
1	4	6	7	2	5	9	3	8
5	2	3	8	9	6	1	7	4
8	9	7	3	1	4	5	6	2
6	5	4	1	3	2	7	8	9
2	3	8	9	6	7	4	1	5
9	7	1	4	5	8	6	2	3

#361

6	5	7	9	2	1	8	4	3
8	9	3	4	6	5	7	2	1
2	4	1	7	3	8	6	5	9
5	7	6	2	1	3	4	9	8
9	2	8	5	4	6	3	1	7
3	1	4	8	9	7	5	6	2
1	8	9	3	5	4	2	7	6
4	3	2	6	7	9	1	8	5
7	6	5	1	8	2	9	3	4

#362

7	1	6	2	5	9	3	4	8
4	2	3	8	1	7	6	9	5
5	8	9	6	3	4	7	2	1
8	7	1	9	6	2	4	5	3
6	5	2	7	4	3	1	8	9
3	9	4	1	8	5	2	6	7
9	3	7	4	2	8	5	1	6
1	4	8	5	7	6	9	3	2
2	6	5	3	9	1	8	7	4

#363

6	3	7	2	1	4	5	8	9
4	2	5	7	8	9	3	6	1
8	9	1	3	5	6	2	4	7
2	5	6	8	3	7	9	1	4
1	7	3	9	4	5	6	2	8
9	4	8	1	6	2	7	3	5
3	6	4	5	7	1	8	9	2
5	1	2	6	9	8	4	7	3
7	8	9	4	2	3	1	5	6

#364

1	3	7	4	2	5	6	8	9
6	2	4	7	8	9	3	5	1
5	8	9	1	3	6	4	2	7
2	6	3	5	1	7	8	9	4
8	4	5	9	6	3	7	1	2
7	9	1	2	4	8	5	3	6
3	1	2	6	5	4	9	7	8
4	7	8	3	9	1	2	6	5
9	5	6	8	7	2	1	4	3

#365

2	7	3	4	5	6	1	8	9
4	5	6	1	8	9	2	3	7
1	8	9	3	2	7	4	5	6
5	4	7	2	9	3	6	1	8
6	3	2	8	1	5	9	7	4
8	9	1	6	7	4	3	2	5
3	6	5	7	4	2	8	9	1
7	2	8	9	6	1	5	4	3
9	1	4	5	3	8	7	6	2

#366

7	5	1	4	2	3	6	8	9
6	8	3	5	7	9	1	2	4
4	2	9	6	8	1	3	5	7
5	3	4	8	1	7	9	6	2
8	9	6	2	5	4	7	1	3
1	7	2	3	9	6	5	4	8
2	4	7	1	3	5	8	9	6
3	6	5	9	4	8	2	7	1
9	1	8	7	6	2	4	3	5

#367

2	7	3	5	8	1	6	4	9
4	5	8	3	9	6	2	1	7
6	9	1	7	4	2	5	8	3
7	2	5	1	3	8	9	6	4
3	1	4	2	6	9	8	7	5
8	6	9	4	7	5	1	3	2
1	3	2	6	5	7	4	9	8
9	4	6	8	2	3	7	5	1
5	8	7	9	1	4	3	2	6

#368

3	7	4	9	8	6	2	1	5
2	1	5	3	7	4	8	6	9
8	6	9	2	1	5	3	7	4
7	9	6	4	2	3	1	5	8
1	5	8	7	6	9	4	3	2
4	2	3	1	5	8	6	9	7
5	3	7	8	4	1	9	2	6
9	4	2	6	3	7	5	8	1
6	8	1	5	9	2	7	4	3

#369

2	8	1	6	5	4	3	7	9
6	3	4	2	7	9	5	8	1
5	7	9	3	8	1	2	4	6
4	2	6	1	3	7	8	9	5
8	5	3	4	9	2	6	1	7
9	1	7	5	6	8	4	2	3
1	4	5	7	2	3	9	6	8
3	9	2	8	1	6	7	5	4
7	6	8	9	4	5	1	3	2

#370

4	1	3	5	2	6	7	8	9
5	2	6	7	8	9	1	3	4
7	8	9	3	4	1	2	5	6
3	4	1	6	5	2	9	7	8
6	5	2	9	7	8	3	4	1
8	9	7	4	1	3	5	6	2
1	6	8	2	3	5	4	9	7
2	3	4	8	9	7	6	1	5
9	7	5	1	6	4	8	2	3

#371

2	3	1	4	5	6	7	8	9
4	5	6	7	8	9	3	1	2
7	8	9	2	3	1	4	5	6
1	6	4	3	2	7	5	9	8
8	2	3	9	1	5	6	4	7
9	7	5	6	4	8	2	3	1
3	1	7	5	9	2	8	6	4
5	9	2	8	6	4	1	7	3
6	4	8	1	7	3	9	2	5

#372

3	4	5	6	7	8	9	1	2
6	1	7	5	2	9	4	3	8
8	2	9	3	1	4	5	6	7
4	7	6	8	3	2	1	9	5
1	5	2	4	9	6	7	8	3
9	3	8	7	5	1	6	2	4
2	6	3	9	4	5	8	7	1
5	8	1	2	6	7	3	4	9
7	9	4	1	8	3	2	5	6

#373

6	5	1	3	9	2	8	7	4
3	2	7	1	4	8	9	6	5
4	9	8	5	6	7	3	2	1
2	4	5	8	3	6	1	9	7
1	7	3	9	2	4	6	5	8
8	6	9	7	1	5	4	3	2
9	1	4	2	5	3	7	8	6
5	8	6	4	7	9	2	1	3
7	3	2	6	8	1	5	4	9

#374

9	3	1	5	4	2	6	7	8
4	5	6	7	8	9	2	1	3
7	2	8	3	6	1	4	5	9
5	7	2	8	3	4	9	6	1
1	8	3	2	9	6	5	4	7
6	9	4	1	5	7	3	8	2
2	1	5	4	7	3	8	9	6
3	4	9	6	1	8	7	2	5
8	6	7	9	2	5	1	3	4

#375

3	4	2	1	5	6	7	8	9
5	6	7	2	8	9	3	4	1
8	1	9	3	4	7	2	5	6
4	2	3	6	1	5	8	9	7
6	8	1	9	7	3	4	2	5
7	9	5	4	2	8	6	1	3
2	3	6	5	9	4	1	7	8
9	7	4	8	3	1	5	6	2
1	5	8	7	6	2	9	3	4

#376

1	8	6	5	3	7	2	9	4
7	4	2	6	9	1	3	5	8
3	5	9	4	2	8	7	1	6
2	1	7	8	6	9	5	4	3
5	9	4	1	7	3	8	6	2
8	6	3	2	5	4	1	7	9
6	2	1	9	8	5	4	3	7
4	3	8	7	1	6	9	2	5
9	7	5	3	4	2	6	8	1

#377

7	3	4	9	8	1	5	6	2
1	6	2	7	3	5	8	4	9
5	8	9	4	2	6	7	3	1
6	2	3	1	7	4	9	5	8
9	7	1	6	5	8	4	2	3
4	5	8	3	9	2	1	7	6
3	1	7	5	6	9	2	8	4
2	9	5	8	4	3	6	1	7
8	4	6	2	1	7	3	9	5

#378

8	6	3	4	5	2	7	9	1
4	2	5	1	7	9	3	6	8
7	1	9	3	6	8	4	2	5
5	7	2	6	4	3	8	1	9
1	3	4	8	9	5	2	7	6
6	9	8	2	1	7	5	3	4
3	4	6	5	2	1	9	8	7
2	5	7	9	8	6	1	4	3
9	8	1	7	3	4	6	5	2

#379

6	7	8	9	3	1	5	2	4
4	3	1	8	2	5	6	7	9
5	2	9	6	7	4	8	1	3
2	9	5	4	8	3	1	6	7
8	4	7	1	5	6	3	9	2
1	6	3	7	9	2	4	5	8
7	8	6	5	4	9	2	3	1
3	5	4	2	1	7	9	8	6
9	1	2	3	6	8	7	4	5

#380

9	5	4	6	3	7	8	2	1
6	3	7	1	2	8	4	5	9
2	8	1	4	5	9	3	6	7
5	4	6	7	8	3	1	9	2
7	2	9	5	4	1	6	8	3
3	1	8	2	9	6	5	7	4
4	7	3	8	6	2	9	1	5
1	6	5	9	7	4	2	3	8
8	9	2	3	1	5	7	4	6

#381

8	4	5	6	7	3	2	1	9
6	7	3	2	9	1	4	5	8
2	9	1	4	5	8	3	6	7
5	6	7	1	4	2	9	8	3
4	1	8	7	3	9	6	2	5
3	2	9	8	6	5	1	7	4
7	8	2	3	1	4	5	9	6
9	3	6	5	2	7	8	4	1
1	5	4	9	8	6	7	3	2

#382

4	5	3	1	7	8	6	2	9
6	2	7	4	5	9	3	1	8
1	8	9	3	2	6	4	5	7
7	4	6	2	8	5	1	9	3
5	9	2	6	3	1	7	8	4
3	1	8	9	4	7	2	6	5
8	6	5	7	1	3	9	4	2
9	3	4	5	6	2	8	7	1
2	7	1	8	9	4	5	3	6

#383

9	3	6	7	4	5	2	1	8
7	1	4	8	2	9	5	3	6
2	5	8	3	6	1	4	7	9
4	6	5	1	8	3	7	9	2
3	8	2	9	7	4	6	5	1
1	9	7	2	5	6	3	8	4
5	2	1	4	9	7	8	6	3
6	4	3	5	1	8	9	2	7
8	7	9	6	3	2	1	4	5

#384

4	3	6	7	8	2	5	9	1
5	2	7	6	1	9	4	8	3
8	9	1	4	3	5	2	6	7
9	4	5	1	6	7	3	2	8
6	1	3	8	2	4	7	5	9
7	8	2	9	5	3	6	1	4
3	6	8	2	4	1	9	7	5
1	5	9	3	7	6	8	4	2
2	7	4	5	9	8	1	3	6

#385

5	2	6	9	1	7	3	8	4
7	8	3	5	6	4	2	1	9
4	1	9	2	8	3	7	5	6
1	5	7	6	3	2	4	9	8
6	4	8	1	7	9	5	2	3
3	9	2	4	5	8	6	7	1
8	3	5	7	4	1	9	6	2
9	7	4	8	2	6	1	3	5
2	6	1	3	9	5	8	4	7

#386

4	2	5	8	9	7	3	1	6
3	6	7	4	5	1	2	9	8
1	8	9	3	2	6	4	5	7
5	4	1	6	8	9	7	2	3
9	3	2	7	1	4	6	8	5
8	7	6	5	3	2	9	4	1
6	9	3	1	4	5	8	7	2
7	1	4	2	6	8	5	3	9
2	5	8	9	7	3	1	6	4

#387

5	6	3	9	8	1	4	2	7
2	7	4	6	5	3	8	1	9
8	9	1	2	7	4	5	6	3
9	3	5	1	2	8	6	7	4
1	2	6	7	4	5	3	9	8
4	8	7	3	6	9	2	5	1
3	1	2	4	9	6	7	8	5
6	4	8	5	1	7	9	3	2
7	5	9	8	3	2	1	4	6

#388

2	5	1	7	8	9	3	6	4
3	6	4	5	2	1	7	8	9
7	8	9	6	4	3	2	5	1
1	2	5	4	9	7	6	3	8
9	4	6	2	3	8	1	7	5
8	7	3	1	5	6	4	9	2
5	9	2	3	7	4	8	1	6
6	3	8	9	1	2	5	4	7
4	1	7	8	6	5	9	2	3

#389

7	8	3	1	2	4	5	6	9
1	2	4	5	6	9	3	7	8
5	6	9	3	7	8	4	1	2
3	1	6	7	4	2	9	8	5
8	4	5	6	9	1	2	3	7
2	9	7	8	3	5	6	4	1
4	3	1	2	5	7	8	9	6
6	5	8	9	1	3	7	2	4
9	7	2	4	8	6	1	5	3

#390

9	5	1	6	3	4	2	7	8
2	6	3	7	8	9	4	5	1
4	7	8	1	2	5	3	6	9
3	4	2	5	7	1	8	9	6
7	8	5	9	6	2	1	3	4
1	9	6	3	4	8	5	2	7
5	1	4	2	9	6	7	8	3
6	2	7	8	1	3	9	4	5
8	3	9	4	5	7	6	1	2

#391

8	7	5	1	3	9	2	6	4
6	2	4	8	7	5	3	9	1
3	9	1	6	2	4	8	5	7
5	6	7	4	1	2	9	8	3
4	8	3	9	6	7	5	1	2
9	1	2	5	8	3	7	4	6
7	5	9	3	4	6	1	2	8
1	3	6	2	9	8	4	7	5
2	4	8	7	5	1	6	3	9

#392

2	6	5	8	7	9	3	4	1
7	3	4	2	6	1	8	5	9
8	1	9	3	4	5	6	2	7
5	2	6	7	9	4	1	3	8
3	8	7	1	5	2	4	9	6
9	4	1	6	8	3	5	7	2
4	7	2	5	1	6	9	8	3
6	5	3	9	2	8	7	1	4
1	9	8	4	3	7	2	6	5

#393

1	4	7	8	6	9	2	3	5
3	5	6	7	2	4	1	8	9
2	8	9	1	3	5	4	7	6
6	1	3	9	7	8	5	4	2
7	2	5	4	1	3	6	9	8
8	9	4	2	5	6	3	1	7
4	7	2	5	8	1	9	6	3
5	6	1	3	9	7	8	2	4
9	3	8	6	4	2	7	5	1

#394

5	6	7	4	9	8	2	3	1
3	8	4	5	1	2	6	7	9
1	2	9	6	7	3	8	5	4
9	7	6	2	4	1	5	8	3
4	1	5	3	8	7	9	6	2
8	3	2	9	6	5	4	1	7
7	5	3	8	2	4	1	9	6
6	4	1	7	5	9	3	2	8
2	9	8	1	3	6	7	4	5

#395

2	1	3	6	5	7	4	9	8
6	4	5	3	8	9	2	1	7
7	8	9	2	1	4	6	5	3
9	7	6	8	2	1	3	4	5
4	5	1	9	6	3	7	8	2
3	2	8	7	4	5	1	6	9
5	3	2	1	9	6	8	7	4
8	6	4	5	7	2	9	3	1
1	9	7	4	3	8	5	2	6

#396

2	3	4	6	9	7	8	1	5
5	6	1	2	4	8	3	7	9
8	7	9	3	5	1	4	6	2
1	4	3	7	2	9	5	8	6
7	2	5	4	8	6	9	3	1
9	8	6	1	3	5	2	4	7
6	9	2	8	1	4	7	5	3
3	1	8	5	7	2	6	9	4
4	5	7	9	6	3	1	2	8

#397

1	3	4	6	5	8	9	2	7
5	6	2	4	7	9	1	3	8
7	8	9	1	3	2	4	6	5
6	2	7	8	9	5	3	1	4
4	1	3	2	6	7	5	8	9
9	5	8	3	4	1	6	7	2
2	4	1	5	8	6	7	9	3
3	7	6	9	2	4	8	5	1
8	9	5	7	1	3	2	4	6

#398

1	2	3	4	5	6	7	8	9
5	4	6	7	8	9	2	1	3
7	8	9	1	2	3	4	5	6
3	5	7	6	4	2	1	9	8
8	6	1	9	7	5	3	2	4
2	9	4	3	1	8	5	6	7
4	1	5	8	6	7	9	3	2
6	3	2	5	9	4	8	7	1
9	7	8	2	3	1	6	4	5

#399

1	2	3	5	9	8	7	4	6
5	6	7	4	2	3	9	1	8
8	4	9	1	6	7	2	3	5
2	5	4	3	8	6	1	7	9
7	8	1	9	4	2	6	5	3
3	9	6	7	1	5	4	8	2
6	1	2	8	3	4	5	9	7
9	3	5	6	7	1	8	2	4
4	7	8	2	5	9	3	6	1

#400

4	9	2	7	8	1	5	3	6
5	3	1	4	2	6	8	9	7
6	7	8	5	3	9	2	1	4
2	4	9	8	7	5	1	6	3
1	8	3	6	9	4	7	2	5
7	6	5	2	1	3	9	4	8
3	2	4	9	5	7	6	8	1
9	5	6	1	4	8	3	7	2
8	1	7	3	6	2	4	5	9

#401

7	8	4	1	5	2	3	6	9
2	1	3	6	8	9	4	5	7
5	6	9	3	4	7	8	2	1
6	4	1	9	7	3	5	8	2
3	7	5	2	6	8	9	1	4
8	9	2	4	1	5	6	7	3
4	5	6	7	3	1	2	9	8
9	3	7	8	2	6	1	4	5
1	2	8	5	9	4	7	3	6

#402

4	3	1	6	8	5	7	9	2
5	2	6	9	3	7	1	8	4
7	8	9	4	1	2	3	5	6
2	7	4	1	5	9	6	3	8
8	6	3	7	2	4	5	1	9
9	1	5	3	6	8	2	4	7
3	4	7	2	9	1	8	6	5
6	5	2	8	4	3	9	7	1
1	9	8	5	7	6	4	2	3

#403

4	7	3	6	9	8	2	5	1
5	6	2	4	1	3	8	7	9
8	1	9	2	5	7	3	6	4
1	3	7	8	4	2	5	9	6
2	4	5	9	3	6	7	1	8
6	9	8	1	7	5	4	3	2
9	5	6	3	8	4	1	2	7
3	2	4	7	6	1	9	8	5
7	8	1	5	2	9	6	4	3

#404

8	6	3	7	4	5	1	2	9
1	4	2	3	9	8	6	7	5
5	7	9	2	6	1	8	3	4
2	1	6	5	7	4	9	8	3
7	8	4	9	1	3	5	6	2
3	9	5	8	2	6	4	1	7
4	2	8	1	3	9	7	5	6
9	3	1	6	5	7	2	4	8
6	5	7	4	8	2	3	9	1

#405

1	3	7	4	2	5	6	8	9
2	5	4	6	8	9	3	1	7
6	8	9	3	1	7	2	4	5
3	7	5	9	4	6	1	2	8
4	9	1	2	5	8	7	6	3
8	2	6	7	3	1	5	9	4
5	4	2	8	6	3	9	7	1
7	6	3	1	9	4	8	5	2
9	1	8	5	7	2	4	3	6

#406

4	3	2	5	6	7	8	9	1
5	6	1	8	2	9	4	3	7
7	8	9	3	4	1	2	5	6
2	1	5	4	8	3	7	6	9
6	4	3	7	9	2	5	1	8
9	7	8	6	1	5	3	2	4
3	9	4	1	5	8	6	7	2
1	5	6	2	7	4	9	8	3
8	2	7	9	3	6	1	4	5

#407

7	3	5	6	4	8	9	1	2
4	6	2	7	1	9	3	5	8
8	9	1	3	2	5	4	6	7
5	4	3	8	6	2	7	9	1
6	1	7	9	5	3	2	8	4
9	2	8	4	7	1	5	3	6
3	5	4	1	8	7	6	2	9
2	8	6	5	9	4	1	7	3
1	7	9	2	3	6	8	4	5

#408

4	7	6	5	8	1	3	9	2
3	5	8	7	2	9	4	6	1
1	2	9	3	6	4	7	5	8
5	6	3	9	7	8	1	2	4
2	1	4	6	3	5	9	8	7
9	8	7	4	1	2	6	3	5
6	9	5	8	4	7	2	1	3
7	3	1	2	5	6	8	4	9
8	4	2	1	9	3	5	7	6

#409

8	7	3	6	2	1	5	9	4
6	5	2	8	4	9	3	7	1
4	1	9	7	5	3	8	2	6
3	8	6	1	7	2	4	5	9
5	4	7	9	3	8	6	1	2
2	9	1	5	6	4	7	3	8
1	6	8	3	9	5	2	4	7
7	3	4	2	1	6	9	8	5
9	2	5	4	8	7	1	6	3

#410

8	2	5	3	6	1	4	7	9
1	3	6	7	9	4	8	5	2
7	4	9	8	2	5	3	1	6
4	6	8	1	7	2	5	9	3
3	9	2	5	4	8	1	6	7
5	7	1	6	3	9	2	8	4
2	8	7	4	1	6	9	3	5
6	1	4	9	5	3	7	2	8
9	5	3	2	8	7	6	4	1

#411

8	6	7	5	4	1	3	2	9
3	5	4	2	9	8	1	6	7
1	2	9	7	3	6	8	5	4
6	8	3	4	7	5	2	9	1
2	4	1	9	8	3	6	7	5
7	9	5	6	1	2	4	8	3
4	1	6	8	5	7	9	3	2
5	3	8	1	2	9	7	4	6
9	7	2	3	6	4	5	1	8

#412

5	3	7	6	4	1	8	2	9
4	6	2	7	8	9	3	5	1
1	8	9	2	3	5	4	6	7
6	1	3	5	7	4	9	8	2
8	2	4	1	9	3	5	7	6
9	7	5	8	2	6	1	3	4
3	5	1	4	6	2	7	9	8
2	4	8	9	5	7	6	1	3
7	9	6	3	1	8	2	4	5

#413

8	5	6	9	2	1	7	3	4
7	9	2	6	4	3	5	8	1
3	1	4	5	8	7	6	9	2
1	2	7	4	9	8	3	5	6
6	3	8	1	5	2	9	4	7
5	4	9	7	3	6	1	2	8
2	6	3	8	1	5	4	7	9
4	7	5	2	6	9	8	1	3
9	8	1	3	7	4	2	6	5

#414

8	4	6	7	3	9	5	1	2
5	3	2	6	1	4	7	8	9
7	9	1	5	2	8	4	6	3
4	7	5	2	6	3	8	9	1
9	1	3	8	7	5	6	2	4
6	2	8	4	9	1	3	7	5
1	5	7	9	4	6	2	3	8
3	6	4	1	8	2	9	5	7
2	8	9	3	5	7	1	4	6

#415

7	8	2	1	5	3	4	6	9
3	4	1	6	8	9	5	2	7
5	6	9	2	4	7	1	3	8
6	5	3	8	7	1	2	9	4
1	9	4	3	2	5	7	8	6
8	2	7	4	9	6	3	5	1
2	1	8	5	6	4	9	7	3
4	7	5	9	3	8	6	1	2
9	3	6	7	1	2	8	4	5

#416

9	5	2	3	1	4	6	7	8
3	6	4	7	8	9	1	5	2
7	8	1	5	2	6	3	4	9
4	2	5	6	3	7	9	8	1
6	9	3	1	4	8	5	2	7
8	1	7	2	9	5	4	3	6
5	7	8	4	6	1	2	9	3
2	4	6	9	7	3	8	1	5
1	3	9	8	5	2	7	6	4

#417

8	9	7	4	5	1	2	3	6
6	1	2	3	7	8	4	5	9
3	4	5	2	6	9	7	8	1
2	5	6	7	8	3	9	1	4
1	3	8	9	2	4	5	6	7
4	7	9	5	1	6	3	2	8
5	6	4	1	9	2	8	7	3
7	8	3	6	4	5	1	9	2
9	2	1	8	3	7	6	4	5

#418

8	6	7	2	3	4	1	5	9
4	5	3	8	1	9	6	2	7
9	1	2	5	6	7	3	4	8
5	4	1	6	7	3	8	9	2
2	7	6	9	5	8	4	3	1
3	9	8	1	4	2	5	7	6
1	2	4	7	8	5	9	6	3
6	3	9	4	2	1	7	8	5
7	8	5	3	9	6	2	1	4

#419

5	7	6	3	1	9	2	8	4
2	8	1	7	4	6	5	3	9
3	4	9	5	2	8	6	1	7
6	1	5	4	9	3	8	7	2
7	9	2	8	6	5	1	4	3
8	3	4	2	7	1	9	6	5
1	6	7	9	5	4	3	2	8
9	2	8	6	3	7	4	5	1
4	5	3	1	8	2	7	9	6

#420

3	2	4	5	6	7	1	8	9
5	6	7	8	1	9	3	2	4
8	1	9	3	2	4	5	6	7
1	8	5	4	9	6	7	3	2
6	4	2	1	7	3	8	9	5
7	9	3	2	8	5	4	1	6
2	3	6	7	4	1	9	5	8
4	5	8	9	3	2	6	7	1
9	7	1	6	5	8	2	4	3

#421

8	1	6	4	5	9	7	2	3
7	2	3	6	8	1	5	9	4
4	5	9	7	2	3	6	8	1
1	6	2	8	9	7	3	4	5
5	7	4	3	6	2	8	1	9
3	9	8	1	4	5	2	6	7
2	3	5	9	1	6	4	7	8
6	4	1	5	7	8	9	3	2
9	8	7	2	3	4	1	5	6

#422

3	5	4	2	7	1	8	9	6
6	2	7	4	8	9	1	5	3
1	8	9	3	6	5	4	2	7
4	1	5	6	2	3	7	8	9
7	3	8	9	1	4	5	6	2
9	6	2	8	5	7	3	1	4
5	4	3	1	9	6	2	7	8
2	7	6	5	3	8	9	4	1
8	9	1	7	4	2	6	3	5

#423

6	5	1	4	9	3	2	8	7
7	2	3	8	5	1	6	9	4
4	8	9	6	2	7	5	1	3
5	1	2	7	3	9	4	6	8
8	7	4	1	6	5	3	2	9
3	9	6	2	8	4	7	5	1
1	3	5	9	7	6	8	4	2
2	4	7	5	1	8	9	3	6
9	6	8	3	4	2	1	7	5

#424

5	8	6	3	2	9	7	1	4
1	4	2	7	8	6	3	9	5
7	3	9	5	1	4	6	2	8
6	2	5	1	4	3	8	7	9
4	9	8	2	7	5	1	3	6
3	7	1	9	6	8	5	4	2
2	1	4	8	5	7	9	6	3
8	6	3	4	9	1	2	5	7
9	5	7	6	3	2	4	8	1

#425

7	1	3	6	4	2	5	8	9
9	4	2	8	7	5	3	6	1
6	5	8	3	9	1	2	4	7
3	9	5	1	6	4	7	2	8
8	6	4	7	2	9	1	5	3
1	2	7	5	3	8	6	9	4
2	8	6	4	1	7	9	3	5
4	3	1	9	5	6	8	7	2
5	7	9	2	8	3	4	1	6

#426

7	5	6	9	1	4	3	8	2
3	8	9	6	7	2	1	4	5
1	4	2	5	8	3	7	6	9
8	3	4	2	5	1	9	7	6
2	9	7	8	4	6	5	1	3
6	1	5	7	3	9	8	2	4
5	7	3	4	2	8	6	9	1
4	6	1	3	9	7	2	5	8
9	2	8	1	6	5	4	3	7

#427

7	8	2	5	9	1	6	3	4
3	4	6	7	8	2	9	5	1
5	9	1	4	3	6	7	8	2
9	7	4	2	5	8	1	6	3
2	3	5	1	6	7	8	4	9
6	1	8	3	4	9	5	2	7
1	5	7	6	2	3	4	9	8
8	6	3	9	7	4	2	1	5
4	2	9	8	1	5	3	7	6

#428

8	1	5	4	9	3	6	7	2
6	7	2	8	1	5	9	3	4
3	4	9	6	2	7	8	1	5
1	5	8	3	6	2	7	4	9
4	9	6	1	7	8	5	2	3
7	2	3	5	4	9	1	6	8
5	8	4	7	3	1	2	9	6
2	6	7	9	8	4	3	5	1
9	3	1	2	5	6	4	8	7

#429

7	3	2	8	9	4	5	1	6
4	5	6	1	7	3	2	8	9
1	8	9	2	5	6	3	4	7
3	9	7	5	6	8	1	2	4
5	2	4	7	1	9	6	3	8
6	1	8	3	4	2	7	9	5
8	6	5	9	3	1	4	7	2
2	7	1	4	8	5	9	6	3
9	4	3	6	2	7	8	5	1

#430

4	5	3	1	6	2	7	8	9
2	6	7	5	8	9	4	3	1
8	9	1	3	4	7	2	5	6
3	7	6	8	1	4	9	2	5
5	2	9	6	7	3	8	1	4
1	4	8	2	9	5	3	6	7
6	3	4	7	5	8	1	9	2
7	1	2	9	3	6	5	4	8
9	8	5	4	2	1	6	7	3

#431

6	5	3	7	1	8	4	9	2
8	2	4	6	3	9	5	1	7
7	1	9	5	2	4	8	6	3
4	8	7	3	5	1	6	2	9
9	6	1	2	8	7	3	4	5
2	3	5	9	4	6	7	8	1
5	9	6	8	7	2	1	3	4
3	4	8	1	9	5	2	7	6
1	7	2	4	6	3	9	5	8

#432

7	1	8	3	2	5	4	9	6
3	6	4	7	9	8	1	2	5
5	2	9	4	1	6	7	8	3
1	5	3	8	4	9	6	7	2
8	9	7	1	6	2	3	5	4
6	4	2	5	3	7	9	1	8
2	7	1	6	8	3	5	4	9
4	8	6	9	5	1	2	3	7
9	3	5	2	7	4	8	6	1

#433

9	3	4	2	5	6	7	8	1
5	6	7	8	1	9	2	3	4
1	2	8	3	4	7	5	6	9
2	7	5	6	8	4	9	1	3
3	8	6	7	9	1	4	2	5
4	9	1	5	2	3	6	7	8
6	4	2	1	3	5	8	9	7
7	5	3	9	6	8	1	4	2
8	1	9	4	7	2	3	5	6

#434

3	4	1	2	8	7	5	6	9
2	5	6	9	3	1	4	7	8
7	8	9	4	5	6	1	3	2
1	3	2	6	9	4	8	5	7
5	7	4	8	1	3	2	9	6
9	6	8	7	2	5	3	1	4
6	2	5	1	4	9	7	8	3
8	1	7	3	6	2	9	4	5
4	9	3	5	7	8	6	2	1

#435

4	8	5	6	2	3	7	9	1
3	6	2	7	9	1	4	5	8
1	7	9	4	5	8	2	3	6
2	3	7	5	1	6	9	8	4
5	4	6	8	7	9	3	1	2
9	1	8	2	3	4	5	6	7
6	5	3	1	4	7	8	2	9
7	2	1	9	8	5	6	4	3
8	9	4	3	6	2	1	7	5

#436

8	1	5	6	3	9	4	2	7
4	6	3	2	1	7	5	9	8
2	9	7	8	5	4	1	6	3
1	4	6	5	8	2	3	7	9
5	7	8	1	9	3	6	4	2
3	2	9	4	7	6	8	5	1
7	8	4	9	6	1	2	3	5
9	5	2	3	4	8	7	1	6
6	3	1	7	2	5	9	8	4

#437

5	4	1	6	3	7	2	8	9
6	7	2	5	8	9	3	1	4
3	8	9	1	2	4	5	6	7
7	1	4	2	5	6	9	3	8
2	6	3	7	9	8	4	5	1
8	9	5	4	1	3	6	7	2
1	3	6	8	4	2	7	9	5
4	5	7	9	6	1	8	2	3
9	2	8	3	7	5	1	4	6

#438

7	2	4	6	1	3	8	9	5
5	6	1	7	8	9	4	3	2
8	9	3	2	4	5	7	6	1
3	4	7	8	2	1	6	5	9
6	5	9	4	3	7	2	1	8
1	8	2	5	9	6	3	7	4
2	1	5	3	7	4	9	8	6
9	3	8	1	6	2	5	4	7
4	7	6	9	5	8	1	2	3

#439

4	8	2	7	5	3	6	1	9
5	7	3	1	6	9	4	2	8
6	9	1	4	8	2	3	7	5
1	4	7	9	3	5	8	6	2
9	2	8	6	7	4	5	3	1
3	5	6	8	2	1	9	4	7
8	6	4	2	9	7	1	5	3
7	1	5	3	4	8	2	9	6
2	3	9	5	1	6	7	8	4

#440

1	7	4	3	2	5	6	8	9
3	2	5	6	8	9	4	7	1
6	8	9	1	4	7	3	2	5
7	3	1	4	5	6	2	9	8
8	4	6	9	7	2	5	1	3
5	9	2	8	1	3	7	4	6
4	1	3	2	6	8	9	5	7
2	6	7	5	9	1	8	3	4
9	5	8	7	3	4	1	6	2

#441

7	8	3	4	5	6	2	1	9
1	2	4	7	3	9	5	6	8
5	6	9	1	2	8	3	4	7
6	3	1	8	4	2	7	9	5
4	5	8	9	7	3	6	2	1
2	9	7	5	6	1	8	3	4
3	7	5	2	1	4	9	8	6
8	1	2	6	9	5	4	7	3
9	4	6	3	8	7	1	5	2

#442

3	1	2	5	4	6	7	8	9
4	5	6	7	8	9	1	2	3
7	8	9	1	2	3	4	5	6
1	6	4	3	7	2	8	9	5
5	3	8	9	6	1	2	4	7
2	9	7	4	5	8	3	6	1
6	4	3	2	1	5	9	7	8
8	2	1	6	9	7	5	3	4
9	7	5	8	3	4	6	1	2

#443

4	7	5	1	2	3	6	8	9
6	3	1	7	8	9	2	4	5
2	8	9	4	5	6	3	1	7
3	1	2	5	7	8	9	6	4
7	6	4	3	9	2	1	5	8
5	9	8	6	4	1	7	2	3
8	4	3	2	6	7	5	9	1
9	2	7	8	1	5	4	3	6
1	5	6	9	3	4	8	7	2

#444

9	5	6	3	2	4	1	7	8
1	4	7	5	6	8	3	2	9
2	3	8	7	1	9	4	5	6
6	7	3	4	8	5	2	9	1
4	2	9	1	3	7	8	6	5
5	8	1	2	9	6	7	3	4
3	9	4	8	5	2	6	1	7
7	1	5	6	4	3	9	8	2
8	6	2	9	7	1	5	4	3

#445

8	4	1	9	6	7	3	2	5
2	5	6	8	4	3	7	1	9
3	7	9	5	1	2	8	4	6
5	8	3	1	7	9	4	6	2
1	2	4	6	3	5	9	7	8
6	9	7	2	8	4	5	3	1
7	6	2	3	9	8	1	5	4
9	3	5	4	2	1	6	8	7
4	1	8	7	5	6	2	9	3

#446

9	5	6	2	4	1	3	7	8
3	7	1	8	5	9	6	2	4
2	4	8	6	3	7	9	1	5
6	9	3	5	1	8	2	4	7
7	1	2	4	9	3	8	5	6
4	8	5	7	6	2	1	9	3
5	2	4	9	8	6	7	3	1
1	6	9	3	7	4	5	8	2
8	3	7	1	2	5	4	6	9

#447

6	2	4	1	3	5	7	8	9
1	5	7	6	8	9	4	2	3
3	8	9	2	4	7	5	1	6
2	6	3	5	9	4	8	7	1
8	4	5	3	7	1	6	9	2
9	7	1	8	2	6	3	5	4
4	9	6	7	5	2	1	3	8
5	1	8	9	6	3	2	4	7
7	3	2	4	1	8	9	6	5

#448

8	7	1	6	5	9	4	2	3
4	2	3	7	1	8	9	5	6
5	6	9	4	2	3	8	7	1
2	4	6	8	3	7	5	1	9
3	5	8	9	6	1	7	4	2
9	1	7	5	4	2	3	6	8
7	8	5	1	9	6	2	3	4
1	3	4	2	8	5	6	9	7
6	9	2	3	7	4	1	8	5

#449

6	2	1	3	4	5	7	8	9
3	4	5	7	8	9	2	1	6
7	8	9	1	2	6	3	4	5
1	5	3	2	6	7	4	9	8
8	6	2	9	1	4	5	3	7
9	7	4	5	3	8	6	2	1
4	3	7	6	9	1	8	5	2
2	1	6	8	5	3	9	7	4
5	9	8	4	7	2	1	6	3

#450

4	1	2	5	6	3	7	8	9
6	5	3	7	8	9	4	1	2
7	8	9	2	1	4	3	5	6
1	4	5	3	7	6	2	9	8
8	3	6	9	2	1	5	4	7
2	9	7	4	5	8	6	3	1
3	6	1	8	4	2	9	7	5
5	2	4	1	9	7	8	6	3
9	7	8	6	3	5	1	2	4

#451

8	5	6	7	3	2	1	4	9
3	4	2	1	8	9	5	6	7
1	7	9	4	5	6	2	3	8
2	3	7	5	9	8	6	1	4
5	8	4	3	6	1	7	9	2
6	9	1	2	7	4	8	5	3
4	6	3	8	2	5	9	7	1
7	2	5	9	1	3	4	8	6
9	1	8	6	4	7	3	2	5

#452

4	7	1	6	3	9	5	8	2
8	5	2	4	7	1	3	6	9
3	6	9	5	2	8	4	7	1
9	8	5	2	4	3	7	1	6
7	4	3	1	8	6	9	2	5
1	2	6	9	5	7	8	4	3
2	1	4	7	9	5	6	3	8
6	9	8	3	1	4	2	5	7
5	3	7	8	6	2	1	9	4

#453

1	8	2	3	4	5	6	7	9
6	4	3	7	1	9	2	5	8
5	7	9	6	2	8	3	1	4
2	1	7	4	8	3	9	6	5
4	3	5	9	6	1	8	2	7
8	9	6	2	5	7	4	3	1
3	5	4	8	7	2	1	9	6
7	2	8	1	9	6	5	4	3
9	6	1	5	3	4	7	8	2

#454

8	4	5	2	7	9	6	1	3
2	3	6	4	1	8	5	9	7
1	7	9	3	5	6	8	4	2
3	5	1	7	9	2	4	8	6
6	9	4	5	8	3	2	7	1
7	2	8	1	6	4	9	3	5
4	1	3	8	2	5	7	6	9
9	8	2	6	3	7	1	5	4
5	6	7	9	4	1	3	2	8

#455

4	7	5	3	1	8	2	6	9
2	8	3	5	6	9	4	7	1
6	1	9	7	4	2	3	8	5
5	4	7	2	9	3	8	1	6
9	6	2	4	8	1	5	3	7
8	3	1	6	7	5	9	4	2
7	9	4	8	5	6	1	2	3
1	2	8	9	3	7	6	5	4
3	5	6	1	2	4	7	9	8

#456

3	4	5	2	6	8	1	9	7
6	7	8	5	9	1	3	2	4
1	9	2	3	7	4	5	6	8
2	6	1	8	5	7	4	3	9
4	3	7	6	2	9	8	5	1
5	8	9	4	1	3	2	7	6
9	5	4	7	8	2	6	1	3
7	2	3	1	4	6	9	8	5
8	1	6	9	3	5	7	4	2

#457

9	5	4	2	6	3	7	8	1
1	2	3	7	8	9	4	5	6
6	7	8	4	1	5	3	2	9
7	3	2	8	4	6	9	1	5
4	8	6	5	9	1	2	3	7
5	1	9	3	2	7	6	4	8
3	6	7	1	5	2	8	9	4
2	4	5	9	7	8	1	6	3
8	9	1	6	3	4	5	7	2

#458

6	3	9	4	1	5	7	2	8
2	1	4	3	7	8	5	9	6
5	7	8	6	2	9	3	1	4
3	9	5	2	6	7	4	8	1
4	6	1	8	9	3	2	7	5
8	2	7	1	5	4	9	6	3
1	5	6	9	4	2	8	3	7
7	8	2	5	3	1	6	4	9
9	4	3	7	8	6	1	5	2

#459

4	6	7	5	1	3	2	8	9
8	5	1	2	7	9	4	3	6
3	2	9	4	6	8	5	1	7
5	7	3	1	4	2	6	9	8
6	9	4	8	3	5	7	2	1
1	8	2	7	9	6	3	4	5
2	1	6	9	5	4	8	7	3
7	3	8	6	2	1	9	5	4
9	4	5	3	8	7	1	6	2

#460

3	5	6	1	9	8	2	4	7
1	4	7	2	3	6	5	8	9
2	8	9	5	4	7	3	1	6
4	2	3	6	5	9	1	7	8
8	7	5	4	2	1	9	6	3
6	9	1	7	8	3	4	2	5
5	3	2	8	7	4	6	9	1
9	6	8	3	1	2	7	5	4
7	1	4	9	6	5	8	3	2

#461

1	5	2	4	3	6	7	8	9
3	4	6	7	8	9	2	1	5
7	8	9	2	1	5	3	4	6
2	3	5	6	7	1	8	9	4
6	9	7	3	4	8	5	2	1
4	1	8	5	9	2	6	3	7
5	6	1	9	2	3	4	7	8
8	2	4	1	5	7	9	6	3
9	7	3	8	6	4	1	5	2

#462

5	3	4	2	6	7	9	1	8
1	2	6	8	9	4	5	3	7
7	8	9	5	3	1	6	2	4
2	5	3	7	8	9	4	6	1
4	6	1	3	2	5	7	8	9
8	9	7	4	1	6	2	5	3
9	4	8	1	5	2	3	7	6
6	1	2	9	7	3	8	4	5
3	7	5	6	4	8	1	9	2

#463

9	3	4	2	5	6	7	8	1
6	5	7	1	8	9	4	3	2
1	2	8	3	4	7	5	6	9
7	4	2	5	6	8	1	9	3
3	8	6	9	7	1	2	4	5
5	9	1	4	2	3	6	7	8
2	6	3	8	1	4	9	5	7
4	1	9	7	3	5	8	2	6
8	7	5	6	9	2	3	1	4

#464

2	5	4	6	7	1	9	3	8
9	6	3	8	2	4	5	7	1
1	7	8	9	3	5	4	2	6
3	9	5	7	6	2	1	8	4
8	2	1	4	9	3	7	6	5
6	4	7	5	1	8	2	9	3
7	3	9	1	5	6	8	4	2
5	8	2	3	4	9	6	1	7
4	1	6	2	8	7	3	5	9

#465

4	5	6	1	8	9	2	7	3
2	7	3	4	5	6	9	1	8
8	1	9	7	3	2	4	6	5
3	2	5	6	9	7	1	8	4
7	4	8	5	2	1	6	3	9
9	6	1	3	4	8	5	2	7
5	3	7	2	1	4	8	9	6
6	8	2	9	7	5	3	4	1
1	9	4	8	6	3	7	5	2

#466

1	3	5	6	8	4	2	7	9
2	4	6	1	7	9	3	5	8
9	7	8	3	5	2	1	4	6
7	9	3	5	1	6	8	2	4
8	1	2	4	9	7	5	6	3
6	5	4	2	3	8	9	1	7
3	2	7	9	4	5	6	8	1
5	8	9	7	6	1	4	3	2
4	6	1	8	2	3	7	9	5

#467

8	6	9	7	1	2	3	4	5
3	7	1	9	4	5	8	6	2
2	4	5	6	8	3	1	7	9
4	3	7	5	6	1	9	2	8
5	2	8	3	7	9	6	1	4
1	9	6	4	2	8	5	3	7
6	8	2	1	9	7	4	5	3
7	1	3	8	5	4	2	9	6
9	5	4	2	3	6	7	8	1

#468

6	8	4	7	1	9	2	3	5
2	3	5	6	4	8	7	9	1
7	9	1	2	3	5	8	6	4
3	7	6	4	5	1	9	8	2
9	4	2	3	8	7	5	1	6
5	1	8	9	6	2	3	4	7
4	6	7	5	9	3	1	2	8
8	2	9	1	7	6	4	5	3
1	5	3	8	2	4	6	7	9

#469

6	7	8	1	5	3	9	4	2
9	4	2	6	8	7	3	5	1
3	1	5	4	2	9	6	7	8
7	6	9	3	4	2	8	1	5
2	8	1	5	9	6	4	3	7
5	3	4	7	1	8	2	9	6
4	5	6	8	3	1	7	2	9
1	9	7	2	6	4	5	8	3
8	2	3	9	7	5	1	6	4

#470

6	5	7	8	1	2	3	4	9
1	3	4	5	6	9	2	7	8
2	8	9	3	4	7	5	6	1
3	2	1	6	7	4	9	8	5
8	4	5	9	3	1	6	2	7
9	7	6	2	5	8	4	1	3
4	1	2	7	9	3	8	5	6
5	9	8	1	2	6	7	3	4
7	6	3	4	8	5	1	9	2

#471

4	5	6	7	2	3	8	1	9
7	2	3	8	1	9	4	5	6
8	1	9	4	5	6	2	3	7
3	4	5	2	6	8	9	7	1
6	9	7	5	4	1	3	8	2
2	8	1	3	9	7	5	6	4
5	3	4	6	7	2	1	9	8
9	6	2	1	8	5	7	4	3
1	7	8	9	3	4	6	2	5

#472

3	8	4	6	7	1	5	2	9
5	2	6	3	4	9	8	1	7
7	1	9	8	5	2	3	4	6
4	9	8	1	6	7	2	3	5
2	5	1	9	3	8	6	7	4
6	3	7	4	2	5	1	9	8
8	4	5	2	9	3	7	6	1
1	6	3	7	8	4	9	5	2
9	7	2	5	1	6	4	8	3

#473

7	8	4	3	6	1	5	2	9
3	5	6	4	9	2	8	1	7
2	1	9	8	5	7	4	6	3
8	2	5	7	4	3	1	9	6
6	7	1	9	2	8	3	4	5
4	9	3	6	1	5	2	7	8
9	3	8	2	7	4	6	5	1
5	6	2	1	8	9	7	3	4
1	4	7	5	3	6	9	8	2

#474

5	2	6	7	8	9	1	4	3
4	3	1	5	6	2	7	8	9
7	8	9	4	3	1	5	2	6
3	1	4	9	5	6	8	7	2
9	5	7	2	1	8	6	3	4
2	6	8	3	7	4	9	1	5
6	7	5	8	4	3	2	9	1
8	4	2	1	9	5	3	6	7
1	9	3	6	2	7	4	5	8

#475

3	4	7	5	6	1	2	8	9
5	6	8	2	7	9	1	3	4
1	2	9	3	4	8	5	6	7
4	7	5	8	1	3	6	9	2
6	9	1	7	2	4	3	5	8
2	8	3	9	5	6	4	7	1
7	3	4	6	8	2	9	1	5
8	1	6	4	9	5	7	2	3
9	5	2	1	3	7	8	4	6

#476

2	3	4	6	7	8	5	9	1
1	5	6	2	3	9	4	7	8
7	8	9	5	1	4	2	3	6
3	4	7	1	2	6	8	5	9
6	2	8	9	4	5	3	1	7
5	9	1	3	8	7	6	4	2
4	1	2	8	9	3	7	6	5
9	7	5	4	6	2	1	8	3
8	6	3	7	5	1	9	2	4

#477

2	5	3	4	8	1	6	7	9
6	1	4	7	9	5	2	3	8
7	8	9	2	3	6	1	4	5
8	6	1	5	2	4	7	9	3
3	7	2	8	1	9	5	6	4
9	4	5	6	7	3	8	1	2
5	3	7	9	6	8	4	2	1
4	9	6	1	5	2	3	8	7
1	2	8	3	4	7	9	5	6

#478

1	4	7	5	6	2	3	9	8
3	5	6	8	9	4	7	2	1
2	8	9	1	7	3	5	6	4
5	9	4	7	1	8	6	3	2
6	2	1	3	4	9	8	7	5
7	3	8	2	5	6	4	1	9
8	1	3	4	2	7	9	5	6
9	7	5	6	8	1	2	4	3
4	6	2	9	3	5	1	8	7

#479

1	2	7	6	3	4	5	8	9
3	5	4	7	8	9	6	1	2
6	8	9	5	1	2	3	4	7
2	7	5	3	4	1	9	6	8
4	6	3	8	9	5	2	7	1
8	9	1	2	6	7	4	3	5
5	1	6	4	2	8	7	9	3
7	3	8	9	5	6	1	2	4
9	4	2	1	7	3	8	5	6

#480

4	6	9	7	8	1	3	5	2
5	7	3	6	2	9	1	8	4
2	1	8	3	5	4	9	6	7
6	9	4	5	1	2	7	3	8
7	5	1	8	9	3	4	2	6
3	8	2	4	6	7	5	9	1
1	2	6	9	7	5	8	4	3
8	4	5	1	3	6	2	7	9
9	3	7	2	4	8	6	1	5

#481

2	4	3	1	5	6	7	8	9
5	6	1	7	8	9	3	2	4
7	8	9	2	3	4	5	1	6
3	5	7	4	2	8	9	6	1
8	1	4	6	9	5	2	3	7
9	2	6	3	1	7	4	5	8
1	7	5	8	4	2	6	9	3
4	3	2	9	6	1	8	7	5
6	9	8	5	7	3	1	4	2

#482

8	3	2	5	4	6	1	7	9
4	5	6	7	9	1	2	3	8
1	7	9	3	2	8	4	5	6
2	4	5	1	7	9	8	6	3
7	8	1	6	3	2	5	9	4
6	9	3	4	8	5	7	1	2
3	2	7	9	1	4	6	8	5
5	1	4	8	6	3	9	2	7
9	6	8	2	5	7	3	4	1

#483

7	4	6	2	1	3	5	8	9
5	1	8	4	6	9	3	2	7
2	3	9	5	7	8	4	1	6
3	8	4	9	2	6	1	7	5
6	5	1	7	3	4	2	9	8
9	2	7	8	5	1	6	3	4
4	9	3	6	8	2	7	5	1
1	6	5	3	9	7	8	4	2
8	7	2	1	4	5	9	6	3

#484

8	6	5	4	7	3	1	2	9
4	3	7	1	2	9	8	6	5
2	1	9	8	5	6	3	4	7
5	8	3	6	4	2	7	9	1
7	4	2	9	3	1	6	5	8
1	9	6	5	8	7	2	3	4
6	5	4	3	1	8	9	7	2
9	2	8	7	6	5	4	1	3
3	7	1	2	9	4	5	8	6

#485

8	4	2	3	5	1	9	7	6
3	5	1	6	9	7	4	8	2
6	7	9	2	8	4	3	1	5
2	1	4	5	3	6	8	9	7
5	8	6	7	1	9	2	3	4
9	3	7	8	4	2	6	5	1
1	9	8	4	2	5	7	6	3
7	2	3	1	6	8	5	4	9
4	6	5	9	7	3	1	2	8

#486

2	7	1	4	6	8	5	9	3
3	4	5	2	1	9	7	8	6
6	8	9	7	3	5	2	1	4
7	6	2	8	4	1	3	5	9
5	1	4	9	7	3	6	2	8
8	9	3	5	2	6	4	7	1
9	3	6	1	5	7	8	4	2
1	2	7	3	8	4	9	6	5
4	5	8	6	9	2	1	3	7

#487

1	2	3	5	9	8	6	4	7
6	4	7	2	1	3	9	5	8
8	5	9	6	4	7	1	2	3
7	8	4	3	2	9	5	1	6
2	3	6	8	5	1	4	7	9
5	9	1	4	7	6	3	8	2
3	1	8	7	6	5	2	9	4
4	7	5	9	3	2	8	6	1
9	6	2	1	8	4	7	3	5

#488

8	3	2	6	4	5	7	9	1
4	5	6	7	9	1	2	3	8
7	9	1	2	3	8	4	5	6
1	2	8	3	5	4	6	7	9
3	4	7	1	6	9	5	8	2
5	6	9	8	2	7	1	4	3
6	7	4	9	8	2	3	1	5
2	8	5	4	1	3	9	6	7
9	1	3	5	7	6	8	2	4

#489

6	8	7	2	3	4	5	1	9
9	3	4	1	5	8	6	2	7
2	5	1	6	7	9	3	4	8
3	6	2	5	8	1	7	9	4
1	7	5	9	4	2	8	3	6
4	9	8	3	6	7	2	5	1
5	4	6	7	9	3	1	8	2
7	2	9	8	1	5	4	6	3
8	1	3	4	2	6	9	7	5

#490

7	3	8	4	5	2	6	9	1
1	2	4	6	8	9	3	5	7
5	6	9	3	7	1	2	4	8
2	4	5	7	9	3	1	8	6
3	1	7	5	6	8	9	2	4
8	9	6	1	2	4	7	3	5
4	8	1	2	3	6	5	7	9
6	5	2	9	4	7	8	1	3
9	7	3	8	1	5	4	6	2

#491

6	5	3	4	7	8	9	1	2
2	4	7	6	1	9	3	5	8
1	8	9	3	2	5	4	6	7
3	6	5	8	4	7	1	2	9
4	1	8	9	6	2	7	3	5
7	9	2	5	3	1	6	8	4
5	3	1	7	8	4	2	9	6
8	2	4	1	9	6	5	7	3
9	7	6	2	5	3	8	4	1

#492

1	3	2	4	5	6	7	8	9
4	5	6	7	8	9	3	1	2
7	8	9	3	1	2	4	5	6
2	1	3	5	4	7	6	9	8
5	9	4	8	6	1	2	3	7
6	7	8	2	9	3	5	4	1
3	4	7	1	2	8	9	6	5
8	6	5	9	7	4	1	2	3
9	2	1	6	3	5	8	7	4

#493

9	1	4	6	3	2	5	7	8
5	2	3	7	8	9	4	6	1
6	7	8	1	4	5	2	3	9
7	5	2	8	1	3	6	9	4
4	8	1	5	9	6	3	2	7
3	9	6	2	7	4	1	8	5
1	3	5	9	2	7	8	4	6
2	6	7	4	5	8	9	1	3
8	4	9	3	6	1	7	5	2

#494

7	3	4	8	2	1	6	5	9
6	5	1	4	9	7	3	2	8
2	8	9	3	5	6	7	4	1
8	6	7	1	4	9	2	3	5
5	9	3	7	6	2	8	1	4
4	1	2	5	3	8	9	6	7
9	4	5	6	7	3	1	8	2
1	2	6	9	8	4	5	7	3
3	7	8	2	1	5	4	9	6

#495

4	7	6	2	9	8	5	3	1
5	3	8	4	7	1	2	9	6
2	1	9	3	5	6	7	8	4
7	4	3	1	2	9	6	5	8
8	2	1	5	6	4	3	7	9
9	6	5	7	8	3	1	4	2
1	9	4	6	3	5	8	2	7
6	5	7	8	4	2	9	1	3
3	8	2	9	1	7	4	6	5

#496

6	1	2	8	7	9	3	4	5
4	3	5	6	1	2	7	9	8
7	8	9	3	4	5	1	6	2
2	5	6	9	8	7	4	3	1
8	7	4	1	3	6	2	5	9
3	9	1	2	5	4	8	7	6
1	6	8	4	9	3	5	2	7
5	2	3	7	6	1	9	8	4
9	4	7	5	2	8	6	1	3

#497

5	1	6	8	3	7	2	4	9
2	8	3	6	4	9	5	1	7
4	7	9	5	1	2	3	8	6
7	5	8	9	6	1	4	2	3
6	3	2	7	8	4	9	5	1
9	4	1	3	2	5	6	7	8
8	9	5	2	7	6	1	3	4
1	6	7	4	5	3	8	9	2
3	2	4	1	9	8	7	6	5

#498

5	6	4	9	1	2	7	8	3
1	9	2	7	3	8	6	4	5
3	7	8	5	6	4	9	1	2
6	3	9	2	8	7	4	5	1
8	1	5	4	9	3	2	6	7
4	2	7	6	5	1	8	3	9
7	5	6	3	4	9	1	2	8
9	4	1	8	2	5	3	7	6
2	8	3	1	7	6	5	9	4

#499

6	7	4	1	5	3	2	8	9
5	1	2	4	8	9	6	7	3
3	8	9	7	2	6	1	4	5
4	6	3	9	7	5	8	1	2
2	5	7	6	1	8	3	9	4
8	9	1	3	4	2	5	6	7
7	4	6	5	3	1	9	2	8
9	3	8	2	6	7	4	5	1
1	2	5	8	9	4	7	3	6

#500

4	3	5	2	9	1	7	8	6
1	6	7	4	5	8	3	2	9
8	2	9	3	6	7	1	5	4
3	1	2	7	8	9	4	6	5
9	4	6	5	1	3	8	7	2
5	7	8	6	4	2	9	1	3
6	8	4	1	3	5	2	9	7
7	5	1	9	2	4	6	3	8
2	9	3	8	7	6	5	4	1

#501

3	2	7	4	5	9	6	1	8
6	4	5	1	8	7	3	2	9
8	9	1	3	2	6	5	7	4
7	5	8	6	1	3	4	9	2
9	3	4	2	7	5	8	6	1
2	1	6	9	4	8	7	3	5
4	8	3	7	9	2	1	5	6
5	7	2	8	6	1	9	4	3
1	6	9	5	3	4	2	8	7

#502

3	6	1	4	2	5	7	8	9
4	2	5	7	8	9	3	1	6
7	8	9	1	3	6	4	2	5
5	3	4	2	1	7	9	6	8
8	7	2	9	6	4	5	3	1
9	1	6	3	5	8	2	4	7
1	4	8	5	7	2	6	9	3
2	5	3	6	9	1	8	7	4
6	9	7	8	4	3	1	5	2

#503

4	6	2	7	3	5	8	1	9
5	7	8	6	1	9	3	4	2
3	9	1	2	4	8	5	6	7
6	4	5	9	7	3	1	2	8
8	2	3	1	5	4	7	9	6
9	1	7	8	2	6	4	3	5
1	8	4	5	9	2	6	7	3
2	3	6	4	8	7	9	5	1
7	5	9	3	6	1	2	8	4

#504

6	7	8	5	1	9	3	4	2
3	4	2	6	7	8	5	1	9
5	9	1	3	4	2	6	7	8
2	3	7	4	6	1	9	8	5
8	6	4	9	3	5	7	2	1
9	1	5	8	2	7	4	3	6
7	8	9	2	5	3	1	6	4
4	2	3	1	9	6	8	5	7
1	5	6	7	8	4	2	9	3

#505

6	3	2	7	1	8	4	5	9
1	4	5	6	3	9	2	7	8
7	8	9	4	5	2	6	3	1
2	6	1	3	8	5	9	4	7
3	7	4	9	2	6	1	8	5
9	5	8	1	4	7	3	2	6
4	9	6	5	7	3	8	1	2
5	2	3	8	9	1	7	6	4
8	1	7	2	6	4	5	9	3

#506

3	2	5	4	6	7	8	1	9
4	6	7	8	1	9	2	3	5
1	8	9	2	3	5	4	6	7
6	4	8	1	7	3	5	9	2
5	7	1	6	9	2	3	4	8
9	3	2	5	4	8	6	7	1
2	1	3	7	5	4	9	8	6
7	5	4	9	8	6	1	2	3
8	9	6	3	2	1	7	5	4

#507

5	3	6	1	8	2	4	7	9
4	7	2	3	9	6	5	1	8
8	1	9	5	4	7	2	3	6
6	5	1	4	3	8	7	9	2
7	4	8	9	2	5	3	6	1
2	9	3	7	6	1	8	5	4
1	8	5	2	7	9	6	4	3
9	2	4	6	5	3	1	8	7
3	6	7	8	1	4	9	2	5

#508

4	2	5	6	7	3	1	8	9
6	7	3	1	8	9	2	4	5
1	8	9	2	4	5	3	6	7
3	4	1	5	6	2	7	9	8
8	5	2	9	1	7	4	3	6
9	6	7	4	3	8	5	1	2
2	9	8	3	5	4	6	7	1
5	1	4	7	9	6	8	2	3
7	3	6	8	2	1	9	5	4

#509

8	5	6	7	2	9	1	3	4
1	2	3	4	8	5	6	9	7
4	7	9	1	3	6	5	2	8
3	4	5	6	9	2	8	7	1
2	1	8	5	4	7	3	6	9
6	9	7	8	1	3	2	4	5
5	6	1	3	7	4	9	8	2
9	3	4	2	5	8	7	1	6
7	8	2	9	6	1	4	5	3

#510

3	2	4	7	8	1	6	5	9
5	6	8	3	2	9	4	1	7
7	9	1	4	5	6	3	2	8
2	3	7	5	4	8	1	9	6
1	5	6	9	7	3	2	8	4
8	4	9	6	1	2	7	3	5
6	8	3	2	9	7	5	4	1
9	7	5	1	3	4	8	6	2
4	1	2	8	6	5	9	7	3

#511

4	7	6	3	9	2	1	5	8
3	5	8	7	6	1	4	9	2
9	1	2	8	4	5	7	6	3
5	4	7	6	8	9	3	2	1
6	2	3	1	5	4	8	7	9
8	9	1	2	7	3	5	4	6
2	3	4	5	1	6	9	8	7
7	6	5	9	3	8	2	1	4
1	8	9	4	2	7	6	3	5

#512

5	6	3	9	2	1	8	4	7
2	4	7	5	3	8	6	9	1
8	1	9	6	4	7	5	3	2
6	8	5	4	1	9	2	7	3
7	2	4	3	8	5	9	1	6
3	9	1	7	6	2	4	8	5
4	7	6	8	5	3	1	2	9
1	3	8	2	9	6	7	5	4
9	5	2	1	7	4	3	6	8

#513

9	8	5	2	1	3	4	6	7
3	4	2	6	7	9	5	8	1
1	6	7	4	5	8	2	3	9
6	7	4	1	2	5	8	9	3
2	3	8	7	9	4	6	1	5
5	1	9	3	8	6	7	2	4
4	2	1	8	3	7	9	5	6
7	5	3	9	6	2	1	4	8
8	9	6	5	4	1	3	7	2

#514

9	1	7	2	3	4	5	6	8
2	4	3	5	6	8	1	7	9
5	6	8	1	7	9	2	3	4
3	2	4	6	8	1	7	9	5
1	8	5	9	4	7	3	2	6
7	9	6	3	2	5	4	8	1
4	3	9	7	5	6	8	1	2
6	5	2	8	1	3	9	4	7
8	7	1	4	9	2	6	5	3

#515

8	3	6	1	5	9	4	7	2
2	4	5	3	6	7	8	1	9
1	7	9	2	8	4	3	5	6
7	8	4	6	9	5	2	3	1
6	5	1	7	2	3	9	4	8
9	2	3	4	1	8	5	6	7
3	6	8	5	7	2	1	9	4
4	1	2	9	3	6	7	8	5
5	9	7	8	4	1	6	2	3

#516

5	6	7	2	1	4	3	8	9
1	2	9	8	6	3	5	4	7
4	3	8	5	7	9	2	1	6
9	1	3	4	2	5	7	6	8
8	7	4	3	9	6	1	2	5
2	5	6	1	8	7	4	9	3
7	4	2	9	3	8	6	5	1
6	9	5	7	4	1	8	3	2
3	8	1	6	5	2	9	7	4

#517

4	3	6	5	8	2	9	7	1
2	5	7	4	9	1	3	6	8
8	1	9	6	7	3	2	5	4
5	4	3	8	6	9	1	2	7
1	7	2	3	5	4	6	8	9
6	9	8	1	2	7	5	4	3
3	2	1	7	4	5	8	9	6
7	8	5	9	3	6	4	1	2
9	6	4	2	1	8	7	3	5

#518

3	5	6	7	8	2	4	1	9
4	7	2	6	1	9	3	5	8
8	9	1	3	4	5	2	6	7
5	2	7	9	6	1	8	3	4
6	8	4	5	2	3	7	9	1
9	1	3	4	7	8	6	2	5
7	3	9	2	5	4	1	8	6
2	6	8	1	9	7	5	4	3
1	4	5	8	3	6	9	7	2

#519

8	5	3	2	7	6	1	9	4
4	1	6	9	3	5	8	7	2
2	7	9	8	4	1	5	6	3
5	4	8	7	1	9	3	2	6
1	6	2	3	5	4	7	8	9
3	9	7	6	8	2	4	5	1
6	8	4	5	2	3	9	1	7
9	3	5	1	6	7	2	4	8
7	2	1	4	9	8	6	3	5

#520

3	4	5	6	2	7	1	8	9
6	7	8	5	1	9	2	3	4
2	9	1	3	4	8	5	6	7
4	5	6	8	3	2	9	7	1
7	1	3	4	9	5	6	2	8
8	2	9	1	7	6	3	4	5
1	6	4	7	5	3	8	9	2
5	3	2	9	8	4	7	1	6
9	8	7	2	6	1	4	5	3

#521

5	1	2	6	8	4	7	3	9
3	4	6	7	2	9	5	1	8
7	8	9	5	1	3	2	4	6
4	5	1	9	6	8	3	2	7
6	9	7	2	3	5	4	8	1
2	3	8	1	4	7	6	9	5
1	2	5	3	9	6	8	7	4
8	7	3	4	5	1	9	6	2
9	6	4	8	7	2	1	5	3

#522

5	7	6	4	8	1	9	3	2
3	4	8	9	6	2	5	7	1
9	2	1	5	7	3	8	6	4
1	6	9	2	4	7	3	5	8
2	3	7	8	9	5	4	1	6
8	5	4	3	1	6	2	9	7
7	8	5	6	2	9	1	4	3
4	1	3	7	5	8	6	2	9
6	9	2	1	3	4	7	8	5

#523

5	2	3	4	6	7	1	8	9
6	4	7	8	9	1	3	2	5
8	1	9	2	3	5	4	6	7
2	6	4	1	5	3	9	7	8
9	3	5	6	7	8	2	4	1
1	7	8	9	2	4	5	3	6
3	8	6	5	4	9	7	1	2
4	5	1	7	8	2	6	9	3
7	9	2	3	1	6	8	5	4

#524

7	1	6	2	4	3	5	8	9
2	3	4	5	8	9	6	1	7
5	8	9	6	7	1	3	2	4
3	4	5	7	1	6	8	9	2
9	6	7	3	2	8	4	5	1
8	2	1	4	9	5	7	3	6
4	7	3	1	5	2	9	6	8
6	9	2	8	3	4	1	7	5
1	5	8	9	6	7	2	4	3

#525

6	2	3	5	4	7	8	9	1
4	5	1	6	8	9	2	3	7
7	8	9	2	3	1	4	5	6
5	1	4	8	7	6	3	2	9
8	3	2	1	9	5	6	7	4
9	6	7	3	2	4	1	8	5
3	4	5	9	6	2	7	1	8
2	9	6	7	1	8	5	4	3
1	7	8	4	5	3	9	6	2

#526

5	2	6	1	7	9	8	3	4
1	3	4	5	2	8	6	7	9
8	7	9	3	4	6	5	2	1
3	1	8	2	6	5	9	4	7
7	4	5	9	8	3	2	1	6
9	6	2	7	1	4	3	8	5
2	9	7	8	5	1	4	6	3
6	5	1	4	3	2	7	9	8
4	8	3	6	9	7	1	5	2

#527

6	8	5	2	3	4	7	1	9
7	1	2	5	6	9	3	4	8
3	4	9	7	1	8	2	5	6
2	5	7	9	4	6	1	8	3
4	3	1	8	2	7	6	9	5
9	6	8	1	5	3	4	2	7
1	9	3	6	8	2	5	7	4
5	7	4	3	9	1	8	6	2
8	2	6	4	7	5	9	3	1

#528

9	1	7	2	3	4	5	6	8
3	4	2	5	6	8	7	1	9
5	6	8	7	9	1	2	3	4
6	8	4	3	2	7	1	9	5
2	7	3	9	1	5	4	8	6
1	5	9	4	8	6	3	2	7
4	3	1	6	5	9	8	7	2
7	2	6	8	4	3	9	5	1
8	9	5	1	7	2	6	4	3

#529

5	7	2	3	9	6	1	8	4
8	1	4	5	7	2	6	9	3
3	6	9	1	4	8	5	7	2
4	8	7	9	5	1	2	3	6
6	5	1	2	8	3	7	4	9
2	9	3	7	6	4	8	5	1
7	2	6	8	3	9	4	1	5
1	3	8	4	2	5	9	6	7
9	4	5	6	1	7	3	2	8

#530

6	5	7	8	3	4	9	2	1
8	2	3	7	9	1	4	5	6
4	9	1	2	5	6	3	7	8
2	3	4	5	6	8	1	9	7
5	1	6	9	4	7	2	8	3
7	8	9	3	1	2	5	6	4
3	4	2	6	7	5	8	1	9
1	6	5	4	8	9	7	3	2
9	7	8	1	2	3	6	4	5

#531

8	3	2	4	5	1	6	7	9
4	1	5	6	7	9	2	3	8
6	7	9	3	2	8	1	4	5
1	6	3	7	4	5	9	8	2
2	8	4	9	6	3	5	1	7
5	9	7	8	1	2	3	6	4
3	2	6	5	8	4	7	9	1
7	4	1	2	9	6	8	5	3
9	5	8	1	3	7	4	2	6

#532

9	2	3	4	5	6	1	7	8
6	4	1	7	8	9	2	3	5
5	7	8	3	1	2	4	6	9
3	5	4	6	9	1	7	8	2
7	8	6	2	3	4	5	9	1
2	1	9	5	7	8	3	4	6
4	6	5	8	2	3	9	1	7
1	3	2	9	6	7	8	5	4
8	9	7	1	4	5	6	2	3

#533

7	5	3	6	8	2	4	9	1
4	6	8	7	1	9	3	5	2
2	9	1	3	4	5	6	7	8
3	7	2	8	5	1	9	6	4
9	4	5	2	7	6	8	1	3
1	8	6	4	9	3	5	2	7
5	3	4	9	2	7	1	8	6
6	1	7	5	3	8	2	4	9
8	2	9	1	6	4	7	3	5

#534

2	8	3	4	9	7	5	6	1
4	5	6	8	1	3	2	7	9
7	1	9	5	6	2	3	4	8
3	2	8	7	5	9	6	1	4
5	6	4	1	2	8	9	3	7
1	9	7	6	3	4	8	2	5
8	7	5	2	4	6	1	9	3
9	4	2	3	8	1	7	5	6
6	3	1	9	7	5	4	8	2

#535

1	8	6	4	5	9	2	3	7
2	3	4	7	1	8	6	5	9
5	9	7	6	2	3	1	4	8
7	1	9	3	8	5	4	2	6
4	6	3	2	7	1	8	9	5
8	2	5	9	6	4	7	1	3
3	4	8	1	9	7	5	6	2
6	7	1	5	3	2	9	8	4
9	5	2	8	4	6	3	7	1

#536

8	5	7	1	4	6	3	2	9
4	3	6	2	8	9	5	1	7
1	2	9	3	5	7	4	6	8
5	8	3	6	9	2	1	7	4
6	7	2	4	1	5	8	9	3
9	1	4	7	3	8	2	5	6
3	6	5	9	2	4	7	8	1
2	9	1	8	7	3	6	4	5
7	4	8	5	6	1	9	3	2

#537

2	3	4	7	6	8	1	5	9
5	6	8	3	9	1	7	4	2
9	7	1	2	4	5	3	6	8
8	4	2	6	1	3	9	7	5
1	9	3	5	7	2	6	8	4
6	5	7	9	8	4	2	1	3
3	1	5	4	2	7	8	9	6
7	2	6	8	5	9	4	3	1
4	8	9	1	3	6	5	2	7

#538

4	7	5	2	3	6	8	9	1
6	8	9	1	7	4	5	2	3
2	1	3	5	8	9	4	6	7
5	4	7	6	9	3	1	8	2
9	3	2	8	5	1	7	4	6
1	6	8	7	4	2	3	5	9
7	2	4	9	1	5	6	3	8
8	5	6	3	2	7	9	1	4
3	9	1	4	6	8	2	7	5

#539

6	7	3	1	2	9	5	4	8
4	8	9	5	6	7	3	2	1
5	1	2	3	4	8	6	9	7
8	9	4	6	3	1	7	5	2
2	6	1	7	5	4	9	8	3
7	3	5	9	8	2	1	6	4
3	4	6	8	1	5	2	7	9
9	5	8	2	7	3	4	1	6
1	2	7	4	9	6	8	3	5

#540

1	7	9	6	8	4	2	3	5
2	3	4	9	7	5	6	1	8
5	6	8	1	2	3	7	4	9
7	9	2	4	5	6	1	8	3
3	1	5	7	9	8	4	2	6
4	8	6	3	1	2	5	9	7
6	5	1	2	3	9	8	7	4
9	4	7	8	6	1	3	5	2
8	2	3	5	4	7	9	6	1

#541

4	5	2	6	3	7	1	8	9
6	3	7	1	8	9	4	2	5
1	8	9	4	2	5	3	6	7
5	2	4	8	6	1	9	7	3
7	9	6	5	4	3	2	1	8
3	1	8	7	9	2	5	4	6
8	6	3	2	5	4	7	9	1
2	7	5	9	1	6	8	3	4
9	4	1	3	7	8	6	5	2

#542

8	6	7	2	1	3	9	4	5
3	1	2	4	5	9	8	7	6
9	4	5	6	7	8	1	2	3
6	5	8	3	2	4	7	1	9
1	2	3	8	9	7	5	6	4
7	9	4	5	6	1	3	8	2
5	8	9	7	4	2	6	3	1
4	7	6	1	3	5	2	9	8
2	3	1	9	8	6	4	5	7

#543

9	1	4	2	3	5	6	7	8
5	6	3	7	8	9	2	1	4
2	7	8	4	1	6	3	5	9
6	2	5	3	4	7	8	9	1
1	3	7	8	9	2	4	6	5
4	8	9	5	6	1	7	2	3
3	5	6	1	2	4	9	8	7
7	4	2	9	5	8	1	3	6
8	9	1	6	7	3	5	4	2

#544

1	2	5	8	7	6	4	3	9
8	3	4	1	9	5	2	6	7
6	7	9	2	3	4	5	1	8
4	1	8	6	2	9	7	5	3
7	5	3	4	8	1	9	2	6
2	9	6	7	5	3	8	4	1
5	6	1	9	4	8	3	7	2
3	8	2	5	1	7	6	9	4
9	4	7	3	6	2	1	8	5

#545

4	7	5	1	8	2	6	9	3
6	1	8	4	3	9	7	5	2
2	3	9	5	6	7	4	1	8
9	4	7	8	2	5	3	6	1
1	5	2	3	7	6	8	4	9
8	6	3	9	4	1	2	7	5
3	8	1	7	5	4	9	2	6
7	9	6	2	1	8	5	3	4
5	2	4	6	9	3	1	8	7

#546

5	4	6	1	2	7	9	3	8
1	2	7	9	3	8	4	5	6
3	8	9	4	5	6	1	2	7
8	6	3	2	1	5	7	4	9
9	7	1	8	4	3	5	6	2
4	5	2	6	7	9	3	8	1
6	1	8	5	9	4	2	7	3
7	9	4	3	6	2	8	1	5
2	3	5	7	8	1	6	9	4

#547

8	4	2	5	3	6	7	9	1
5	3	6	7	9	1	2	4	8
7	9	1	2	4	8	3	5	6
1	2	7	4	5	3	8	6	9
4	5	8	6	2	9	1	3	7
3	6	9	8	1	7	4	2	5
2	1	5	9	7	4	6	8	3
6	7	4	3	8	5	9	1	2
9	8	3	1	6	2	5	7	4

#548

8	6	7	4	2	5	9	3	1
3	4	1	9	8	6	7	2	5
9	2	5	7	1	3	8	6	4
5	9	6	1	7	2	4	8	3
1	8	3	6	9	4	5	7	2
2	7	4	3	5	8	1	9	6
6	3	8	5	4	9	2	1	7
7	5	9	2	6	1	3	4	8
4	1	2	8	3	7	6	5	9

#549

1	5	6	7	3	8	2	4	9
2	7	3	5	4	9	6	1	8
4	8	9	1	6	2	3	7	5
5	3	1	8	2	6	7	9	4
6	2	4	9	7	1	5	8	3
7	9	8	4	5	3	1	6	2
3	1	5	6	9	4	8	2	7
8	4	7	2	1	5	9	3	6
9	6	2	3	8	7	4	5	1

#550

9	7	1	2	3	4	5	6	8
5	2	4	6	8	9	3	7	1
3	6	8	5	7	1	2	4	9
1	4	7	3	2	8	9	5	6
2	8	5	9	4	6	7	1	3
6	9	3	7	1	5	4	8	2
4	3	6	1	5	2	8	9	7
7	5	9	8	6	3	1	2	4
8	1	2	4	9	7	6	3	5

#551

8	7	6	2	1	5	4	3	9
2	3	4	7	6	9	8	1	5
5	1	9	4	3	8	7	6	2
9	8	7	3	4	1	2	5	6
1	6	3	5	8	2	9	7	4
4	2	5	6	9	7	3	8	1
7	9	2	8	5	6	1	4	3
3	5	8	1	2	4	6	9	7
6	4	1	9	7	3	5	2	8

#552

8	3	5	2	4	6	1	7	9
6	4	7	8	1	9	2	3	5
9	1	2	3	5	7	4	6	8
7	2	6	5	3	4	8	9	1
3	5	8	7	9	1	6	2	4
1	9	4	6	2	8	3	5	7
2	7	1	9	8	3	5	4	6
4	6	3	1	7	5	9	8	2
5	8	9	4	6	2	7	1	3

#553

3	6	4	2	5	7	8	1	9
5	2	7	8	9	1	6	3	4
8	9	1	6	3	4	5	2	7
2	4	3	9	1	5	7	6	8
6	7	5	4	2	8	1	9	3
9	1	8	7	6	3	2	4	5
7	3	6	5	4	2	9	8	1
1	5	2	3	8	9	4	7	6
4	8	9	1	7	6	3	5	2

#554

8	7	3	1	2	6	5	4	9
5	6	4	3	9	7	8	2	1
1	2	9	8	5	4	3	7	6
6	1	7	5	3	8	2	9	4
3	4	8	9	6	2	7	1	5
2	9	5	4	7	1	6	8	3
7	3	2	6	4	9	1	5	8
4	5	1	7	8	3	9	6	2
9	8	6	2	1	5	4	3	7

#555

1	3	5	6	2	4	7	8	9
6	4	7	8	9	1	2	3	5
8	2	9	3	5	7	4	6	1
2	7	3	1	4	5	6	9	8
4	1	8	7	6	9	3	5	2
5	9	6	2	3	8	1	4	7
3	5	4	9	7	2	8	1	6
7	6	1	5	8	3	9	2	4
9	8	2	4	1	6	5	7	3

#556

4	1	6	7	2	3	5	8	9
2	3	5	8	1	9	4	6	7
7	8	9	4	5	6	3	1	2
3	7	2	1	8	4	9	5	6
8	5	4	6	9	2	7	3	1
6	9	1	3	7	5	2	4	8
5	4	7	2	6	8	1	9	3
9	2	8	5	3	1	6	7	4
1	6	3	9	4	7	8	2	5

#557

3	6	2	8	9	1	4	5	7
4	5	7	3	6	2	1	8	9
1	8	9	4	5	7	3	2	6
9	1	3	6	8	4	5	7	2
5	2	6	7	1	3	9	4	8
7	4	8	9	2	5	6	1	3
6	7	4	1	3	8	2	9	5
2	9	1	5	7	6	8	3	4
8	3	5	2	4	9	7	6	1

#558

4	5	1	2	3	6	7	8	9
6	7	3	8	9	1	4	5	2
2	8	9	4	5	7	3	6	1
1	2	6	7	4	5	9	3	8
8	3	5	9	6	2	1	4	7
9	4	7	3	1	8	5	2	6
3	9	2	6	7	4	8	1	5
5	6	4	1	8	9	2	7	3
7	1	8	5	2	3	6	9	4

#559

8	7	1	5	3	2	9	4	6
5	9	4	7	1	6	8	2	3
3	2	6	8	4	9	7	1	5
7	5	9	4	6	3	2	8	1
2	4	8	1	9	5	3	6	7
6	1	3	2	8	7	5	9	4
1	8	5	9	7	4	6	3	2
9	3	2	6	5	1	4	7	8
4	6	7	3	2	8	1	5	9

#560

8	1	4	9	2	6	5	7	3
5	3	6	7	4	1	8	2	9
2	7	9	8	5	3	1	4	6
1	5	8	4	3	9	7	6	2
7	6	3	2	1	8	9	5	4
4	9	2	6	7	5	3	1	8
3	8	7	1	6	4	2	9	5
9	4	1	5	8	2	6	3	7
6	2	5	3	9	7	4	8	1

#561

9	6	8	4	2	5	3	1	7
3	1	2	8	9	7	4	6	5
4	5	7	6	3	1	9	8	2
2	8	9	5	1	4	7	3	6
7	4	6	3	8	9	2	5	1
1	3	5	2	7	6	8	9	4
6	2	4	9	5	8	1	7	3
8	7	3	1	6	2	5	4	9
5	9	1	7	4	3	6	2	8

#562

1	3	6	4	5	2	7	8	9
2	4	5	8	9	7	1	3	6
7	8	9	1	3	6	2	4	5
4	9	3	7	1	5	6	2	8
6	1	7	3	2	8	9	5	4
5	2	8	6	4	9	3	1	7
3	6	2	5	7	4	8	9	1
8	5	1	9	6	3	4	7	2
9	7	4	2	8	1	5	6	3

#563

9	5	3	7	1	2	8	4	6
2	4	6	9	5	8	3	1	7
7	1	8	4	3	6	5	2	9
5	8	7	2	6	4	9	3	1
6	9	4	3	8	1	7	5	2
3	2	1	5	9	7	6	8	4
4	7	9	8	2	3	1	6	5
1	3	5	6	4	9	2	7	8
8	6	2	1	7	5	4	9	3

#564

3	7	9	1	2	8	6	5	4
6	5	4	9	3	7	1	8	2
1	2	8	5	4	6	9	3	7
9	3	5	7	6	1	2	4	8
4	6	2	8	9	3	7	1	5
8	1	7	2	5	4	3	9	6
7	9	3	6	8	5	4	2	1
5	4	1	3	7	2	8	6	9
2	8	6	4	1	9	5	7	3

#565

7	8	2	5	6	3	4	1	9
3	1	4	7	8	9	2	5	6
5	6	9	1	2	4	3	7	8
6	4	1	8	3	5	7	9	2
2	7	3	4	9	6	5	8	1
8	9	5	2	1	7	6	3	4
4	2	7	9	5	8	1	6	3
1	3	8	6	7	2	9	4	5
9	5	6	3	4	1	8	2	7

#566

5	8	4	2	3	6	7	9	1
6	7	1	4	5	9	3	2	8
2	3	9	7	1	8	4	5	6
3	6	2	8	7	4	9	1	5
1	4	5	3	9	2	6	8	7
8	9	7	5	6	1	2	3	4
4	5	6	1	2	3	8	7	9
7	2	8	9	4	5	1	6	3
9	1	3	6	8	7	5	4	2

#567

1	5	3	2	8	9	4	6	7
2	6	7	4	1	5	3	8	9
4	8	9	3	6	7	1	5	2
3	7	1	8	9	6	2	4	5
8	2	5	7	4	3	9	1	6
9	4	6	1	5	2	7	3	8
5	1	2	6	7	4	8	9	3
6	3	4	9	2	8	5	7	1
7	9	8	5	3	1	6	2	4

#568

6	7	1	5	2	4	8	3	9
2	3	4	6	9	8	5	7	1
5	8	9	3	1	7	4	6	2
8	5	3	7	4	1	2	9	6
4	6	7	2	5	9	1	8	3
1	9	2	8	3	6	7	5	4
3	1	8	4	6	5	9	2	7
9	2	5	1	7	3	6	4	8
7	4	6	9	8	2	3	1	5

#569

4	8	5	2	6	3	7	9	1
3	1	6	7	8	9	2	4	5
2	7	9	4	5	1	3	6	8
5	2	3	8	7	4	9	1	6
6	4	7	9	1	2	5	8	3
1	9	8	5	3	6	4	2	7
7	6	2	1	4	5	8	3	9
8	3	4	6	9	7	1	5	2
9	5	1	3	2	8	6	7	4

#570

7	5	4	8	1	6	2	9	3
3	2	8	5	4	9	1	6	7
6	9	1	7	3	2	5	4	8
5	4	7	2	9	8	3	1	6
1	3	2	4	6	7	8	5	9
9	8	6	3	5	1	7	2	4
4	1	5	6	7	3	9	8	2
2	6	3	9	8	5	4	7	1
8	7	9	1	2	4	6	3	5

#571

2	5	6	4	7	8	1	3	9
4	7	3	6	1	9	2	8	5
1	8	9	2	5	3	4	6	7
5	6	4	7	3	1	9	2	8
3	1	8	9	4	2	5	7	6
9	2	7	8	6	5	3	4	1
6	9	2	5	8	4	7	1	3
7	3	5	1	2	6	8	9	4
8	4	1	3	9	7	6	5	2

#572

9	2	5	4	3	6	7	1	8
6	3	4	7	8	1	5	2	9
7	8	1	5	2	9	3	4	6
2	5	6	1	7	8	4	9	3
1	4	8	6	9	3	2	5	7
3	7	9	2	4	5	6	8	1
4	6	3	8	1	2	9	7	5
5	1	2	9	6	7	8	3	4
8	9	7	3	5	4	1	6	2

#573

5	1	2	6	4	8	7	3	9
3	4	6	5	9	7	1	2	8
8	7	9	2	1	3	4	6	5
7	5	3	4	2	6	9	8	1
2	9	8	1	7	5	3	4	6
4	6	1	3	8	9	5	7	2
1	3	7	8	5	2	6	9	4
9	2	4	7	6	1	8	5	3
6	8	5	9	3	4	2	1	7

#574

7	2	5	3	1	4	6	8	9
6	3	4	7	8	9	1	2	5
8	1	9	2	5	6	3	4	7
1	8	2	5	6	3	9	7	4
4	7	3	9	2	1	5	6	8
5	9	6	4	7	8	2	3	1
2	4	7	1	3	5	8	9	6
3	5	8	6	9	7	4	1	2
9	6	1	8	4	2	7	5	3

#575

4	5	6	7	8	2	1	3	9
2	7	8	3	1	9	4	5	6
3	1	9	4	5	6	2	7	8
6	2	3	5	4	8	9	1	7
7	4	1	6	9	3	5	8	2
9	8	5	2	7	1	3	6	4
1	3	4	8	2	7	6	9	5
5	6	7	9	3	4	8	2	1
8	9	2	1	6	5	7	4	3

#576

8	5	6	1	4	7	2	3	9
7	9	2	8	5	3	6	4	1
3	4	1	6	9	2	7	5	8
2	7	5	9	3	6	1	8	4
4	8	9	2	7	1	5	6	3
1	6	3	5	8	4	9	2	7
5	3	8	7	6	9	4	1	2
6	2	7	4	1	8	3	9	5
9	1	4	3	2	5	8	7	6

#577

4	7	3	6	9	5	1	2	8
5	1	2	4	7	8	3	6	9
6	8	9	1	2	3	4	7	5
1	5	7	8	4	9	6	3	2
2	4	8	7	3	6	5	9	1
9	3	6	2	5	1	8	4	7
8	2	4	3	1	7	9	5	6
3	6	5	9	8	2	7	1	4
7	9	1	5	6	4	2	8	3

#578

9	8	3	2	5	4	1	6	7
5	6	2	7	1	9	3	4	8
1	4	7	3	6	8	2	5	9
2	1	6	8	4	3	9	7	5
7	9	8	6	2	5	4	1	3
3	5	4	9	7	1	6	8	2
4	3	1	5	8	2	7	9	6
6	2	5	1	9	7	8	3	4
8	7	9	4	3	6	5	2	1

#579

6	2	3	4	5	1	7	8	9
4	5	7	6	8	9	2	1	3
8	1	9	3	2	7	4	5	6
3	4	1	8	6	2	9	7	5
9	8	5	1	7	3	6	2	4
2	7	6	5	9	4	8	3	1
5	3	2	7	4	6	1	9	8
7	6	8	9	1	5	3	4	2
1	9	4	2	3	8	5	6	7

#580

3	4	5	7	1	9	2	6	8
9	6	7	5	2	8	3	4	1
1	2	8	3	4	6	9	7	5
6	9	4	2	3	5	1	8	7
7	5	2	8	9	1	6	3	4
8	3	1	4	6	7	5	9	2
4	8	3	9	5	2	7	1	6
5	1	9	6	7	4	8	2	3
2	7	6	1	8	3	4	5	9

#581

2	1	4	5	9	7	6	3	8
5	6	7	4	8	3	9	2	1
3	8	9	2	1	6	4	5	7
7	3	1	8	4	9	2	6	5
6	2	5	7	3	1	8	4	9
9	4	8	6	2	5	1	7	3
1	5	3	9	6	2	7	8	4
4	9	2	3	7	8	5	1	6
8	7	6	1	5	4	3	9	2

#582

3	4	6	8	9	5	7	2	1
7	2	5	4	3	1	6	8	9
8	9	1	7	6	2	3	5	4
5	6	3	1	4	7	2	9	8
9	8	7	2	5	3	4	1	6
4	1	2	9	8	6	5	3	7
2	7	8	5	1	4	9	6	3
6	5	9	3	7	8	1	4	2
1	3	4	6	2	9	8	7	5

#583

8	5	6	7	2	9	1	3	4
1	3	4	8	5	6	2	7	9
9	2	7	1	4	3	5	6	8
4	9	5	3	8	7	6	1	2
3	6	8	2	9	1	7	4	5
7	1	2	5	6	4	8	9	3
5	7	1	9	3	8	4	2	6
2	4	9	6	1	5	3	8	7
6	8	3	4	7	2	9	5	1

#584

3	7	1	5	4	6	2	9	8
2	4	5	1	8	9	3	6	7
6	8	9	7	2	3	4	1	5
4	3	6	2	1	8	7	5	9
1	9	7	6	3	5	8	2	4
5	2	8	4	9	7	6	3	1
8	5	2	3	7	1	9	4	6
7	1	3	9	6	4	5	8	2
9	6	4	8	5	2	1	7	3

#585

2	5	7	6	4	8	1	3	9
6	4	3	7	1	9	2	5	8
1	8	9	3	2	5	4	6	7
3	6	4	8	5	2	7	9	1
9	7	5	4	3	1	8	2	6
8	1	2	9	6	7	3	4	5
4	9	6	1	7	3	5	8	2
5	3	1	2	8	6	9	7	4
7	2	8	5	9	4	6	1	3

#586

1	5	3	4	2	6	7	8	9
4	6	7	5	8	9	3	2	1
2	8	9	3	1	7	4	5	6
5	7	2	8	6	3	9	1	4
6	4	8	1	9	5	2	3	7
3	9	1	2	7	4	5	6	8
7	2	4	6	3	1	8	9	5
8	1	5	9	4	2	6	7	3
9	3	6	7	5	8	1	4	2

#587

3	4	2	5	6	7	8	9	1
5	6	7	8	9	1	2	3	4
8	9	1	2	3	4	5	6	7
6	5	3	4	2	8	7	1	9
2	1	4	6	7	9	3	5	8
9	7	8	3	1	5	4	2	6
1	3	9	7	4	2	6	8	5
4	2	5	9	8	6	1	7	3
7	8	6	1	5	3	9	4	2

#588

8	4	6	7	9	5	2	1	3
1	2	3	8	4	6	7	9	5
5	7	9	2	3	1	4	8	6
4	3	1	6	2	9	8	5	7
7	6	8	5	1	4	3	2	9
9	5	2	3	8	7	1	6	4
6	8	4	1	5	3	9	7	2
2	9	7	4	6	8	5	3	1
3	1	5	9	7	2	6	4	8

#589

8	5	6	7	1	2	3	4	9
2	4	1	3	8	9	5	6	7
3	7	9	4	5	6	8	1	2
4	1	5	8	2	3	7	9	6
6	9	2	5	7	4	1	3	8
7	3	8	6	9	1	2	5	4
5	6	3	2	4	7	9	8	1
9	2	4	1	3	8	6	7	5
1	8	7	9	6	5	4	2	3

#590

2	3	7	4	5	1	6	8	9
6	4	5	7	8	9	3	2	1
8	9	1	2	3	6	4	5	7
3	6	4	8	7	2	1	9	5
5	1	2	6	9	3	7	4	8
9	7	8	5	1	4	2	3	6
4	5	6	9	2	7	8	1	3
7	8	3	1	4	5	9	6	2
1	2	9	3	6	8	5	7	4

#591

1	2	4	5	6	7	3	8	9
3	5	6	2	8	9	4	1	7
7	8	9	3	1	4	2	5	6
4	6	5	7	3	1	9	2	8
2	7	3	9	5	8	6	4	1
8	9	1	4	2	6	5	7	3
5	1	7	6	9	2	8	3	4
6	3	8	1	4	5	7	9	2
9	4	2	8	7	3	1	6	5

#592

5	6	2	7	3	4	1	8	9
7	3	1	6	8	9	4	2	5
4	8	9	5	2	1	3	6	7
6	7	3	8	9	2	5	1	4
8	2	4	1	5	3	7	9	6
1	9	5	4	6	7	2	3	8
3	4	6	2	7	8	9	5	1
2	5	7	9	1	6	8	4	3
9	1	8	3	4	5	6	7	2

#593

7	8	3	2	1	9	6	4	5
6	4	5	8	7	3	9	1	2
9	1	2	4	5	6	7	8	3
5	7	6	9	4	1	3	2	8
1	3	8	7	6	2	4	5	9
2	9	4	3	8	5	1	6	7
8	5	7	6	9	4	2	3	1
3	6	1	5	2	7	8	9	4
4	2	9	1	3	8	5	7	6

#594

5	6	7	4	8	1	9	3	2
9	3	1	6	7	2	4	8	5
2	4	8	3	5	9	1	6	7
6	5	3	7	1	4	2	9	8
1	7	2	5	9	8	6	4	3
8	9	4	2	6	3	5	7	1
7	2	5	9	3	6	8	1	4
3	8	9	1	4	5	7	2	6
4	1	6	8	2	7	3	5	9

#595

8	6	5	3	4	7	9	2	1
7	3	2	1	8	9	4	5	6
4	9	1	5	2	6	3	7	8
6	7	3	2	5	4	1	8	9
5	2	4	8	9	1	6	3	7
9	1	8	6	7	3	2	4	5
3	4	7	9	6	8	5	1	2
1	5	6	7	3	2	8	9	4
2	8	9	4	1	5	7	6	3

#596

4	7	1	5	8	9	2	3	6
5	2	3	6	4	7	1	9	8
6	8	9	1	2	3	4	5	7
7	6	4	2	9	5	8	1	3
3	5	8	4	6	1	7	2	9
1	9	2	3	7	8	6	4	5
2	1	5	7	3	6	9	8	4
8	3	6	9	1	4	5	7	2
9	4	7	8	5	2	3	6	1

#597

5	2	1	3	8	7	4	9	6
3	4	6	1	2	9	5	8	7
7	8	9	4	5	6	2	1	3
2	3	4	7	9	1	6	5	8
6	7	5	8	4	2	1	3	9
1	9	8	5	6	3	7	4	2
8	5	3	2	7	4	9	6	1
4	6	2	9	1	8	3	7	5
9	1	7	6	3	5	8	2	4

#598

2	5	3	8	6	9	1	4	7
6	7	1	4	5	3	8	9	2
4	8	9	2	7	1	5	3	6
8	4	5	3	9	7	2	6	1
9	2	6	1	4	5	3	7	8
1	3	7	6	2	8	4	5	9
5	6	4	7	1	2	9	8	3
3	9	2	5	8	6	7	1	4
7	1	8	9	3	4	6	2	5

#599

2	7	3	4	6	1	5	8	9
5	1	4	2	9	8	3	7	6
6	8	9	7	3	5	1	4	2
9	3	2	8	4	7	6	5	1
8	5	7	6	1	2	4	9	3
1	4	6	3	5	9	7	2	8
7	2	1	5	8	6	9	3	4
3	9	5	1	2	4	8	6	7
4	6	8	9	7	3	2	1	5

#600

6	7	4	3	1	2	5	8	9
8	5	2	4	6	9	1	3	7
3	9	1	5	7	8	4	2	6
2	3	7	1	4	6	8	9	5
5	6	9	7	8	3	2	1	4
1	4	8	9	2	5	6	7	3
4	1	5	2	9	7	3	6	8
7	2	6	8	3	4	9	5	1
9	8	3	6	5	1	7	4	2

#601

8	7	5	6	9	3	2	4	1
6	9	2	4	1	8	5	3	7
3	1	4	5	2	7	6	8	9
4	5	7	8	6	1	9	2	3
9	6	3	2	5	4	7	1	8
1	2	8	3	7	9	4	5	6
2	3	6	7	8	5	1	9	4
5	4	1	9	3	6	8	7	2
7	8	9	1	4	2	3	6	5

#602

1	2	4	8	9	5	3	6	7
5	6	7	3	1	2	4	8	9
3	8	9	6	4	7	2	1	5
2	1	3	7	6	9	5	4	8
4	5	6	2	3	8	7	9	1
7	9	8	4	5	1	6	3	2
8	4	1	5	2	3	9	7	6
6	7	2	9	8	4	1	5	3
9	3	5	1	7	6	8	2	4

#603

3	6	4	1	2	5	7	8	9
5	1	2	7	8	9	3	4	6
7	8	9	3	4	6	2	5	1
1	4	3	8	5	2	9	6	7
9	2	6	4	7	3	5	1	8
8	5	7	6	9	1	4	2	3
2	7	1	5	3	8	6	9	4
4	9	8	2	6	7	1	3	5
6	3	5	9	1	4	8	7	2

#604

1	2	6	5	3	4	7	8	9
3	5	4	7	8	9	1	2	6
7	8	9	6	1	2	3	4	5
2	6	1	4	5	7	8	9	3
9	7	8	1	2	3	5	6	4
4	3	5	9	6	8	2	1	7
5	1	7	2	9	6	4	3	8
6	4	3	8	7	1	9	5	2
8	9	2	3	4	5	6	7	1

#605

2	1	4	3	5	6	7	8	9
5	3	6	7	8	9	2	4	1
7	8	9	1	2	4	3	5	6
4	2	7	5	6	8	1	9	3
1	5	8	2	9	3	4	6	7
9	6	3	4	1	7	5	2	8
3	9	1	6	4	5	8	7	2
6	4	2	8	7	1	9	3	5
8	7	5	9	3	2	6	1	4

#606

9	6	2	3	5	4	7	8	1
3	5	4	7	1	8	6	2	9
7	8	1	6	2	9	3	4	5
2	3	6	1	8	5	9	7	4
5	7	8	4	9	3	1	6	2
4	1	9	2	6	7	5	3	8
6	2	3	9	4	1	8	5	7
1	4	5	8	7	6	2	9	3
8	9	7	5	3	2	4	1	6

#607

3	4	5	6	7	8	1	2	9
6	7	2	5	9	1	3	4	8
8	1	9	3	2	4	5	6	7
4	8	3	1	5	2	7	9	6
5	2	6	9	3	7	4	8	1
7	9	1	4	8	6	2	3	5
9	5	4	8	1	3	6	7	2
1	3	7	2	6	9	8	5	4
2	6	8	7	4	5	9	1	3

#608

7	8	2	5	3	1	4	6	9
6	4	5	8	2	9	7	1	3
3	1	9	7	4	6	8	2	5
9	6	4	3	1	2	5	7	8
8	7	3	4	6	5	2	9	1
5	2	1	9	7	8	3	4	6
2	9	7	6	5	3	1	8	4
4	5	6	1	8	7	9	3	2
1	3	8	2	9	4	6	5	7

#609

6	8	9	7	2	3	1	5	4
1	7	2	9	5	4	6	8	3
3	4	5	1	6	8	9	7	2
2	9	8	3	4	6	7	1	5
4	6	1	2	7	5	3	9	8
7	5	3	8	9	1	2	4	6
8	1	4	6	3	7	5	2	9
9	3	7	5	8	2	4	6	1
5	2	6	4	1	9	8	3	7

#610

6	7	8	2	1	3	4	5	9
4	2	5	6	7	9	3	8	1
3	1	9	4	5	8	2	6	7
2	8	1	7	6	4	9	3	5
5	9	3	1	8	2	6	7	4
7	4	6	3	9	5	1	2	8
1	3	7	5	4	6	8	9	2
8	5	2	9	3	1	7	4	6
9	6	4	8	2	7	5	1	3

#611

8	4	6	1	3	2	5	7	9
2	1	3	5	7	9	8	4	6
5	7	9	8	4	6	2	3	1
9	8	4	3	6	1	7	2	5
3	6	7	9	2	5	4	1	8
1	2	5	7	8	4	9	6	3
4	3	1	2	5	8	6	9	7
7	5	2	6	9	3	1	8	4
6	9	8	4	1	7	3	5	2

#612

3	2	5	6	4	7	8	9	1
4	6	7	8	9	1	2	3	5
8	9	1	3	2	5	4	6	7
5	4	6	7	3	2	1	8	9
7	3	8	4	1	9	5	2	6
2	1	9	5	6	8	3	7	4
6	5	2	1	7	3	9	4	8
9	8	4	2	5	6	7	1	3
1	7	3	9	8	4	6	5	2

#613

3	2	5	4	1	6	7	8	9
1	4	6	7	8	9	3	2	5
7	8	9	3	2	5	1	4	6
4	5	7	8	3	1	9	6	2
6	9	3	5	7	2	4	1	8
2	1	8	6	9	4	5	3	7
5	6	2	1	4	7	8	9	3
8	7	1	9	6	3	2	5	4
9	3	4	2	5	8	6	7	1

#614

2	8	1	5	3	4	6	7	9
4	3	5	6	7	9	8	1	2
6	7	9	1	2	8	3	4	5
7	1	2	3	8	5	4	9	6
3	5	4	7	9	6	1	2	8
8	9	6	2	4	1	5	3	7
1	2	7	8	5	3	9	6	4
5	4	3	9	6	2	7	8	1
9	6	8	4	1	7	2	5	3

#615

4	3	1	8	7	6	5	2	9
8	5	6	4	9	2	3	1	7
2	7	9	3	1	5	6	8	4
3	8	5	6	4	9	2	7	1
7	1	4	2	8	3	9	5	6
9	6	2	1	5	7	8	4	3
1	9	8	5	6	4	7	3	2
6	4	3	7	2	8	1	9	5
5	2	7	9	3	1	4	6	8

#616

5	6	3	4	7	1	2	8	9
4	7	2	6	8	9	5	3	1
1	8	9	3	2	5	4	6	7
2	4	1	8	6	3	9	7	5
7	3	6	5	9	2	8	1	4
9	5	8	7	1	4	3	2	6
3	1	5	2	4	6	7	9	8
6	2	7	9	5	8	1	4	3
8	9	4	1	3	7	6	5	2

#617

1	3	2	4	5	6	7	8	9
4	5	6	7	8	9	1	2	3
7	8	9	3	2	1	4	5	6
5	2	1	6	4	7	3	9	8
6	9	3	8	1	5	2	7	4
8	4	7	9	3	2	5	6	1
3	6	5	2	9	4	8	1	7
2	7	4	1	6	8	9	3	5
9	1	8	5	7	3	6	4	2

#618

4	6	5	8	9	2	7	3	1
2	7	3	6	4	1	5	9	8
8	9	1	7	3	5	6	4	2
5	4	2	1	7	9	8	6	3
7	3	8	2	5	6	9	1	4
9	1	6	3	8	4	2	5	7
3	2	4	5	6	8	1	7	9
1	5	7	9	2	3	4	8	6
6	8	9	4	1	7	3	2	5

#619

2	5	1	6	3	4	7	8	9
3	6	4	7	8	9	5	2	1
7	8	9	2	1	5	3	4	6
4	2	6	1	5	7	8	9	3
5	1	3	8	9	2	4	6	7
8	9	7	3	4	6	2	1	5
6	3	5	4	2	1	9	7	8
9	7	2	5	6	8	1	3	4
1	4	8	9	7	3	6	5	2

#620

5	7	1	4	3	6	2	9	8
2	4	3	1	9	8	5	6	7
6	8	9	5	2	7	4	3	1
7	5	2	8	1	9	6	4	3
4	1	6	3	5	2	8	7	9
3	9	8	6	7	4	1	5	2
1	2	7	9	6	5	3	8	4
8	3	5	7	4	1	9	2	6
9	6	4	2	8	3	7	1	5

#621

3	5	4	2	1	9	8	6	7
6	7	1	3	5	8	2	9	4
2	8	9	6	4	7	3	5	1
9	4	2	5	8	6	1	7	3
7	6	3	9	2	1	4	8	5
8	1	5	7	3	4	6	2	9
5	2	7	4	6	3	9	1	8
4	9	8	1	7	2	5	3	6
1	3	6	8	9	5	7	4	2

#622

4	6	7	2	1	5	3	9	8
8	5	3	4	7	9	6	1	2
1	2	9	6	8	3	7	5	4
6	8	4	3	2	1	5	7	9
7	9	1	8	5	6	2	4	3
5	3	2	9	4	7	8	6	1
2	7	8	1	6	4	9	3	5
9	1	5	7	3	8	4	2	6
3	4	6	5	9	2	1	8	7

#623

8	9	6	4	1	5	2	3	7
5	7	3	2	6	8	4	9	1
1	2	4	3	7	9	5	6	8
4	1	7	6	8	2	9	5	3
3	5	8	9	4	1	6	7	2
2	6	9	5	3	7	8	1	4
6	4	2	7	5	3	1	8	9
7	8	5	1	9	4	3	2	6
9	3	1	8	2	6	7	4	5

#624

5	8	6	3	1	2	4	7	9
2	3	4	7	8	9	5	6	1
1	7	9	4	5	6	3	2	8
3	6	2	8	4	7	1	9	5
7	1	5	9	6	3	8	4	2
4	9	8	5	2	1	6	3	7
6	2	3	1	7	5	9	8	4
8	5	7	6	9	4	2	1	3
9	4	1	2	3	8	7	5	6

#625

1	8	3	5	4	6	2	7	9
5	2	4	7	9	1	3	6	8
6	7	9	2	3	8	4	1	5
4	3	1	6	7	5	9	8	2
8	5	2	4	1	9	6	3	7
9	6	7	3	8	2	5	4	1
2	4	6	8	5	7	1	9	3
3	9	8	1	2	4	7	5	6
7	1	5	9	6	3	8	2	4

#626

2	6	4	5	1	3	7	8	9
1	5	3	7	8	9	4	2	6
7	8	9	4	2	6	1	3	5
3	4	7	9	5	2	6	1	8
8	1	5	3	6	4	2	9	7
9	2	6	8	7	1	3	5	4
4	7	8	2	3	5	9	6	1
5	3	1	6	9	7	8	4	2
6	9	2	1	4	8	5	7	3

#627

7	1	3	6	5	8	2	4	9
2	4	5	9	7	1	3	8	6
9	6	8	3	2	4	1	7	5
1	8	9	5	4	6	7	3	2
5	7	2	1	9	3	8	6	4
4	3	6	2	8	7	9	5	1
3	2	7	4	6	9	5	1	8
8	5	4	7	1	2	6	9	3
6	9	1	8	3	5	4	2	7

#628

8	1	4	2	6	7	3	9	5
5	2	3	1	4	9	8	7	6
6	7	9	5	3	8	2	1	4
1	8	5	4	2	6	9	3	7
7	3	6	9	8	1	4	5	2
4	9	2	3	7	5	6	8	1
9	4	7	8	1	2	5	6	3
3	5	1	6	9	4	7	2	8
2	6	8	7	5	3	1	4	9

#629

6	2	3	7	8	9	5	1	4
5	1	4	6	2	3	8	9	7
7	8	9	5	1	4	6	2	3
3	7	2	4	9	5	1	6	8
4	5	1	2	6	8	3	7	9
9	6	8	3	7	1	2	4	5
1	3	5	9	4	6	7	8	2
2	4	6	8	3	7	9	5	1
8	9	7	1	5	2	4	3	6

#630

4	7	3	5	2	6	8	9	1
5	1	6	7	8	9	2	3	4
2	8	9	3	1	4	5	6	7
6	2	5	4	3	7	9	1	8
8	3	7	9	6	1	4	2	5
9	4	1	2	5	8	3	7	6
1	5	2	6	4	3	7	8	9
3	9	8	1	7	5	6	4	2
7	6	4	8	9	2	1	5	3

#631

6	3	5	4	1	8	7	9	2
2	4	7	5	6	9	1	3	8
1	8	9	2	3	7	5	6	4
5	1	6	3	8	2	4	7	9
3	9	4	7	5	6	2	8	1
8	7	2	1	9	4	6	5	3
4	6	3	8	2	5	9	1	7
7	5	1	9	4	3	8	2	6
9	2	8	6	7	1	3	4	5

#632

9	4	3	5	6	2	7	1	8
2	5	6	7	8	1	3	4	9
7	1	8	3	4	9	2	5	6
4	8	1	6	7	3	5	9	2
3	6	2	8	9	5	4	7	1
5	7	9	1	2	4	6	8	3
6	9	4	2	1	7	8	3	5
8	3	7	9	5	6	1	2	4
1	2	5	4	3	8	9	6	7

#633

7	5	6	2	9	8	1	4	3
1	2	3	4	7	5	6	8	9
8	9	4	6	1	3	7	5	2
3	1	7	8	6	9	4	2	5
9	6	2	5	4	7	3	1	8
4	8	5	1	3	2	9	7	6
2	3	9	7	5	4	8	6	1
5	4	1	3	8	6	2	9	7
6	7	8	9	2	1	5	3	4

#634

7	1	2	5	3	4	6	8	9
4	5	3	6	8	9	2	7	1
6	8	9	2	1	7	3	4	5
1	3	4	7	2	6	5	9	8
5	2	6	9	4	8	7	1	3
8	9	7	1	5	3	4	2	6
2	4	5	3	9	1	8	6	7
3	6	1	8	7	2	9	5	4
9	7	8	4	6	5	1	3	2

#635

5	6	4	3	1	8	2	9	7
8	2	3	5	9	7	6	1	4
7	9	1	6	4	2	8	5	3
4	5	6	2	3	9	7	8	1
1	3	2	7	8	5	4	6	9
9	8	7	4	6	1	5	3	2
3	7	9	8	5	4	1	2	6
6	4	8	1	2	3	9	7	5
2	1	5	9	7	6	3	4	8

#636

8	4	2	5	6	9	1	7	3
3	1	6	8	4	7	2	5	9
7	9	5	2	3	1	8	6	4
5	2	3	6	7	4	9	8	1
1	8	4	9	5	2	6	3	7
9	6	7	3	1	8	5	4	2
6	7	1	4	2	5	3	9	8
4	5	8	1	9	3	7	2	6
2	3	9	7	8	6	4	1	5

#637

9	4	1	2	5	7	6	8	3
3	2	5	4	6	8	9	1	7
6	7	8	1	3	9	5	4	2
7	1	9	3	8	5	4	2	6
5	6	4	7	9	2	8	3	1
2	8	3	6	4	1	7	5	9
4	5	6	9	1	3	2	7	8
1	9	2	8	7	4	3	6	5
8	3	7	5	2	6	1	9	4

#638

8	7	2	5	3	4	6	9	1
6	5	3	8	9	1	2	4	7
4	9	1	2	6	7	3	5	8
5	1	4	6	2	8	9	7	3
7	6	9	1	4	3	5	8	2
2	3	8	9	7	5	1	6	4
3	2	7	4	5	6	8	1	9
9	8	5	7	1	2	4	3	6
1	4	6	3	8	9	7	2	5

#639

7	1	4	6	2	5	3	8	9
5	6	3	1	8	9	2	4	7
2	8	9	3	4	7	5	1	6
1	4	5	8	3	6	9	7	2
8	3	6	7	9	2	1	5	4
9	2	7	5	1	4	6	3	8
3	7	1	2	6	8	4	9	5
4	5	2	9	7	3	8	6	1
6	9	8	4	5	1	7	2	3

#640

1	2	3	4	5	6	7	8	9
4	5	6	7	8	9	2	3	1
7	8	9	1	2	3	4	5	6
6	3	1	5	7	2	8	9	4
5	4	2	6	9	8	1	7	3
9	7	8	3	1	4	5	6	2
2	6	4	8	3	5	9	1	7
3	1	5	9	4	7	6	2	8
8	9	7	2	6	1	3	4	5

#641

4	6	7	5	2	8	1	3	9
8	2	1	3	7	9	4	5	6
3	5	9	4	6	1	7	2	8
5	7	2	8	1	3	6	9	4
6	8	4	9	5	2	3	7	1
9	1	3	6	4	7	2	8	5
7	4	5	2	8	6	9	1	3
2	3	6	1	9	5	8	4	7
1	9	8	7	3	4	5	6	2

#642

4	5	6	7	8	1	3	2	9
7	8	1	9	2	3	5	4	6
2	9	3	4	5	6	8	7	1
3	2	7	6	9	5	4	1	8
8	1	4	2	3	7	9	6	5
9	6	5	8	1	4	7	3	2
5	4	2	3	6	9	1	8	7
1	3	8	5	7	2	6	9	4
6	7	9	1	4	8	2	5	3

#643

7	4	8	6	2	3	5	1	9
6	5	2	1	7	9	3	4	8
1	3	9	8	5	4	6	7	2
3	7	4	5	8	6	2	9	1
8	1	6	9	4	2	7	5	3
2	9	5	3	1	7	8	6	4
5	2	1	4	6	8	9	3	7
9	6	7	2	3	1	4	8	5
4	8	3	7	9	5	1	2	6

#644

8	1	3	5	2	4	6	7	9
2	4	5	6	7	9	1	3	8
6	7	9	1	3	8	2	4	5
1	6	2	7	8	3	5	9	4
3	9	4	2	5	1	7	8	6
5	8	7	4	9	6	3	1	2
4	3	6	8	1	5	9	2	7
7	5	1	9	4	2	8	6	3
9	2	8	3	6	7	4	5	1

#645

6	5	7	4	8	1	2	3	9
3	4	8	2	9	6	5	7	1
1	2	9	3	7	5	6	4	8
5	9	3	8	4	2	1	6	7
7	6	4	1	5	9	8	2	3
8	1	2	6	3	7	9	5	4
9	7	1	5	6	4	3	8	2
2	3	5	7	1	8	4	9	6
4	8	6	9	2	3	7	1	5

#646

7	8	2	6	4	3	9	1	5
4	3	5	7	1	9	8	2	6
6	1	9	8	2	5	4	3	7
1	4	7	2	8	6	5	9	3
9	2	8	5	3	7	6	4	1
5	6	3	4	9	1	7	8	2
8	7	4	1	5	2	3	6	9
3	5	1	9	6	4	2	7	8
2	9	6	3	7	8	1	5	4

#647

8	2	3	5	9	7	4	1	6
6	4	5	3	1	8	2	7	9
7	1	9	4	2	6	3	5	8
2	8	6	7	3	4	1	9	5
5	3	1	8	6	9	7	2	4
9	7	4	2	5	1	6	8	3
4	9	8	6	7	2	5	3	1
1	5	2	9	4	3	8	6	7
3	6	7	1	8	5	9	4	2

#648

3	2	4	6	5	7	8	9	1
5	6	1	4	8	9	3	2	7
7	8	9	2	3	1	4	5	6
1	5	2	3	7	4	9	6	8
4	3	6	9	1	8	5	7	2
8	9	7	5	2	6	1	3	4
2	7	5	8	4	3	6	1	9
6	4	3	1	9	2	7	8	5
9	1	8	7	6	5	2	4	3

#649

8	1	3	2	6	4	9	5	7
9	5	4	1	3	7	2	6	8
2	6	7	9	8	5	1	3	4
3	9	8	5	7	6	4	1	2
1	2	5	4	9	3	8	7	6
7	4	6	8	1	2	3	9	5
5	7	1	3	2	8	6	4	9
4	8	9	6	5	1	7	2	3
6	3	2	7	4	9	5	8	1

#650

2	1	5	3	4	6	7	8	9
3	4	6	7	8	9	5	1	2
7	8	9	1	2	5	3	4	6
6	5	4	2	1	7	9	3	8
8	7	2	9	6	3	1	5	4
1	9	3	4	5	8	2	6	7
4	3	8	5	7	2	6	9	1
5	2	1	6	9	4	8	7	3
9	6	7	8	3	1	4	2	5

#651

4	5	2	3	1	8	7	6	9
6	1	3	4	7	9	2	5	8
7	8	9	5	2	6	4	1	3
9	4	8	6	5	1	3	7	2
3	7	1	2	9	4	5	8	6
5	2	6	7	8	3	9	4	1
1	6	4	9	3	7	8	2	5
8	9	5	1	4	2	6	3	7
2	3	7	8	6	5	1	9	4

#652

4	7	2	1	8	9	6	3	5
5	6	8	3	4	7	9	1	2
3	9	1	2	5	6	4	7	8
1	3	7	9	2	5	8	4	6
6	4	9	8	3	1	2	5	7
8	2	5	7	6	4	3	9	1
7	8	4	6	1	3	5	2	9
2	1	3	5	9	8	7	6	4
9	5	6	4	7	2	1	8	3

#653

7	4	6	3	1	2	8	5	9
8	3	1	5	9	7	4	2	6
5	2	9	4	6	8	7	3	1
4	8	7	6	2	5	1	9	3
1	6	3	9	8	4	2	7	5
2	9	5	1	7	3	6	8	4
3	5	2	8	4	1	9	6	7
6	1	8	7	3	9	5	4	2
9	7	4	2	5	6	3	1	8

#654

3	6	5	4	7	8	1	2	9
2	4	7	1	6	9	3	5	8
1	8	9	2	3	5	4	6	7
4	1	3	7	5	6	8	9	2
8	5	2	3	9	4	6	7	1
9	7	6	8	1	2	5	3	4
5	2	1	6	4	7	9	8	3
6	3	8	9	2	1	7	4	5
7	9	4	5	8	3	2	1	6

#655

4	6	3	5	7	8	1	2	9
5	7	2	6	1	9	3	4	8
8	1	9	2	3	4	5	6	7
6	4	1	7	5	3	8	9	2
3	8	5	4	9	2	6	7	1
2	9	7	8	6	1	4	3	5
1	2	8	3	4	7	9	5	6
7	3	6	9	8	5	2	1	4
9	5	4	1	2	6	7	8	3

#656

2	4	1	3	5	6	7	8	9
5	3	6	7	8	9	1	2	4
7	8	9	2	1	4	3	5	6
3	7	2	9	4	5	6	1	8
8	6	4	1	2	7	5	9	3
1	9	5	6	3	8	2	4	7
4	1	7	5	9	3	8	6	2
6	2	8	4	7	1	9	3	5
9	5	3	8	6	2	4	7	1

#657

6	5	4	2	3	1	7	8	9
7	3	8	5	9	4	6	2	1
9	1	2	6	8	7	4	5	3
8	4	5	7	6	9	1	3	2
2	6	3	1	4	8	5	9	7
1	7	9	3	5	2	8	4	6
5	9	7	4	2	6	3	1	8
3	2	1	8	7	5	9	6	4
4	8	6	9	1	3	2	7	5

#658

2	6	5	4	8	7	3	1	9
1	3	4	5	6	9	2	7	8
7	8	9	3	2	1	6	5	4
8	1	3	6	5	4	7	9	2
5	2	7	9	1	3	4	8	6
9	4	6	2	7	8	1	3	5
4	5	1	8	3	2	9	6	7
6	7	2	1	9	5	8	4	3
3	9	8	7	4	6	5	2	1

#659

3	5	4	6	7	1	2	9	8
6	7	2	4	9	8	1	5	3
1	8	9	3	2	5	4	6	7
4	1	3	8	6	9	5	7	2
2	9	7	1	5	3	6	8	4
5	6	8	2	4	7	9	3	1
9	2	5	7	8	4	3	1	6
7	3	6	9	1	2	8	4	5
8	4	1	5	3	6	7	2	9

#660

4	7	5	3	2	6	8	9	1
6	2	3	8	1	9	4	5	7
8	9	1	4	5	7	2	3	6
3	4	2	1	6	5	9	7	8
7	5	9	2	8	3	6	1	4
1	6	8	7	9	4	3	2	5
2	3	6	5	4	1	7	8	9
5	8	4	9	7	2	1	6	3
9	1	7	6	3	8	5	4	2

#661

3	8	4	9	7	1	5	6	2
6	5	2	3	4	8	1	7	9
7	1	9	6	5	2	8	3	4
1	2	3	4	6	9	7	8	5
4	7	6	1	8	5	2	9	3
8	9	5	2	3	7	4	1	6
2	3	8	5	1	6	9	4	7
9	4	1	7	2	3	6	5	8
5	6	7	8	9	4	3	2	1

#662

3	4	5	6	7	1	2	8	9
6	1	2	5	8	9	4	3	7
7	8	9	3	2	4	1	5	6
2	3	6	8	1	5	9	7	4
4	5	1	7	9	6	8	2	3
9	7	8	2	4	3	5	6	1
5	2	4	1	3	7	6	9	8
8	9	3	4	6	2	7	1	5
1	6	7	9	5	8	3	4	2

#663

4	1	3	5	2	6	7	8	9
6	2	5	7	8	9	3	1	4
7	8	9	3	1	4	5	2	6
2	5	4	6	3	1	8	9	7
3	6	7	8	9	5	2	4	1
8	9	1	2	4	7	6	3	5
5	4	2	1	6	3	9	7	8
1	3	6	9	7	8	4	5	2
9	7	8	4	5	2	1	6	3

#664

6	7	2	1	3	8	4	5	9
4	1	3	9	7	5	6	2	8
5	8	9	6	2	4	7	1	3
1	5	4	2	8	9	3	6	7
2	3	7	5	4	6	9	8	1
9	6	8	7	1	3	2	4	5
7	9	6	4	5	1	8	3	2
8	2	1	3	6	7	5	9	4
3	4	5	8	9	2	1	7	6

#665

1	4	2	5	6	3	7	8	9
3	5	6	7	8	9	4	1	2
7	8	9	1	2	4	3	5	6
6	2	5	3	1	7	9	4	8
4	9	1	8	5	6	2	3	7
8	3	7	9	4	2	5	6	1
2	6	3	4	7	8	1	9	5
5	7	4	6	9	1	8	2	3
9	1	8	2	3	5	6	7	4

#666

2	8	6	5	3	4	7	1	9
3	1	4	7	8	9	2	5	6
5	7	9	2	1	6	3	4	8
6	4	1	3	5	2	8	9	7
7	5	2	8	9	1	6	3	4
8	9	3	4	6	7	1	2	5
1	2	7	6	4	5	9	8	3
4	6	8	9	2	3	5	7	1
9	3	5	1	7	8	4	6	2

#667

7	6	8	4	3	1	2	5	9
5	1	2	6	7	9	3	4	8
3	4	9	5	2	8	1	6	7
1	7	5	8	4	3	6	9	2
2	8	3	9	6	7	5	1	4
6	9	4	1	5	2	7	8	3
4	2	1	3	8	5	9	7	6
8	5	7	2	9	6	4	3	1
9	3	6	7	1	4	8	2	5

#668

3	2	4	1	8	5	9	6	7
5	6	7	2	4	9	1	8	3
8	9	1	7	6	3	4	5	2
6	3	2	4	5	7	8	1	9
9	7	5	3	1	8	2	4	6
1	4	8	6	9	2	3	7	5
2	8	3	5	7	1	6	9	4
4	5	9	8	3	6	7	2	1
7	1	6	9	2	4	5	3	8

#669

7	5	6	3	4	1	8	2	9
3	2	4	8	9	5	7	6	1
1	8	9	7	6	2	5	4	3
5	7	3	6	8	9	2	1	4
4	9	2	1	5	7	6	3	8
6	1	8	2	3	4	9	5	7
8	4	1	5	7	6	3	9	2
9	3	5	4	2	8	1	7	6
2	6	7	9	1	3	4	8	5

#670

6	4	5	3	7	2	8	1	9
3	1	2	6	8	9	4	5	7
7	8	9	1	4	5	2	3	6
4	6	1	8	5	3	7	9	2
8	2	3	7	9	6	1	4	5
9	5	7	2	1	4	3	6	8
5	3	6	4	2	7	9	8	1
2	9	8	5	3	1	6	7	4
1	7	4	9	6	8	5	2	3

#671

3	8	2	4	1	5	6	7	9
1	4	5	6	7	9	2	3	8
6	7	9	2	3	8	1	4	5
4	5	3	1	8	2	7	9	6
7	9	6	5	4	3	8	1	2
2	1	8	7	9	6	3	5	4
5	3	4	8	2	7	9	6	1
8	6	7	9	5	1	4	2	3
9	2	1	3	6	4	5	8	7

#672

8	7	2	4	3	5	6	9	1
3	1	4	6	8	9	2	5	7
5	6	9	7	1	2	3	4	8
6	8	1	5	7	3	9	2	4
7	4	3	2	9	6	1	8	5
9	2	5	1	4	8	7	6	3
1	3	6	8	2	4	5	7	9
2	9	8	3	5	7	4	1	6
4	5	7	9	6	1	8	3	2

#673

6	5	7	3	4	8	2	1	9
2	3	4	7	1	9	5	6	8
8	9	1	2	5	6	3	4	7
5	1	6	4	7	3	8	9	2
7	2	8	9	6	1	4	5	3
3	4	9	5	8	2	6	7	1
4	7	2	8	9	5	1	3	6
1	8	5	6	3	7	9	2	4
9	6	3	1	2	4	7	8	5

#674

4	3	2	5	6	7	1	8	9
1	5	6	4	8	9	3	2	7
7	8	9	2	1	3	4	5	6
2	1	5	8	7	4	9	6	3
8	6	7	3	9	5	2	4	1
9	4	3	1	2	6	5	7	8
3	2	1	6	4	8	7	9	5
5	7	8	9	3	2	6	1	4
6	9	4	7	5	1	8	3	2

#675

5	3	1	7	8	9	2	6	4
2	4	6	5	3	1	8	7	9
7	8	9	6	2	4	5	3	1
8	2	4	1	7	3	9	5	6
9	7	5	2	4	6	3	1	8
6	1	3	9	5	8	4	2	7
3	5	8	4	1	7	6	9	2
4	6	7	3	9	2	1	8	5
1	9	2	8	6	5	7	4	3

#676

8	3	1	4	5	2	9	6	7
2	4	5	6	9	7	8	3	1
6	7	9	8	3	1	4	5	2
3	2	6	9	7	4	1	8	5
1	8	7	3	2	5	6	9	4
9	5	4	1	8	6	2	7	3
5	9	8	2	4	3	7	1	6
7	1	2	5	6	8	3	4	9
4	6	3	7	1	9	5	2	8

#677

2	5	6	4	8	9	1	3	7
4	3	7	1	2	5	6	8	9
1	8	9	3	7	6	2	5	4
5	1	4	2	6	8	7	9	3
9	2	3	5	1	7	4	6	8
6	7	8	9	4	3	5	1	2
3	4	2	8	5	1	9	7	6
8	6	1	7	9	2	3	4	5
7	9	5	6	3	4	8	2	1

#678

4	3	5	6	7	1	2	8	9
6	7	8	5	2	9	1	3	4
2	9	1	3	4	8	5	6	7
7	1	6	2	9	3	4	5	8
3	5	2	1	8	4	7	9	6
8	4	9	7	5	6	3	2	1
1	6	4	8	3	2	9	7	5
5	8	3	9	1	7	6	4	2
9	2	7	4	6	5	8	1	3

#679

1	5	4	6	7	2	3	8	9
8	6	3	4	9	1	2	5	7
7	2	9	8	3	5	4	6	1
2	1	6	9	4	8	7	3	5
3	9	5	1	6	7	8	2	4
4	7	8	5	2	3	9	1	6
5	8	7	2	1	4	6	9	3
6	4	2	3	5	9	1	7	8
9	3	1	7	8	6	5	4	2

#680

3	8	6	4	5	2	7	1	9
5	4	7	1	8	9	3	2	6
2	9	1	3	6	7	4	5	8
1	2	5	7	3	6	8	9	4
7	3	4	5	9	8	1	6	2
9	6	8	2	1	4	5	3	7
4	7	3	6	2	5	9	8	1
6	5	9	8	4	1	2	7	3
8	1	2	9	7	3	6	4	5

#681

5	3	4	7	8	9	2	6	1
2	6	7	4	3	1	5	8	9
8	1	9	2	5	6	3	4	7
3	2	6	1	4	8	7	9	5
9	5	8	6	2	7	1	3	4
4	7	1	5	9	3	8	2	6
6	4	3	8	1	5	9	7	2
7	8	5	9	6	2	4	1	3
1	9	2	3	7	4	6	5	8

#682

5	4	1	6	2	3	7	8	9
2	3	6	7	8	9	4	1	5
7	8	9	4	1	5	2	3	6
3	6	2	5	4	1	9	7	8
4	7	5	8	9	6	1	2	3
1	9	8	2	3	7	5	6	4
6	1	4	3	5	2	8	9	7
8	2	3	9	7	4	6	5	1
9	5	7	1	6	8	3	4	2

#683

2	3	5	4	6	1	7	8	9
4	6	7	5	8	9	1	3	2
1	8	9	7	3	2	5	4	6
7	4	2	3	5	6	9	1	8
5	9	3	2	1	8	6	7	4
8	1	6	9	7	4	2	5	3
3	2	1	8	9	5	4	6	7
6	7	4	1	2	3	8	9	5
9	5	8	6	4	7	3	2	1

#684

7	4	5	6	8	2	1	3	9
6	8	3	7	1	9	4	5	2
2	1	9	3	4	5	6	7	8
4	7	1	5	2	6	8	9	3
8	5	6	9	3	1	2	4	7
3	9	2	4	7	8	5	1	6
5	2	7	1	6	3	9	8	4
9	3	8	2	5	4	7	6	1
1	6	4	8	9	7	3	2	5

#685

5	1	4	7	9	6	3	2	8
6	2	7	1	8	3	5	9	4
3	8	9	5	4	2	1	6	7
1	5	2	4	6	7	8	3	9
7	4	6	9	3	8	2	1	5
9	3	8	2	5	1	4	7	6
4	6	5	3	1	9	7	8	2
2	9	3	8	7	5	6	4	1
8	7	1	6	2	4	9	5	3

#686

6	8	7	4	3	1	2	5	9
2	5	3	6	7	9	4	8	1
4	9	1	5	2	8	3	6	7
3	4	2	8	1	5	9	7	6
7	1	8	9	6	2	5	3	4
5	6	9	3	4	7	8	1	2
8	2	4	7	5	6	1	9	3
1	7	5	2	9	3	6	4	8
9	3	6	1	8	4	7	2	5

#687

4	5	6	7	2	3	8	1	9
7	2	1	6	8	9	3	4	5
3	8	9	4	5	1	6	2	7
5	7	2	3	9	4	1	8	6
8	6	3	1	7	5	4	9	2
1	9	4	2	6	8	5	7	3
2	1	5	9	4	6	7	3	8
6	3	7	8	1	2	9	5	4
9	4	8	5	3	7	2	6	1

#688

7	5	2	3	4	6	1	8	9
4	3	1	7	8	9	5	2	6
6	8	9	2	5	1	3	4	7
3	6	4	1	7	2	8	9	5
8	2	5	4	9	3	6	7	1
1	9	7	5	6	8	2	3	4
5	7	3	6	2	4	9	1	8
2	4	8	9	1	5	7	6	3
9	1	6	8	3	7	4	5	2

#689

1	4	5	6	2	7	9	8	3
6	2	3	9	8	1	7	4	5
7	8	9	5	4	3	1	2	6
8	1	6	4	5	9	2	3	7
9	5	7	3	1	2	8	6	4
4	3	2	7	6	8	5	9	1
5	6	8	1	9	4	3	7	2
3	9	1	2	7	6	4	5	8
2	7	4	8	3	5	6	1	9

#690

8	2	6	4	3	9	7	5	1
5	3	4	2	1	7	8	9	6
7	1	9	8	6	5	2	3	4
4	7	3	1	9	8	5	6	2
2	6	8	5	7	3	1	4	9
9	5	1	6	4	2	3	7	8
6	8	7	9	5	1	4	2	3
3	4	2	7	8	6	9	1	5
1	9	5	3	2	4	6	8	7

#691

5	6	1	8	3	4	7	2	9
4	2	7	6	1	9	8	3	5
3	8	9	5	7	2	4	6	1
6	4	2	1	9	8	3	5	7
7	5	3	2	4	6	1	9	8
9	1	8	7	5	3	2	4	6
1	7	4	3	6	5	9	8	2
2	3	5	9	8	1	6	7	4
8	9	6	4	2	7	5	1	3

#692

8	9	7	3	5	4	2	1	6
2	5	3	6	1	9	4	7	8
4	6	1	2	7	8	3	5	9
3	4	5	8	2	7	9	6	1
7	8	9	4	6	1	5	3	2
6	1	2	5	9	3	7	8	4
1	2	6	7	4	5	8	9	3
5	3	4	9	8	6	1	2	7
9	7	8	1	3	2	6	4	5

#693

1	5	2	3	6	4	7	8	9
4	6	3	7	8	9	5	1	2
7	8	9	5	1	2	3	4	6
6	7	4	8	2	3	1	9	5
8	2	1	6	9	5	4	3	7
9	3	5	1	4	7	2	6	8
2	1	6	4	5	8	9	7	3
3	9	8	2	7	1	6	5	4
5	4	7	9	3	6	8	2	1

#694

3	4	5	6	9	8	2	7	1
2	6	7	3	1	5	4	9	8
1	8	9	2	4	7	5	6	3
4	1	2	7	8	3	9	5	6
6	5	3	4	2	9	1	8	7
9	7	8	5	6	1	3	4	2
5	9	6	8	3	2	7	1	4
7	2	4	1	5	6	8	3	9
8	3	1	9	7	4	6	2	5

#695

6	4	7	8	1	5	2	3	9
2	5	1	7	3	9	6	4	8
3	8	9	2	6	4	1	5	7
1	2	5	3	9	7	8	6	4
9	6	3	4	5	8	7	2	1
4	7	8	1	2	6	3	9	5
8	3	2	5	4	1	9	7	6
5	1	6	9	7	2	4	8	3
7	9	4	6	8	3	5	1	2

#696

1	8	2	6	3	4	5	7	9
3	5	4	7	1	9	2	6	8
6	7	9	5	2	8	3	4	1
7	4	3	1	6	5	9	8	2
5	9	1	4	8	2	6	3	7
8	2	6	9	7	3	4	1	5
2	1	7	3	5	6	8	9	4
4	3	5	8	9	1	7	2	6
9	6	8	2	4	7	1	5	3

#697

4	6	3	5	2	1	7	8	9
7	5	8	3	4	9	2	1	6
2	1	9	6	7	8	3	4	5
5	9	6	7	1	2	4	3	8
3	4	2	8	6	5	1	9	7
1	8	7	4	9	3	5	6	2
6	2	1	9	5	4	8	7	3
8	7	4	2	3	6	9	5	1
9	3	5	1	8	7	6	2	4

#698

7	2	8	6	1	3	4	5	9
1	3	4	5	8	9	2	6	7
5	6	9	4	2	7	3	8	1
6	8	5	1	4	2	9	7	3
9	7	2	8	3	5	1	4	6
3	4	1	9	7	6	5	2	8
4	1	3	7	5	8	6	9	2
2	9	7	3	6	4	8	1	5
8	5	6	2	9	1	7	3	4

#699

5	2	1	4	7	8	3	9	6
6	3	4	9	5	2	8	1	7
7	8	9	6	3	1	4	2	5
2	7	5	8	1	3	6	4	9
8	9	6	5	2	4	1	7	3
1	4	3	7	6	9	2	5	8
3	5	2	1	9	6	7	8	4
4	6	7	2	8	5	9	3	1
9	1	8	3	4	7	5	6	2

#700

1	2	4	6	7	5	3	9	8
3	5	6	4	9	8	2	7	1
7	8	9	3	2	1	4	5	6
5	3	2	9	6	7	1	8	4
6	1	7	8	3	4	9	2	5
9	4	8	1	5	2	6	3	7
4	7	5	2	1	3	8	6	9
8	6	3	5	4	9	7	1	2
2	9	1	7	8	6	5	4	3

#701

8	2	3	4	7	1	9	5	6
4	7	5	3	6	9	2	8	1
6	9	1	5	2	8	7	4	3
9	3	6	8	4	2	5	1	7
1	8	2	7	3	5	4	6	9
7	5	4	9	1	6	3	2	8
3	6	7	1	5	4	8	9	2
2	4	8	6	9	3	1	7	5
5	1	9	2	8	7	6	3	4

#702

6	8	2	1	3	4	5	7	9
4	3	9	8	7	5	6	2	1
7	5	1	6	2	9	8	4	3
3	1	8	4	5	2	9	6	7
2	7	6	9	8	1	3	5	4
5	9	4	3	6	7	1	8	2
8	2	7	5	1	3	4	9	6
1	4	5	7	9	6	2	3	8
9	6	3	2	4	8	7	1	5

#703

3	8	6	2	5	4	7	9	1
1	2	4	7	8	9	3	5	6
5	7	9	3	6	1	4	2	8
4	3	7	8	2	6	9	1	5
9	6	5	1	7	3	8	4	2
2	1	8	4	9	5	6	3	7
6	4	2	5	3	7	1	8	9
7	5	3	9	1	8	2	6	4
8	9	1	6	4	2	5	7	3

#704

2	1	4	3	5	6	7	8	9
3	5	6	7	8	9	2	1	4
7	8	9	1	2	4	3	5	6
4	2	7	5	1	3	9	6	8
8	3	1	6	9	7	4	2	5
9	6	5	2	4	8	1	3	7
5	7	3	4	6	2	8	9	1
1	4	8	9	3	5	6	7	2
6	9	2	8	7	1	5	4	3

#705

5	2	6	9	3	1	4	7	8
4	7	3	8	5	6	9	1	2
8	1	9	4	2	7	5	6	3
6	3	2	7	8	9	1	4	5
7	8	1	6	4	5	2	3	9
9	4	5	3	1	2	7	8	6
3	5	7	2	6	4	8	9	1
1	6	4	5	9	8	3	2	7
2	9	8	1	7	3	6	5	4

#706

5	3	1	4	8	7	9	6	2
6	4	2	5	3	9	7	1	8
7	8	9	1	6	2	3	4	5
3	5	7	9	1	8	4	2	6
1	2	6	3	4	5	8	7	9
4	9	8	2	7	6	5	3	1
2	6	5	7	9	4	1	8	3
8	1	4	6	5	3	2	9	7
9	7	3	8	2	1	6	5	4

#707

8	5	3	2	6	9	1	4	7
2	4	9	8	1	7	5	6	3
6	7	1	5	3	4	2	9	8
9	8	6	1	4	5	7	3	2
3	2	7	6	9	8	4	5	1
5	1	4	7	2	3	9	8	6
4	6	8	9	7	2	3	1	5
7	9	5	3	8	1	6	2	4
1	3	2	4	5	6	8	7	9

#708

6	3	7	4	9	8	2	1	5
2	4	5	6	3	1	9	8	7
1	8	9	5	2	7	3	6	4
4	1	6	7	5	9	8	3	2
5	2	8	3	1	6	4	7	9
9	7	3	8	4	2	1	5	6
3	9	2	1	6	5	7	4	8
7	6	4	2	8	3	5	9	1
8	5	1	9	7	4	6	2	3

#709

4	6	1	2	3	5	7	8	9
3	2	5	7	8	9	1	4	6
7	8	9	4	6	1	2	3	5
2	5	4	6	1	7	8	9	3
9	7	8	5	2	3	4	6	1
1	3	6	8	9	4	5	2	7
5	9	2	1	4	6	3	7	8
6	4	7	3	5	8	9	1	2
8	1	3	9	7	2	6	5	4

#710

7	3	1	6	8	5	4	9	2
9	4	2	3	7	1	6	5	8
5	6	8	4	2	9	7	3	1
2	9	3	1	6	4	8	7	5
4	7	5	8	9	3	1	2	6
8	1	6	2	5	7	3	4	9
3	5	7	9	1	6	2	8	4
6	2	9	7	4	8	5	1	3
1	8	4	5	3	2	9	6	7

#711

6	7	8	2	3	5	4	9	1
9	2	3	7	1	4	8	5	6
1	5	4	6	8	9	7	2	3
4	6	7	3	9	2	1	8	5
8	1	9	4	5	6	3	7	2
2	3	5	1	7	8	6	4	9
7	8	2	9	6	1	5	3	4
3	9	6	5	4	7	2	1	8
5	4	1	8	2	3	9	6	7

#712

1	7	8	5	9	3	6	2	4
6	2	4	1	7	8	3	5	9
3	5	9	2	6	4	8	1	7
8	4	6	9	3	1	2	7	5
5	1	2	7	8	6	4	9	3
7	9	3	4	2	5	1	8	6
4	3	1	8	5	7	9	6	2
2	8	7	6	4	9	5	3	1
9	6	5	3	1	2	7	4	8

#713

1	7	2	9	6	8	3	4	5
3	4	5	1	2	7	9	8	6
6	8	9	3	4	5	7	1	2
7	1	4	6	8	2	5	3	9
8	9	3	5	7	1	2	6	4
5	2	6	4	3	9	1	7	8
2	5	8	7	1	4	6	9	3
9	3	7	8	5	6	4	2	1
4	6	1	2	9	3	8	5	7

#714

4	2	3	7	9	8	5	1	6
1	5	6	4	2	3	7	8	9
7	8	9	5	6	1	4	2	3
2	7	4	8	5	6	3	9	1
3	9	5	2	1	7	6	4	8
6	1	8	3	4	9	2	7	5
5	3	7	1	8	4	9	6	2
9	4	1	6	3	2	8	5	7
8	6	2	9	7	5	1	3	4

#715

8	4	5	1	2	3	6	7	9
6	7	3	9	5	8	1	2	4
1	2	9	4	6	7	8	5	3
5	9	4	8	3	2	7	1	6
3	6	2	7	4	1	9	8	5
7	1	8	6	9	5	4	3	2
2	8	6	5	1	4	3	9	7
9	3	7	2	8	6	5	4	1
4	5	1	3	7	9	2	6	8

#716

8	4	1	3	2	5	6	7	9
2	3	5	6	7	9	4	8	1
6	7	9	4	1	8	2	3	5
4	8	6	1	3	7	9	5	2
9	5	2	8	6	4	3	1	7
3	1	7	5	9	2	8	4	6
5	2	3	7	4	6	1	9	8
7	6	4	9	8	1	5	2	3
1	9	8	2	5	3	7	6	4

#717

8	9	1	2	3	4	5	6	7
4	3	2	5	6	7	8	1	9
5	6	7	8	1	9	2	3	4
6	5	3	4	8	1	7	9	2
9	7	4	3	2	6	1	5	8
1	2	8	7	9	5	3	4	6
3	8	5	9	4	2	6	7	1
2	4	6	1	7	3	9	8	5
7	1	9	6	5	8	4	2	3

#718

4	5	6	3	9	1	7	2	8
7	2	8	4	5	6	9	3	1
9	1	3	7	2	8	4	5	6
8	3	7	5	4	2	6	1	9
1	9	2	6	3	7	8	4	5
6	4	5	8	1	9	2	7	3
5	6	4	9	7	3	1	8	2
3	8	1	2	6	4	5	9	7
2	7	9	1	8	5	3	6	4

#719

6	4	5	1	7	3	2	8	9
7	1	2	6	8	9	3	4	5
3	8	9	2	4	5	6	7	1
4	2	6	9	5	1	7	3	8
9	3	8	7	2	6	5	1	4
1	5	7	4	3	8	9	2	6
2	6	3	5	1	4	8	9	7
5	7	4	8	9	2	1	6	3
8	9	1	3	6	7	4	5	2

#720

2	3	1	8	9	6	4	5	7
4	5	6	3	1	7	2	8	9
7	8	9	5	2	4	3	1	6
3	4	7	6	5	1	9	2	8
9	2	5	7	4	8	1	6	3
1	6	8	2	3	9	7	4	5
5	7	2	4	8	3	6	9	1
6	1	4	9	7	5	8	3	2
8	9	3	1	6	2	5	7	4

#721

7	6	9	1	4	3	8	2	5
8	4	1	5	2	6	9	3	7
2	3	5	8	7	9	6	4	1
3	9	7	6	1	4	5	8	2
6	2	8	3	9	5	7	1	4
1	5	4	7	8	2	3	9	6
4	7	3	9	6	1	2	5	8
9	8	2	4	5	7	1	6	3
5	1	6	2	3	8	4	7	9

#722

5	1	3	4	6	2	7	8	9
6	2	4	7	8	9	3	5	1
7	8	9	3	1	5	2	4	6
8	4	5	6	7	3	1	9	2
2	9	6	8	5	1	4	3	7
1	3	7	2	9	4	5	6	8
3	5	8	1	2	6	9	7	4
4	6	1	9	3	7	8	2	5
9	7	2	5	4	8	6	1	3

#723

4	5	7	2	6	8	3	1	9
2	1	3	4	5	9	6	7	8
6	8	9	3	7	1	2	4	5
3	4	5	7	1	6	9	8	2
8	9	6	5	4	2	1	3	7
1	7	2	8	9	3	4	5	6
5	3	8	6	2	4	7	9	1
7	2	1	9	3	5	8	6	4
9	6	4	1	8	7	5	2	3

#724

5	7	6	3	2	9	4	8	1
8	3	9	6	1	4	5	2	7
4	1	2	5	8	7	6	3	9
9	8	7	1	6	3	2	4	5
6	5	1	7	4	2	8	9	3
2	4	3	9	5	8	7	1	6
3	6	8	4	9	5	1	7	2
1	9	4	2	7	6	3	5	8
7	2	5	8	3	1	9	6	4

#725

8	6	3	1	4	7	5	2	9
5	1	2	6	3	9	8	4	7
4	7	9	5	2	8	6	3	1
7	9	1	3	5	4	2	8	6
2	5	4	7	8	6	1	9	3
3	8	6	2	9	1	7	5	4
6	3	8	4	7	5	9	1	2
1	2	5	9	6	3	4	7	8
9	4	7	8	1	2	3	6	5

#726

8	9	7	2	4	5	6	3	1
6	3	4	9	7	1	8	5	2
2	5	1	3	6	8	4	7	9
7	8	9	4	5	3	2	1	6
5	6	2	1	8	7	3	9	4
1	4	3	6	9	2	7	8	5
9	2	8	5	3	6	1	4	7
4	7	6	8	1	9	5	2	3
3	1	5	7	2	4	9	6	8

#727

3	7	4	1	2	5	6	8	9
5	1	2	6	8	9	3	4	7
6	8	9	3	4	7	1	2	5
7	3	5	4	6	1	2	9	8
2	9	6	8	7	3	4	5	1
1	4	8	5	9	2	7	3	6
4	2	1	9	5	6	8	7	3
8	5	3	7	1	4	9	6	2
9	6	7	2	3	8	5	1	4

#728

5	6	3	7	2	4	1	8	9
7	4	1	6	8	9	3	5	2
2	8	9	3	5	1	4	6	7
6	3	2	9	1	5	7	4	8
8	7	4	2	3	6	5	9	1
9	1	5	4	7	8	2	3	6
3	5	7	8	6	2	9	1	4
1	9	6	5	4	7	8	2	3
4	2	8	1	9	3	6	7	5

#729

7	3	6	2	1	8	4	5	9
1	4	2	7	5	9	3	6	8
5	8	9	3	6	4	7	2	1
3	7	5	1	4	2	8	9	6
6	9	1	8	3	7	2	4	5
8	2	4	6	9	5	1	3	7
9	1	3	4	7	6	5	8	2
4	6	8	5	2	1	9	7	3
2	5	7	9	8	3	6	1	4

#730

9	1	2	5	3	4	6	7	8
3	4	5	6	7	8	9	1	2
6	7	8	2	9	1	3	4	5
7	8	1	4	5	3	2	9	6
2	6	3	9	8	7	4	5	1
4	5	9	1	2	6	7	8	3
1	9	6	8	4	2	5	3	7
5	2	7	3	1	9	8	6	4
8	3	4	7	6	5	1	2	9

#731

5	7	3	1	8	9	4	6	2
6	1	2	5	7	4	9	3	8
4	8	9	3	2	6	7	1	5
1	3	7	9	4	8	5	2	6
2	9	4	6	5	1	8	7	3
8	6	5	2	3	7	1	9	4
7	2	6	4	1	5	3	8	9
9	5	8	7	6	3	2	4	1
3	4	1	8	9	2	6	5	7

#732

7	8	1	6	4	3	2	5	9
6	5	4	2	1	9	7	3	8
2	3	9	5	7	8	1	4	6
3	1	2	7	5	6	8	9	4
8	4	6	9	3	2	5	1	7
5	9	7	4	8	1	3	6	2
1	2	8	3	9	4	6	7	5
4	6	5	1	2	7	9	8	3
9	7	3	8	6	5	4	2	1

#733

4	8	5	6	7	2	3	1	9
3	6	1	4	5	9	2	7	8
7	2	9	3	1	8	4	5	6
6	7	2	8	4	5	9	3	1
1	5	3	9	2	6	7	8	4
8	9	4	7	3	1	5	6	2
2	1	6	5	9	3	8	4	7
5	4	8	2	6	7	1	9	3
9	3	7	1	8	4	6	2	5

#734

6	1	3	4	5	2	7	8	9
2	4	5	7	8	9	3	6	1
7	8	9	1	3	6	2	4	5
4	2	6	8	1	3	5	9	7
8	3	1	9	7	5	4	2	6
5	9	7	2	6	4	8	1	3
3	6	4	5	2	1	9	7	8
1	7	2	3	9	8	6	5	4
9	5	8	6	4	7	1	3	2

#735

8	6	5	1	9	7	4	2	3
3	2	1	8	6	4	5	9	7
4	7	9	5	3	2	8	6	1
2	4	6	7	1	3	9	8	5
9	8	3	2	4	5	1	7	6
5	1	7	6	8	9	3	4	2
6	5	8	4	2	1	7	3	9
7	3	2	9	5	8	6	1	4
1	9	4	3	7	6	2	5	8

#736

6	1	5	2	3	4	7	8	9
7	8	3	5	6	9	2	1	4
2	4	9	7	1	8	3	5	6
8	6	4	1	7	3	5	9	2
9	5	7	6	4	2	8	3	1
1	3	2	8	9	5	4	6	7
3	7	1	4	5	6	9	2	8
4	9	8	3	2	1	6	7	5
5	2	6	9	8	7	1	4	3

#737

2	5	3	4	6	7	1	8	9
4	6	7	8	1	9	2	3	5
8	9	1	3	2	5	4	6	7
5	7	4	1	3	2	6	9	8
6	2	8	5	9	4	3	7	1
3	1	9	7	8	6	5	2	4
7	3	5	2	4	8	9	1	6
1	4	6	9	7	3	8	5	2
9	8	2	6	5	1	7	4	3

#738

7	8	5	2	9	6	3	4	1
2	1	3	7	5	4	9	6	8
4	6	9	8	1	3	7	5	2
8	5	6	1	2	9	4	7	3
3	2	1	4	6	7	5	8	9
9	4	7	3	8	5	2	1	6
1	7	8	5	3	2	6	9	4
6	3	4	9	7	8	1	2	5
5	9	2	6	4	1	8	3	7

#739

5	1	7	2	3	4	6	8	9
3	4	2	6	8	9	5	7	1
6	8	9	1	5	7	3	2	4
7	5	4	3	2	8	1	9	6
9	2	6	4	1	5	7	3	8
8	3	1	7	9	6	2	4	5
1	6	3	8	4	2	9	5	7
2	9	8	5	7	1	4	6	3
4	7	5	9	6	3	8	1	2

#740

6	2	5	1	3	4	7	8	9
1	4	3	7	8	9	6	2	5
7	8	9	6	2	5	3	1	4
2	5	1	9	7	6	8	4	3
8	9	7	3	4	2	5	6	1
4	3	6	5	1	8	2	9	7
9	6	4	2	5	3	1	7	8
5	1	8	4	6	7	9	3	2
3	7	2	8	9	1	4	5	6

#741

3	5	4	1	6	7	8	2	9
6	1	2	5	8	9	3	4	7
7	8	9	3	2	4	5	1	6
1	6	5	8	4	3	7	9	2
8	2	3	7	9	1	4	6	5
9	4	7	2	5	6	1	3	8
4	3	8	6	7	2	9	5	1
2	7	1	9	3	5	6	8	4
5	9	6	4	1	8	2	7	3

#742

8	9	6	7	5	3	4	2	1
2	1	3	4	6	8	5	7	9
4	5	7	2	9	1	3	6	8
5	6	4	1	7	2	8	9	3
7	2	1	8	3	9	6	4	5
3	8	9	5	4	6	2	1	7
6	4	5	3	1	7	9	8	2
9	7	2	6	8	5	1	3	4
1	3	8	9	2	4	7	5	6

#743

7	4	5	6	2	3	8	9	1
6	3	2	8	9	1	4	5	7
8	9	1	4	5	7	3	2	6
4	5	6	2	3	8	7	1	9
1	2	9	7	4	6	5	3	8
3	7	8	5	1	9	2	6	4
5	1	4	9	7	2	6	8	3
2	6	3	1	8	4	9	7	5
9	8	7	3	6	5	1	4	2

#744

3	1	8	4	6	7	2	5	9
4	2	5	1	3	9	8	6	7
6	7	9	5	2	8	1	3	4
1	5	2	7	4	6	9	8	3
9	3	6	2	8	1	4	7	5
8	4	7	9	5	3	6	2	1
2	9	3	8	1	5	7	4	6
5	8	1	6	7	4	3	9	2
7	6	4	3	9	2	5	1	8

#745

3	1	4	5	7	2	6	9	8
6	2	5	4	9	8	1	7	3
7	8	9	6	3	1	4	2	5
5	4	2	1	8	7	3	6	9
1	7	3	2	6	9	8	5	4
9	6	8	3	5	4	2	1	7
2	3	7	9	4	6	5	8	1
8	5	6	7	1	3	9	4	2
4	9	1	8	2	5	7	3	6

#746

5	7	6	2	3	9	1	4	8
8	1	2	7	6	4	3	5	9
4	3	9	5	1	8	7	6	2
7	4	3	6	8	1	2	9	5
2	5	1	9	4	7	8	3	6
9	6	8	3	5	2	4	7	1
1	8	5	4	7	6	9	2	3
3	2	4	1	9	5	6	8	7
6	9	7	8	2	3	5	1	4

#747

3	4	1	5	2	6	7	8	9
2	5	6	7	8	9	3	4	1
7	8	9	3	4	1	2	5	6
4	6	5	8	7	2	1	9	3
8	7	2	9	1	3	4	6	5
9	1	3	4	6	5	8	2	7
5	2	7	6	3	8	9	1	4
6	3	8	1	9	4	5	7	2
1	9	4	2	5	7	6	3	8

#748

4	5	6	2	1	9	3	7	8
7	3	8	6	4	5	2	9	1
9	1	2	7	8	3	4	5	6
3	4	1	5	9	2	6	8	7
6	9	5	8	3	7	1	4	2
2	8	7	1	6	4	9	3	5
1	6	9	3	5	8	7	2	4
5	7	3	4	2	6	8	1	9
8	2	4	9	7	1	5	6	3

#749

2	1	6	9	4	7	8	3	5
8	3	4	1	6	5	2	7	9
5	7	9	8	2	3	1	6	4
9	8	2	3	7	4	5	1	6
7	4	1	5	8	6	9	2	3
6	5	3	2	1	9	4	8	7
1	6	7	4	9	8	3	5	2
3	9	8	6	5	2	7	4	1
4	2	5	7	3	1	6	9	8

#750

3	4	5	6	2	1	7	8	9
6	7	2	5	8	9	3	4	1
8	1	9	3	4	7	2	5	6
1	3	6	9	5	2	4	7	8
2	5	4	8	7	6	9	1	3
9	8	7	1	3	4	5	6	2
4	6	8	2	9	5	1	3	7
5	2	3	7	1	8	6	9	4
7	9	1	4	6	3	8	2	5

#751

4	7	1	6	3	9	5	8	2
8	5	2	4	7	1	3	9	6
3	6	9	5	2	8	4	1	7
1	8	5	7	4	2	6	3	9
2	3	7	9	8	6	1	4	5
6	9	4	3	1	5	2	7	8
7	4	8	2	5	3	9	6	1
5	1	6	8	9	4	7	2	3
9	2	3	1	6	7	8	5	4

#752

6	2	3	5	1	9	4	7	8
4	9	5	6	7	8	2	3	1
7	1	8	2	4	3	5	9	6
1	4	9	3	6	2	8	5	7
5	7	6	8	9	1	3	4	2
3	8	2	7	5	4	6	1	9
2	3	4	9	8	7	1	6	5
9	6	1	4	2	5	7	8	3
8	5	7	1	3	6	9	2	4

#753

5	2	4	1	6	3	7	8	9
1	6	3	7	8	9	2	4	5
7	8	9	4	2	5	3	1	6
6	4	2	3	1	7	9	5	8
3	9	5	8	4	2	6	7	1
8	1	7	5	9	6	4	2	3
4	3	6	2	5	8	1	9	7
2	7	8	9	3	1	5	6	4
9	5	1	6	7	4	8	3	2

#754

7	3	1	6	8	9	5	2	4
2	5	4	7	3	1	8	9	6
6	8	9	5	4	2	7	3	1
5	6	2	3	1	8	4	7	9
4	1	3	9	2	7	6	5	8
8	9	7	4	6	5	2	1	3
3	2	6	1	7	4	9	8	5
9	4	8	2	5	3	1	6	7
1	7	5	8	9	6	3	4	2

#755

4	5	6	2	8	7	1	3	9
7	2	8	3	1	9	4	5	6
3	1	9	4	6	5	7	2	8
1	8	4	6	2	3	9	7	5
9	3	5	8	7	4	6	1	2
6	7	2	9	5	1	8	4	3
5	4	3	7	9	6	2	8	1
8	6	1	5	4	2	3	9	7
2	9	7	1	3	8	5	6	4

#756

3	4	2	5	6	1	7	8	9
5	6	1	7	8	9	2	3	4
7	8	9	3	2	4	5	6	1
6	7	4	8	3	2	1	9	5
8	2	3	1	9	5	6	4	7
9	1	5	4	7	6	3	2	8
1	9	6	2	4	7	8	5	3
2	3	7	9	5	8	4	1	6
4	5	8	6	1	3	9	7	2

#757

3	1	6	2	5	7	8	4	9
8	2	4	1	6	9	3	5	7
5	7	9	3	4	8	1	2	6
4	8	3	6	7	2	9	1	5
7	9	1	5	8	3	2	6	4
2	6	5	4	9	1	7	3	8
6	3	7	8	1	5	4	9	2
1	4	8	9	2	6	5	7	3
9	5	2	7	3	4	6	8	1

#758

6	8	7	9	1	2	3	4	5
4	5	2	3	6	7	8	1	9
3	9	1	4	5	8	6	2	7
2	1	8	5	7	3	4	9	6
5	3	4	6	9	1	2	7	8
7	6	9	2	8	4	5	3	1
8	2	5	7	3	9	1	6	4
9	4	6	1	2	5	7	8	3
1	7	3	8	4	6	9	5	2

#759

3	4	5	6	1	7	2	8	9
6	2	7	5	8	9	4	1	3
8	1	9	2	3	4	5	6	7
4	5	6	7	2	3	8	9	1
9	7	2	8	6	1	3	4	5
1	3	8	4	9	5	6	7	2
2	8	3	9	7	6	1	5	4
5	9	1	3	4	8	7	2	6
7	6	4	1	5	2	9	3	8

#760

4	6	7	2	1	3	5	8	9
8	2	3	5	7	9	1	4	6
5	9	1	4	6	8	3	2	7
1	4	6	8	2	5	9	7	3
2	5	8	9	3	7	4	6	1
3	7	9	6	4	1	2	5	8
6	3	4	1	8	2	7	9	5
7	8	5	3	9	4	6	1	2
9	1	2	7	5	6	8	3	4

#761

3	1	6	8	4	5	9	7	2
7	4	2	1	9	3	6	8	5
5	8	9	6	2	7	1	3	4
1	2	3	5	6	9	7	4	8
4	9	5	3	7	8	2	1	6
6	7	8	4	1	2	5	9	3
2	3	1	7	8	6	4	5	9
9	5	7	2	3	4	8	6	1
8	6	4	9	5	1	3	2	7

#762

1	7	8	2	3	4	5	6	9
6	2	4	5	8	9	3	7	1
3	5	9	1	6	7	2	4	8
2	6	5	7	4	1	9	8	3
4	1	3	8	9	2	6	5	7
8	9	7	3	5	6	4	1	2
5	4	1	9	7	3	8	2	6
7	3	6	4	2	8	1	9	5
9	8	2	6	1	5	7	3	4

#763

7	3	2	6	5	1	8	9	4
4	5	6	9	2	8	7	3	1
8	1	9	7	3	4	2	6	5
6	7	4	5	8	3	1	2	9
3	2	1	4	6	9	5	7	8
9	8	5	1	7	2	6	4	3
1	9	7	8	4	6	3	5	2
2	6	8	3	9	5	4	1	7
5	4	3	2	1	7	9	8	6

#764

9	5	4	3	6	2	1	7	8
2	3	1	7	8	9	4	5	6
6	7	8	1	4	5	3	2	9
3	1	5	4	7	8	6	9	2
4	8	2	5	9	6	7	1	3
7	6	9	2	3	1	5	8	4
1	4	7	8	2	3	9	6	5
5	2	6	9	1	4	8	3	7
8	9	3	6	5	7	2	4	1

#765

5	7	3	1	4	2	6	8	9
2	4	6	7	8	9	3	5	1
8	1	9	3	5	6	2	4	7
6	2	5	4	1	8	9	7	3
7	3	1	6	9	5	4	2	8
9	8	4	2	7	3	5	1	6
3	6	7	5	2	1	8	9	4
4	5	8	9	3	7	1	6	2
1	9	2	8	6	4	7	3	5

#766

8	9	7	3	1	5	4	2	6
4	3	5	6	9	2	7	1	8
2	6	1	4	8	7	9	3	5
6	7	4	9	2	1	8	5	3
1	8	9	5	7	3	6	4	2
5	2	3	8	4	6	1	7	9
9	5	8	7	3	4	2	6	1
7	1	6	2	5	8	3	9	4
3	4	2	1	6	9	5	8	7

#767

5	2	6	8	1	9	7	3	4
7	3	4	5	2	6	9	8	1
9	1	8	7	3	4	5	2	6
8	6	9	2	7	1	4	5	3
3	7	2	4	9	5	1	6	8
4	5	1	3	6	8	2	9	7
2	4	5	6	8	7	3	1	9
1	8	7	9	5	3	6	4	2
6	9	3	1	4	2	8	7	5

#768

1	3	4	7	6	8	9	2	5
9	2	5	1	3	4	7	6	8
6	7	8	9	2	5	1	3	4
3	9	1	5	7	2	8	4	6
7	4	2	8	9	6	3	5	1
8	5	6	3	4	1	2	7	9
4	1	7	2	5	9	6	8	3
2	6	9	4	8	3	5	1	7
5	8	3	6	1	7	4	9	2

#769

5	4	2	7	8	9	6	3	1
1	6	3	5	4	2	7	8	9
7	8	9	1	6	3	5	4	2
4	7	1	6	9	8	2	5	3
8	2	5	3	1	4	9	7	6
3	9	6	2	7	5	4	1	8
2	3	7	9	5	1	8	6	4
6	1	4	8	2	7	3	9	5
9	5	8	4	3	6	1	2	7

#770

5	1	2	8	9	6	4	3	7
6	4	7	5	1	3	2	8	9
3	8	9	4	7	2	1	6	5
8	3	1	2	4	9	7	5	6
9	5	6	7	3	1	8	2	4
7	2	4	6	5	8	3	9	1
1	6	5	3	2	7	9	4	8
4	9	3	1	8	5	6	7	2
2	7	8	9	6	4	5	1	3

#771

1	2	3	6	7	8	4	5	9
4	8	5	1	9	3	2	7	6
6	7	9	2	4	5	8	1	3
5	9	4	3	2	6	1	8	7
7	3	2	9	8	1	6	4	5
8	6	1	7	5	4	3	9	2
2	5	6	8	1	7	9	3	4
9	4	8	5	3	2	7	6	1
3	1	7	4	6	9	5	2	8

#772

5	1	7	8	4	9	6	2	3
2	3	4	5	1	6	8	9	7
6	8	9	7	2	3	4	1	5
4	6	5	1	3	2	7	8	9
8	7	1	9	6	5	2	3	4
9	2	3	4	7	8	5	6	1
7	5	8	6	9	1	3	4	2
3	9	6	2	5	4	1	7	8
1	4	2	3	8	7	9	5	6

#773

8	5	2	1	3	7	4	6	9
1	4	3	2	6	9	8	5	7
6	7	9	8	5	4	1	2	3
7	6	8	5	9	2	3	1	4
3	9	5	4	1	8	2	7	6
2	1	4	6	7	3	5	9	8
5	8	6	7	4	1	9	3	2
9	2	1	3	8	6	7	4	5
4	3	7	9	2	5	6	8	1

#774

3	5	1	4	6	7	2	8	9
4	6	7	8	2	9	3	1	5
8	2	9	3	5	1	4	6	7
2	7	4	1	8	3	9	5	6
9	8	3	6	4	5	7	2	1
5	1	6	9	7	2	8	3	4
6	3	5	2	9	4	1	7	8
7	4	2	5	1	8	6	9	3
1	9	8	7	3	6	5	4	2

#775

4	3	5	1	2	6	7	8	9
6	7	1	5	8	9	4	2	3
2	8	9	3	4	7	5	6	1
3	5	2	9	6	4	8	1	7
8	9	7	2	3	1	6	5	4
1	4	6	7	5	8	3	9	2
5	1	4	6	7	2	9	3	8
7	2	3	8	9	5	1	4	6
9	6	8	4	1	3	2	7	5

#776

8	9	2	5	3	6	7	1	4
1	3	4	7	8	9	2	5	6
7	5	6	1	4	2	8	9	3
3	8	7	6	5	1	9	4	2
5	6	9	2	7	4	3	8	1
2	4	1	3	9	8	6	7	5
4	7	5	9	2	3	1	6	8
6	2	8	4	1	7	5	3	9
9	1	3	8	6	5	4	2	7

#777

4	3	7	8	9	5	2	1	6
2	1	5	6	3	4	7	9	8
6	8	9	2	7	1	3	5	4
1	6	3	4	2	9	8	7	5
5	9	2	7	6	8	4	3	1
7	4	8	1	5	3	6	2	9
3	2	4	5	1	6	9	8	7
9	5	6	3	8	7	1	4	2
8	7	1	9	4	2	5	6	3

#778

3	4	6	2	7	9	5	8	1
5	7	8	4	6	1	3	2	9
1	2	9	3	8	5	4	6	7
2	3	5	8	4	7	1	9	6
9	8	4	1	5	6	7	3	2
6	1	7	9	3	2	8	5	4
4	9	3	6	1	8	2	7	5
7	6	1	5	2	3	9	4	8
8	5	2	7	9	4	6	1	3

#779

6	7	5	4	9	3	2	8	1
3	2	4	6	1	8	7	5	9
8	9	1	5	7	2	3	6	4
9	3	7	8	5	4	6	1	2
4	1	2	9	3	6	8	7	5
5	6	8	1	2	7	9	4	3
7	4	3	2	6	5	1	9	8
1	5	6	3	8	9	4	2	7
2	8	9	7	4	1	5	3	6

#780

7	1	2	4	5	3	6	8	9
4	3	5	6	8	9	7	1	2
6	8	9	1	2	7	3	4	5
2	4	6	9	3	1	5	7	8
8	5	1	7	6	2	9	3	4
9	7	3	5	4	8	1	2	6
3	6	7	2	9	4	8	5	1
1	9	4	8	7	5	2	6	3
5	2	8	3	1	6	4	9	7

#781

7	5	8	6	9	2	3	1	4
3	1	4	5	8	7	6	9	2
6	2	9	3	1	4	7	5	8
1	4	7	9	2	6	5	8	3
2	6	5	8	7	3	1	4	9
8	9	3	1	4	5	2	7	6
5	8	2	7	3	9	4	6	1
4	7	1	2	6	8	9	3	5
9	3	6	4	5	1	8	2	7

#782

5	6	2	3	4	7	1	8	9
4	1	3	6	8	9	2	5	7
7	8	9	2	5	1	3	4	6
6	3	4	8	1	2	9	7	5
9	7	1	5	6	3	4	2	8
2	5	8	7	9	4	6	3	1
3	9	5	1	2	8	7	6	4
8	4	7	9	3	6	5	1	2
1	2	6	4	7	5	8	9	3

#783

1	7	3	4	5	6	8	2	9
4	5	6	9	8	2	7	1	3
8	2	9	7	3	1	4	5	6
2	8	4	3	1	7	6	9	5
6	9	7	5	2	4	3	8	1
3	1	5	6	9	8	2	7	4
7	3	8	1	6	9	5	4	2
5	4	1	2	7	3	9	6	8
9	6	2	8	4	5	1	3	7

#784

2	7	6	4	1	3	5	8	9
5	8	1	6	2	9	3	4	7
3	4	9	5	7	8	6	1	2
6	1	7	8	5	4	9	2	3
4	5	2	3	9	7	8	6	1
8	9	3	2	6	1	4	7	5
1	3	5	7	4	6	2	9	8
7	2	4	9	8	5	1	3	6
9	6	8	1	3	2	7	5	4

#785

3	7	1	8	6	9	2	5	4
2	4	5	3	7	1	6	9	8
6	8	9	2	4	5	3	7	1
5	1	3	9	2	7	4	8	6
4	6	7	5	8	3	1	2	9
9	2	8	4	1	6	7	3	5
7	3	4	1	9	8	5	6	2
8	5	2	6	3	4	9	1	7
1	9	6	7	5	2	8	4	3

#786

6	2	1	3	4	5	7	8	9
3	4	5	7	8	9	2	6	1
7	8	9	1	2	6	3	4	5
5	3	2	4	6	8	1	9	7
9	6	4	2	7	1	5	3	8
1	7	8	5	9	3	4	2	6
4	5	6	8	1	2	9	7	3
2	9	3	6	5	7	8	1	4
8	1	7	9	3	4	6	5	2

#787

3	4	1	6	7	8	2	5	9
5	7	2	3	4	9	8	6	1
8	6	9	1	5	2	3	4	7
4	5	3	2	9	1	6	7	8
2	9	7	8	6	5	1	3	4
6	1	8	4	3	7	9	2	5
1	3	4	5	8	6	7	9	2
7	2	6	9	1	4	5	8	3
9	8	5	7	2	3	4	1	6

#788

6	4	7	9	2	3	5	8	1
1	2	3	7	8	5	9	6	4
5	8	9	6	4	1	7	2	3
3	5	8	4	6	7	1	9	2
2	6	4	1	5	9	8	3	7
9	7	1	8	3	2	4	5	6
7	1	5	2	9	6	3	4	8
4	3	6	5	7	8	2	1	9
8	9	2	3	1	4	6	7	5

#789

9	1	6	7	2	3	4	5	8
2	3	4	5	8	9	6	7	1
5	7	8	1	4	6	3	2	9
3	4	5	8	6	7	9	1	2
6	8	7	9	1	2	5	3	4
1	2	9	3	5	4	7	8	6
4	6	1	2	3	5	8	9	7
7	5	2	4	9	8	1	6	3
8	9	3	6	7	1	2	4	5

#790

9	4	1	5	3	6	2	7	8
5	6	2	7	8	9	3	4	1
3	7	8	1	2	4	5	6	9
6	1	5	3	4	7	8	9	2
4	2	7	8	9	5	1	3	6
8	3	9	2	6	1	4	5	7
7	8	3	9	5	2	6	1	4
1	5	4	6	7	8	9	2	3
2	9	6	4	1	3	7	8	5

#791

5	1	2	7	9	3	4	6	8
4	3	6	1	2	8	5	9	7
7	8	9	4	5	6	2	3	1
3	2	5	9	8	4	1	7	6
6	7	1	2	3	5	8	4	9
8	9	4	6	1	7	3	5	2
1	5	7	3	6	2	9	8	4
9	4	3	8	7	1	6	2	5
2	6	8	5	4	9	7	1	3

#792

3	7	6	4	1	9	2	5	8
5	4	8	3	7	2	6	9	1
2	1	9	6	8	5	3	7	4
7	5	3	1	6	4	8	2	9
8	9	4	5	2	3	1	6	7
6	2	1	7	9	8	4	3	5
9	3	5	2	4	1	7	8	6
4	6	2	8	5	7	9	1	3
1	8	7	9	3	6	5	4	2

#793

4	5	6	1	8	9	3	2	7
3	7	2	4	6	5	8	1	9
1	8	9	3	7	2	4	5	6
7	1	3	5	2	4	6	9	8
9	4	8	6	1	3	5	7	2
2	6	5	7	9	8	1	4	3
6	3	1	2	4	7	9	8	5
8	2	4	9	5	6	7	3	1
5	9	7	8	3	1	2	6	4

#794

2	3	6	1	4	5	7	8	9
1	5	4	7	8	9	2	3	6
7	8	9	3	2	6	1	4	5
5	6	2	4	7	8	3	9	1
3	4	7	6	9	1	8	5	2
8	9	1	5	3	2	4	6	7
4	7	5	2	6	3	9	1	8
6	2	8	9	1	4	5	7	3
9	1	3	8	5	7	6	2	4

#795

7	3	2	6	1	4	5	8	9
6	4	1	5	8	9	3	2	7
5	8	9	3	2	7	1	4	6
2	5	4	8	7	1	9	6	3
9	1	7	4	6	3	2	5	8
3	6	8	2	9	5	4	7	1
1	2	3	7	4	6	8	9	5
4	7	5	9	3	8	6	1	2
8	9	6	1	5	2	7	3	4

#796

8	6	7	4	5	3	2	9	1
4	5	3	2	9	1	8	6	7
9	1	2	6	7	8	4	5	3
1	2	8	7	4	6	5	3	9
3	4	6	5	8	9	7	1	2
7	9	5	3	1	2	6	8	4
6	3	1	8	2	7	9	4	5
5	7	9	1	6	4	3	2	8
2	8	4	9	3	5	1	7	6

#797

1	3	4	8	2	9	7	5	6
2	5	6	7	1	3	4	8	9
7	8	9	4	5	6	1	3	2
8	7	2	1	9	4	3	6	5
6	1	5	3	7	8	9	2	4
9	4	3	2	6	5	8	7	1
4	6	1	5	3	7	2	9	8
5	2	7	9	8	1	6	4	3
3	9	8	6	4	2	5	1	7

#798

6	4	5	8	3	1	2	7	9
8	7	2	5	4	9	6	3	1
1	3	9	6	7	2	8	4	5
5	8	7	1	6	4	9	2	3
2	9	4	3	8	5	1	6	7
3	6	1	2	9	7	5	8	4
7	5	6	4	1	8	3	9	2
9	2	8	7	5	3	4	1	6
4	1	3	9	2	6	7	5	8

#799

7	3	8	4	5	2	6	9	1
1	2	4	6	8	9	3	5	7
5	6	9	3	7	1	2	4	8
2	4	5	7	9	3	1	8	6
3	1	7	5	6	8	9	2	4
8	9	6	1	2	4	7	3	5
4	8	1	2	3	6	5	7	9
6	5	2	9	4	7	8	1	3
9	7	3	8	1	5	4	6	2

#800

4	3	5	6	7	8	2	1	9
6	1	7	5	2	9	3	4	8
2	8	9	1	3	4	5	6	7
3	4	1	8	6	5	9	7	2
8	5	2	7	9	1	4	3	6
7	9	6	2	4	3	1	8	5
5	6	3	9	1	7	8	2	4
9	2	4	3	8	6	7	5	1
1	7	8	4	5	2	6	9	3

#801

8	1	2	3	5	4	6	7	9
3	4	5	6	7	9	2	8	1
6	7	9	1	2	8	3	4	5
4	2	3	8	6	5	1	9	7
5	6	7	2	9	1	4	3	8
9	8	1	4	3	7	5	2	6
1	9	6	7	4	2	8	5	3
2	5	8	9	1	3	7	6	4
7	3	4	5	8	6	9	1	2

#802

9	8	6	5	2	3	1	4	7
7	3	4	6	8	1	5	2	9
5	2	1	4	7	9	3	6	8
2	6	5	7	3	4	8	9	1
4	7	8	9	1	5	6	3	2
1	9	3	2	6	8	7	5	4
3	1	2	8	4	6	9	7	5
6	4	9	1	5	7	2	8	3
8	5	7	3	9	2	4	1	6

#803

6	4	5	2	3	7	8	9	1
2	7	1	6	8	9	3	4	5
3	8	9	1	4	5	2	6	7
4	1	3	5	6	2	9	7	8
5	2	6	9	7	8	4	1	3
7	9	8	3	1	4	5	2	6
8	6	2	4	5	1	7	3	9
9	3	7	8	2	6	1	5	4
1	5	4	7	9	3	6	8	2

#804

7	1	6	3	4	8	5	2	9
3	4	5	6	2	9	7	1	8
2	8	9	5	7	1	3	4	6
8	5	4	7	1	6	9	3	2
9	7	2	8	3	4	1	6	5
6	3	1	9	5	2	8	7	4
5	6	7	4	8	3	2	9	1
1	9	3	2	6	5	4	8	7
4	2	8	1	9	7	6	5	3

#805

2	6	4	1	5	8	7	3	9
7	1	5	2	3	9	4	6	8
3	8	9	6	7	4	2	1	5
8	4	7	9	6	5	3	2	1
9	2	1	7	4	3	8	5	6
6	5	3	8	2	1	9	7	4
5	7	6	4	9	2	1	8	3
4	3	8	5	1	7	6	9	2
1	9	2	3	8	6	5	4	7

#806

7	6	4	8	5	2	3	9	1
5	1	8	3	7	9	2	4	6
2	3	9	1	4	6	5	7	8
6	8	1	4	2	5	9	3	7
3	7	2	6	9	8	1	5	4
4	9	5	7	1	3	6	8	2
8	2	6	5	3	7	4	1	9
1	5	7	9	6	4	8	2	3
9	4	3	2	8	1	7	6	5

#807

4	2	6	3	5	1	7	8	9
1	3	5	7	8	9	2	4	6
7	8	9	2	4	6	1	3	5
2	6	4	1	3	5	9	7	8
3	5	7	8	9	2	4	6	1
8	9	1	4	6	7	3	5	2
5	4	2	6	1	3	8	9	7
6	1	3	9	7	8	5	2	4
9	7	8	5	2	4	6	1	3

#808

5	4	6	1	7	9	8	3	2
7	8	3	2	4	6	5	1	9
2	9	1	5	8	3	4	6	7
6	2	8	3	9	1	7	5	4
1	5	9	4	2	7	6	8	3
3	7	4	6	5	8	2	9	1
4	3	5	8	1	2	9	7	6
9	1	2	7	6	5	3	4	8
8	6	7	9	3	4	1	2	5

#809

3	4	6	1	5	2	8	7	9
2	1	5	7	8	9	3	4	6
7	8	9	6	4	3	2	1	5
1	6	2	9	3	7	4	5	8
8	5	3	4	2	6	7	9	1
9	7	4	8	1	5	6	2	3
4	9	8	2	6	1	5	3	7
5	2	1	3	7	8	9	6	4
6	3	7	5	9	4	1	8	2

#810

9	5	7	3	6	2	4	1	8
4	6	2	8	9	1	3	5	7
3	1	8	4	5	7	2	6	9
2	3	6	1	4	8	9	7	5
8	4	9	7	3	5	1	2	6
5	7	1	9	2	6	8	3	4
1	8	3	6	7	4	5	9	2
6	2	4	5	1	9	7	8	3
7	9	5	2	8	3	6	4	1

#811

2	3	4	6	8	1	9	7	5
5	1	6	7	2	9	3	4	8
7	8	9	3	4	5	6	1	2
8	2	1	5	9	7	4	3	6
4	5	3	8	1	6	2	9	7
6	9	7	4	3	2	8	5	1
3	4	2	1	7	8	5	6	9
9	7	5	2	6	3	1	8	4
1	6	8	9	5	4	7	2	3

#812

4	6	1	5	7	9	8	2	3
3	2	5	1	6	8	4	7	9
8	7	9	4	3	2	6	1	5
7	3	8	2	9	1	5	4	6
1	4	6	7	8	5	3	9	2
9	5	2	6	4	3	7	8	1
2	9	4	8	5	6	1	3	7
6	8	3	9	1	7	2	5	4
5	1	7	3	2	4	9	6	8

#813

9	7	1	6	4	5	3	2	8
2	3	4	7	8	1	5	6	9
5	6	8	2	3	9	4	7	1
3	8	2	9	6	4	7	1	5
4	5	7	1	2	3	8	9	6
6	1	9	5	7	8	2	3	4
7	4	6	8	9	2	1	5	3
8	2	5	3	1	6	9	4	7
1	9	3	4	5	7	6	8	2

#814

3	1	6	5	4	2	7	8	9
4	2	5	7	8	9	3	6	1
7	8	9	3	6	1	2	4	5
2	4	7	1	3	6	9	5	8
8	6	1	2	9	5	4	3	7
9	5	3	4	7	8	6	1	2
5	9	2	6	1	3	8	7	4
6	7	8	9	5	4	1	2	3
1	3	4	8	2	7	5	9	6

#815

5	3	1	6	7	2	4	8	9
2	4	6	5	8	9	1	3	7
7	8	9	1	3	4	2	5	6
6	5	2	3	4	8	9	7	1
1	7	3	2	9	6	8	4	5
4	9	8	7	5	1	3	6	2
3	1	4	9	6	5	7	2	8
8	2	5	4	1	7	6	9	3
9	6	7	8	2	3	5	1	4

#816

8	1	2	3	5	6	7	4	9
3	4	7	2	9	8	1	5	6
5	6	9	7	4	1	8	3	2
4	8	1	5	2	3	6	9	7
2	9	6	8	7	4	3	1	5
7	3	5	1	6	9	2	8	4
9	2	8	4	3	7	5	6	1
1	7	4	6	8	5	9	2	3
6	5	3	9	1	2	4	7	8

#817

2	4	6	1	8	9	5	3	7
3	1	7	4	2	5	8	9	6
5	8	9	3	6	7	2	4	1
6	2	4	9	7	8	1	5	3
7	3	1	2	5	4	6	8	9
9	5	8	6	3	1	7	2	4
4	9	2	5	1	6	3	7	8
1	7	5	8	9	3	4	6	2
8	6	3	7	4	2	9	1	5

#818

8	2	1	6	3	4	5	7	9
3	5	4	7	8	9	2	6	1
6	7	9	5	1	2	3	4	8
7	1	2	8	4	5	6	9	3
4	8	3	2	9	6	1	5	7
5	9	6	3	7	1	4	8	2
1	3	7	4	5	8	9	2	6
2	4	8	9	6	3	7	1	5
9	6	5	1	2	7	8	3	4

#819

2	8	3	4	5	6	1	7	9
6	4	5	7	1	9	3	2	8
7	9	1	2	3	8	4	5	6
5	6	7	1	8	4	9	3	2
1	2	4	9	7	3	8	6	5
9	3	8	5	6	2	7	1	4
3	1	9	6	4	5	2	8	7
4	7	6	8	2	1	5	9	3
8	5	2	3	9	7	6	4	1

#820

9	7	6	5	3	4	2	1	8
2	3	4	8	1	9	5	6	7
5	1	8	2	6	7	3	4	9
4	5	9	1	7	3	6	8	2
7	2	1	6	8	5	9	3	4
8	6	3	4	9	2	7	5	1
3	4	2	7	5	8	1	9	6
6	8	5	9	2	1	4	7	3
1	9	7	3	4	6	8	2	5

#821

4	6	2	1	9	3	7	5	8
5	8	1	7	4	6	3	9	2
7	3	9	2	5	8	4	6	1
2	5	4	3	6	9	8	1	7
9	1	8	5	7	4	2	3	6
3	7	6	8	2	1	5	4	9
6	2	5	4	1	7	9	8	3
8	9	7	6	3	5	1	2	4
1	4	3	9	8	2	6	7	5

#822

1	4	2	5	3	6	7	8	9
5	6	7	8	1	9	4	3	2
3	8	9	2	4	7	1	5	6
6	5	4	7	8	2	9	1	3
2	9	3	4	5	1	6	7	8
7	1	8	6	9	3	2	4	5
4	3	6	1	2	5	8	9	7
8	2	5	9	7	4	3	6	1
9	7	1	3	6	8	5	2	4

#823

2	3	4	7	6	1	5	8	9
5	6	7	9	8	2	4	1	3
8	1	9	3	5	4	2	7	6
6	2	1	8	4	3	9	5	7
9	7	5	2	1	6	3	4	8
3	4	8	5	7	9	6	2	1
4	9	6	1	2	7	8	3	5
1	5	3	4	9	8	7	6	2
7	8	2	6	3	5	1	9	4

#824

8	9	7	2	4	3	1	5	6
2	1	3	5	6	9	4	7	8
4	5	6	7	1	8	3	2	9
5	4	1	6	7	2	8	9	3
7	3	2	8	9	4	5	6	1
9	6	8	3	5	1	2	4	7
1	7	5	4	3	6	9	8	2
3	2	4	9	8	7	6	1	5
6	8	9	1	2	5	7	3	4

#825

5	7	6	2	8	1	9	3	4
8	3	4	5	7	9	6	2	1
1	2	9	6	3	4	5	7	8
4	5	3	8	6	7	1	9	2
2	8	7	1	9	5	4	6	3
9	6	1	4	2	3	7	8	5
6	9	5	3	4	8	2	1	7
7	1	8	9	5	2	3	4	6
3	4	2	7	1	6	8	5	9

#826

8	5	2	9	4	7	6	3	1
9	3	1	8	2	6	5	4	7
4	6	7	5	3	1	9	8	2
6	9	4	2	5	3	1	7	8
1	8	5	7	9	4	3	2	6
7	2	3	6	1	8	4	9	5
5	7	8	3	6	9	2	1	4
2	4	9	1	7	5	8	6	3
3	1	6	4	8	2	7	5	9

#827

8	4	7	6	3	5	1	2	9
2	5	1	4	7	9	3	6	8
3	6	9	2	1	8	4	5	7
4	7	5	8	2	1	6	9	3
6	8	2	9	4	3	5	7	1
1	9	3	5	6	7	2	8	4
5	1	4	7	8	2	9	3	6
7	2	6	3	9	4	8	1	5
9	3	8	1	5	6	7	4	2

#828

3	2	4	5	1	6	7	8	9
5	6	7	4	8	9	1	3	2
1	8	9	2	3	7	4	5	6
2	5	3	1	6	4	8	9	7
4	7	6	8	9	5	3	2	1
9	1	8	3	7	2	5	6	4
6	9	5	7	4	3	2	1	8
7	3	1	6	2	8	9	4	5
8	4	2	9	5	1	6	7	3

#829

4	5	6	1	8	3	2	7	9
1	2	7	5	6	9	8	3	4
8	3	9	7	2	4	5	1	6
5	9	8	2	7	6	3	4	1
7	4	1	9	3	8	6	5	2
3	6	2	4	5	1	9	8	7
6	7	4	3	9	5	1	2	8
9	1	3	8	4	2	7	6	5
2	8	5	6	1	7	4	9	3

#830

3	7	4	8	9	5	6	2	1
2	6	1	3	7	4	5	9	8
5	8	9	6	1	2	7	4	3
6	1	2	4	5	8	3	7	9
7	3	5	2	6	9	1	8	4
4	9	8	7	3	1	2	6	5
1	4	7	5	8	6	9	3	2
9	2	6	1	4	3	8	5	7
8	5	3	9	2	7	4	1	6

#831

8	6	1	5	3	2	4	7	9
2	3	4	7	8	9	5	1	6
5	7	9	1	4	6	3	2	8
1	2	6	4	5	7	8	9	3
4	9	3	8	2	1	6	5	7
7	5	8	6	9	3	1	4	2
3	8	5	2	7	4	9	6	1
6	4	2	9	1	8	7	3	5
9	1	7	3	6	5	2	8	4

#832

2	7	6	1	4	5	3	8	9
3	4	5	7	8	9	6	1	2
8	1	9	2	3	6	4	5	7
4	8	1	9	5	2	7	3	6
6	5	3	4	7	1	9	2	8
7	9	2	3	6	8	1	4	5
5	2	4	6	9	3	8	7	1
1	6	7	8	2	4	5	9	3
9	3	8	5	1	7	2	6	4

#833

8	6	7	4	5	2	1	3	9
2	5	3	8	9	1	4	6	7
4	9	1	3	6	7	5	2	8
5	3	6	1	4	8	7	9	2
7	4	8	6	2	9	3	5	1
1	2	9	5	7	3	6	8	4
3	1	4	9	8	5	2	7	6
6	8	2	7	3	4	9	1	5
9	7	5	2	1	6	8	4	3

#834

8	1	6	4	2	5	3	9	7
4	2	5	7	9	3	8	1	6
7	3	9	8	1	6	4	5	2
2	4	3	1	6	7	5	8	9
6	5	8	9	3	4	2	7	1
9	7	1	5	8	2	6	3	4
1	8	2	3	4	9	7	6	5
5	9	4	6	7	8	1	2	3
3	6	7	2	5	1	9	4	8

#835

5	6	3	7	4	1	2	8	9
1	2	4	6	8	9	3	5	7
7	8	9	2	3	5	4	6	1
3	4	7	5	1	2	8	9	6
6	5	8	9	7	3	1	2	4
2	9	1	4	6	8	5	7	3
4	7	2	1	5	6	9	3	8
8	1	5	3	9	7	6	4	2
9	3	6	8	2	4	7	1	5

#836

4	2	5	6	1	3	7	8	9
3	6	7	5	8	9	1	4	2
8	1	9	4	2	7	3	5	6
1	9	2	3	5	4	8	6	7
5	7	3	9	6	8	2	1	4
6	4	8	1	7	2	5	9	3
2	5	1	7	4	6	9	3	8
7	3	4	8	9	5	6	2	1
9	8	6	2	3	1	4	7	5

#837

6	4	1	2	7	8	5	3	9
5	7	3	6	1	9	4	2	8
2	8	9	3	4	5	6	1	7
8	9	5	1	6	2	7	4	3
4	2	6	7	5	3	9	8	1
1	3	7	8	9	4	2	5	6
9	1	4	5	3	6	8	7	2
7	5	2	9	8	1	3	6	4
3	6	8	4	2	7	1	9	5

#838

7	4	5	6	8	3	9	2	1
2	6	3	7	9	1	4	5	8
8	9	1	2	4	5	3	6	7
5	7	4	3	6	2	1	8	9
3	2	9	1	5	8	7	4	6
1	8	6	4	7	9	2	3	5
4	3	7	8	1	6	5	9	2
6	5	2	9	3	7	8	1	4
9	1	8	5	2	4	6	7	3

#839

5	3	6	4	2	7	8	1	9
7	4	8	1	6	9	3	2	5
2	1	9	3	5	8	4	6	7
6	2	4	5	8	3	7	9	1
9	7	1	6	4	2	5	3	8
3	8	5	7	9	1	2	4	6
4	6	7	9	3	5	1	8	2
1	9	2	8	7	4	6	5	3
8	5	3	2	1	6	9	7	4

#840

4	5	6	8	3	1	9	2	7
9	2	7	5	4	6	1	8	3
3	1	8	7	2	9	4	5	6
5	9	3	4	6	7	8	1	2
7	4	2	1	9	8	6	3	5
8	6	1	3	5	2	7	9	4
6	3	4	9	1	5	2	7	8
2	8	9	6	7	3	5	4	1
1	7	5	2	8	4	3	6	9

#841

7	6	4	2	1	3	5	8	9
9	5	1	4	8	6	2	7	3
2	3	8	7	5	9	6	4	1
1	9	7	8	4	5	3	6	2
3	2	6	1	9	7	4	5	8
4	8	5	3	6	2	9	1	7
6	4	2	9	7	1	8	3	5
5	7	9	6	3	8	1	2	4
8	1	3	5	2	4	7	9	6

#842

2	3	7	5	8	1	6	4	9
6	4	5	2	3	9	7	1	8
8	9	1	7	6	4	2	3	5
7	2	3	8	1	6	5	9	4
9	5	6	4	2	3	8	7	1
1	8	4	9	5	7	3	2	6
3	1	2	6	4	8	9	5	7
4	7	8	3	9	5	1	6	2
5	6	9	1	7	2	4	8	3

#843

8	6	7	9	3	4	1	2	5
3	4	5	1	2	8	6	7	9
1	2	9	5	6	7	3	4	8
5	7	6	3	4	9	2	8	1
4	8	1	6	5	2	7	9	3
2	9	3	7	8	1	4	5	6
6	5	4	8	7	3	9	1	2
7	1	8	2	9	6	5	3	4
9	3	2	4	1	5	8	6	7

#844

5	3	4	2	7	9	1	6	8
6	2	7	5	8	1	3	4	9
1	8	9	4	3	6	5	2	7
7	9	2	6	1	4	8	5	3
8	6	5	3	2	7	9	1	4
3	4	1	8	9	5	6	7	2
4	5	8	9	6	2	7	3	1
2	1	3	7	5	8	4	9	6
9	7	6	1	4	3	2	8	5

#845

8	1	7	2	5	3	4	6	9
6	2	3	4	9	1	5	7	8
4	5	9	6	7	8	3	1	2
7	3	4	5	2	6	8	9	1
5	6	1	8	4	9	2	3	7
9	8	2	1	3	7	6	4	5
2	7	5	3	1	4	9	8	6
3	9	6	7	8	2	1	5	4
1	4	8	9	6	5	7	2	3

#846

6	3	4	7	9	2	1	5	8
2	1	5	6	4	8	3	7	9
8	7	9	3	1	5	6	4	2
5	4	8	2	7	3	9	1	6
1	2	6	4	8	9	7	3	5
7	9	3	5	6	1	8	2	4
4	5	1	8	3	6	2	9	7
9	8	7	1	2	4	5	6	3
3	6	2	9	5	7	4	8	1

#847

2	6	7	3	4	1	5	8	9
3	4	5	7	8	9	6	2	1
8	1	9	2	5	6	3	4	7
4	7	2	6	1	3	8	9	5
1	5	8	9	2	4	7	6	3
6	9	3	5	7	8	2	1	4
5	3	1	4	6	2	9	7	8
7	2	4	8	9	5	1	3	6
9	8	6	1	3	7	4	5	2

#848

4	6	5	2	7	1	3	8	9
2	7	1	8	3	9	6	4	5
3	8	9	6	5	4	2	7	1
9	4	2	3	6	7	1	5	8
8	1	6	9	2	5	7	3	4
5	3	7	4	1	8	9	2	6
6	5	4	7	9	2	8	1	3
7	9	8	1	4	3	5	6	2
1	2	3	5	8	6	4	9	7

#849

3	5	4	7	2	9	1	6	8
1	6	2	5	4	8	3	7	9
7	8	9	3	6	1	5	4	2
5	4	3	8	9	7	2	1	6
8	2	6	4	1	5	9	3	7
9	1	7	2	3	6	4	8	5
6	3	5	1	7	2	8	9	4
2	9	1	6	8	4	7	5	3
4	7	8	9	5	3	6	2	1

#850

4	5	3	1	7	2	8	6	9
6	7	1	4	8	9	3	5	2
2	8	9	3	5	6	4	7	1
3	4	2	7	1	5	9	8	6
9	6	8	2	3	4	5	1	7
7	1	5	6	9	8	2	3	4
1	2	4	5	6	3	7	9	8
8	3	6	9	4	7	1	2	5
5	9	7	8	2	1	6	4	3

#851

1	4	5	7	8	2	3	6	9
6	7	3	1	5	9	8	2	4
8	2	9	4	3	6	1	5	7
7	5	1	8	4	3	6	9	2
3	6	4	9	2	1	7	8	5
9	8	2	5	6	7	4	1	3
4	1	7	6	9	5	2	3	8
2	9	8	3	1	4	5	7	6
5	3	6	2	7	8	9	4	1

#852

3	2	5	4	6	7	1	8	9
6	7	1	5	8	9	2	3	4
4	8	9	2	3	1	5	6	7
5	4	2	8	7	3	9	1	6
9	3	7	6	1	2	4	5	8
8	1	6	9	4	5	3	7	2
1	6	4	3	2	8	7	9	5
2	5	3	7	9	6	8	4	1
7	9	8	1	5	4	6	2	3

#853

6	2	1	4	3	5	7	8	9
3	4	5	7	8	9	2	1	6
7	8	9	2	6	1	3	4	5
8	1	4	5	2	3	6	9	7
2	7	6	9	1	4	5	3	8
5	9	3	6	7	8	4	2	1
4	3	8	1	5	6	9	7	2
1	5	2	3	9	7	8	6	4
9	6	7	8	4	2	1	5	3

#854

2	8	1	4	3	5	6	7	9
4	3	5	6	7	9	2	8	1
6	7	9	1	2	8	3	4	5
3	1	4	7	8	6	9	5	2
7	9	6	5	1	2	8	3	4
5	2	8	3	9	4	1	6	7
8	4	3	2	5	1	7	9	6
9	5	2	8	6	7	4	1	3
1	6	7	9	4	3	5	2	8

#855

3	4	5	2	8	9	1	6	7
6	2	7	3	5	1	9	8	4
1	8	9	4	7	6	3	5	2
5	3	4	6	2	8	7	1	9
2	7	6	9	1	3	5	4	8
9	1	8	7	4	5	2	3	6
4	9	1	8	3	2	6	7	5
7	6	3	5	9	4	8	2	1
8	5	2	1	6	7	4	9	3

#856

3	1	5	2	8	6	7	4	9
7	4	2	3	5	9	6	1	8
6	8	9	1	7	4	3	5	2
1	5	6	8	3	7	2	9	4
2	3	4	9	6	1	8	7	5
9	7	8	5	4	2	1	6	3
5	9	3	6	1	8	4	2	7
4	2	1	7	9	3	5	8	6
8	6	7	4	2	5	9	3	1

#857

4	3	5	6	2	7	8	1	9
6	7	8	1	5	9	4	2	3
1	2	9	3	4	8	5	6	7
5	6	2	7	8	4	3	9	1
7	4	1	2	9	3	6	5	8
8	9	3	5	6	1	2	7	4
2	1	4	8	7	5	9	3	6
3	8	6	9	1	2	7	4	5
9	5	7	4	3	6	1	8	2

#858

7	2	4	9	8	3	5	6	1
5	6	1	7	4	2	3	8	9
3	8	9	6	1	5	7	2	4
2	3	8	4	6	1	9	7	5
9	1	5	8	3	7	2	4	6
4	7	6	5	2	9	8	1	3
1	5	3	2	7	6	4	9	8
6	4	2	3	9	8	1	5	7
8	9	7	1	5	4	6	3	2

#859

6	1	2	8	5	4	3	7	9
3	4	5	9	6	7	2	1	8
7	8	9	1	3	2	6	4	5
4	5	1	6	7	8	9	2	3
9	6	7	4	2	3	5	8	1
2	3	8	5	1	9	4	6	7
5	7	6	2	9	1	8	3	4
8	2	3	7	4	5	1	9	6
1	9	4	3	8	6	7	5	2

#860

7	8	4	6	1	3	2	5	9
2	5	1	4	7	9	3	6	8
3	6	9	2	5	8	1	4	7
5	7	6	9	4	2	8	1	3
1	9	3	8	6	7	5	2	4
8	4	2	5	3	1	9	7	6
4	3	7	1	8	5	6	9	2
6	2	5	3	9	4	7	8	1
9	1	8	7	2	6	4	3	5

#861

8	1	2	4	3	5	7	6	9
5	4	3	9	6	7	1	8	2
6	7	9	8	1	2	5	4	3
7	5	8	6	2	4	9	3	1
9	2	1	3	5	8	4	7	6
3	6	4	1	7	9	8	2	5
1	3	7	5	8	6	2	9	4
4	8	5	2	9	3	6	1	7
2	9	6	7	4	1	3	5	8

#862

1	4	3	7	2	8	5	6	9
5	6	7	1	4	9	3	8	2
8	2	9	3	6	5	1	4	7
9	1	4	8	3	2	7	5	6
6	7	2	9	5	1	8	3	4
3	5	8	6	7	4	2	9	1
4	9	5	2	1	3	6	7	8
7	8	1	5	9	6	4	2	3
2	3	6	4	8	7	9	1	5

#863

4	5	6	3	7	8	2	9	1
2	7	8	4	1	9	3	5	6
1	3	9	5	6	2	4	7	8
5	1	3	7	8	6	9	4	2
9	6	4	2	3	1	7	8	5
7	8	2	9	4	5	6	1	3
8	4	5	6	9	3	1	2	7
3	2	7	1	5	4	8	6	9
6	9	1	8	2	7	5	3	4

#864

3	4	2	6	5	7	8	9	1
5	6	7	8	9	1	2	3	4
8	9	1	3	2	4	5	6	7
1	2	3	4	6	8	7	5	9
4	5	9	7	3	2	1	8	6
6	7	8	5	1	9	3	4	2
7	1	5	9	4	3	6	2	8
2	3	4	1	8	6	9	7	5
9	8	6	2	7	5	4	1	3

#865

5	6	1	9	3	8	2	4	7
2	3	7	4	5	6	1	8	9
4	8	9	1	2	7	5	3	6
6	4	3	7	1	2	8	9	5
1	5	8	6	4	9	7	2	3
7	9	2	3	8	5	6	1	4
3	2	5	8	6	4	9	7	1
8	7	4	5	9	1	3	6	2
9	1	6	2	7	3	4	5	8

#866

2	3	7	4	5	1	6	8	9
6	4	5	7	8	9	3	2	1
8	9	1	2	3	6	4	5	7
3	6	4	8	7	2	1	9	5
5	1	2	6	9	3	7	4	8
9	7	8	5	1	4	2	3	6
4	5	6	9	2	7	8	1	3
7	8	3	1	4	5	9	6	2
1	2	9	3	6	8	5	7	4

#867

1	3	5	7	8	6	4	2	9
4	7	2	3	5	9	1	6	8
6	8	9	2	1	4	3	7	5
9	5	1	6	2	8	7	4	3
2	4	3	9	7	1	8	5	6
7	6	8	4	3	5	9	1	2
3	1	7	5	9	2	6	8	4
8	2	4	1	6	3	5	9	7
5	9	6	8	4	7	2	3	1

#868

1	6	7	8	5	3	2	4	9
2	3	4	9	1	7	6	8	5
5	8	9	6	4	2	7	3	1
7	4	2	3	9	5	1	6	8
6	1	5	7	2	8	4	9	3
8	9	3	1	6	4	5	2	7
4	7	1	2	8	9	3	5	6
9	5	6	4	3	1	8	7	2
3	2	8	5	7	6	9	1	4

#869

4	7	1	3	5	8	2	9	6
3	6	2	4	7	9	1	8	5
5	8	9	2	1	6	4	7	3
9	2	7	1	3	5	6	4	8
1	3	8	7	6	4	5	2	9
6	5	4	8	9	2	7	3	1
7	4	3	6	8	1	9	5	2
2	1	5	9	4	3	8	6	7
8	9	6	5	2	7	3	1	4

#870

5	8	4	6	2	1	3	7	9
6	3	1	7	8	9	4	2	5
2	7	9	3	4	5	6	8	1
3	1	2	8	7	4	9	5	6
4	9	7	5	6	2	8	1	3
8	5	6	9	1	3	2	4	7
1	4	3	2	5	6	7	9	8
7	6	5	4	9	8	1	3	2
9	2	8	1	3	7	5	6	4

#871

3	5	4	1	2	8	6	7	9
6	7	8	9	5	3	4	1	2
9	1	2	4	6	7	3	5	8
4	3	1	5	8	6	2	9	7
2	9	5	7	4	1	8	3	6
8	6	7	2	3	9	1	4	5
5	4	3	6	9	2	7	8	1
7	8	6	3	1	5	9	2	4
1	2	9	8	7	4	5	6	3

#872

2	4	3	7	8	1	9	5	6
9	5	6	2	4	3	1	8	7
7	1	8	9	5	6	2	4	3
4	9	7	3	6	5	8	2	1
3	8	5	1	9	2	6	7	4
6	2	1	8	7	4	3	9	5
5	3	2	4	1	9	7	6	8
8	6	9	5	3	7	4	1	2
1	7	4	6	2	8	5	3	9

#873

5	7	1	3	8	4	6	2	9
6	2	3	5	7	9	1	8	4
4	8	9	1	2	6	5	7	3
8	6	5	9	1	7	3	4	2
9	3	2	4	6	8	7	5	1
1	4	7	2	5	3	8	9	6
7	9	8	6	4	1	2	3	5
3	5	6	8	9	2	4	1	7
2	1	4	7	3	5	9	6	8

#874

5	2	1	3	4	6	7	8	9
6	4	3	7	8	9	1	2	5
7	8	9	5	1	2	3	4	6
1	3	5	6	7	4	8	9	2
8	6	2	1	9	3	4	5	7
9	7	4	2	5	8	6	1	3
2	1	8	9	3	7	5	6	4
3	5	6	4	2	1	9	7	8
4	9	7	8	6	5	2	3	1

#875

7	6	8	5	2	3	4	9	1
5	9	2	1	4	8	3	6	7
3	4	1	6	7	9	5	2	8
6	1	3	8	5	4	9	7	2
8	2	7	9	3	1	6	5	4
4	5	9	2	6	7	1	8	3
1	3	5	7	8	6	2	4	9
2	7	4	3	9	5	8	1	6
9	8	6	4	1	2	7	3	5

#876

3	4	1	2	5	6	7	8	9
2	5	6	7	8	9	1	3	4
7	8	9	3	4	1	2	5	6
6	7	4	1	3	5	8	9	2
1	2	5	8	9	7	4	6	3
9	3	8	4	6	2	5	7	1
4	6	2	5	7	3	9	1	8
5	1	3	9	2	8	6	4	7
8	9	7	6	1	4	3	2	5

#877

1	3	4	5	7	6	8	2	9
5	7	6	8	2	9	1	3	4
2	8	9	1	3	4	5	6	7
7	5	1	9	8	2	3	4	6
8	9	2	4	6	3	7	1	5
4	6	3	7	1	5	2	9	8
9	1	5	2	4	7	6	8	3
3	4	8	6	5	1	9	7	2
6	2	7	3	9	8	4	5	1

#878

1	7	3	2	5	4	6	8	9
6	2	4	7	8	9	3	5	1
5	8	9	1	3	6	2	4	7
2	1	5	6	7	3	8	9	4
8	3	6	9	4	5	7	1	2
4	9	7	8	2	1	5	3	6
3	5	2	4	9	7	1	6	8
7	4	1	3	6	8	9	2	5
9	6	8	5	1	2	4	7	3

#879

8	2	1	4	3	6	7	5	9
7	3	4	2	5	9	8	1	6
5	6	9	7	1	8	4	2	3
3	1	7	8	9	4	2	6	5
6	5	8	3	7	2	9	4	1
9	4	2	5	6	1	3	7	8
2	9	6	1	8	7	5	3	4
4	8	5	6	2	3	1	9	7
1	7	3	9	4	5	6	8	2

#880

7	6	8	1	3	2	4	5	9
9	4	2	5	6	7	1	3	8
1	3	5	4	8	9	2	6	7
2	5	6	7	4	1	8	9	3
3	8	7	9	2	6	5	1	4
4	9	1	3	5	8	6	7	2
5	1	4	2	9	3	7	8	6
6	2	3	8	7	5	9	4	1
8	7	9	6	1	4	3	2	5

#881

5	4	6	1	9	2	3	7	8
3	7	8	5	6	4	1	2	9
2	1	9	7	8	3	5	6	4
6	5	1	4	7	8	9	3	2
9	2	4	6	3	5	8	1	7
8	3	7	2	1	9	6	4	5
7	8	5	3	4	6	2	9	1
1	9	3	8	2	7	4	5	6
4	6	2	9	5	1	7	8	3

#882

1	2	3	5	6	9	7	4	8
4	5	6	1	8	7	2	3	9
7	8	9	2	3	4	5	6	1
9	7	2	3	4	5	1	8	6
8	1	4	9	7	6	3	5	2
6	3	5	8	1	2	9	7	4
2	4	1	7	5	8	6	9	3
3	6	7	4	9	1	8	2	5
5	9	8	6	2	3	4	1	7

#883

4	3	1	6	5	7	2	9	8
2	5	6	3	8	9	1	4	7
7	8	9	2	4	1	3	5	6
5	9	2	7	6	4	8	3	1
6	1	3	5	2	8	4	7	9
8	4	7	9	1	3	6	2	5
1	7	4	8	9	2	5	6	3
9	2	5	1	3	6	7	8	4
3	6	8	4	7	5	9	1	2

#884

9	5	7	4	6	8	1	2	3
4	6	2	3	9	1	5	7	8
1	3	8	5	2	7	4	6	9
3	1	5	9	4	6	7	8	2
7	8	4	1	3	2	6	9	5
2	9	6	7	8	5	3	1	4
5	2	3	6	7	9	8	4	1
6	4	9	8	1	3	2	5	7
8	7	1	2	5	4	9	3	6

#885

1	2	4	5	6	3	7	8	9
3	5	6	7	8	9	2	1	4
7	8	9	2	1	4	3	5	6
4	3	2	1	5	6	8	9	7
6	9	7	8	3	2	1	4	5
5	1	8	4	9	7	6	2	3
2	6	5	3	4	1	9	7	8
8	7	3	9	2	5	4	6	1
9	4	1	6	7	8	5	3	2

#886

7	8	5	6	9	4	3	2	1
4	6	1	2	3	8	5	7	9
2	3	9	5	1	7	4	6	8
3	7	6	4	8	1	9	5	2
8	1	2	9	5	3	6	4	7
9	5	4	7	2	6	1	8	3
1	2	7	3	4	5	8	9	6
5	9	3	8	6	2	7	1	4
6	4	8	1	7	9	2	3	5

#887

2	6	1	3	4	5	7	8	9
7	3	4	8	1	9	2	5	6
5	8	9	2	6	7	3	1	4
6	7	5	4	3	1	8	9	2
8	4	2	7	9	6	5	3	1
9	1	3	5	8	2	4	6	7
3	5	6	9	7	4	1	2	8
4	9	8	1	2	3	6	7	5
1	2	7	6	5	8	9	4	3

#888

4	1	6	3	2	5	7	8	9
3	5	7	6	8	9	1	2	4
8	2	9	1	4	7	3	5	6
5	8	1	7	3	4	9	6	2
6	7	2	5	9	8	4	1	3
9	4	3	2	1	6	5	7	8
7	3	4	8	5	2	6	9	1
2	9	5	4	6	1	8	3	7
1	6	8	9	7	3	2	4	5

#889

1	2	3	7	9	8	6	4	5
6	4	5	1	2	3	8	7	9
7	8	9	4	5	6	1	2	3
5	6	1	9	8	4	7	3	2
9	7	2	3	6	1	4	5	8
4	3	8	2	7	5	9	6	1
2	5	4	6	1	9	3	8	7
3	9	7	8	4	2	5	1	6
8	1	6	5	3	7	2	9	4

#890

5	6	2	8	1	4	3	7	9
3	8	1	6	7	9	5	2	4
4	7	9	5	2	3	1	8	6
2	4	5	9	3	6	8	1	7
9	1	6	7	8	2	4	5	3
8	3	7	4	5	1	6	9	2
1	5	3	2	6	7	9	4	8
6	2	4	1	9	8	7	3	5
7	9	8	3	4	5	2	6	1

#891

8	3	2	4	1	5	6	7	9
4	1	5	6	7	9	2	3	8
6	7	9	2	3	8	1	4	5
3	5	4	1	8	2	7	9	6
7	9	6	5	4	3	8	1	2
2	8	1	7	9	6	3	5	4
5	4	8	3	2	1	9	6	7
1	2	7	9	6	4	5	8	3
9	6	3	8	5	7	4	2	1

#892

4	6	5	7	1	8	2	3	9
2	7	3	4	5	9	6	8	1
8	9	1	2	3	6	4	5	7
5	1	8	3	9	2	7	4	6
7	2	9	5	6	4	8	1	3
6	3	4	1	8	7	9	2	5
3	4	6	9	2	5	1	7	8
1	8	2	6	7	3	5	9	4
9	5	7	8	4	1	3	6	2

#893

5	2	4	3	7	9	6	8	1
9	1	3	5	6	8	2	7	4
6	7	8	2	4	1	5	3	9
1	3	2	8	5	7	9	4	6
8	5	7	4	9	6	1	2	3
4	9	6	1	3	2	7	5	8
2	4	9	6	8	5	3	1	7
3	6	5	7	1	4	8	9	2
7	8	1	9	2	3	4	6	5

#894

5	6	3	1	8	2	4	7	9
4	1	2	7	9	6	5	3	8
7	8	9	3	4	5	6	2	1
8	5	1	6	3	7	2	9	4
3	7	4	9	2	8	1	5	6
2	9	6	5	1	4	7	8	3
1	3	5	2	6	9	8	4	7
6	2	8	4	7	3	9	1	5
9	4	7	8	5	1	3	6	2

#895

4	1	5	8	9	3	6	7	2
6	7	2	1	5	4	9	3	8
3	8	9	6	7	2	4	1	5
2	4	7	5	6	9	3	8	1
8	3	6	2	4	1	5	9	7
5	9	1	3	8	7	2	4	6
1	2	8	4	3	5	7	6	9
7	5	4	9	1	6	8	2	3
9	6	3	7	2	8	1	5	4

#896

6	8	5	7	2	9	1	3	4
1	3	4	6	8	5	2	7	9
2	9	7	1	3	4	6	8	5
4	7	1	2	5	8	3	9	6
5	6	3	9	7	1	8	4	2
8	2	9	4	6	3	5	1	7
7	4	6	8	1	2	9	5	3
9	5	8	3	4	6	7	2	1
3	1	2	5	9	7	4	6	8

#897

8	9	3	5	4	1	2	6	7
2	5	4	6	7	9	3	8	1
1	6	7	2	3	8	4	5	9
3	4	8	1	9	5	6	7	2
7	1	6	4	2	3	5	9	8
9	2	5	8	6	7	1	3	4
4	7	9	3	5	2	8	1	6
5	8	2	7	1	6	9	4	3
6	3	1	9	8	4	7	2	5

#898

2	3	4	6	1	8	5	7	9
5	6	7	2	4	9	1	8	3
1	8	9	7	5	3	4	6	2
7	2	3	1	8	6	9	4	5
4	9	6	5	3	2	7	1	8
8	5	1	4	9	7	3	2	6
6	4	5	3	2	1	8	9	7
3	7	8	9	6	4	2	5	1
9	1	2	8	7	5	6	3	4

#899

4	1	2	3	5	6	7	8	9
5	3	6	7	8	9	4	1	2
7	8	9	4	2	1	3	5	6
6	2	3	5	4	7	1	9	8
8	4	7	9	1	2	5	6	3
9	5	1	6	3	8	2	4	7
2	7	8	1	9	4	6	3	5
1	6	5	8	7	3	9	2	4
3	9	4	2	6	5	8	7	1

#900

3	1	2	4	5	6	7	8	9
4	5	6	7	8	9	3	1	2
7	8	9	3	2	1	4	5	6
2	3	5	1	7	4	9	6	8
8	6	7	9	3	5	1	2	4
9	4	1	2	6	8	5	3	7
5	7	8	6	4	3	2	9	1
1	2	3	8	9	7	6	4	5
6	9	4	5	1	2	8	7	3

#901

2	4	5	3	1	6	7	8	9
3	1	6	7	8	9	2	4	5
7	8	9	2	4	5	3	1	6
1	3	4	5	2	7	6	9	8
8	5	2	9	6	4	1	3	7
6	9	7	8	3	1	4	5	2
4	2	8	6	5	3	9	7	1
5	7	1	4	9	2	8	6	3
9	6	3	1	7	8	5	2	4

#902

5	1	2	6	3	4	7	8	9
3	6	4	7	8	9	5	1	2
7	8	9	5	1	2	3	4	6
6	4	5	8	2	1	9	3	7
9	2	1	3	7	6	4	5	8
8	3	7	4	9	5	2	6	1
1	7	3	2	4	8	6	9	5
2	5	8	9	6	3	1	7	4
4	9	6	1	5	7	8	2	3

#903

8	6	3	2	1	4	5	7	9
5	7	9	8	6	3	2	4	1
1	4	2	7	5	9	8	6	3
7	9	8	3	2	5	4	1	6
2	1	6	9	4	8	3	5	7
4	3	5	6	7	1	9	8	2
6	8	7	4	3	2	1	9	5
3	5	4	1	9	6	7	2	8
9	2	1	5	8	7	6	3	4

#904

8	6	7	4	2	1	5	3	9
1	4	3	6	9	5	8	7	2
2	5	9	8	7	3	1	6	4
4	1	6	5	8	7	2	9	3
3	8	2	9	1	6	4	5	7
9	7	5	3	4	2	6	1	8
6	2	1	7	3	4	9	8	5
5	3	8	2	6	9	7	4	1
7	9	4	1	5	8	3	2	6

#905

8	4	3	6	1	5	7	2	9
1	5	6	7	2	9	3	4	8
7	2	9	3	4	8	1	5	6
2	7	5	4	8	1	6	9	3
6	8	1	2	9	3	4	7	5
3	9	4	5	6	7	2	8	1
4	3	8	1	5	2	9	6	7
5	1	2	9	7	6	8	3	4
9	6	7	8	3	4	5	1	2

#906

2	3	5	9	4	7	1	6	8
4	7	8	2	1	6	3	5	9
6	9	1	3	8	5	2	7	4
9	5	6	7	2	3	4	8	1
7	4	2	8	6	1	9	3	5
1	8	3	4	5	9	6	2	7
5	1	7	6	9	2	8	4	3
8	6	9	5	3	4	7	1	2
3	2	4	1	7	8	5	9	6

#907

9	1	4	5	6	2	3	7	8
5	6	3	7	8	9	1	2	4
2	7	8	3	4	1	5	6	9
3	5	6	8	7	4	9	1	2
1	8	9	6	2	3	7	4	5
4	2	7	9	1	5	6	8	3
6	3	2	4	5	7	8	9	1
7	4	5	1	9	8	2	3	6
8	9	1	2	3	6	4	5	7

#908

5	8	3	6	1	4	2	7	9
6	2	1	7	8	9	3	4	5
4	7	9	3	2	5	6	1	8
2	3	5	4	6	1	9	8	7
8	6	7	5	9	3	4	2	1
9	1	4	2	7	8	5	3	6
1	9	2	8	3	6	7	5	4
3	4	6	1	5	7	8	9	2
7	5	8	9	4	2	1	6	3

#909

8	4	5	3	2	6	7	1	9
6	3	7	8	9	1	4	2	5
2	9	1	4	5	7	3	6	8
1	5	2	6	3	4	8	9	7
9	6	8	7	1	5	2	3	4
3	7	4	2	8	9	1	5	6
4	8	3	5	6	2	9	7	1
5	2	9	1	7	8	6	4	3
7	1	6	9	4	3	5	8	2

#910

3	1	6	8	4	9	7	5	2
7	2	5	1	6	3	4	9	8
4	8	9	7	2	5	3	1	6
6	9	4	3	1	2	5	8	7
8	3	7	6	5	4	9	2	1
1	5	2	9	7	8	6	3	4
5	6	3	2	8	7	1	4	9
9	7	8	4	3	1	2	6	5
2	4	1	5	9	6	8	7	3

#911

3	1	2	5	8	4	6	7	9
4	5	6	9	3	7	1	8	2
9	7	8	1	2	6	3	5	4
7	4	9	3	6	8	5	2	1
5	2	3	7	9	1	4	6	8
6	8	1	4	5	2	9	3	7
1	3	4	2	7	5	8	9	6
2	6	5	8	1	9	7	4	3
8	9	7	6	4	3	2	1	5

#912

4	2	6	8	9	7	5	1	3
1	7	3	5	2	4	6	8	9
5	8	9	3	1	6	4	2	7
8	1	4	7	3	9	2	5	6
6	3	2	4	5	1	9	7	8
9	5	7	2	6	8	1	3	4
2	4	8	9	7	5	3	6	1
7	6	5	1	4	3	8	9	2
3	9	1	6	8	2	7	4	5

#913

7	5	6	1	2	3	4	8	9
2	3	4	7	8	9	5	6	1
1	8	9	4	5	6	3	2	7
3	6	5	2	9	1	8	7	4
4	2	7	8	3	5	9	1	6
8	9	1	6	4	7	2	3	5
5	1	2	3	6	4	7	9	8
6	4	3	9	7	8	1	5	2
9	7	8	5	1	2	6	4	3

#914

5	6	7	8	4	2	3	1	9
8	2	4	3	9	1	5	6	7
3	1	9	5	6	7	2	4	8
1	4	5	6	3	8	9	7	2
6	9	3	7	2	4	8	5	1
2	7	8	9	1	5	4	3	6
4	8	2	1	7	3	6	9	5
7	3	6	2	5	9	1	8	4
9	5	1	4	8	6	7	2	3

#915

2	4	5	3	9	8	1	6	7
6	7	1	2	4	5	3	9	8
3	8	9	6	7	1	4	5	2
9	2	6	4	8	7	5	1	3
7	5	3	9	1	2	8	4	6
4	1	8	5	6	3	2	7	9
5	6	2	7	3	4	9	8	1
8	9	4	1	2	6	7	3	5
1	3	7	8	5	9	6	2	4

#916

1	6	7	3	5	9	4	8	2
8	2	3	6	7	4	1	5	9
4	5	9	1	2	8	7	6	3
9	3	1	4	6	5	8	2	7
7	4	6	2	8	3	9	1	5
5	8	2	9	1	7	3	4	6
6	1	8	7	3	2	5	9	4
2	7	4	5	9	1	6	3	8
3	9	5	8	4	6	2	7	1

#917

5	6	3	1	4	2	7	9	8
7	2	1	8	9	6	5	3	4
4	8	9	3	7	5	1	2	6
8	3	2	4	1	9	6	5	7
1	7	5	6	2	8	9	4	3
9	4	6	7	5	3	8	1	2
6	5	4	2	8	1	3	7	9
3	9	7	5	6	4	2	8	1
2	1	8	9	3	7	4	6	5

#918

3	5	4	9	6	8	7	2	1
7	6	2	5	4	1	3	9	8
8	1	9	2	3	7	4	5	6
2	7	5	6	1	4	8	3	9
9	3	6	8	7	5	2	1	4
4	8	1	3	2	9	6	7	5
5	4	3	7	9	6	1	8	2
6	2	8	1	5	3	9	4	7
1	9	7	4	8	2	5	6	3

#919

4	6	5	8	2	3	1	9	7
7	3	8	6	9	1	4	5	2
1	2	9	4	5	7	3	6	8
3	7	4	1	6	9	2	8	5
6	8	2	5	3	4	9	7	1
5	9	1	2	7	8	6	3	4
8	4	7	3	1	6	5	2	9
9	5	3	7	4	2	8	1	6
2	1	6	9	8	5	7	4	3

#920

4	8	6	3	1	5	2	7	9
1	5	2	7	8	9	4	3	6
3	7	9	2	4	6	1	5	8
2	3	1	6	5	7	8	9	4
7	4	5	8	9	2	6	1	3
9	6	8	4	3	1	5	2	7
5	2	7	9	6	4	3	8	1
6	9	3	1	2	8	7	4	5
8	1	4	5	7	3	9	6	2

#921

9	7	8	6	4	2	5	1	3
6	4	2	5	3	1	9	7	8
3	5	1	8	7	9	4	6	2
1	8	9	3	2	7	6	5	4
7	3	6	4	8	5	2	9	1
4	2	5	9	1	6	8	3	7
5	1	7	2	9	8	3	4	6
8	6	3	7	5	4	1	2	9
2	9	4	1	6	3	7	8	5

#922

6	5	2	7	4	3	8	9	1
7	4	1	6	8	9	3	5	2
3	8	9	2	5	1	4	6	7
1	2	6	5	3	7	9	4	8
8	3	4	9	1	2	6	7	5
9	7	5	4	6	8	1	2	3
2	6	3	1	7	4	5	8	9
4	9	8	3	2	5	7	1	6
5	1	7	8	9	6	2	3	4

#923

8	4	2	3	6	7	9	1	5
3	7	5	2	1	9	8	4	6
1	6	9	5	4	8	7	2	3
2	8	1	9	5	4	6	3	7
4	3	6	8	7	1	2	5	9
5	9	7	6	2	3	4	8	1
9	2	8	7	3	5	1	6	4
7	1	3	4	8	6	5	9	2
6	5	4	1	9	2	3	7	8

#924

1	2	3	9	5	7	4	6	8
9	4	5	6	8	3	1	7	2
6	7	8	1	2	4	9	3	5
2	1	9	4	6	5	3	8	7
3	6	4	7	9	8	5	2	1
8	5	7	3	1	2	6	9	4
5	3	1	2	7	9	8	4	6
7	9	6	8	4	1	2	5	3
4	8	2	5	3	6	7	1	9

#925

2	8	3	9	1	7	4	5	6
4	5	6	3	8	2	1	9	7
1	7	9	5	6	4	2	8	3
7	4	5	6	3	9	8	2	1
6	3	1	8	2	5	9	7	4
9	2	8	4	7	1	3	6	5
8	6	4	2	5	3	7	1	9
3	1	2	7	9	6	5	4	8
5	9	7	1	4	8	6	3	2

#926

8	4	6	3	2	5	7	9	1
7	1	3	4	6	9	5	2	8
2	5	9	8	1	7	4	6	3
5	8	4	1	3	2	6	7	9
6	3	7	9	5	4	8	1	2
9	2	1	6	7	8	3	5	4
4	9	2	5	8	6	1	3	7
3	7	5	2	4	1	9	8	6
1	6	8	7	9	3	2	4	5

#927

2	5	4	6	8	3	9	1	7
1	6	7	2	9	4	8	3	5
8	3	9	7	5	1	2	4	6
6	1	3	5	7	8	4	2	9
9	8	5	4	3	2	7	6	1
4	7	2	1	6	9	5	8	3
5	2	1	3	4	7	6	9	8
3	9	6	8	2	5	1	7	4
7	4	8	9	1	6	3	5	2

#928

7	8	9	1	3	4	5	2	6
5	1	2	6	7	8	3	4	9
3	4	6	5	2	9	7	8	1
4	7	5	2	6	3	1	9	8
1	6	3	8	9	5	2	7	4
2	9	8	4	1	7	6	3	5
6	3	1	9	4	2	8	5	7
8	2	4	7	5	6	9	1	3
9	5	7	3	8	1	4	6	2

#929

1	7	4	6	8	9	3	5	2
5	3	6	1	7	2	4	8	9
2	8	9	4	5	3	7	1	6
8	6	7	3	9	5	1	2	4
4	1	5	7	2	6	9	3	8
9	2	3	8	1	4	5	6	7
7	5	1	2	4	8	6	9	3
3	4	2	9	6	1	8	7	5
6	9	8	5	3	7	2	4	1

#930

1	3	6	7	8	9	2	4	5
4	2	5	1	3	6	7	9	8
7	8	9	4	5	2	1	3	6
2	4	3	5	7	8	6	1	9
6	5	7	9	2	1	4	8	3
8	9	1	3	6	4	5	2	7
5	1	2	6	9	3	8	7	4
9	7	4	8	1	5	3	6	2
3	6	8	2	4	7	9	5	1

#931

1	5	7	2	3	4	6	8	9
2	6	3	7	8	9	1	4	5
4	8	9	5	6	1	2	3	7
6	7	5	8	4	2	9	1	3
3	9	1	6	7	5	4	2	8
8	2	4	1	9	3	5	7	6
5	3	6	4	1	7	8	9	2
7	4	2	9	5	8	3	6	1
9	1	8	3	2	6	7	5	4

#932

8	4	7	3	2	1	5	6	9
6	1	5	4	7	9	3	2	8
2	3	9	5	6	8	4	7	1
1	5	2	6	8	3	7	9	4
3	8	4	9	5	7	2	1	6
7	9	6	2	1	4	8	3	5
4	6	8	1	3	2	9	5	7
5	7	3	8	9	6	1	4	2
9	2	1	7	4	5	6	8	3

#933

5	7	4	6	3	8	1	2	9
6	1	8	7	2	9	3	4	5
2	3	9	4	1	5	6	7	8
7	6	2	5	8	3	4	9	1
4	9	3	1	7	6	5	8	2
8	5	1	2	9	4	7	3	6
3	2	5	8	6	7	9	1	4
1	4	7	9	5	2	8	6	3
9	8	6	3	4	1	2	5	7

#934

5	1	2	6	3	4	7	8	9
3	4	6	7	8	9	1	2	5
7	8	9	2	5	1	3	4	6
1	5	4	3	6	7	8	9	2
8	6	3	9	1	2	4	5	7
2	9	7	5	4	8	6	1	3
4	2	5	8	7	3	9	6	1
6	3	1	4	9	5	2	7	8
9	7	8	1	2	6	5	3	4

#935

2	5	6	7	3	4	1	8	9
4	7	3	1	8	9	2	5	6
1	8	9	2	5	6	3	4	7
5	2	4	3	6	7	8	9	1
3	6	7	9	1	8	5	2	4
9	1	8	4	2	5	6	7	3
6	4	2	5	7	3	9	1	8
7	3	1	8	9	2	4	6	5
8	9	5	6	4	1	7	3	2

#936

7	8	5	1	3	4	2	6	9
6	2	3	5	7	9	4	1	8
1	4	9	2	6	8	3	5	7
8	5	6	3	4	7	1	9	2
9	3	2	6	5	1	7	8	4
4	1	7	8	9	2	5	3	6
2	7	1	9	8	3	6	4	5
3	6	8	4	2	5	9	7	1
5	9	4	7	1	6	8	2	3

#937

3	7	4	5	6	8	1	2	9
5	6	1	2	7	9	3	4	8
8	2	9	1	3	4	5	6	7
6	4	2	7	5	1	8	9	3
7	1	3	9	8	2	4	5	6
9	5	8	3	4	6	2	7	1
4	9	5	6	1	3	7	8	2
1	8	6	4	2	7	9	3	5
2	3	7	8	9	5	6	1	4

#938

5	7	8	6	9	4	1	2	3
4	3	6	8	1	2	5	7	9
9	1	2	3	5	7	4	6	8
3	5	4	7	2	6	9	8	1
6	8	1	9	3	5	2	4	7
2	9	7	4	8	1	3	5	6
7	2	3	1	4	8	6	9	5
8	4	9	5	6	3	7	1	2
1	6	5	2	7	9	8	3	4

#939

7	1	3	2	4	8	6	5	9
6	4	5	1	3	9	7	2	8
2	8	9	6	5	7	4	1	3
8	7	4	3	6	5	1	9	2
9	2	6	8	7	1	3	4	5
3	5	1	9	2	4	8	7	6
1	3	7	5	8	2	9	6	4
4	6	2	7	9	3	5	8	1
5	9	8	4	1	6	2	3	7

#940

5	4	3	6	2	7	8	9	1
6	7	8	5	1	9	2	3	4
2	9	1	3	4	8	5	6	7
3	1	5	4	8	2	6	7	9
8	2	4	7	9	6	1	5	3
7	6	9	1	3	5	4	2	8
4	5	7	8	6	3	9	1	2
1	3	2	9	5	4	7	8	6
9	8	6	2	7	1	3	4	5

#941

1	7	6	4	5	8	2	3	9
2	4	3	6	1	9	5	7	8
5	8	9	2	3	7	4	6	1
3	1	4	5	7	2	9	8	6
6	9	7	8	4	1	3	2	5
8	2	5	3	9	6	7	1	4
4	5	2	1	6	3	8	9	7
7	3	1	9	8	4	6	5	2
9	6	8	7	2	5	1	4	3

#942

4	6	3	5	7	2	8	9	1
2	5	7	8	1	9	3	4	6
8	9	1	3	4	6	5	2	7
5	8	4	1	6	7	9	3	2
9	1	2	4	8	3	6	7	5
3	7	6	2	9	5	4	1	8
6	3	9	7	5	1	2	8	4
7	2	8	6	3	4	1	5	9
1	4	5	9	2	8	7	6	3

#943

7	2	3	5	8	1	4	6	9
1	4	5	6	9	2	7	3	8
6	8	9	7	4	3	1	2	5
9	1	6	3	2	5	8	7	4
2	3	8	4	1	7	5	9	6
4	5	7	8	6	9	2	1	3
5	7	1	9	3	4	6	8	2
3	6	4	2	7	8	9	5	1
8	9	2	1	5	6	3	4	7

#944

5	2	1	8	7	6	4	3	9
6	4	3	2	5	9	1	8	7
7	8	9	1	4	3	2	5	6
1	5	2	4	3	7	6	9	8
8	9	4	6	2	5	7	1	3
3	6	7	9	1	8	5	2	4
2	1	6	3	8	4	9	7	5
9	3	5	7	6	2	8	4	1
4	7	8	5	9	1	3	6	2

#945

3	7	6	9	4	8	1	5	2
5	2	4	7	6	1	3	8	9
1	8	9	5	2	3	7	6	4
9	3	7	4	8	2	5	1	6
6	4	5	3	1	7	9	2	8
8	1	2	6	5	9	4	3	7
7	9	8	1	3	6	2	4	5
2	5	1	8	7	4	6	9	3
4	6	3	2	9	5	8	7	1

#946

3	1	2	4	5	6	7	8	9
4	5	6	7	8	9	1	2	3
7	8	9	3	2	1	4	5	6
5	4	3	8	1	2	6	9	7
1	2	7	6	9	3	5	4	8
9	6	8	5	4	7	2	3	1
2	9	4	1	6	8	3	7	5
6	3	5	9	7	4	8	1	2
8	7	1	2	3	5	9	6	4

#947

5	1	2	4	3	6	7	8	9
3	4	6	7	8	9	1	2	5
7	8	9	1	2	5	3	4	6
6	3	7	2	9	4	5	1	8
9	5	4	6	1	8	2	7	3
1	2	8	3	5	7	6	9	4
2	7	5	8	4	3	9	6	1
4	6	3	9	7	1	8	5	2
8	9	1	5	6	2	4	3	7

#948

4	5	6	3	2	1	8	7	9
3	2	1	7	9	8	4	5	6
8	7	9	4	5	6	3	2	1
9	8	5	1	3	7	6	4	2
6	4	2	5	8	9	1	3	7
1	3	7	6	4	2	9	8	5
2	6	4	8	1	5	7	9	3
7	9	8	2	6	3	5	1	4
5	1	3	9	7	4	2	6	8

#949

5	8	4	3	1	7	6	9	2
3	1	2	8	6	9	5	4	7
6	7	9	4	2	5	8	3	1
8	4	3	1	9	2	7	5	6
2	6	1	7	5	3	4	8	9
9	5	7	6	8	4	1	2	3
1	2	6	5	3	8	9	7	4
4	3	5	9	7	1	2	6	8
7	9	8	2	4	6	3	1	5

#950

4	8	2	1	5	3	6	7	9
3	5	6	7	8	9	4	1	2
7	9	1	2	4	6	3	5	8
5	7	4	3	1	2	8	9	6
6	1	3	8	9	7	5	2	4
8	2	9	4	6	5	7	3	1
2	4	8	5	3	1	9	6	7
9	3	7	6	2	4	1	8	5
1	6	5	9	7	8	2	4	3

#951

2	4	3	6	1	8	5	9	7
5	8	6	4	9	7	2	3	1
7	1	9	3	5	2	6	8	4
9	3	5	2	4	1	8	7	6
4	6	7	9	8	3	1	2	5
8	2	1	5	7	6	9	4	3
3	5	2	8	6	4	7	1	9
6	7	8	1	3	9	4	5	2
1	9	4	7	2	5	3	6	8

#952

7	5	1	6	4	3	2	8	9
6	2	4	7	8	9	1	3	5
3	8	9	5	1	2	6	7	4
8	7	5	1	9	4	3	6	2
4	9	2	3	6	7	8	5	1
1	6	3	2	5	8	4	9	7
9	1	7	4	3	6	5	2	8
2	4	6	8	7	5	9	1	3
5	3	8	9	2	1	7	4	6

#953

8	7	2	5	6	1	9	4	3
1	3	4	9	8	7	2	6	5
9	5	6	2	3	4	8	1	7
5	8	9	4	7	3	1	2	6
7	6	1	8	9	2	3	5	4
2	4	3	1	5	6	7	9	8
6	9	8	3	2	5	4	7	1
3	1	5	7	4	9	6	8	2
4	2	7	6	1	8	5	3	9

#954

3	1	5	2	7	9	8	4	6
2	6	4	3	1	8	5	9	7
7	8	9	4	5	6	3	2	1
5	3	7	1	9	2	4	6	8
6	2	1	8	4	7	9	3	5
9	4	8	6	3	5	1	7	2
8	7	3	5	2	4	6	1	9
1	5	2	9	6	3	7	8	4
4	9	6	7	8	1	2	5	3

#955

9	1	3	4	5	2	6	7	8
4	5	2	6	7	8	3	9	1
6	7	8	1	3	9	4	2	5
2	3	4	5	8	1	7	6	9
5	6	9	3	2	7	8	1	4
7	8	1	9	4	6	2	5	3
3	2	5	7	9	4	1	8	6
1	4	7	8	6	5	9	3	2
8	9	6	2	1	3	5	4	7

#956

8	1	2	3	4	5	6	7	9
4	3	5	6	7	9	1	2	8
6	7	9	2	8	1	3	4	5
7	6	3	4	5	2	8	9	1
2	8	4	9	1	3	5	6	7
5	9	1	7	6	8	2	3	4
3	4	8	5	2	7	9	1	6
9	5	6	1	3	4	7	8	2
1	2	7	8	9	6	4	5	3

#957

4	2	6	9	3	1	7	5	8
7	5	8	4	6	2	1	3	9
3	1	9	7	5	8	4	2	6
2	4	5	6	8	7	9	1	3
9	8	7	1	4	3	2	6	5
6	3	1	2	9	5	8	4	7
5	7	3	8	2	4	6	9	1
1	9	4	5	7	6	3	8	2
8	6	2	3	1	9	5	7	4

#958

4	7	5	6	9	1	3	2	8
6	2	8	5	4	3	7	9	1
3	1	9	7	2	8	4	5	6
7	3	4	9	8	2	1	6	5
9	6	2	1	3	5	8	4	7
5	8	1	4	7	6	2	3	9
8	4	6	3	5	7	9	1	2
2	5	3	8	1	9	6	7	4
1	9	7	2	6	4	5	8	3

#959

7	5	4	3	6	8	9	1	2
3	6	2	1	7	9	4	5	8
8	9	1	4	2	5	3	6	7
2	1	8	9	4	3	5	7	6
5	3	9	6	8	7	1	2	4
6	4	7	2	5	1	8	3	9
4	7	3	5	9	2	6	8	1
1	2	6	8	3	4	7	9	5
9	8	5	7	1	6	2	4	3

#960

1	5	7	4	8	6	3	2	9
2	3	4	1	5	9	8	6	7
6	8	9	7	2	3	1	4	5
8	7	5	2	9	4	6	1	3
9	2	3	6	7	1	4	5	8
4	6	1	5	3	8	7	9	2
3	4	2	9	1	7	5	8	6
7	9	6	8	4	5	2	3	1
5	1	8	3	6	2	9	7	4

#961

4	5	6	2	3	1	7	8	9
1	7	2	6	8	9	3	4	5
3	8	9	4	5	7	1	2	6
5	6	4	8	7	3	2	9	1
9	2	7	1	6	4	5	3	8
8	3	1	5	9	2	4	6	7
2	9	5	7	4	6	8	1	3
6	4	8	3	1	5	9	7	2
7	1	3	9	2	8	6	5	4

#962

1	4	5	2	3	6	7	8	9
6	7	8	1	4	9	3	2	5
2	3	9	5	7	8	4	1	6
4	5	2	7	6	3	8	9	1
8	9	6	4	5	1	2	7	3
3	1	7	8	9	2	5	6	4
5	2	1	6	8	4	9	3	7
7	6	3	9	2	5	1	4	8
9	8	4	3	1	7	6	5	2

#963

6	7	8	3	5	4	1	2	9
5	1	3	2	8	9	4	6	7
2	4	9	6	1	7	3	5	8
7	8	4	5	3	6	9	1	2
3	2	1	9	7	8	5	4	6
9	5	6	1	4	2	7	8	3
4	3	2	7	6	1	8	9	5
1	6	5	8	9	3	2	7	4
8	9	7	4	2	5	6	3	1

#964

6	2	4	5	1	3	7	8	9
5	3	7	6	8	9	4	2	1
1	8	9	2	4	7	3	5	6
3	6	5	7	2	1	8	9	4
8	4	1	3	9	5	2	6	7
9	7	2	4	6	8	5	1	3
2	5	6	9	7	4	1	3	8
4	1	3	8	5	6	9	7	2
7	9	8	1	3	2	6	4	5

#965

1	4	6	8	9	3	7	2	5
2	5	3	1	6	7	8	9	4
7	8	9	4	2	5	3	1	6
8	9	7	5	3	6	1	4	2
5	1	4	2	7	8	6	3	9
6	3	2	9	4	1	5	7	8
9	6	1	7	5	4	2	8	3
4	7	5	3	8	2	9	6	1
3	2	8	6	1	9	4	5	7

#966

8	7	2	3	1	4	5	6	9
6	4	3	5	8	9	2	1	7
5	1	9	2	6	7	3	4	8
1	8	4	6	3	5	7	9	2
7	2	5	9	4	8	6	3	1
3	9	6	1	7	2	4	8	5
2	3	1	8	5	6	9	7	4
4	5	8	7	9	3	1	2	6
9	6	7	4	2	1	8	5	3

#967

6	7	3	2	4	5	8	9	1
5	2	1	7	8	9	4	3	6
4	8	9	3	6	1	5	2	7
7	1	4	8	2	6	3	5	9
2	5	6	9	1	3	7	8	4
3	9	8	5	7	4	1	6	2
8	4	5	1	9	2	6	7	3
9	6	7	4	3	8	2	1	5
1	3	2	6	5	7	9	4	8

#968

4	7	6	8	3	1	2	5	9
5	1	2	7	6	9	4	3	8
3	8	9	4	5	2	6	7	1
2	6	1	5	4	7	8	9	3
8	5	4	9	1	3	7	6	2
9	3	7	2	8	6	5	1	4
1	4	3	6	7	8	9	2	5
7	2	5	3	9	4	1	8	6
6	9	8	1	2	5	3	4	7

#969

4	3	6	1	8	9	2	5	7
1	5	7	4	6	2	3	9	8
2	8	9	3	5	7	4	6	1
9	2	4	6	7	5	1	8	3
6	1	3	8	2	4	9	7	5
8	7	5	9	3	1	6	2	4
5	9	2	7	4	3	8	1	6
3	6	1	5	9	8	7	4	2
7	4	8	2	1	6	5	3	9

#970

7	5	8	6	3	4	2	9	1
2	6	4	5	1	9	7	8	3
3	1	9	8	2	7	5	4	6
8	2	7	3	4	1	6	5	9
1	4	5	9	6	8	3	7	2
9	3	6	7	5	2	4	1	8
5	9	2	1	7	3	8	6	4
4	7	1	2	8	6	9	3	5
6	8	3	4	9	5	1	2	7

#971

8	9	6	4	5	1	3	2	7
1	5	4	3	2	7	6	8	9
3	2	7	6	8	9	4	5	1
6	3	8	7	4	2	9	1	5
5	4	2	1	9	6	7	3	8
7	1	9	5	3	8	2	4	6
2	6	1	8	7	3	5	9	4
4	7	3	9	1	5	8	6	2
9	8	5	2	6	4	1	7	3

#972

4	2	5	1	8	3	6	7	9
6	7	8	4	9	5	2	3	1
1	9	3	2	6	7	4	5	8
7	5	4	6	1	2	9	8	3
8	6	2	5	3	9	1	4	7
9	3	1	7	4	8	5	2	6
2	4	9	8	7	6	3	1	5
5	8	6	3	2	1	7	9	4
3	1	7	9	5	4	8	6	2

#973

6	1	7	3	2	5	8	4	9
3	5	4	7	9	8	6	2	1
2	8	9	4	6	1	7	5	3
7	2	5	1	3	9	4	8	6
9	3	6	8	5	4	1	7	2
8	4	1	6	7	2	9	3	5
5	6	8	9	4	3	2	1	7
1	7	2	5	8	6	3	9	4
4	9	3	2	1	7	5	6	8

#974

3	4	6	7	1	8	2	5	9
2	5	7	4	6	9	3	8	1
1	8	9	2	3	5	4	6	7
7	2	3	1	8	6	9	4	5
9	6	4	5	2	7	1	3	8
8	1	5	9	4	3	7	2	6
6	7	8	3	9	2	5	1	4
4	9	2	8	5	1	6	7	3
5	3	1	6	7	4	8	9	2

#975

9	7	5	3	2	1	4	6	8
4	3	6	5	7	8	9	1	2
2	1	8	4	6	9	3	5	7
5	2	7	8	9	4	6	3	1
6	8	1	2	3	5	7	9	4
3	4	9	6	1	7	2	8	5
1	6	3	7	8	2	5	4	9
7	9	4	1	5	3	8	2	6
8	5	2	9	4	6	1	7	3

#976

3	7	8	6	5	4	9	1	2
1	2	4	3	7	9	5	6	8
5	6	9	2	8	1	3	4	7
6	9	5	8	4	2	7	3	1
4	1	2	7	3	5	6	8	9
8	3	7	1	9	6	2	5	4
2	5	3	4	1	7	8	9	6
7	8	1	9	6	3	4	2	5
9	4	6	5	2	8	1	7	3

#977

9	8	2	5	3	4	1	6	7
6	3	1	2	7	8	4	5	9
4	5	7	1	6	9	2	3	8
2	4	6	7	5	3	8	9	1
5	7	9	8	1	6	3	2	4
3	1	8	4	9	2	5	7	6
7	2	3	9	4	1	6	8	5
8	9	4	6	2	5	7	1	3
1	6	5	3	8	7	9	4	2

#978

6	5	7	2	1	8	9	4	3
9	4	3	6	5	7	8	2	1
8	2	1	4	3	9	6	5	7
5	3	2	8	4	1	7	6	9
7	1	8	5	9	6	4	3	2
4	9	6	7	2	3	5	1	8
3	6	5	9	7	2	1	8	4
2	8	9	1	6	4	3	7	5
1	7	4	3	8	5	2	9	6

#979

7	5	6	3	8	4	1	9	2
4	3	8	2	1	9	7	5	6
2	1	9	7	6	5	4	8	3
5	8	7	1	3	6	2	4	9
9	6	2	8	4	7	5	3	1
3	4	1	9	5	2	8	6	7
6	2	4	5	7	3	9	1	8
8	9	5	6	2	1	3	7	4
1	7	3	4	9	8	6	2	5

#980

4	5	6	7	3	8	1	2	9
1	7	8	2	6	9	3	4	5
3	2	9	4	1	5	6	7	8
2	1	4	8	5	3	7	9	6
7	6	3	1	9	4	8	5	2
8	9	5	6	2	7	4	3	1
5	4	1	3	8	2	9	6	7
6	3	2	9	7	1	5	8	4
9	8	7	5	4	6	2	1	3

#981

4	5	2	7	1	3	6	9	8
3	6	7	4	9	8	5	1	2
8	1	9	2	6	5	4	3	7
7	3	5	8	2	9	1	6	4
6	8	1	3	5	4	2	7	9
2	9	4	6	7	1	8	5	3
9	4	3	5	8	6	7	2	1
1	2	6	9	4	7	3	8	5
5	7	8	1	3	2	9	4	6

#982

5	8	2	3	4	6	7	1	9
6	7	3	8	9	1	4	2	5
1	4	9	2	5	7	3	6	8
7	5	4	1	3	8	6	9	2
2	9	1	7	6	4	5	8	3
8	3	6	5	2	9	1	4	7
3	6	8	4	7	2	9	5	1
4	2	5	9	1	3	8	7	6
9	1	7	6	8	5	2	3	4

#983

9	5	1	6	4	7	2	3	8
3	6	2	1	5	8	4	7	9
4	7	8	2	3	9	1	5	6
5	2	4	7	1	6	8	9	3
6	9	7	4	8	3	5	1	2
8	1	3	9	2	5	6	4	7
2	3	5	8	7	1	9	6	4
1	4	6	3	9	2	7	8	5
7	8	9	5	6	4	3	2	1

#984

8	3	7	1	4	6	5	2	9
5	1	2	8	7	9	4	6	3
4	6	9	3	5	2	8	7	1
2	7	6	5	3	1	9	4	8
1	5	8	9	6	4	2	3	7
9	4	3	2	8	7	1	5	6
3	2	5	6	9	8	7	1	4
7	8	1	4	2	3	6	9	5
6	9	4	7	1	5	3	8	2

#985

8	5	2	6	4	9	3	1	7
1	3	4	5	2	7	8	6	9
6	7	9	3	8	1	5	4	2
7	4	8	2	5	3	1	9	6
9	6	5	4	1	8	7	2	3
2	1	3	7	9	6	4	8	5
5	8	7	1	6	2	9	3	4
3	2	1	9	7	4	6	5	8
4	9	6	8	3	5	2	7	1

#986

3	5	4	6	8	9	7	2	1
6	7	1	3	4	2	9	8	5
8	9	2	7	5	1	3	4	6
5	2	3	1	7	4	6	9	8
4	1	8	9	2	6	5	3	7
7	6	9	5	3	8	2	1	4
1	4	6	2	9	7	8	5	3
2	3	7	8	1	5	4	6	9
9	8	5	4	6	3	1	7	2

#987

8	1	5	4	3	2	9	7	6
7	3	4	8	6	9	5	1	2
6	2	9	7	5	1	8	3	4
3	8	7	5	1	6	4	2	9
4	9	2	3	7	8	1	6	5
5	6	1	9	2	4	7	8	3
1	4	3	6	9	7	2	5	8
2	5	8	1	4	3	6	9	7
9	7	6	2	8	5	3	4	1

#988

4	8	5	1	2	9	7	3	6
6	7	3	8	5	4	2	1	9
2	1	9	6	7	3	4	8	5
7	4	6	3	9	1	8	5	2
9	3	8	5	4	2	6	7	1
5	2	1	7	6	8	9	4	3
8	5	2	4	1	6	3	9	7
3	6	7	9	8	5	1	2	4
1	9	4	2	3	7	5	6	8

#989

4	3	5	6	2	7	8	9	1
6	7	8	1	5	9	2	3	4
2	9	1	3	4	8	5	6	7
5	1	3	7	8	2	6	4	9
7	2	6	4	9	1	3	8	5
8	4	9	5	3	6	7	1	2
3	5	2	8	1	4	9	7	6
9	6	4	2	7	3	1	5	8
1	8	7	9	6	5	4	2	3

#990

8	5	2	1	9	3	6	4	7
4	6	7	8	5	2	1	3	9
3	9	1	7	4	6	8	5	2
2	3	6	5	1	7	9	8	4
9	4	5	3	6	8	2	7	1
7	1	8	4	2	9	3	6	5
1	2	4	6	3	5	7	9	8
6	8	9	2	7	4	5	1	3
5	7	3	9	8	1	4	2	6

#991

5	4	6	3	1	7	9	2	8
7	8	2	9	5	4	6	3	1
9	1	3	6	8	2	5	4	7
2	9	4	5	7	1	8	6	3
3	5	8	2	9	6	7	1	4
6	7	1	4	3	8	2	9	5
4	3	5	7	6	9	1	8	2
8	2	9	1	4	5	3	7	6
1	6	7	8	2	3	4	5	9

#992

9	7	1	5	4	6	8	2	3
8	2	4	7	3	9	1	5	6
3	5	6	8	1	2	7	4	9
2	8	9	3	5	1	6	7	4
5	6	7	9	8	4	3	1	2
4	1	3	2	6	7	9	8	5
7	4	2	1	9	3	5	6	8
6	3	5	4	7	8	2	9	1
1	9	8	6	2	5	4	3	7

#993

3	5	2	4	6	7	8	9	1
6	1	4	5	8	9	2	3	7
7	8	9	1	2	3	4	5	6
5	4	3	8	1	2	6	7	9
8	7	6	3	9	4	1	2	5
2	9	1	6	7	5	3	4	8
1	2	5	7	3	6	9	8	4
4	3	8	9	5	1	7	6	2
9	6	7	2	4	8	5	1	3

#994

5	6	7	3	8	4	2	1	9
9	4	2	1	6	7	5	3	8
8	3	1	9	2	5	4	6	7
1	2	8	4	9	6	3	7	5
4	5	6	2	7	3	8	9	1
3	7	9	5	1	8	6	2	4
6	9	5	8	3	1	7	4	2
7	1	4	6	5	2	9	8	3
2	8	3	7	4	9	1	5	6

#995

8	5	3	7	1	4	6	9	2
6	2	7	5	8	9	1	4	3
9	4	1	3	6	2	8	7	5
5	7	6	2	3	1	4	8	9
3	9	8	6	4	5	2	1	7
4	1	2	9	7	8	5	3	6
7	8	5	4	9	6	3	2	1
2	3	4	1	5	7	9	6	8
1	6	9	8	2	3	7	5	4

#996

8	4	6	3	9	1	5	7	2
5	7	2	8	4	6	1	3	9
3	1	9	5	7	2	4	8	6
2	5	7	1	6	8	9	4	3
9	8	4	7	5	3	6	2	1
1	6	3	4	2	9	7	5	8
6	2	5	9	3	4	8	1	7
7	3	8	6	1	5	2	9	4
4	9	1	2	8	7	3	6	5

#997

8	2	4	1	3	5	6	7	9
3	5	6	7	8	9	4	2	1
1	7	9	4	2	6	3	5	8
4	6	1	2	5	7	8	9	3
7	3	2	6	9	8	5	1	4
9	8	5	3	4	1	2	6	7
2	4	7	5	1	3	9	8	6
5	1	8	9	6	4	7	3	2
6	9	3	8	7	2	1	4	5

#998

6	7	2	1	4	3	5	8	9
8	1	3	5	7	9	2	4	6
4	5	9	6	2	8	3	1	7
5	2	6	8	3	4	9	7	1
9	8	7	2	1	5	6	3	4
1	3	4	7	9	6	8	2	5
2	4	5	3	6	1	7	9	8
3	6	1	9	8	7	4	5	2
7	9	8	4	5	2	1	6	3

#999

8	4	6	2	3	1	5	7	9
5	7	2	4	6	9	3	8	1
3	9	1	5	7	8	4	2	6
4	1	5	8	2	3	9	6	7
2	3	7	6	9	5	8	1	4
6	8	9	1	4	7	2	3	5
1	2	3	7	5	4	6	9	8
7	6	4	9	8	2	1	5	3
9	5	8	3	1	6	7	4	2

#1000

4	5	6	7	2	3	1	8	9
3	7	8	6	1	9	4	5	2
9	2	1	4	5	8	3	6	7
2	9	3	5	6	4	8	7	1
6	1	4	8	7	2	9	3	5
7	8	5	3	9	1	2	4	6
5	3	2	9	4	6	7	1	8
8	6	9	1	3	7	5	2	4
1	4	7	2	8	5	6	9	3

#1001

8	5	**7**	2	**1**	3	4	**9**	6
3	6	4	5	**8**	9	7	1	**2**
1	2	9	**6**	4	**7**	8	5	3
9	**7**	2	**8**	**5**	6	3	**4**	**1**
4	8	**3**	9	7	1	**6**	2	5
5	**1**	6	3	**2**	**4**	9	**8**	7
7	4	8	**1**	6	**5**	2	3	9
2	9	5	7	**3**	8	1	6	**4**
6	**3**	1	4	**9**	2	**5**	7	8

#1002

5	**6**	1	4	3	**8**	2	9	7
4	2	3	7	9	6	**1**	5	8
7	8	9	5	**2**	**1**	6	**4**	3
3	5	**8**	6	4	**7**	9	1	**2**
6	**9**	4	**8**	**1**	**2**	3	**7**	5
1	7	2	**3**	5	9	**4**	8	6
9	**3**	6	**1**	**7**	5	8	2	4
8	1	**7**	2	6	4	5	3	**9**
2	4	5	**9**	8	3	7	**6**	1

Amazon and Djape have created a **brand** store of all

Books by Djape.

To have a look, simply go here:

amazon.com/djape

And don't forget the gift I have prepared for you!

It's a **FREE PDF e-book**

with more SUDOKU puzzles!

Go get your copy at:

djape.net/mediumsudoku

Want something **harder**?
To continue where you just finished, try this book:
“1,000++ ALL HARD Sudoku Puzzles”

Same format, same quality, slightly **more difficult**!